# Photoshop 2022 从入门到精通

敬伟 ⊙编著

清華大学出版社
北京

## 内容简介

本书是零基础读者学习Photoshop软件的参考用书。通过本书，读者可从零认识Photoshop，了解其主界面及术语、概念；学会使用基本工具，包括图层、选区、填充、蒙版、图层样式、智能对象、混合模式、调色命令、抠图、滤镜等。本书内容详尽、条理清晰，讲述严谨而不失生动。同时，本书提供了一系列精彩案例，读者可边学边练，充分结合理论与实践。本书将知识系统化并进行综合应用，通过基本理论让读者了解原理，通过基本操作让读者学会软件使用技巧，通过案例实战让读者灵活掌握软件用法，读者可高效地完成软件学习并学有所成、学有所用。

本书可作为Photoshop入门读者的自学参考用书，也可作为高校或培训机构的教学参考用书。



图书在版编目（CIP）数据

Photoshop 2022从入门到精通 / 敬伟编著. — 北京：清华大学出版社，2022.5（2022.8 重印）
（清华社“视频大讲堂”大系CG技术视频大讲堂）
ISBN 978-7-302-60435-8

Ⅰ. ①P… Ⅱ. ①敬… Ⅲ. ①图像处理软件 Ⅳ. ①TP391.413

中国版本图书馆CIP数据核字（2022）第052835号

责任编辑：贾小红
封面设计：滑敬伟
版式设计：文森时代
责任校对：马军令
责任印制：丛怀宇

出版发行：清华大学出版社
网　　址：http://www.tup.com.cn，http://www.wqbook.com
地　　址：北京清华大学学研大厦A座　　邮　　编：100084
社 总 机：010-83470000　　邮　　购：010-62786544
投稿与读者服务：010-62776969，c-service@tup.tsinghua.edu.cn
质 量 反 馈：010-62772015，zhiliang@tup.tsinghua.edu.cn
印 装 者：三河市龙大印装有限公司
经　　销：全国新华书店
开　　本：203mm×260mm　　印　　张：20.25　　字　　数：837千字
版　　次：2022年6月第1版　　印　　次：2022年8月第2次印刷
定　　价：98.00元

---

产品编号：096165-01

# 前言

*Preface*

Photoshop是当前最为流行的数字图像处理软件，具有照片处理、平面设计、交互设计、数码绘画、视频动画、3D图形等多方面的功能，广泛应用于视觉文化创意等相关行业。摄影后期、平面设计、UI设计、游戏/动画美术设计、漫画/插画设计、影视特效设计、工业设计、服装设计、图案设计、包装设计等岗位的从业人员，或多或少都会用到Photoshop软件。使用Photoshop处理图像是上述人员必备的一项技能。

## 关于本书

感谢读者选择本书学习Photoshop。本书非常适合零基础的入门读者阅读，读者将从新手起步，逐步学习并深入探索，最终成为精通Photoshop的高手。本书几乎涵盖Photoshop软件的所有功能，从基本工具、基础命令讲起，让读者迅速学会基本操作。本书还配有扩展知识讲解，可扩充读者知识面。对于专业的术语和概念，配有详细、生动而不失严谨的讲解；对于一些不易理解的知识，配有形象的动漫插图和答疑。在讲解基本操作以后，还配有实例跟练和综合案例，以图文步骤的形式，使读者全方位掌握所学知识，以达到学以致用的目的。

为了便于读者快速入门学习，本书将内容分为三大部分：A入门篇、B精通篇和C创意篇。A入门篇偏重于介绍软件的必学基础知识，让读者从零认识Photoshop，了解其主界面，掌握术语和概念，学会基本工具操作，包括图层、选区、填充、蒙版、基本调色等。学完此部分，可以应对大部分图像处理操作。B精通篇侧重于讲解进阶知识，读者将通过本篇深入学习Photoshop软件，包括图层样式、智能对象、混合模式、调色命令、抠图技巧、滤镜应用以及相关的系列案例。学完此部分，可基本掌握Photoshop软件的应用。C创意篇提供了若干极具代表性的Photoshop案例，为读者提供了学习更为复杂操作方面的思路。

## 视频教程

除了以图文方式讲述之外，本书的另一大特色就是可以与作者制作的一套完整的视频教程——《敬伟Photoshop教程ABC系列》（国作登字-2014-I-00126039）无缝结合，二者相辅相成。视频教程通过动画制作、屏幕录像、图表演示、旁白讲解等综合表现手法，将课程合成制作成高清视频，既可以作为专业学习的教程，也可以作为普及知

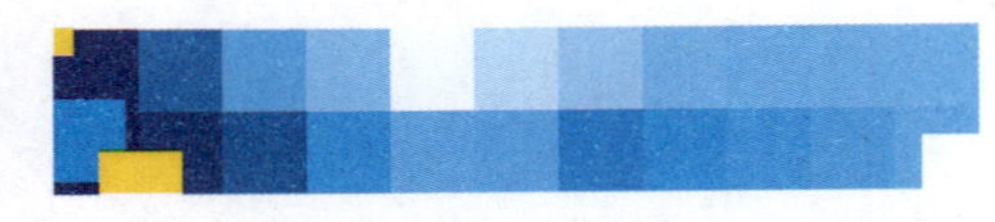

识的节目。另外，作者还设计了原创形象《豆包（DOUBAO）系列》（国作登字-2014-F-00125793），活泼可爱的动漫形象贯穿其中，将枯燥的理论用动画的形式演绎出来，更便于读者理解。视频课程为高清录制，制作精良，讲述清晰，学习体验极佳。

本书有多处微课二维码展示，扫码即可播放对应的视频教程。扫描封底二维码可下载配套素材。

## 本书模块

◆ 基础讲解：讲述最基本的概念、术语等必要的知识，介绍软件各类工具及功能命令的操作和使用方法。

◆ 扩展知识：提炼最实用的软件应用技巧以及快捷方式，提高工作、学习效率。

◆ 豆包提问：汇聚初学者容易遇到的问题，由动漫形象“豆包”以一问一答的形式给予解答。

◆ 实例练习：学习基础知识和操作之后的基础案例练习，是趁热打铁的巩固性训练，难度相对较小，知识要点针对性强。

◆ 综合案例：对本课知识的综合训练，强化该章节的学习内容，制作完成度较高的作品。

◆ 创意案例：综合运用多种工具和命令，制作创意与实践相结合的进阶案例。扫码可以观看案例详细的讲解与操作过程。书中提供基础素材，提供完成后的参考效果，并介绍创作思路，由读者课下独立完成，实现学以致用。

◆ 本书配套素材：扫描本书封底二维码即可获取配套素材下载地址。

另外，本书还有更多增值延伸内容和服务模块，请读者关注清大文森学堂（www.wensen.online）了解。

清大文森学堂-设计学堂

## 关于作者

敬伟，全名滑敬伟，Adobe国际认证讲师，清大文森学堂高级讲师，著有数百集设计教育系列课程。作者总结多年来的教学经验，结合当下最新软件版本，编写成系列软件教程图书，以供读者参考学习。其中包括《Photoshop从入门到精通》《Photoshop案例实战从入门到精通》《After Effects从入门到精通》《Premiere Pro从入门到精通》《Illustrator从入门到精通》等多部图书与配套视频教程。

本书在编写过程中虽力求尽善尽美，但由于作者能力有限，书中难免存在不足之处，还请广大读者批评指正。

# 目录

Contents

## A 入门篇 基本概念 基础操作

目 录

# B 精通篇 进阶操作 实例讲解

## C　创意篇　创意案例 实战训练

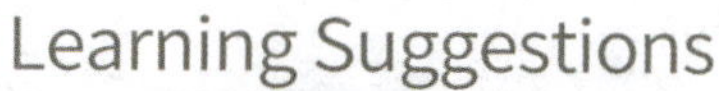


# 学习建议

## 学习流程

本书包括入门篇、精通篇、创意篇三个篇章，由浅入深、层层递进地对Photoshop 各种不同工具和命令进行详细讲解以及练习，建议新手按顺序从入门篇开始一步步学起，有一定基础的读者，推荐学习本系列丛书之《Photoshop 案例实战从入门到精通》。

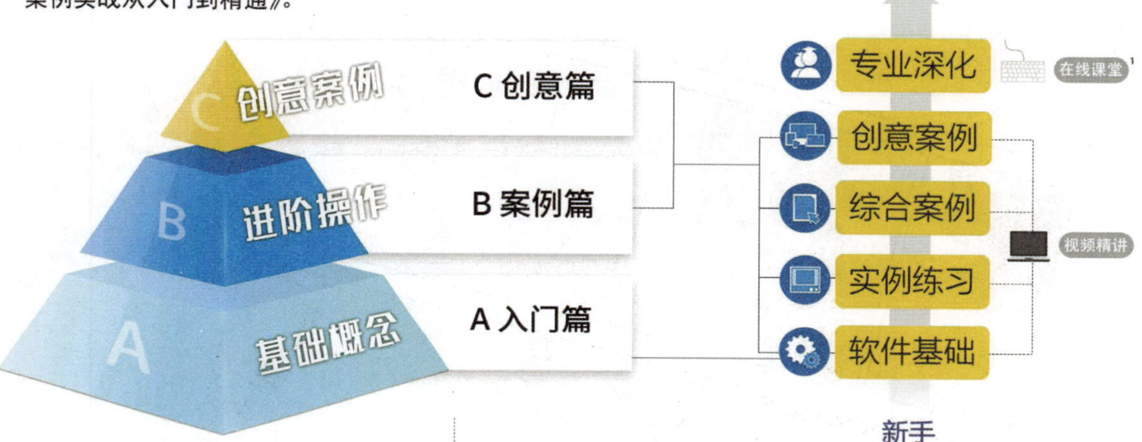


## 配套素材

扫描封底左侧的素材二维码，即可查看本书配套素材的下载地址。本书配套素材包括图片、PSD 文件等。

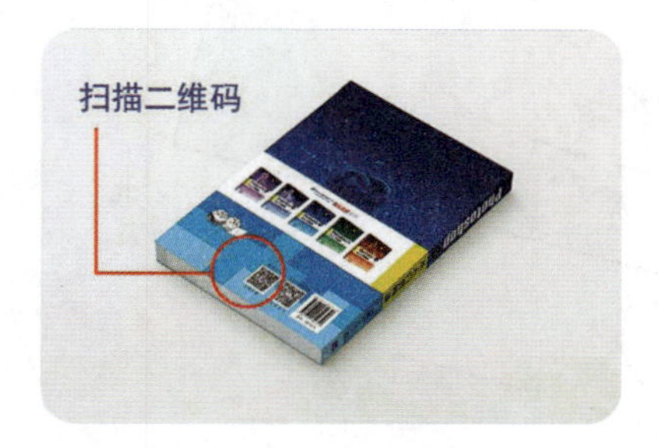


## 学习交流

扫描封底左侧或前言文末的二维码，即可加入本书读者的学习交流群，可以交流学习心得，共同进步，群内还有更多福利等您领取！

## 学习方式

本书内容配有全套视频课程讲解，扫描书中二维码，即可播放课程视频内容。本书视频课程是敬伟老师精心制作的《敬伟 Photoshop 教程 ABC 系列》全集内容，与本书内容无缝结合，相辅相成。在观看视频节目的同时，可以参考书中的图文讲述，做好记录与标记，便于回溯记忆点，再加上计算机实际操作，可加强学习效果。

1 "在线课堂"是由清大文森学堂的设计学堂提供的多门专业深化课程，本书读者有优先报名权并可享多项优惠政策。

豆包在网上认识一位豆包妹，照片看上去……
太美啦！
终于迎来了见面的日子……
请问你是……
我就是豆包妹呀
不是吧！
你你你真人和照片的差距也太大了吧！
人家就是PS了一下下嘛
老师来啦！
带你进入PS的世界！
PS
豆包同学，不要蒙掉啊，PS的故事才刚刚开始……

# A 入门篇

## 基本概念 基础操作

本篇将带领读者从零认识Photoshop，了解主界面，了解术语和概念。读者通过本章将学会使用基本工具，包括图层、选区、填充、蒙版等。

A01课

# 基本概述

## 第一次进入PS的世界

“你的作品集做得不错，PS[1]用得真好。”

“近日，警方收到了群众发来的现场照片，经过专业人员PS处理后，还原了事件的真相……”

“他上次生病没参加聚会，把他PS到合影里吧。”

“恭喜你获得PS创意大赛一等奖！”

“招聘高级美工，要求熟练操作PS。”

……

大家都在谈论的PS，到底是什么呢？

## A01.1　Photoshop和它的小伙伴们

Photoshop直译就是“照片商店”，简称PS，是Adobe公司开发的一款图像软件，也是其产品系列Creative Cloud中的重要软件，图A01-1所示为Creative Cloud的部分设计软件。

图A01-1

- Ai即Adobe Illustrator，是矢量设计制作软件，广泛应用于平面设计、插画设计等领域。本系列丛书亦有《Illustrator从入门到精通》一书（见图A01-2），以及对应的视频教程和延伸课程，推荐读者同步学习。
- Id即Adobe Indesign，是用于印刷和数字媒体的版面和页面设计软件，InDesign具备创建和发布书籍、数字杂志、电子书、海报和交互式PDF等内容的功能。
- Pr即Premiere Pro，是非线性剪辑软件，广泛用于视频剪辑和交付，本系列丛书亦有《Premiere Pro从入门到精通》一书（见图A01-3），以及对应的视频教程和延伸课程，推荐读者学习了解。
- Ae即After Effects，是图形视频处理软件，可以制作影视后期特效与图形动画，本系列丛书同样推出了《After Effects从入门到精通》一书（见图A01-4），以及对应的视频教程和延伸课程，推荐读者学习了解。

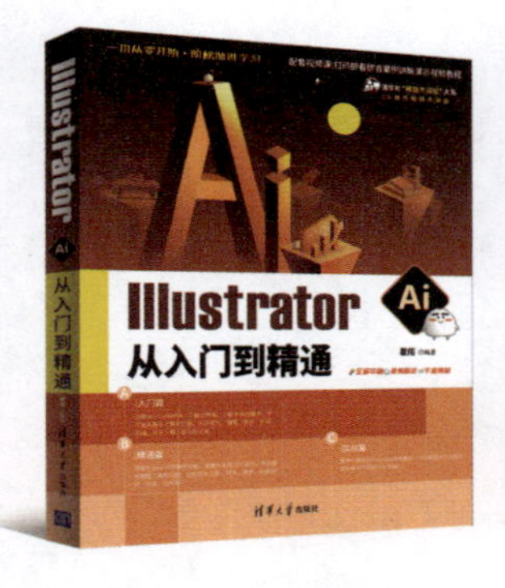


《Illustrator从入门到精通》
敬伟　编著

图A01-2

《Premiere Pro从入门到精通》
敬伟　编著

图A01-3

《After Effects从入门到精通》
敬伟　编著

图A01-4

- LrC即Lightroom Classic，是简单易用的照片编辑与管理软件；Dw，即Dreamweaver，

---

1　注：本书在某些情况下亦将Photoshop简写为PS。

是制作网页和相关代码的软件；An即Animate，是制作交互动画的软件；Xd即Adobe XD，是设计网站或应用的用户界面（UI/UX）原型的软件；Au即Adobe Audition，是音频编辑处理软件；Pl即Prelude，是视频记录和采集工具，可以快速完成粗剪或转码；Adobe Acrobat是PDF文档的编辑软件。除了上述Adobe公司推出的软件，还有多种类型的设计制图软件，如CorelDRAW、Affinity Photo、Affinity Design、Affinity Publisher等，本系列丛书都将有相关图书或视频课程陆续推出，敬请关注。

## A01.2 PS可以做什么

PS（Photoshop）软件非常流行，甚至PS本身都变成了一个动词，“PS一下”也成为表示图像处理行为的短语。

在我们身边，到处都有PS作品的存在，广告海报、商品包装、摄影作品、时尚写真、交互设计、游戏动漫、视觉创意，还有网络上常见的聊天表情，甚至高楼大厦、室内空间、汽车家电、衣帽鞋袜等，在设计的过程中都离不开PS，如图A01-5所示。

在这个文化产业蓬勃发展，视觉创意人才急缺的时代，无论是对于在校学生来说，还是对于求职创业者来说，在视觉创意的道路上，Photoshop都是必学的软件。

图A01-5

## A01.3 选择什么版本

本书基于Photoshop 2022进行讲解，从零开始，讲解软件几乎全部的功能。推荐读者使用Photoshop 2022或近几年发布的版本来学习，各版本软件的使用界面和大部分功能都是通用的，不用担心版本不符而有学习障碍。只要学会一个版本，即可学会全部。另外，Adobe公司的官网会有历年Photoshop版本更新的日志，可以登录https://www. adobe.com了解Photoshop的更新情况。

Photoshop由创始人托马斯·诺尔于1986年开发了第一个版本，经过多年的发展，软件不断地完善和强化，除了计算机版本之外，还有iPad版App推出。下面了解一下近年来Photoshop的版本情况，如图A01-6所示，以下版本都可以使用本书来学习。

Photoshop CS6

Photoshop CC

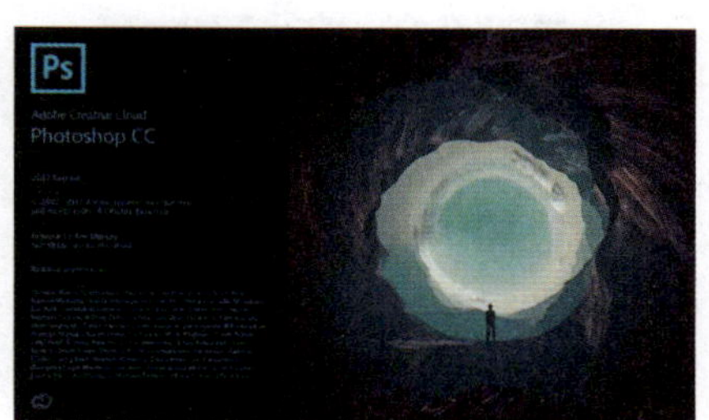


Photoshop CC 2017

图A01-6

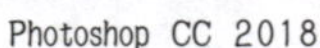
Photoshop CC 2018

Photoshop CC 2019

Photoshop 2022

图A01-6（续）

# A01.4 如何简单高效地学习PS

使用本书学习Photoshop大概需要以下流程，清大文森学堂可以为读者提供全方位的教学服务。

## 1. 了解基本概念

零基础入门的新手可以先学习基本的概念、术语等必要的知识，作为入行前的准备。

## 2. 掌握基础操作

软件基础操作也是最核心的操作，读者通过了解工具的用法、菜单命令的位置和功能，可以学会组合使用软件，熟练使用快捷键，达到高效、高质量地完成制作的目的。一回生，二回熟，通过不断训练，一定可以将软件应用得游刃有余。

## 3. 配合案例练习

掌握基础知识后完成实际应用训练。只有不断地进行练习和创作，才能积累经验和技巧，发挥出最高的创意水平。

## 4. 搜集制作素材

书中配有同步配套素材、案例练习素材，包括图片、项目源文件等，扫描封底二维码即可获取下载方式，帮助读者在学习的过程中与书中内容实现无缝衔接。读者在学习之后，可以自己拍摄、搜集、制作各类素材，激活创作思维，独立制作原创作品。

## 5. 获取考试认证

清大文森学堂是Adobe中国授权培训中心，是Adobe官方指定的考试认证机构，可以为读者提供Adobe Certified Professional（ACP）考试认证服务，颁发Adobe国际认证ACP证书。ACP国际证书由Adobe全球CEO签发，能获得国际接纳和认可。ACP是Adobe公司推出的国际认证服务，是面向全球Adobe软件的学习和使用者提供的一套全面科学、严谨高效的考核体系，为企业的人才选拔和录用提供了重要和科学的参考标准。

## 6. 发布/投稿/竞标/参赛

当你的作品足够成熟、完善时，可以考虑发布和应用，接受社会的评价。比如发布于个人自媒体或专业作品交流平台，还可以参加电影节、赛事活动等，根据活动主办方的要求投稿竞标。ACA世界大赛（Adobe Certified Associate World Championship）是一项在创意领域面向全世界13～22岁青年学生的重大竞赛活动。清大文森学堂是ACA世界大赛的赛区承办者，读者可以直接通过学堂报名参赛。

登录Adobe官网即可订购Photoshop软件。也可以先免费试用，功能是完全一样的。下面简单介绍一下在线安装试用的流程。

## A02.1　Photoshop下载与安装

打开https://www.adobe.com/cn，在顶部导航栏打开【帮助与支持】菜单，找到【下载并安装】选项并单击，如图A02-1所示。

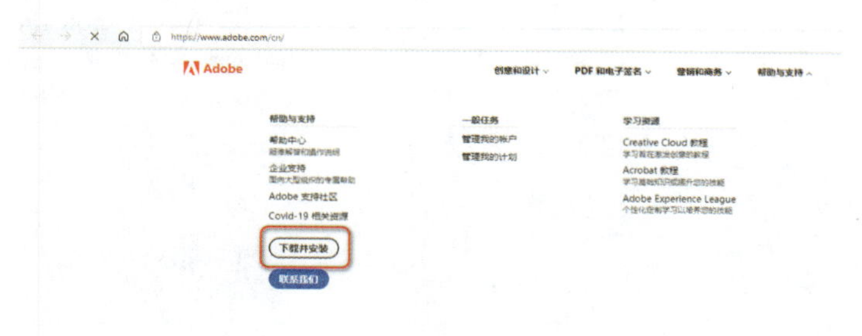

图A02-1

在接下来的页面中就可以开始免费试用Photoshop，如图A02-2所示。

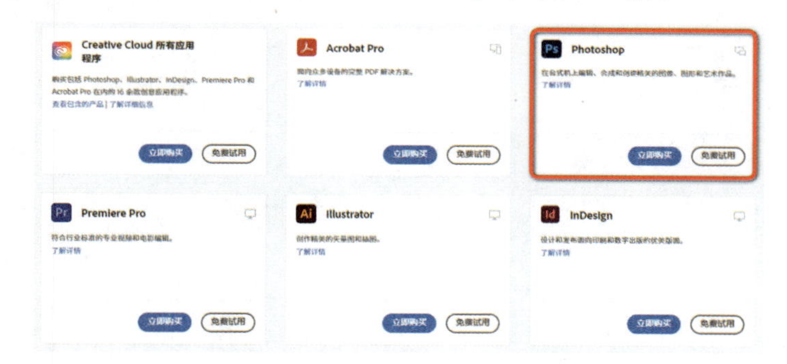

图A02-2

按照网站的流程，注册Adobe 账户，下载Creative Cloud下载器，通过Creative Cloud在线安装Photoshop就可以了，如图A02-3所示。

图A02-3

单击【开始试用】按钮，就开始安装了。这种方法通用于Windows和macOS。

试用到期后可通过Adobe官网或软件经销商购买并激活。

## A02.2　Photoshop启动与关闭

软件安装完成后，在Windows系统的【开始】菜单中可以找到新安装的程序，单击Photoshop图标启动Photoshop；在macOS中可以在启动台（Launchpad）里找到Photoshop图标，单击即可启动。

启动Photoshop后，在Windows的Photoshop中打开【文件】菜单，执行【退出】命令，即可退出Photoshop；macOS的Photoshop同样可以按此方法操作，还可以在程序坞（Dock）的Photoshop图标上右击，在弹出的菜单中选择【退出】选项即可。

读书笔记

本课将介绍Photoshop的主界面，初次见面，好好认识一下。

启动Photoshop，一般默认会显示【主屏幕】工作区，如图A03-1所示。可以新建、打开或者打开最近使用项，可以在【编辑】-【首选项】-【常规】中取消选中【自动显示主屏幕】复选框，关闭【主屏幕】的显示。另外，为了得到最佳印刷效果，本书采用软件的浅色界面进行讲解，执行【编辑】-【首选项】-【界面】命令，弹出【首选项】对话框，在【界面】-【外观】-【颜色方案】下设置工作区域的亮度为浅色，在实际使用过程中，可根据自己喜好进行设置。

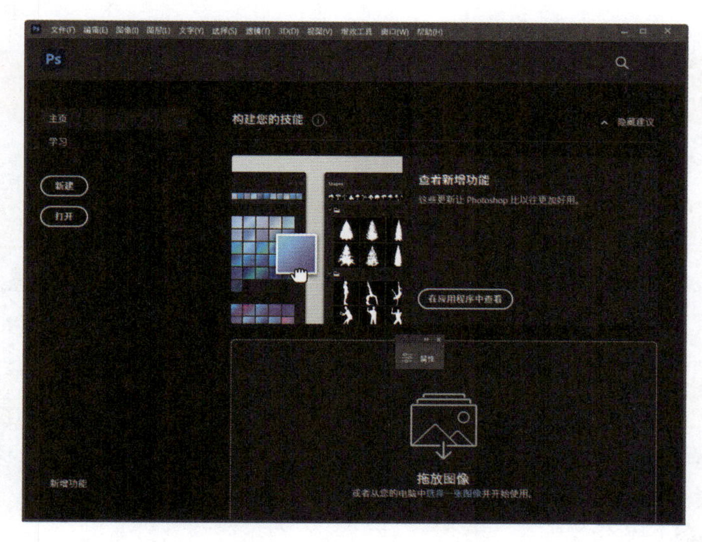


图A03-1

这里单击【打开】按钮，打开本课的素材——4张带有数字的图片，可以选择全部并打开，这样就进入了Photoshop的工作主界面。

## A03.1　主界面构成

默认的Photoshop主界面分为以下几个区域：最上面的是菜单栏，其下面是选项栏，左边的是工具栏，中间的是工作面（文档区域），右边的是面板，如图A03-2所示。

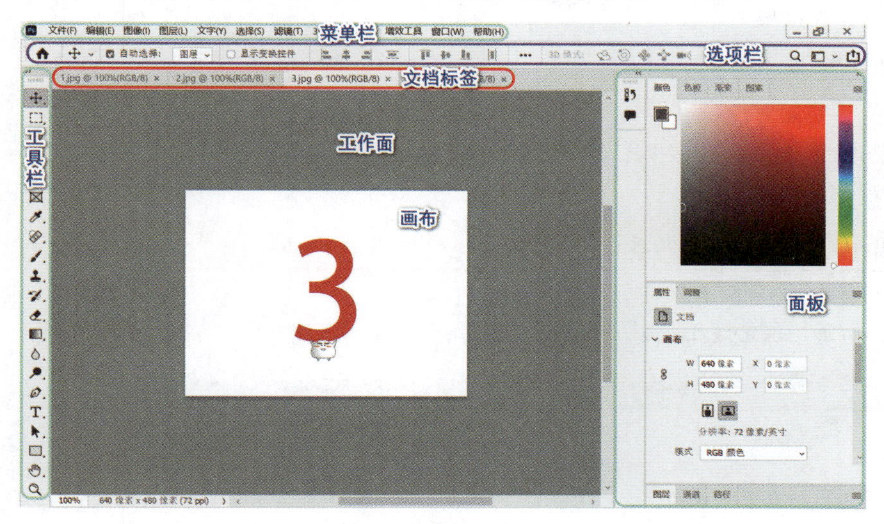


图A03-2

A03课

# 认识界面

初次见面，请多了解

**豆包：“老师，为什么我的Photoshop界面和你的不太一样？”**

这是很正常的，一方面，也许是软件的版本稍有不同，近几年的Photoshop软件界面和大部分功能都是通用的，各版本软件的用法基本相同，如果有少许不同，可以先忽略，随着学习的深入就都了解了；另一方面，你可能不是第一次打开Photoshop，主界面在之前被调整过，可以通过执行【窗口】-【工作区】-【复位基本功能】命令，使主界面回到初始状态。

# A03.2 界面特性

本课主要讲解菜单栏、工具栏、选项栏、工作面和面板。

## 1. 菜单栏

Photoshop的顶部是一排命令菜单，单击每个菜单按钮，会弹出下拉菜单，有的菜单还会有二级菜单，甚至三级菜单。常用的图像处理命令基本上都可以在菜单里找到。

## 2. 工具栏

各式各样的工具都存放在工具栏里，这些工具就是用来征服图像的武器，如图A03-3所示。

**扩展知识**

单击【编辑】菜单、工具栏或工具栏上的 ··· 按钮，可以自定义工具栏，只需列出常用工具，以符合自己的使用习惯即可。

图A03-3

## 3. 选项栏

选项栏是调节工具参数的面板，例如，选择【画笔工具】后，可以在选项栏中调节画笔的大小、模式等，如图A03-4所示。

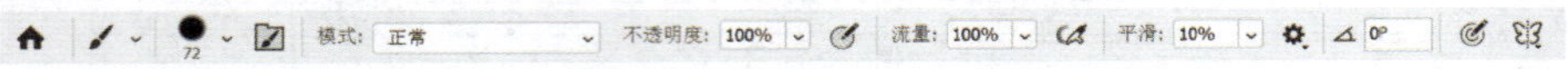

图A03-4

可以移动选项栏，也可以将其关闭。可以通过选中或取消选中【窗口】菜单中的【选项】复选框，开启或关闭对选项栏的显示。

## 4. 工作面（文档区域）

工作面就是显示图像的区域，作品就是在此诞生的。

如图A03-5所示，预先打开了4个文档，可以看到工作面的上方有这4个文档的选项卡。

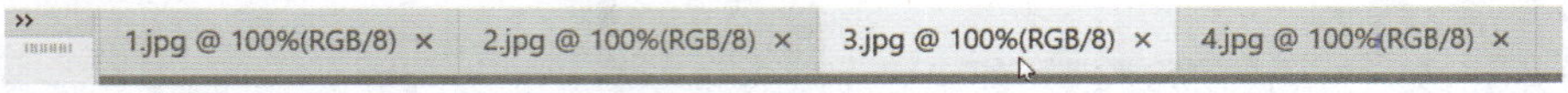

图A03-5

- 单击相应选项卡，会激活相应的文档。
- 可以通过平行拖曳调整选项卡前后顺序，也可以向下拖曳，将文档变成浮动窗口。

- 执行【窗口】-【排列】-【将所有内容合并到选项卡中】命令，会将浮动窗口整合为选项卡，如图A03-6所示。

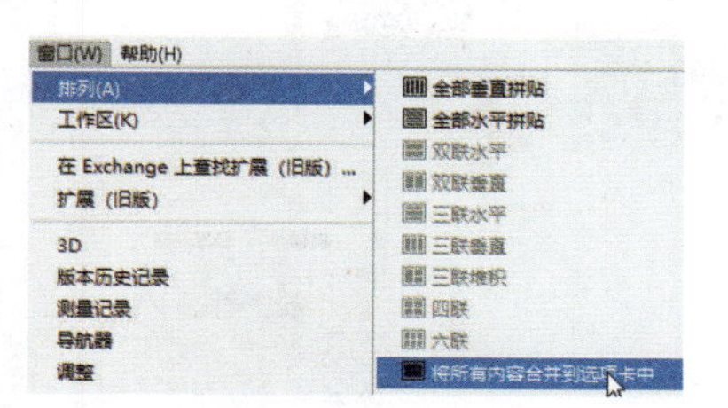

图A03-6

- 单击选项卡上的关闭按钮可关闭文档，也可以右击标签，以调整文档大小等属性，就像浏览器中的网页选项卡一样，可以灵活使用。

在文档区域下方有状态信息栏，如图A03-7所示。

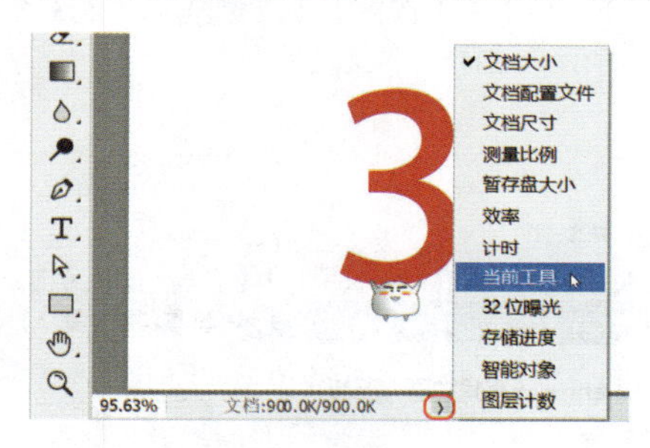

图A03-7

在状态信息栏中可以输入图像显示的百分比，单击 › 按钮可以显示几个工作信息，例如，可以选择【当前工具】选项，旁边就会显示目前使用的工具信息。按住工作信息不放，可以快捷地查看文档的详细信息，如图A03-8所示。

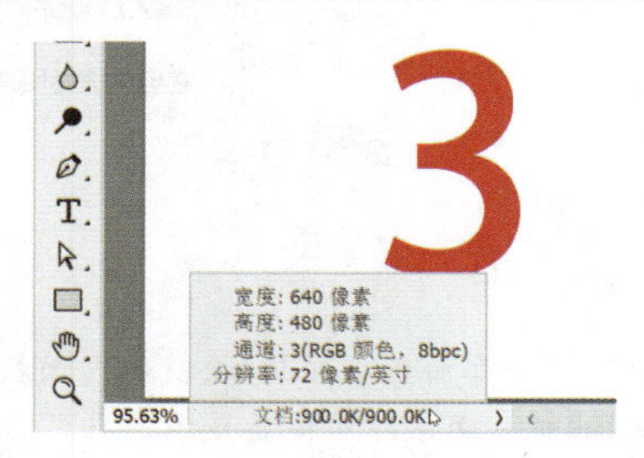

图A03-8

如果把显示比例调得小一些，例如，输入30%，然后按Enter键，文档区域里的图片会相应地变小。图片周围灰色的区域就是工作面。

工作面的颜色是可以改变的，方法是单击工具栏中的【油漆桶工具】选项，快捷键为G，如图A03-9所示。

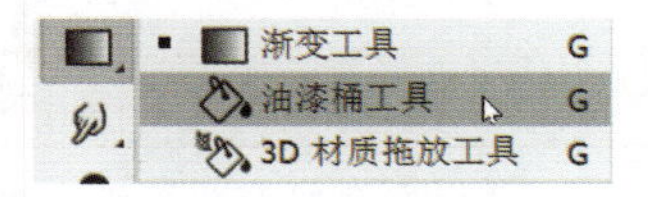

图A03-9

**扩展知识**

鼠标在Photoshop界面停留时，会有相应的提示出现，这也是很好的学习Photoshop的途径。

**扩展知识**

快捷键又叫热键，是指通过某些特定的按键、按键顺序或按键组合快速完成一个操作，很多快捷键往往与如Ctrl键、Shift键、Alt键等配合使用。

为什么要用快捷键呢？

对于某些工具或命令，用鼠标进行操作的时候，需要定位、单击、展开等多项步骤，为了提高工作效率，我们可以使用快捷键一次性完成命令。熟练地使用快捷键，可以大大提高工作效率，也可以解放鼠标来处理更多的绘制工作。

单击【油漆桶工具】选项，然后在【取色器】中选择想要的前景色，按住Shift键的同时单击灰色工作面，就可以改变工作面的颜色了，如图A03-10所示；或者在工作面上直接右击，也可以修改颜色，如图A03-11所示。

图A03-10

图A03-11

## 5. 面板

除了默认主界面上显示的面板之外，还有很多其他面板，打开【窗口】菜单（见图A03-12），可以激活显示里面所有的面板，面板的种类非常丰富，在后面的课程中会逐步学到。

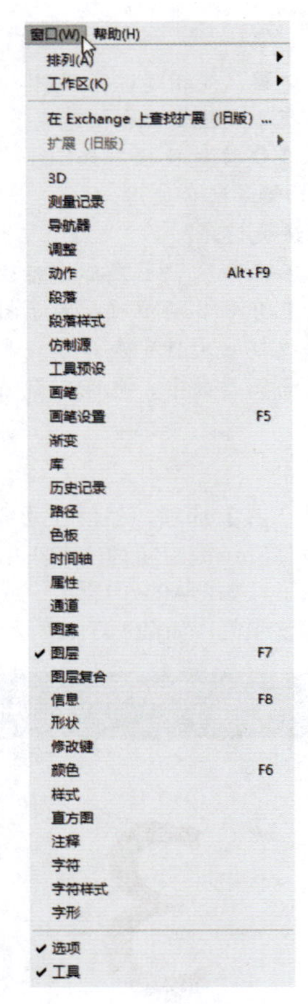

图A03-12

面板并不是固定不变的，可以通过拖曳或双击，将它们随意地移动、展开、收起、整合、拆分、放大、缩小等，如图A03-13所示。另外，它们都具有边缘吸附功能，如果拖曳面板至Photoshop文档区域或者其他面板的边缘处，面板会自动吸附至边缘。这样面板整合工作就变得很简单了。

图A03-13

豆包：“如果面板被搞得乱七八糟，可我不想一个个去调整，怎么办呢？”

执行【窗口】-【工作区】-【复位基本功能】命令，如图A03-14所示，这样一下就复原啦！

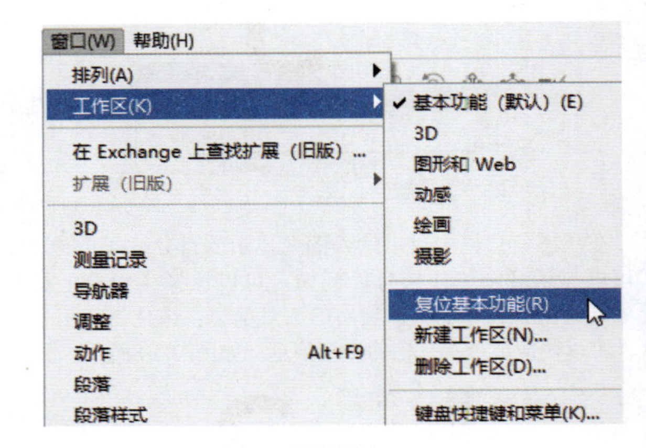


图A03-14

SPECIAL 扩展知识

如果想隐藏全部面板，按Tab快捷键，面板就会临时隐藏，再按Tab键，面板即可恢复显示。

# A03.3 界面辅助功能

界面辅助功能主要包括屏幕模式、标尺、参考线、网格、显示/隐藏额外内容，下面一一介绍。

## 1. 屏幕模式

单击工具栏最下方的【屏幕模式】按钮，如图A03-15所示，快捷键是F，可以使界面在标准、简洁和全屏之间循环切换。结合Tab快捷键，可以实现隐藏软件界面的纯全屏显示方式。

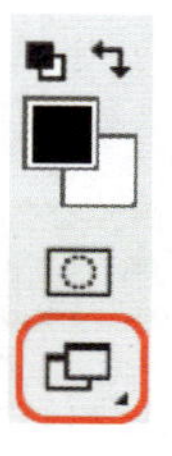

图A03-15

## 2. 标尺

打开【视图】菜单，在下拉菜单中可以找到【标尺】选项，如图A03-16所示。

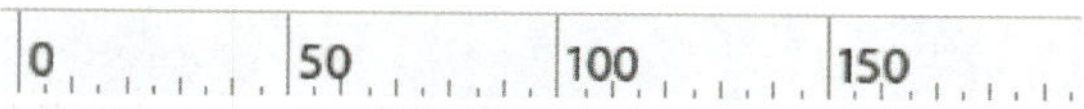

0 50 100 150

图A03-16

按Ctrl+R快捷键可以显示或隐藏标尺。

## 3. 参考线

在标尺上按住鼠标左键不放，可以快捷地拖曳出水平或垂直的参考线，也可在【视图】菜单下执行一系列关于参考线的命令，如图A03-17所示。

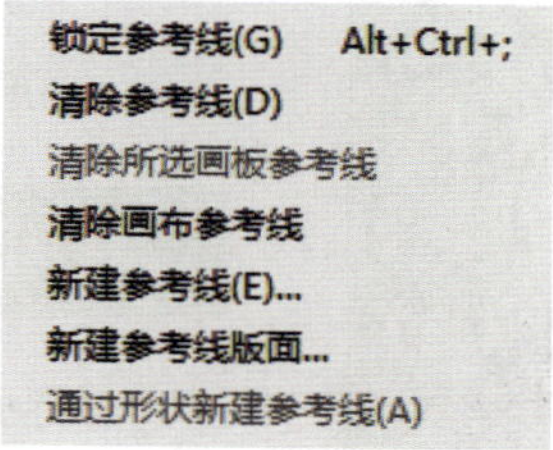

锁定参考线(G) Alt+Ctrl+;
清除参考线(D)
清除所选画板参考线
清除画布参考线
新建参考线(E)...
新建参考线版面...
通过形状新建参考线(A)

图A03-17

除了普通的参考线之外，还有智能参考线，执行【视图】-【显示】-【智能参考线】命令，可以打开或关闭智能参考线功能。使用智能参考线可以智能地捕捉到居中、边缘、对齐等。

## 4. 网格

执行【视图】-【显示】-【网格】命令，可以显示或隐藏参考网格。

## 5. 显示/隐藏额外内容

如果不想显示参考线、网格等这些界面的辅助内容，可以执行【视图】-【显示额外内容】命令，即可显示或隐藏这些内容，快捷键是Ctrl+H。

# A03.4 自定义工作区

工作区就是软件界面的布局，每个人的操作习惯不同，工作性质不同，对界面的要求也不尽相同。可以把自己习惯的软件界面布局保存下来，即便以后界面发生了变化，也可以随时切换回自己惯用的状态。

新建工作区的步骤如下。

01 调整好界面布局。

02 执行【窗口】-【工作区】-【新建工作区】命令。

03 给工作区起个名字，例如ps，如图A03-18所示。

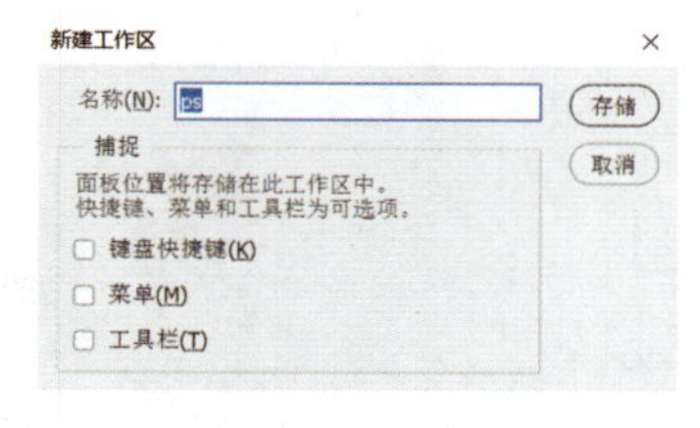


图A03-18

04 打开【窗口】-【工作区】菜单，就可以看到新建好的ps工作区了。另外，Photoshop也预设了几个工作区，例如【3D】适合进行3D设计，【绘画】适合画笔绘制，【摄影】适合照片处理等。

如果软件界面混乱了，执行【复位ps】命令即可恢复，如图A03-19所示。

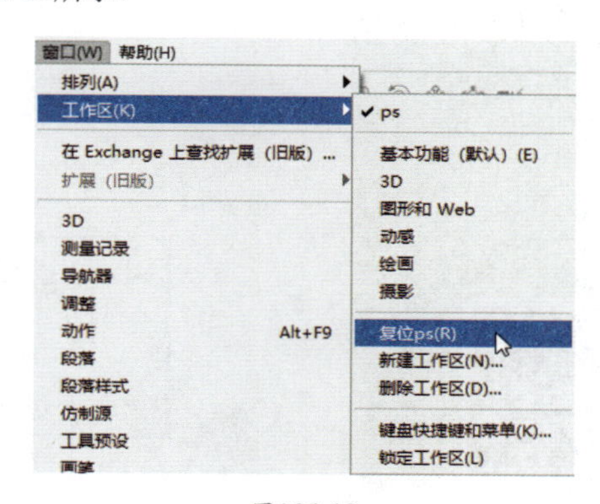


图A03-19

# 总结

对软件有了第一印象后，会逐步消除陌生感，定义自己的工作区则会更有归属感，让我们越来越熟悉Photoshop吧！

A04课

# 新建文档

崭新的开始，从新文档开始

本课将学习新建文档的方法，了解新建文档参数设定方面的知识。需要重点掌握像素、分辨率、颜色模式等重要的概念。

## A04.1 新建文档的方法

启动Photoshop后，打开【文件】菜单，其中第一项就是【新建】命令，如图A04-1所示。

图A04-1

使用快捷键Ctrl+N也可以新建文档，如图A04-2所示。如果使用macOS，需要用键盘上的Command键代替Ctrl键。

图A04-2

**扩展知识**

一般情况下，在macOS下操作Photoshop软件时，Windows下的Ctrl键都可以被Command键代替。

执行【新建】命令后，将弹出【新建文档】对话框，如图A04-3所示。

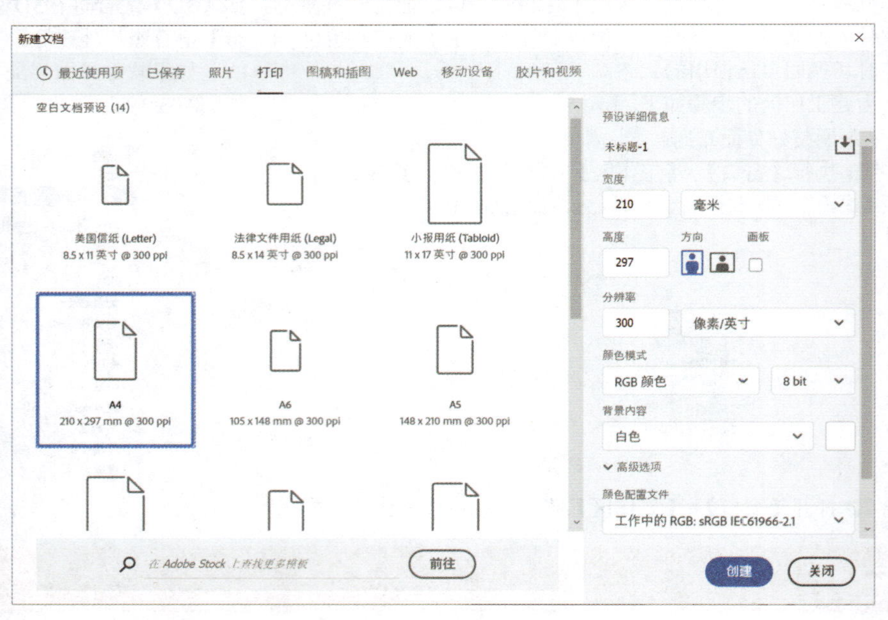


图A04-3

豆包：“不对啊，我的新建文档对话框怎么是这样的？”（见图A04-4）

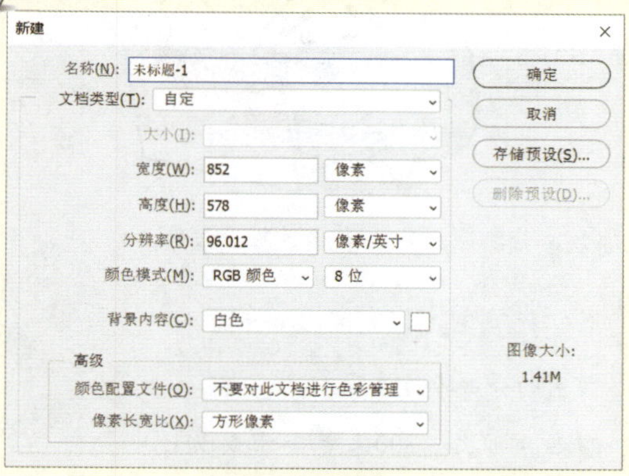

新建
名称(N): 未标题-1
文档类型(T): 自定
大小(I):
宽度(W): 852 像素
高度(H): 578 像素
分辨率(R): 96.012 像素/英寸
颜色模式(M): RGB 颜色 8 位
背景内容(C): 白色
高级
颜色配置文件(O): 不要对此文档进行色彩管理
像素长宽比(X): 方形像素
确定
取消
存储预设(S)...
删除预设(D)...
图像大小:
1.41M
图A04-4

如果你的软件版本稍微旧一些，【新建文档】对话框会是这种布局，仅仅是布局差异而已，参数设置都是一样的。新版本的Photoshop也可以使用旧版的新建文档布局，单击【编辑】-【首选项】选项，选择其中的【常规】选项，在打开的对话框中选中【使用旧版“新建文档”界面】复选框就可以了，如图A04-5所示。

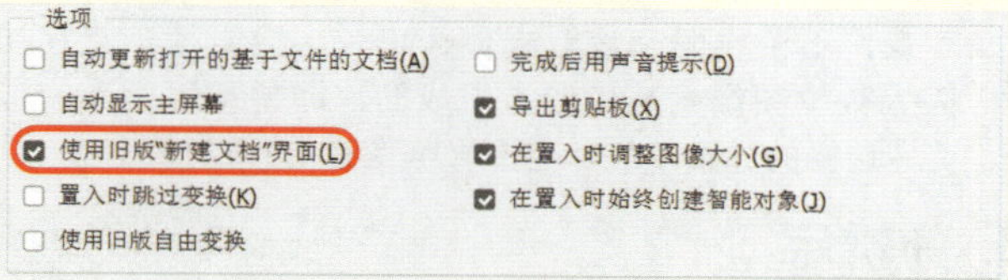

选项
自动更新打开的基于文件的文档(A)
自动显示主屏幕
使用旧版"新建文档"界面(L)
置入时跳过变换(K)
使用旧版自由变换
完成后用声音提示(D)
导出剪贴板(X)
在置入时调整图像大小(G)
在置入时始终创建智能对象(J)
图A04-5

## A04.2 新建文档参数设置

### 1. 预设尺寸

新建文档时必须要有初始的设定，如尺寸大小、分辨率、颜色模式等。Photoshop预设了一些常见的标准尺寸类型，如图A04-6所示。

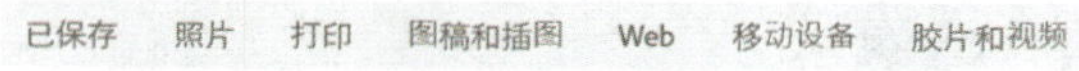

已保存
照片
打印
图稿和插图
Web
移动设备
胶片和视频
图A04-6

例如，选择【打印】选项，可以看到下方列表中有国际标准纸张的【A4】规格，直接选择它，右侧的参数将自动变成相应尺寸，如图A04-7所示。

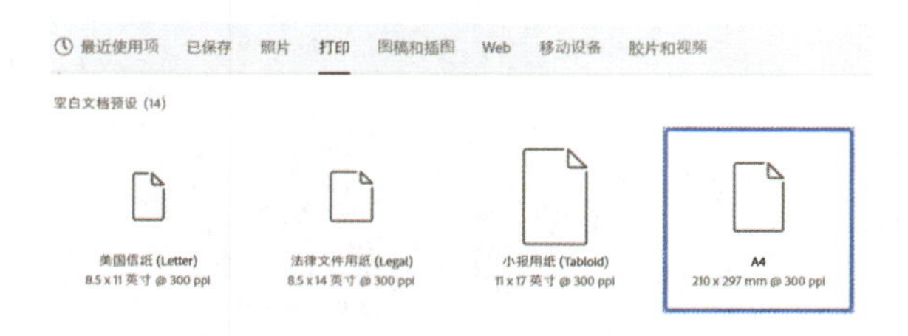

最近使用项
已保存
照片
打印
图稿和插图
Web
移动设备
胶片和视频
A4
210 x 297 mm @ 300 ppi
图A04-7

如果预设中没有所需的尺寸，则可以手动输入尺寸。尺寸的单位有厘米、毫米等。另外，还有一种单位的名称叫作【像素】，如图A04-8所示。

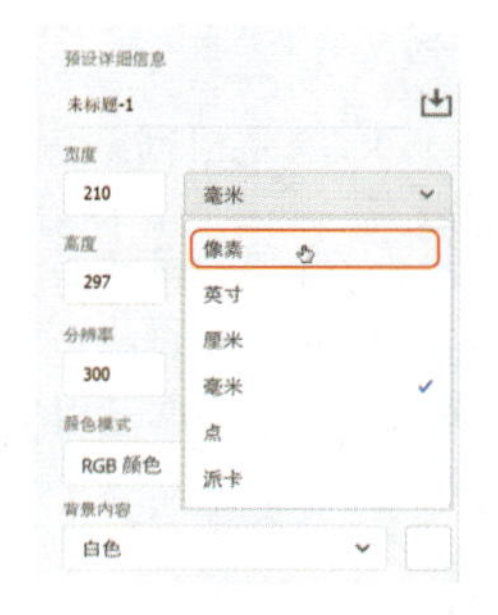

未标题-1
210
毫米
像素
英寸
厘米
毫米
点
派卡
297
300
RGB 颜色
白色
图A04-8

### 2. 像素

关于像素，大家应该不会陌生，我们在使用手机时，经常会提到像素的概念，例如，镜头的像素、照片的像素等。那么像素的准确概念是什么呢？

像素（Pixel）是计算数位影像的一种单位，一个像素就是最小的图形的单元，在屏幕上显示的通常就是单个的染色点。我们在计算机、电视、手机等显示屏上看到的图像，其实是由一个一个小方块组成的。例如下面这个图标，将其局部放大后，可以看到马赛克一样的像素，如图A04-9所示。

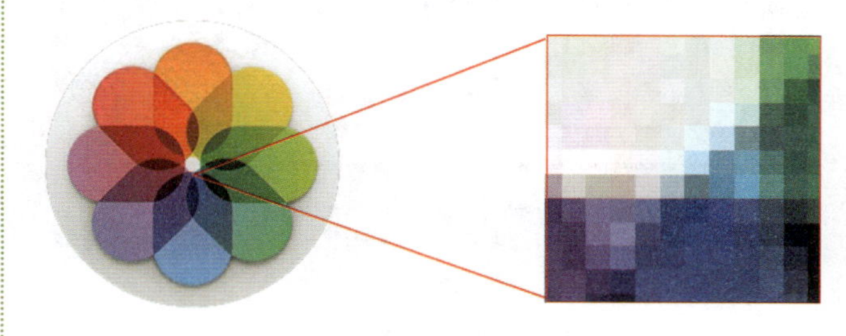

图A04-9

那么新建文档时在什么情况下需要选择像素这个单位呢？因为像素的概念是显示设备的单个染色点，所以创建显示屏所用的图像都需要基于像素这个单位，如网络图片、演示图片、视频用的图像等。当选择预设的Web、移动设备、胶片和视频中的预设尺寸时，单位自动会显示为像素，如图A04-10所示。

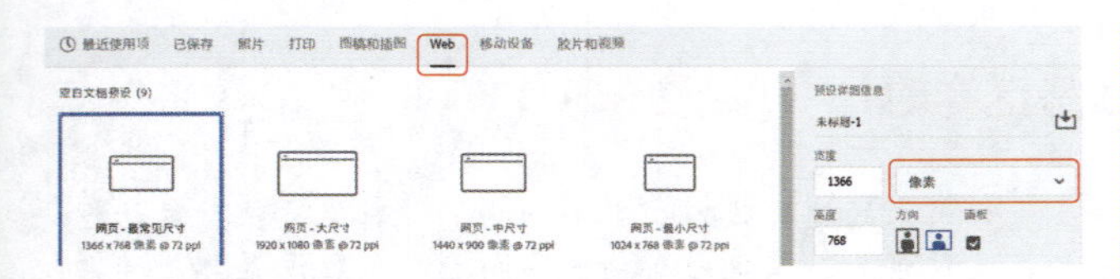

图A04-10

而用于实际制作载体的打印项目时，如宣传单、画册、书籍、展架海报、造型等，一般要用现实生活中的实际尺寸来设定。

注意，不论将图片设置成什么单位，像素是一直存在的，因为数位图像就是由像素组成的。即便使用厘米、毫米、英寸这样的计量单位，也不影响像素的存在。

## 3. 分辨率

设定打印尺寸，也就是确定输出的尺寸，例如，A4纸的尺寸是210毫米×297毫米，打印文档后，有时会发现图像非常模糊，画质惨不忍睹，究其原因，肯定是图片像素太低了。所以，在输出尺寸固定的情况下，如何设定像素的大小呢？这时候就需要调节一个参数—分辨率，如图A04-11所示。

图A04-11

分辨率常用的单位是像素/英寸（PPI），下拉菜单里还有像素/厘米，一般更习惯用前者。

这里的分辨率其准确的叫法是图像分辨率，即单位英寸中所包含的像素点数，如图A04-12所示。

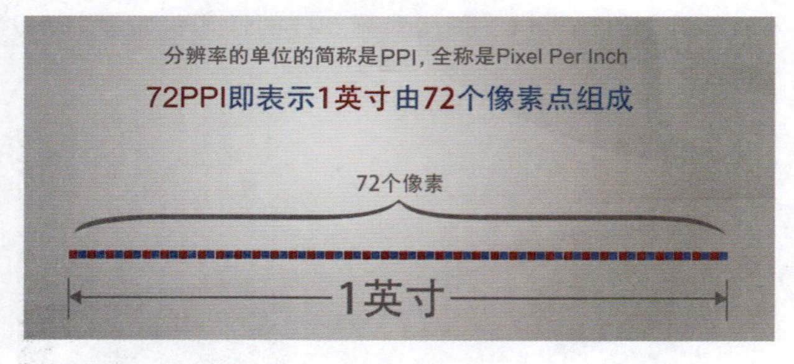


图A04-12

由此可见，分辨率越高，像素越多，图像质量就会越好（当然也不是绝对的，如强行放大的图片，即便分辨率高，图像质量也不会太好）。

对于用于打印的新文档，设定高分辨率就代表着像素量高、细节多，最终生成的作品图像质量就越好。但是，相应的也会更加占用计算机资源，如果计算机配置不给力，处理起来就会非常耗时。

那么，分辨率设定为多少才算合适呢？

SPECIAL **扩展知识**

常用的分辨率设置如下。

- 洗印照片：300像素/英寸或以上。
- 杂志名片等印刷物：300像素/英寸。
- 大型海报：96～200像素/英寸。
- 电子图像：72像素/英寸或96像素/英寸。
- 大型喷绘、户外广告：25～50 像素/英寸。

以上数据仅供参考，请结合具体情况设定最合适的分辨率。

分辨率和打印输出的关系比较密切，而对于显示屏用的图像来说，一般设定为72像素/英寸就可以了。

## 4. 颜色模式

新建文档中的颜色模式包括【位图】【灰度】【RGB颜色】【CMYK颜色】【Lab颜色】5种，如图A04-13所示，下面主要讲解RGB颜色和CMYK颜色。

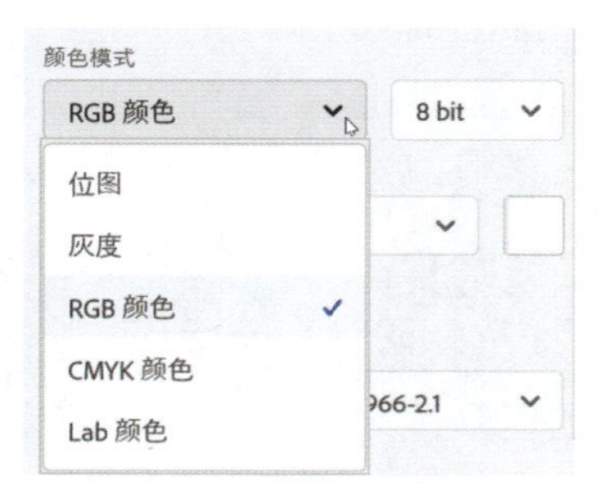


图A04-13

RGB是根据颜色发光的原理设计的颜色模式，有红、绿、蓝3种原色。就好像用红、绿、蓝3把手电筒同时向同一区域照射，当它们的光重合的时候，按照不同的比例混合，呈现16777216种颜色（8位深度），如图A04-14和图A04-15所示。RGB是广泛用于显示屏的一种基本颜色模式。

A04-14

图A04-15

CMYK是印刷颜色模式，由青色、品红、黄色和黑色油墨进行混合，从而表现出各种印刷颜色，如图A04-16所示。

图A04-16

在新建文档的时候，要根据文件的用途选择相应的颜色模式，如果要做纯电子图片，即用于网页、应用、网络、视频素材、3D贴图等，就选择【RGB颜色】；如果要做宣传册、书籍、海报、单页、喷绘等印刷类的物品，就选择【CMYK颜色】。

颜色模式后面的色彩位深度默认使用8位即可，更高的位深度会增加大量的运算，而且会导致Photoshop的很多命令无法使用，8位就可以满足日常工作需要。

## 5. 背景内容

在【背景内容】中可以选择【白色】【黑色】【背景色】【透明】或【自定义】，如图A04-17所示。

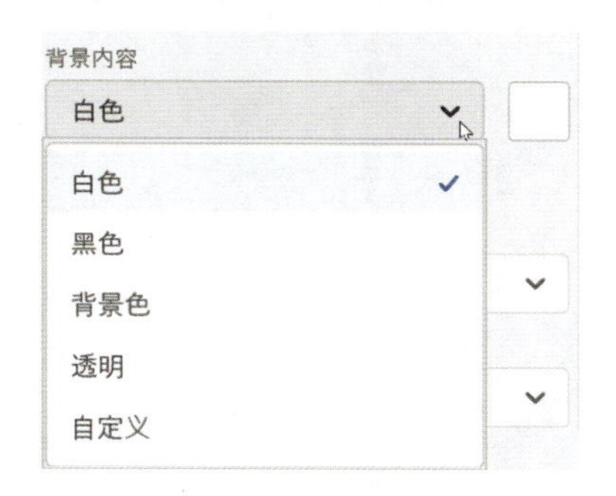

图A04-17

**扩展知识**

在工具栏下方可以找到【取色器】。其左上方的方块显示的是前景色，右下方的方块显示的是背景色，单击任何方块，便可弹出取色器。

背景内容下方是高级选项，保持默认即可，初学者一般不用设定。

**扩展知识**

存储预设：标题的后方有存储预设按钮，如图A04-18所示，可以把自己常用的尺寸规格存储为系统预设里的一项，方便以后直接使用。

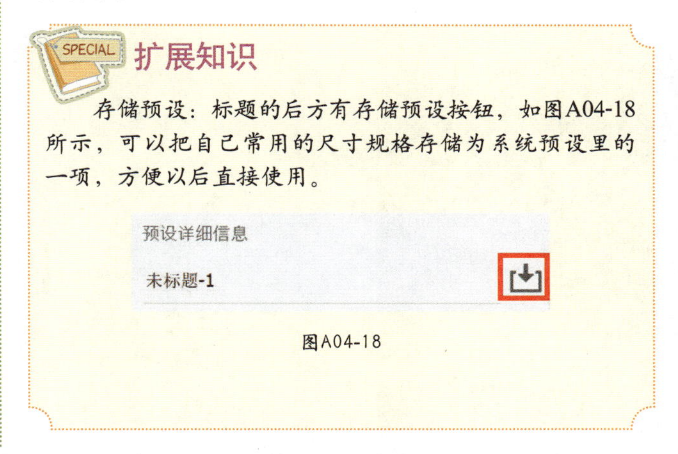

图A04-18

# 总结

本课讲解了关于新建文档的知识，精准地设定文件的尺寸规格是做好Photoshop工作的第一步。像素好比是一个个色彩小方块，分辨率是一个尺寸上的小方块的数量，颜色模式类似小方块所使用的颜料的牌子，不同的颜色模式应对应不同的用途和领域。

A05课

# 图像大小

图片多大我说了算

新建文档之后，还可以修改文档的尺寸。本课将学习修改图像大小的方法，以及分辨率、像素和尺寸之间的关系。

## A05.1 修改图像大小

启动Photoshop软件，创建一个800×500像素的空白文档。然后执行【图像】-【图像大小】命令，快捷键是Alt+Ctrl+I，如图A05-1和图A05-2所示。

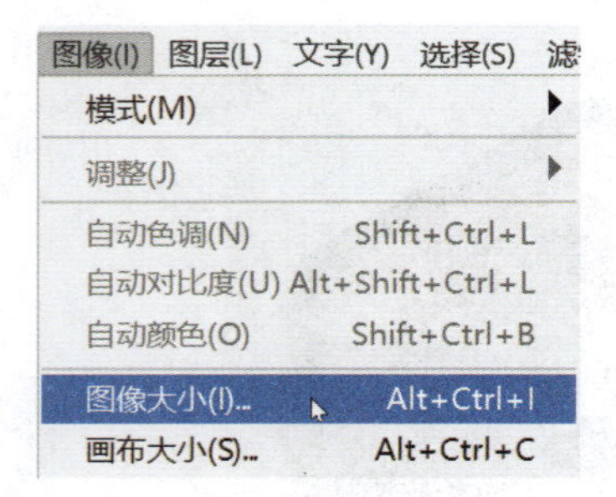


图A05-1

图A05-2

随即会弹出【图像大小】的对话框，可以修改文档的一些尺寸参数，例如，可以把【宽度】的800改成8000，如图A05-3所示。

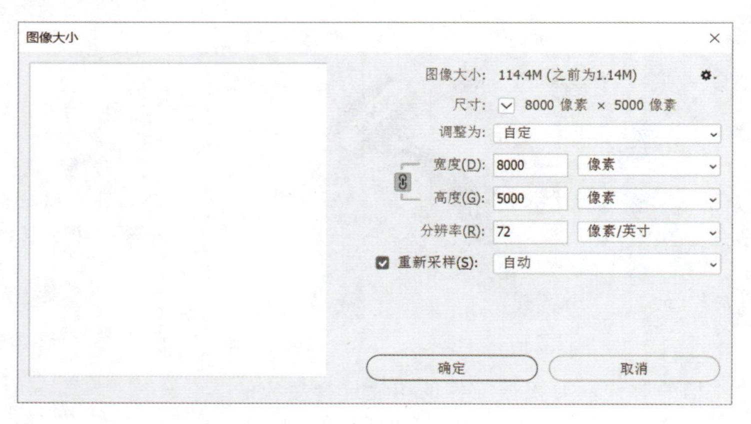


图A05-3

可以发现下方的【高度】值会自动调整为5000，也就是发生了等比例的变化，即约束了比例。

如果不想约束比例，想要分别调整【宽度】或【高度】值，可以取消激活【链接】按钮，如图A05-4所示。

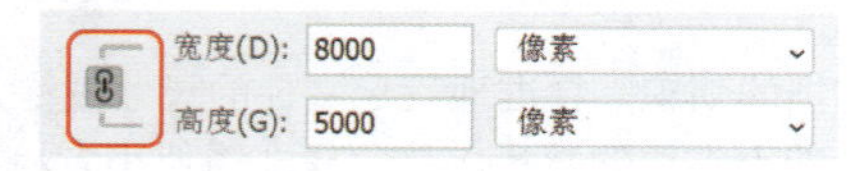


图A05-4

取消链接后，即可分别调整【宽度】值和【高度】值，如图A05-5所示。

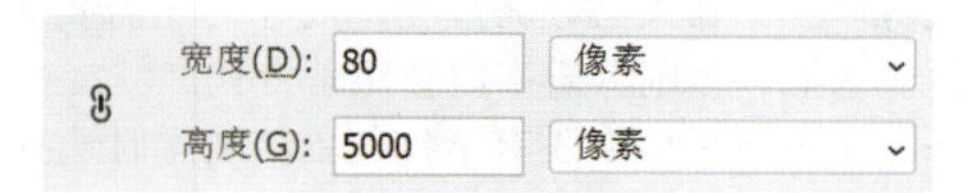


图A05-5

单纯地调整【宽度】和【高度】的大小，是计算机通过某种算法实现文档图像的整体放大或缩小。本书后面还会讲到【画布大小】，类似于扩展边界，而【图像大小】则是像素通过算法发生的变化。

如果是空白文档（纯色或者文档中包含矢量形状），调整图像大小是相对安全的。如果本身是一张含有像素内容的图片，修改图像大小的时候就要小心了。因为对于像素图像来说，强行将其放大不会提高图像的精度，就好比往醋里加水，将一瓶醋变成一缸醋，但实际上还是一瓶醋的“精度”；而缩小文档的过程是不可逆的（虽然有历史工具，但保存文档后历史步骤就消失了），文档缩小代表着Photoshop通过算法平均去掉若干像素，所以缩小的时候要谨慎，做好文件备份工作。

## A05.2 像素和分辨率的关系

制作打印类的文档时，要特别注意分辨率的设置，当然在【图像大小】对话框中也可以调整分辨率数值。分辨率、像素和输出尺寸之间有一系列的互动关系，接下来详细了解一下。

要想修改分辨率，直接输入数值就可以，改大改小自己说了算。这里重点是要了解下面的【重新采样】复选框，如图A05-6所示。

图A05-6

重新采样就是计算机应用某种算法后重新生成像素，也就是前面所说的修改图像像素大小，默认是被选中的。如果取消选中，像素则不会发生变化，图片上像素的总量将被锁定，此时只能修改物理尺寸，不能调整像素值；打开单位的下拉菜单（见图A05-7），可以发现，像素这个单位变成了灰色，即不可用状态。

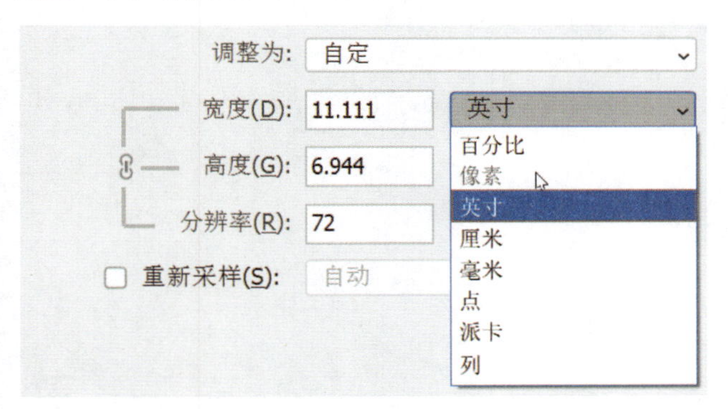


图A05-7

制作打印类的文档时，还要设置合适的分辨率，例如，A04课提到印刷类产品需要的分辨率是300像素/英寸，这里尝试把分辨率调整为300像素/英寸，如图A05-8所示。

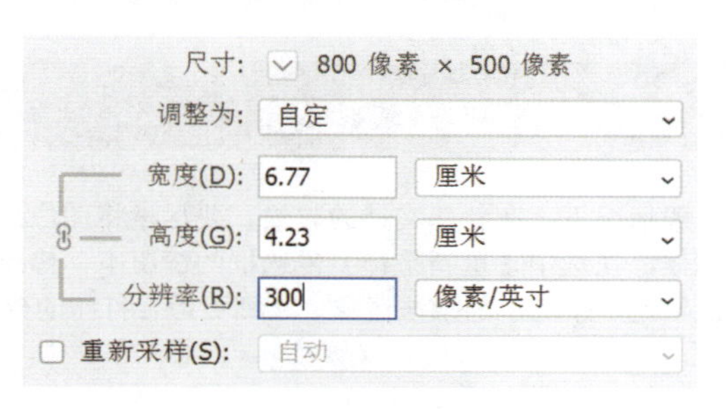


图A05-8

这时，【宽度】和【高度】的值发生了变化，之前的分辨率是72像素/英寸，宽度为28.22厘米（11.111英寸），分辨率调整为300像素/英寸后，宽度则变成了6.77厘米（2.667英寸）。因为

画面总像素值=高（像素）×宽（像素）

画面总像素值=高（英寸）×宽（英寸）×分辨率（像素/英寸）$^2$

取消选中【重新采样】复选框后，在像素值不变的情况下，提高分辨率，物理尺寸会变小。所以可以这样理解：对于一张800×500像素的图片，总像素值是40万，用于印刷的话，要设定分辨率为300像素/英寸，物理尺寸大约为7厘米×4厘米，也就是说，只能印出不到名片大小的幅面。如果用于低精度的喷绘，例如，设定分辨率为50像素/英寸（见图A05-9），则可以印出40厘米×25厘米左右的幅面，将单位变成英寸，就是16英寸×10英寸，如图A05-10所示。

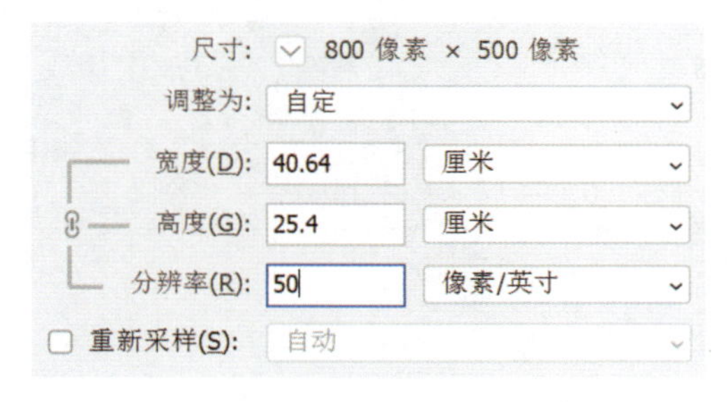


图A05-9

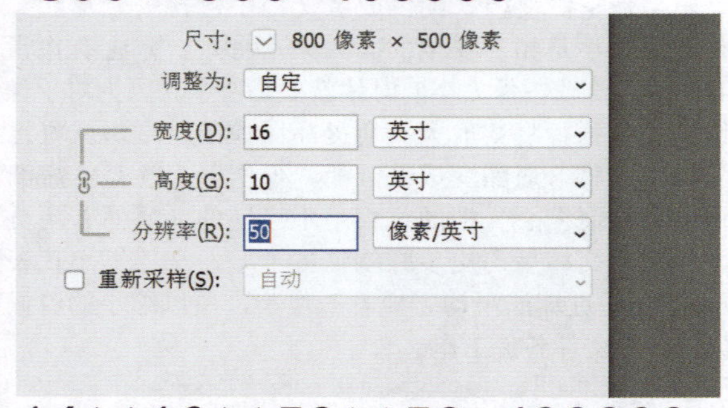


图A05-10

所以，设定多大的分辨率，与图片的印制方式有很大关系。常用的分辨率，参考A04.2课的扩展知识，设定合适的分辨率就可以了。如果必须修改物理尺寸，还需要选中【重新采样】复选框，否则分辨率就会跟着变化。

另外，【重新采样】还有下拉菜单，初学时选择默认的【自动】选项就可以了。

## 总结

一般情况下，在新建文档的时候，要尽量将图像尺寸一次设定准确，避免反复调整图像大小。当文档中有许多图层和内容的时候，在选中【重新采样】复选框的情况下，修改图像大小的过程会非常漫长。而取消选中【重新采样】复选框后，修改数值只是一个简单的乘法运算，文档更适合打印的分辨率标准，实际像素是没有变化的。

本课将介绍文件的打开、保存、关闭等常规操作，重点认识一下常用的图像文件格式。

## A06.1 打开文件

打开文档有很多种方法。可以在【文件】菜单中找到并执行【打开】命令，快捷键为Ctrl+O，如图A06-1所示。

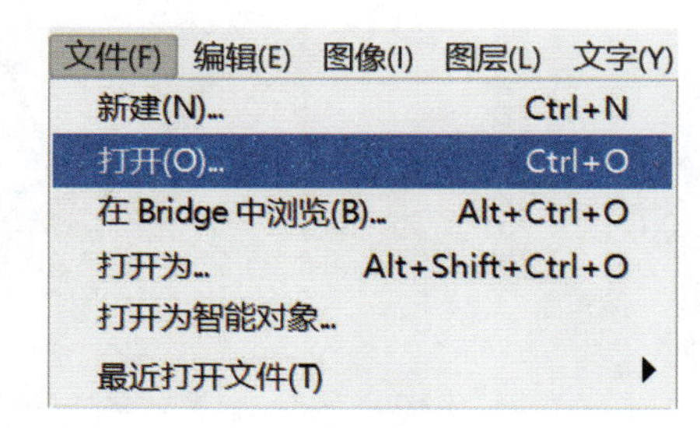


图A06-1

也可以通过双击工作面打开，在没有打开任何文档的时候，双击文档区域空白的工作面即可弹出【打开】对话框。另外，还可以将文件拖曳到Photoshop中打开。读者可以自己尝试一下。

通过选择文件格式的类型，能过滤对众多文件的显示，如图A06-2所示。例如，选择JPG格式，则对话框中就只显示JPG格式的图片。

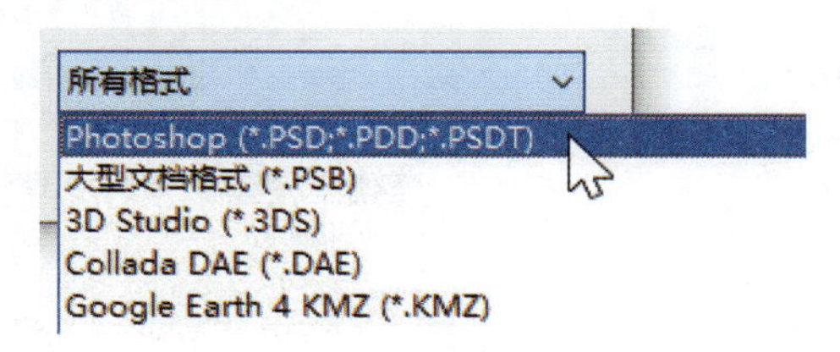


图A06-2

如果是一系列的图片，且在命名上有一定规律，例如文件名为1、2、3、4、5……则可以选中【图像序列】复选框，这样只选择文件夹里的第一张图片，就可以将其作为一个序列打开，如图A06-3所示。

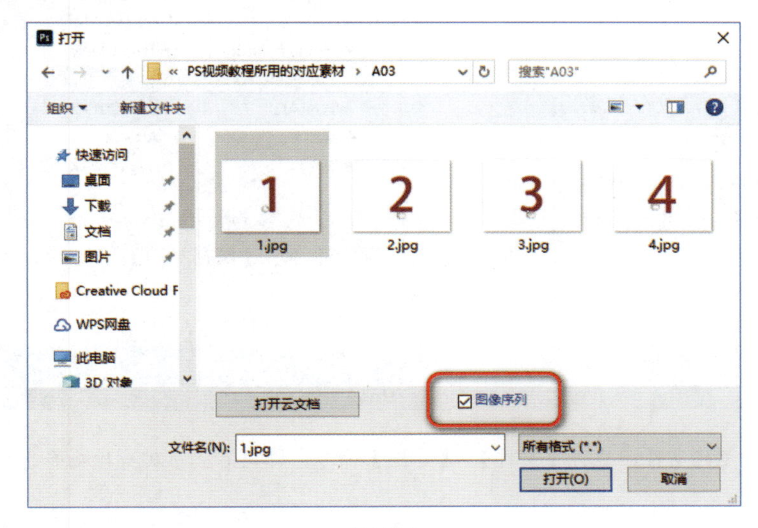


图A06-3

A06课

存储文件

我会好好保存起来的

打开后会提示设定帧速率，如图A06-4所示。

图A06-4

使用Photoshop可以制作视频动画，在电子书A30课中有详细讲解。

文件打开之后，就可以进行各种操作了。例如，选择【画笔工具】（A16课将详细讲解画笔的使用），在选项栏中设定合适的笔刷大小，然后选择黑色前景色，为这张打开的豆包图片画上黑眼珠，如图A06-5所示。

图A06-5

分镜九0034.png @ 100% (图层 1, RGB/8) * ×

图A06-6

只要对图片进行了实质的修改或处理，在文档区域的选项卡中就会出现小星号，如图A06-6所示，代表文档经过了修改，但尚未存储。

接下来了解一下关于存储需要注意的事项。

## A06.2 存储文件

Photoshop可以将文档存为网络云文档，或者存到计算机中。这里主要讲解存储到计算机中的相关操作。

在【文件】菜单中可以看到【存储】和【存储为】两个命令，如图A06-7所示。

图A06-7

直接执行【存储】命令，即可对本文件按照原格式进行存储更新，快捷键是Ctrl+S。存储后，【文件】菜单中的【存储】命令将变成灰色，即不可用，文件选项卡上的小星号也消失了，即表示存储完成，可以放心了。

下面了解一下【存储为】命令。执行该命令后会弹出【另存为】对话框，从中可以选择存储位置，修改存储名称，选择文件类型，以及设置更多额外的存储选项。

如果选择了其他存储位置，就等于把文件最新的保存结果放在其他文件夹中，而原位置的原文件并不变。也可以存储为其他名称或格式的文件。

所以要特别关注一下【保存类型】下拉菜单。

## A06.3 导出图像

使用【导出】功能可以保存不同格式的图片文件，执行【文件】-【导出】命令，即可看到多种导出命令，如图A06-8所示。

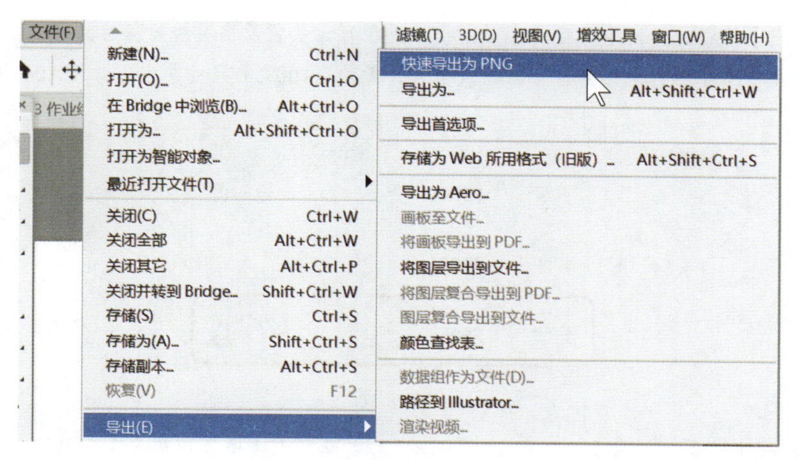


图A06-8

- 【快速导出为PNG】：将图像快速地保存为PNG格式的图片。执行该命令会弹出【另存为】对话框，从中选择存储位置，设置好存储名称，单击【保存】按钮即可。
- 【导出为】：执行该命令会弹出【导出为】对话框，可以对要保存的图片格式、图像大小、画布大小等进行设置，可以导出PNG、JPG、GIF 3种格式的图片，如图A06-9所示。

图A06-9

设置完成后，单击【导出】按钮，弹出【另存为】对话框，更改存储位置及名称进行保存。

当图像像素比较高时，执行【导出为】命令会自动缩放像素，无法以100%的尺寸导出，如图A06-10所示。

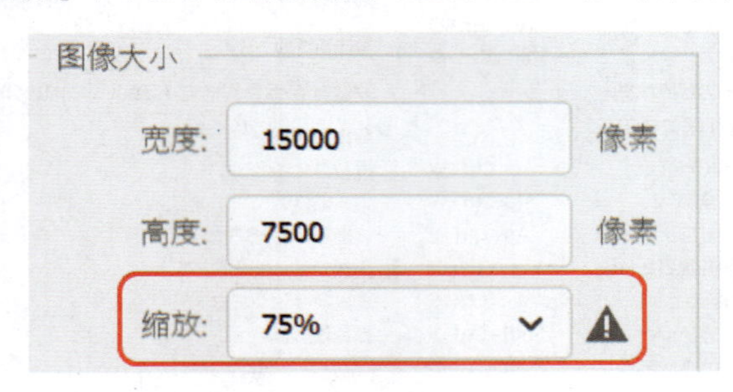


图A06-10

- 【导出首选项】：执行该命令会弹出【首选项】对话框，用来设置【快速导出格式】，在这里选择【JPG】，快速导出命令便会发生改变，如图A06-11所示。

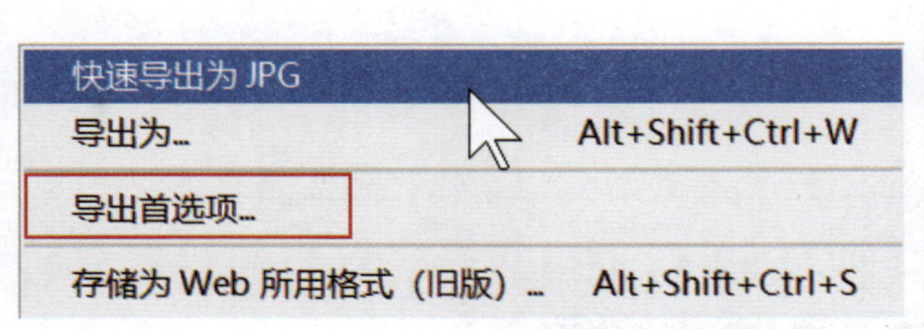

图A06-11

## A06.4 常用图片格式

【保存类型】下拉菜单如图A06-12所示，其中包含了各种类型的图片格式。

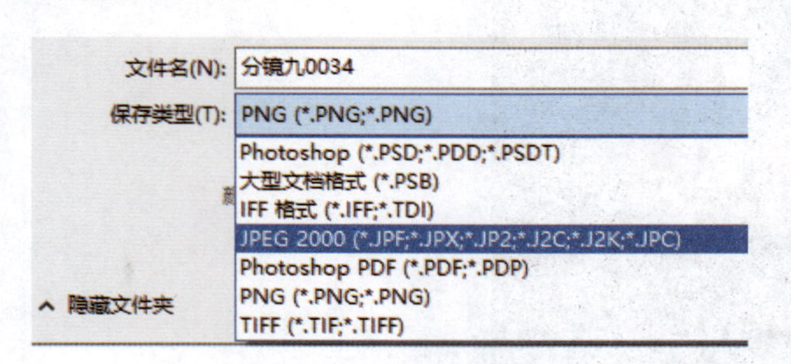


图A06-12

下面了解一下比较常用的4种图片格式。

### 1. “内涵老大”PSD

PSD是Photoshop的标准文件格式，PSD文件包含颜色、图层、通道、路径、动画等信息，是创作图像作品的原始文件，相当有内涵。可以说有Photoshop的地方，必有PSD文件，如图A06-13所示。

图A06-13

### 2. “流行巨星”JPG

JPG是最流行的图片文件格式，该格式文件体积小巧，压

敬伟教程系列

# 清大文森设计课程

学习指南

咨询、答疑

联系老师

清華大學出版社

下面是我们总结的常用PS快捷键，使用起来更简单、更顺手，能有效提高做图效率。

# PS快捷键

## 工具箱

移动工具【V】
矩形、椭圆选框工具【M】
套索、多边形套索、磁性套索【L】
快速选择、魔棒工具【W】
裁剪、切片、切片选择工具【C】
污点修复画笔、修复画笔、修补、红眼工具【J】
吸管、颜色取样器、标尺、注释工具【I】
画笔、铅笔、颜色替换工具【B】
仿制图章、图案图章工具【S】
历史记录画笔、历史记录艺术画笔工具【Y】
橡皮擦、背景橡皮擦、魔术橡皮擦工具【E】
渐变、油漆桶工具【G】
减淡、加深、海棉工具【O】
钢笔、自由钢笔【P】
横排文字、直排文字、横排文字蒙版、直排文字蒙板工具【T】
路径选择、直接选择工具【A】
矩形、圆角矩形、椭圆、多边形、直线、自定形状工具【U】
抓手工具【H】
缩放工具【Z】
临时使用抓手工具 【空格】

## 文件操作

新建图形文件 【Ctrl】+【N】
新建图层【Ctrl】+【Shift】+【N】
用默认设置创建新文件 【Ctrl】+【Alt】+【N】
打开已有的图像 【Ctrl】+【O】
打开为... 【Ctrl】+【Shift】+【Alt】+【O】
关闭当前图像 【Ctrl】+【W】
关闭全部图像【Alt】+【Ctrl】+【W】
保存当前图像 【Ctrl】+【S】
另存为... 【Ctrl】+【Shift】+【S】
存储副本 【Ctrl】+【Alt】+【S】
打印 【Ctrl】+【P】
恢复【F12】
导出为...【Alt】+【Shift】+【Ctrl】+【W】

## 编辑操作

还原/重做前一步操作 【Ctrl】+【Z】
拷贝选取的图像或路径 【Ctrl】+【C】
粘贴选取的图像或路径 【Ctrl】+【V】
原位粘贴【Shift】+【Ctrl】+【V】
自由变换 【Ctrl】+【T】
再次自由变换 【Shift】+【Ctrl】+【T】
剪切 【Ctrl】+【X】
搜索【Shift】+【F】

## 图层混合

循环选择混合模式 【shift】+【-】或【+】
正常 【Shift】+【Alt】+【N】
溶解 【Shift】+【Alt】+【I】
变暗 【Shift】+【Alt】+【K】
正片叠底 【Shift】+【Alt】+【M】
颜色加深 【Shift】+【Alt】+【B】
线性加深 【Shift】+【Alt】+【A】
变亮【Shift】+【Alt】+【G】
滤色 【Shift】+【Alt】+【S】
颜色减淡 【Shift】+【Alt】+【D】
线性减淡 【Shift】+【Alt】+【W】
叠加 【Shift】+【Alt】+【O】
柔光 【Shift】+【Alt】+【F】
强光 【Shift】+【Alt】+【H】
亮光 【Shift】+【Alt】+【V】
线性光 【Shift】+【Alt】+【J】
点光 【Shift】+【Alt】+【Z】

## 视图操作

放大视图 【Ctrl】+【+】
缩小视图 【Ctrl】+【-】
满画布显示 【Ctrl】+【0】
向上卷动一屏 【PageUp】
向下卷动一屏 【PageDown】
向左卷动一屏 【Ctrl】+【PageUp】
向右卷动一屏 【Ctrl】+【PageDown】
显示/隐藏标尺 【Ctrl】+【R】
显示/隐藏参考线 【Ctrl】+【H】

## 选择功能

全部选取 【Ctrl】+【A】
取消选择 【Ctrl】+【D】
重新选择 【Ctrl】+【Shift】+【D】
所有图层 【Ctrl】+【Alt】+【A】
反向选择 【Ctrl】+【Shift】+【I】
路径变选区 数字键盘的【Enter】
查找图层 【Alt】+【Ctrl】+【Shift】+【F】

## 图像调整

调整色阶 【Ctrl】+【L】
打开曲线调整对话框 【Ctrl】+【M】
色相/饱和度 【Ctrl】+【U】
色彩平衡 【Ctrl】+【B】
黑白 【Alt】+【Shift】+【Ctrl】+【B】

下面是我们总结的常用AI快捷键，使用起来更简单、更顺手，能有效提高做图效率。

# AI快捷键

## 工具

- 选择【V】
- 直接选择【A】
- 魔棒【Y】
- 套索【Q】
- 画板【Shift+O】
- 钢笔【P】
- 添加锚点【=】
- 删除锚点【-】
- 锚点【Shift+C】
- 曲率工具【Shift+~ 】
- 直线段【\】
- 矩形【M】
- 椭圆【L】
- 画笔【B】
- 斑点画笔【Shift+B】
- 铅笔【N】
- Shaper 工具【Shift+N】
- 符号喷枪【Shift+S】
- 柱形图【J】
- 切片【Shift+K】
- 透视网格【Shift+P】
- 透视选区【Shift+V】
- 文字【T】
- 修饰文字【Shift+T】
- 渐变【G】
- 网格【U】
- 形状生成器【Shift+M】
- 实时上色工具【K】
- 实时上色选择【Shift+L】
- 旋转【R】
- 镜像【O】
- 缩放【S】
- 宽度【Shift+W】
- 变形【Shift+R】
- 自由变换【E】
- 吸管【I】
- 混合【W】
- 橡皮擦【Shift+E】
- 剪刀【C】
- 抓手【H】
- 旋转视图工具【Shift+H】
- 缩放【Z】
- 切换填色/描边 【X】
- 默认前/后背景色 【D】
- 互换填色/描边【Shift+X】
- 颜色【,】

## 工具

- 渐变【.】
- 切换屏幕模式【F】
- 显示/隐藏所有调板【Tab】
- 显示/隐藏除工具箱外的所有调板 【Shift】+【Tab】
- 增加直径【]】
- 减小直径 【[】
- 符号工具 - 增大强度 【Shift】+【}】
- 符号工具 - 减小强度 【Shift】+【{】
- 切换绘图模式 【Shift】+【D】
- 演示文稿模式 【Shift】+【F】
- 退出演示文稿模式【Ese】

## 菜单命令

- 新建【Ctrl】+【N】
- 从模板新建【Shift】+【Ctrl】+【N】
- 打开【Ctrl】+【O】
- 关闭【Ctrl】+【W】
- 关闭全部 【Alt】+【Ctrl】+【W】
- 存储【Ctrl】+【S】
- 存储为【Shift】+【Ctrl】+【S】
- 存储副本【Alt】+【Ctrl】+【S】
- 恢复【F12】
- 搜索 【Adobe Stock】
- 置入【Shift】+【Ctrl】+【P】
- 导出为多种屏幕所用格式 【Alt】+【Ctrl】+【E】
- 其他脚本 【Ctrl】+【F12】
- 文档设置【Alt】+【Ctrl】+【P】
- 文件信息【Alt】+【Shift】+【Ctrl】+【I】
- 打印【Ctrl】+【P】
- 退出【Ctrl】+【Q】
- 还原【Ctrl】+【Z】
- 重做【Shift】+【Ctrl】+【Z】
- 剪切【Ctrl】+【X】
- 复制【Ctrl】+【C】
- 粘贴【Ctrl】+【V】
- 贴在前面 【Ctrl】+【F】
- 贴在后面 【Ctrl】+【B】
- 就地粘贴【Shift】+【Ctrl】+【V】
- 删除所选对象 【DEL】
- 选取全部对象 【Ctrl】+【A】
- 取消选择 【Ctrl】+【Shift】+【A】
- 再次转换 【Ctrl】+【D】
- 置于顶层 【Ctrl】+【Shift】+【]】
- 前移一层 【Ctrl】+【]】
- 置于底层 【Ctrl】+【Shift】+【[】

## 菜单命令

- 后移一层 【Ctrl】+【[】
- 编组 【Ctrl】+【G】
- 取消编组 【Ctrl】+【Shift】+【G】
- 锁定所选对象 【Ctrl】+【2】
- 全部解除锁定 【Ctrl】+【Alt】+【2】
- 隐藏所选对象 【Ctrl】+【3】
- 显示所有已隐藏的对象 【Ctrl】+【Alt】+【3】
- 对齐路径点 【Ctrl】+【Alt】+【J】
- 建立混合对象 【Ctrl】+【Alt】+【B】
- 释放混合对象 【Ctrl】+【Alt】+【Shift】+【B】
- 建立剪切蒙版 【Ctrl】+【7】
- 释放剪切蒙版 【Ctrl】+【Alt】+【7】
- 建立复合路径 【Ctrl】+【8】
- 释放复合路径 【Ctrl】+【Shift】+【Alt】+【8】

## 视图操作

- 将图像显示为边框模式(切换) 【Ctrl】+【Y】
- 文字右对齐或底对齐 【Ctrl】+【Shift】+【R】
- 文字分散对齐 【Ctrl】+【Shift】+【J】
- 放大视图 【Ctrl】+【+】
- 缩小视图 【Ctrl】+【-】
- 放大到页面大小 【Ctrl】+【0】
- 实际像素显示 【Ctrl】+【1】
- 显示/隐藏路径的控制点 【Ctrl】+【H】
- 隐藏模板 【Ctrl】+【Shift】+【W】
- 显示/隐藏标尺 【Ctrl】+【R】
- 显示/隐藏参考线 【Ctrl】+【;】
- 锁定/解锁参考线 【Ctrl】+【Alt】+【;】
- 将所选对象变成参考线 【Ctrl】+【5】
- 显示/隐藏网格 【Ctrl】+【" 】
- 贴紧网格 【Ctrl】+【Shift】+【" 】
- 智能参考线 【Ctrl】+【U】
- 显示/隐藏“字符”面板 【Ctrl】+【T】
- 显示/隐藏“段落”面板 【Ctrl】+【M】
- 显示/隐藏“制符表”面板 【Ctrl】+【Alt】+【T】
- 显示/隐藏“画笔”面板 【F5】
- 显示/隐藏“颜色”面板 【F6】
- 显示/隐藏“图层”面板 【F7】
- 显示/隐藏“信息”面板 【Ctrl】+【F8】
- 显示/隐藏“渐变”面板 【Ctrl】+【F9】
- 显示/隐藏“描边”面板 【Ctrl】+【F10】
- 显示/隐藏“属性”面板 【F11】
- 显示/隐藏所有命令面板 【Tab】
- 显示或隐藏工具箱以外的所有面板 【Shift】+【Tab】

## 敬伟教程系列设计丛书

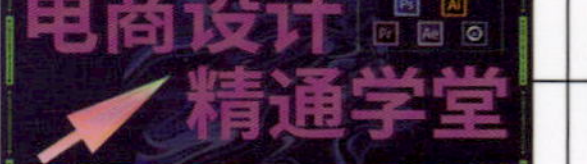


电商设计精通学堂

咨询、答疑
请联系老师

P图帝

- 电商设计第一套课：软件基础
- 学习软件：Adobe Photoshop
- 课程结构：软件理论+案例实操
- 课程模式：直播为主，搭配录播+实体书籍+课后辅导

AI超高手

- 电商设计第二套课：软件基础
- 学习软件：Adobe Illustrator
- 课程结构：软件理论+案例实操
- 课程模式：直播为主，搭配录播+实体书籍+课后辅导

新鲜美工

- 电商设计第三套课：行业入门
- 课程目录
  - 第一节课：走进电商世界
  - 第二节课：排版构图
  - 第三节课：色彩搭配
  - 第四节课：产品调色
  - 第五节课：光影投影
  - 第六节课：产品精修
  - 第七节课：空间透视
  - 第八节课：场景搭建
- 课程结构：软件理论+案例实操
- 课程模式：直播为主，搭配录播+实体书籍+课后辅导

大美工

- 电商设计第四套课：行业入门
- 课程目录
  - 第一节课：字体设计
  - 第二节课：LOGO设计
  - 第三节课：主图设计
  - 第四节课：详情页设计
  - 第五节课：首页设计
  - 第六节课：店铺装修
  - 第七节课：兼职+面试技巧
- 课程结构：软件理论+案例实操
- 课程模式：直播为主，搭配录播+实体书籍+课后辅导

C4D商业渲染

- 电商设计第五套课：技能延伸
- 课程结构：软件理论+案例实操
- 课程模式：直播为主，搭配录播+实体书籍+课后辅导
- 作用：掌握3D建模，提高行业竞争力

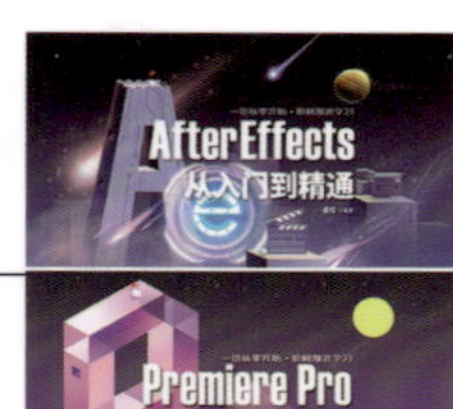


AE+PR 视频课

- 电商设计第六套课：技能延伸
- 课程结构：实体书+视频课
- 课程模式：精品录播
- 作用：掌握剪辑特效制作，达到高薪收入的目标

Adobe国际认证考试

- Adobe官方国际认证
- PS/AI 认证证书任选一门
- 作用：增强就业竞争力

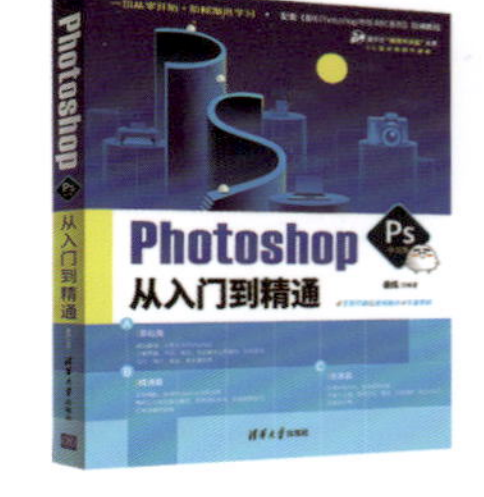


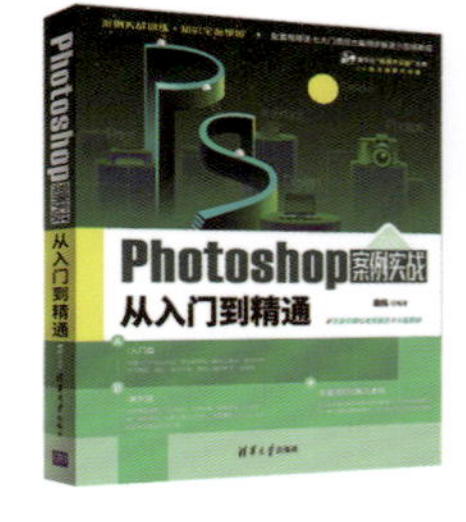


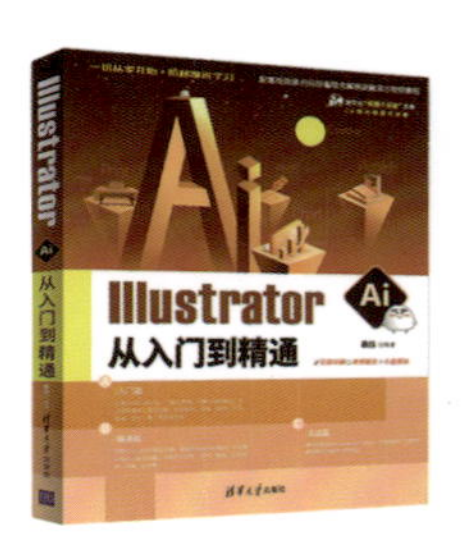

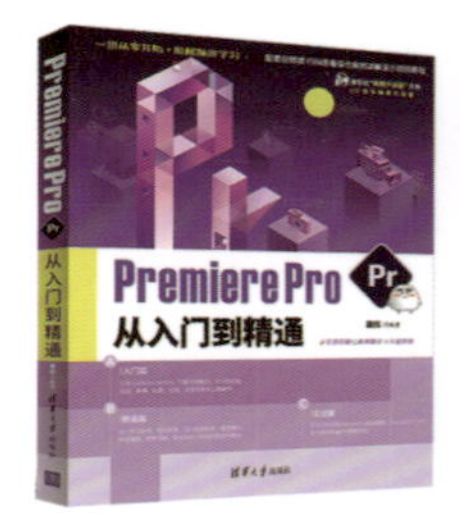


*该页面课程安排及内容仅供参考，实际安排请以报名之后为准

缩比可变，支持交错，广泛用于互联网传输。

### 3. “透明高手”PNG

PNG格式文件可以无损压缩，支持透明效果。

### 4. “运动达人”GIF

GIF格式文件最大的特色就是支持动画。常见的动态图片、聊天表情大都是GIF格式。

图像格式还有很多，如HEIC、BMP、TIFF、TGA等，在以后的学习和工作中遇到新的格式不用慌，通过逐步学习，将会掌握更多专业格式的知识。

## A06.5 关闭文件

单击文件选项卡上的关闭按钮，即可关闭文档。如果文档还没有保存，则会提示保存。也可以执行【文件】-【关闭】命令关闭文档，如图A06-14所示，快捷键为Ctrl+W。如果有多个文件，可以执行【关闭全部】命令。

图A06-14

## 总结

【新建】【打开】【存储】【关闭】等命令都是常规操作，了解即可。要重点掌握PSD文件格式，这是学习和使用Photoshop时最常用的图片格式。

A07课

# 性能配置

## 开工前的准备工作

本课将带领读者学习Photoshop的一些参数配置。将软件调试得得心应手，接下来的学习和操作才会更加顺畅。如果把PS工作当成一场战斗，设定性能配置则是重要的后勤准备工作。

## A07.1 首选项

在Windows下Photoshop的【编辑】菜单中可以找到【首选项】选项，如图A07-1所示。macOS下Photoshop的【首选项】位置如图A07-2所示。

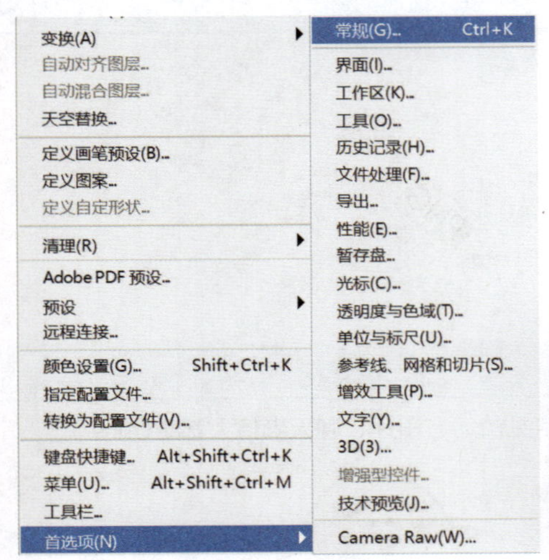


图A07-1

图A07-2

【首选项】是Photoshop的个性化设置，可以深入调节软件的一些性能。对于初学者来说，需要先了解以下3点。

### 1. 暂存盘

Photoshop在工作的时候，会产生临时文件，因为软件在运算的过程中会产生大量的数据，要把数据暂时保存在硬盘空间中。一般情况下，暂存盘默认设置为第一个驱动器。对于Windows来说，也就是C盘，如图A07-3所示。

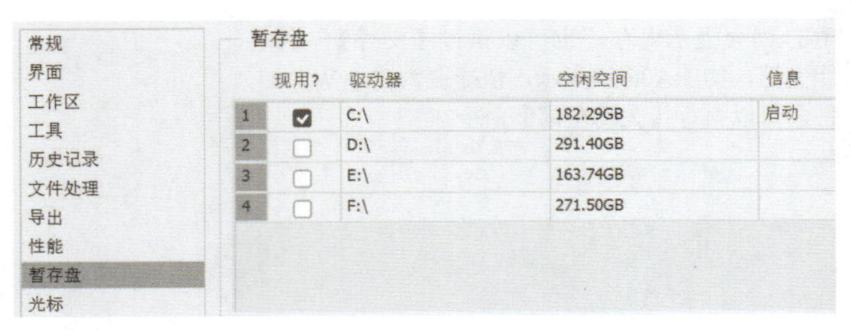


图A07-3

如果C盘空间不够大，就要注意了，在处理比较大的文件时，缓存文件有可能会把这个驱动器塞满，Photoshop则会提示暂存盘已满，命令无法执行，这时软件就基本上处于崩溃的边缘了。所以推荐取消使用C盘，转而使用其他空闲空间比较大的驱动器，如图A07-4所示。

对于苹果计算机来说，一般都是一体化驱动器，保证有足够空闲空间即可，一般不做修改，如图A07-5所示。

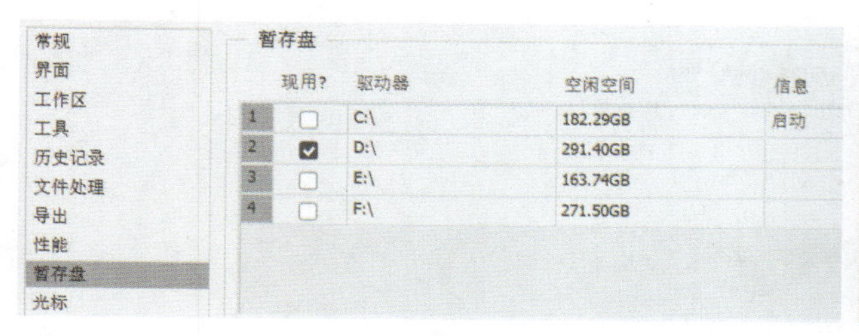


图A07-4

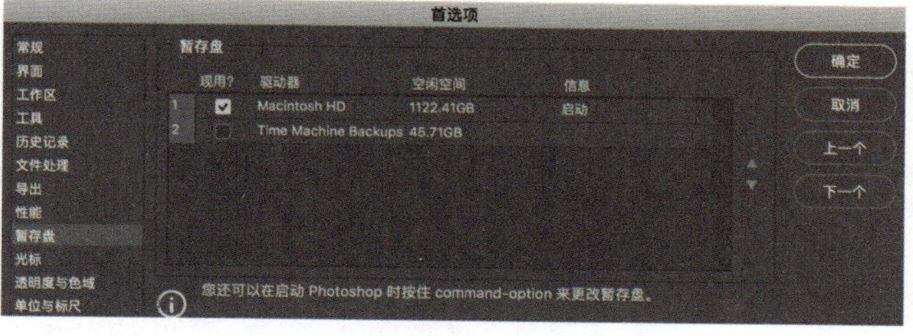


图A07-5

## 2. 历史记录状态

如图A07-6所示，单击【性能】选项，找到【历史记录状态】。

【历史记录状态】数值代表计算机缓存的历史工作步骤，它的值越高，能够返回的步骤就越多，即操作失误后，可以找回更多的历史记录，有更多后悔的机会。在计算机配置足够的情况下，该数值越高越好。A15课将会对历史工具及相关功能做详细的讲解。

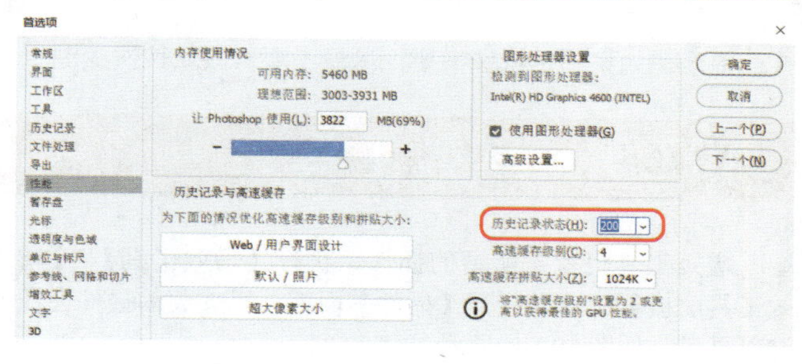


图A07-6

## 3. 自动保存

有些人的操作习惯是时时刻刻按Ctrl+S键，做几步就要保存一次，虽然麻烦，但这个习惯值得提倡。

有些人的操作习惯则是一直不停地做，一路潇潇洒洒，直到最后做完才保存，这个习惯很有风险，效仿需谨慎。

Photoshop的【首选项】里有关于自动保存的设置，选中后软件会自动保存。如图A07-7所示，在【文件处理】的【文件存储选项】中可以找到【自动存储恢复信息的间隔】一项，可以选择10分钟保存一次，也可以将该间隔时间设置得久一些。

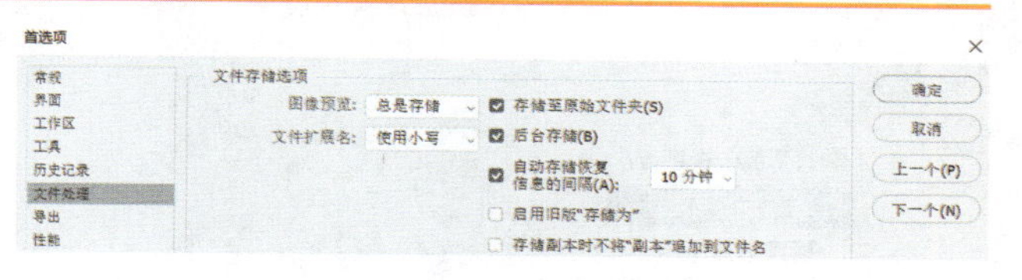


图A07-7

Photoshop的自动保存由后台静默处理，只要计算机配置不是特别低，一般是感觉不到速度明显变慢的。当Photoshop因为死机或者其他情况意外退出后，再次启动Photoshop的时候，就会自动恢复最近保存的文件。

# A07.2 快捷键设置

使用快捷键可以让工作变得更加高效，可以对Photoshop快捷键进行自定义设置。执行【编辑】-【键盘快捷键】命令，打开【键盘快捷键和菜单】对话框，如图A07-8所示，可以看到所有默认的快捷键。

为了在使用上更加顺手，可以自行修改某些快捷键；如果某些命令或工具没有快捷键，想自己加一组快捷键，都是可以的。

例如，找到【取消选择】选项，默认快捷键是Ctrl+D，选择之后，在键盘上按下Ctrl+E，快捷键就被修改了。然而，Ctrl+E本身就是【合并图层】的快捷键。所以会提示是否要把原来的定义移去，移去之后，【合并图层】的快捷键就没有了，如图A07-9所示。

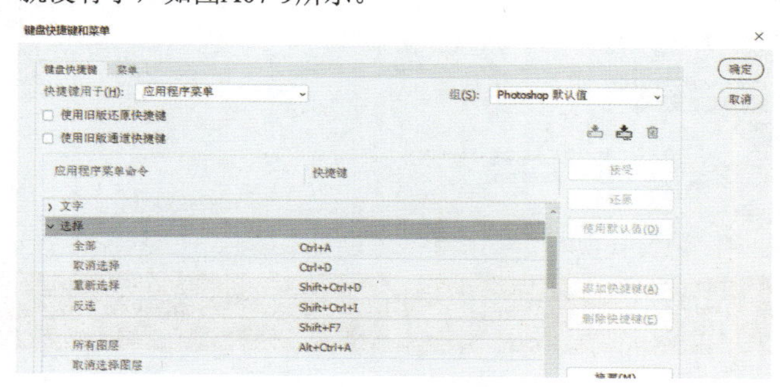


图A07-8

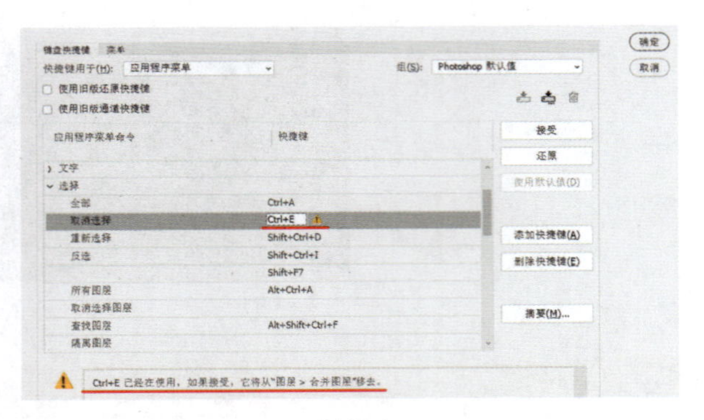

图A07-9

提示，如果不是特殊需要，尽量不要修改默认快捷键。本书的讲解都是基于默认快捷键的。

## A07.3 增效工具

增效工具也就是所谓的插件，执行【增效工具】-【增效工具面板】命令，打开【插件】面板，已安装的插件会在这里显示，如图A07-10所示。

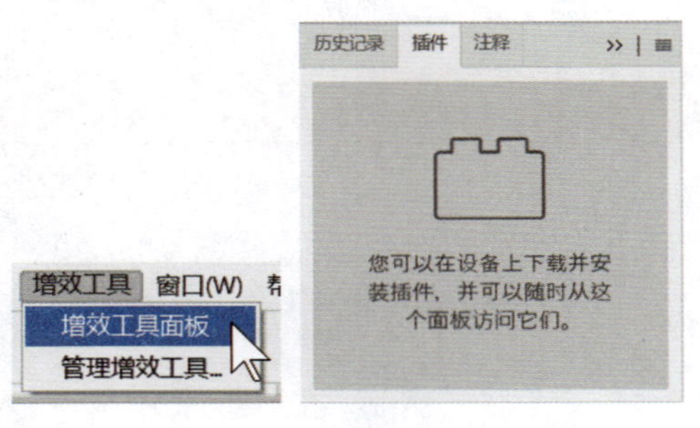


图A07-10

在【首选项】里可以对增效工具进行相应的设置，如图A07-11所示。

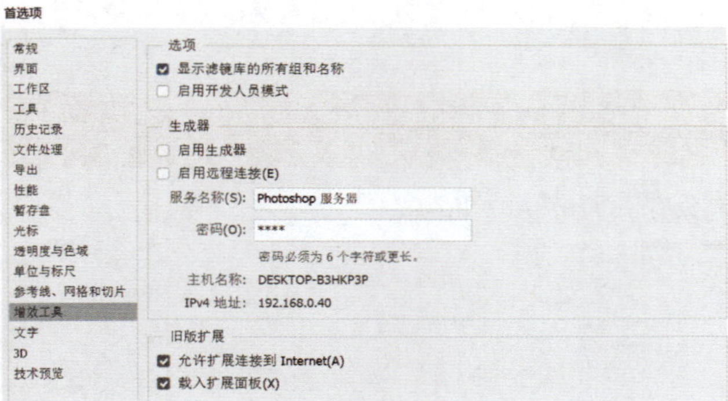

图A07-11

【显示滤镜库的所有组和名称】用于控制【滤镜】菜单下滤镜的显示。不选中该复选框，不会显示在下方的滤镜列表中，选中该复选框后便会显示在下方的滤镜列表中，图A07-12所示为选中前和选中后【滤镜】菜单的对比。

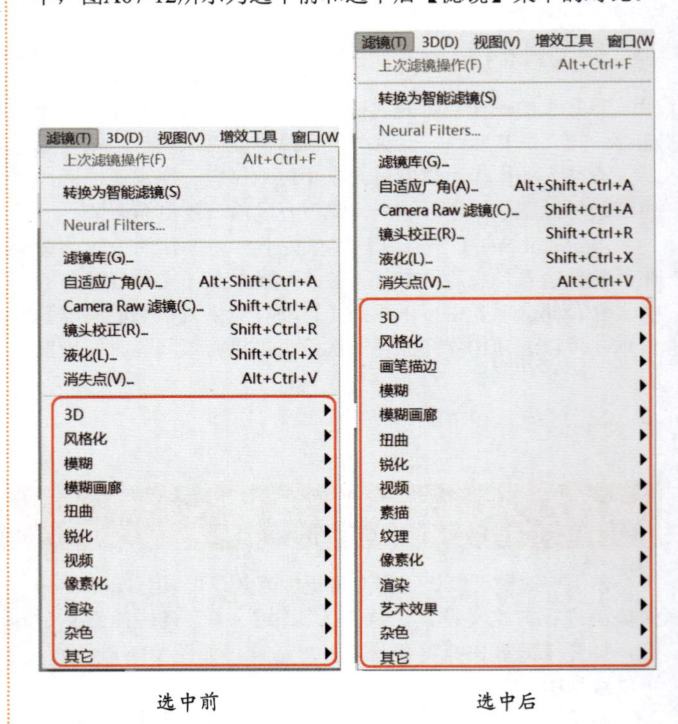


图A07-12

## 总结

【首选项】是开始工作前首先要调整的选项，调整后的Photoshop用起来会更加得心应手。

在前面的课程中，我们了解了主界面，学会了建立文档和查看文档，也学会了软件的首选项设置。接下来是不是可以处理图片了呢？别着急，还有一个非常重要的部分我们必须学会，那就是图层的操作。

## A08.1 图层的概念

什么是图层？图层的用途是什么？

简单来说，图层就是图像的层次。如图A08-1所示，图层就像一张张透明胶片，可以在每张胶片的不同区域画上不同色彩的颜料，然后将所有的胶片重叠起来，就完成了整幅作品。

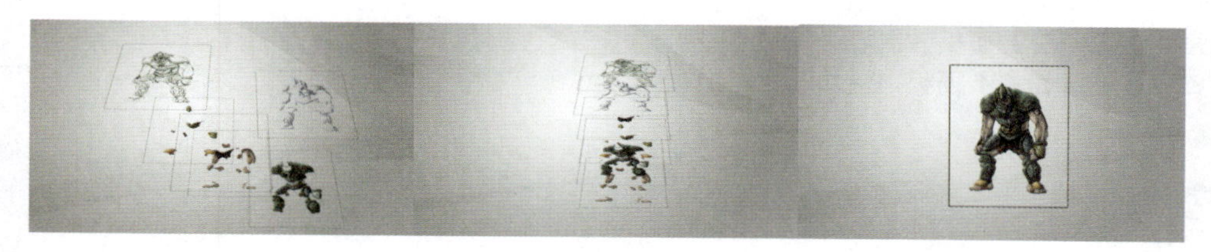

图A08-1

我们可以很方便地单独调整和修改某个图层，而不用担心影响其他图层。图层还有很多令人惊喜的功能和优点，在A21课中将会讲解更多相关内容。

Photoshop的图层有很多类型，如普通图层、背景图层、智能对象图层、调整图层、填充图层、视频图层、矢量图层、3D图层、文字图层、图框图层等，如图A08-2所示。

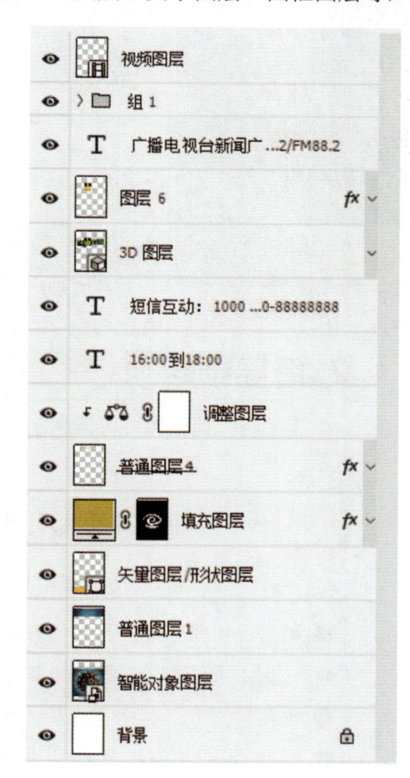


图A08-2

不同类型的图层包含不同的功能和属性，在后面的课程中都会一一讲解。本课要讲解的是图层通用的查看和操作方式。

A08课

图层知识

图层是PS的基石

## A08.2 图层面板

图层的操作选项存在于两个位置，一个是菜单栏上的【图层】菜单（见图A08-3），另一个是【图层】面板，两者的很多功能都是相通的。

Ps 文件(F) 编辑(E) 图像(I) 图层(L) 文字(Y) 选择(S)

图A08-3

一般在默认的主界面上会显示【图层】面板（见图A08-4），当找不到【图层】面板的时候，可以回顾一下第A03课，使用复位工作区的方式显示【图层】面板，或者通过执行【窗口】-【图层】命令，唤出【图层】面板，快捷键为F7。

打开本课素材，如图A08-5所示，这是一个包含多种图层类型的PSD文件。

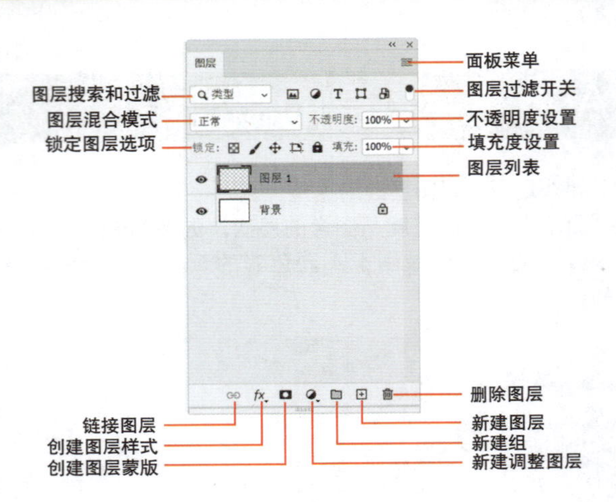


图A08-4

图A08-5

### 1. 图层过滤

通过图层过滤按钮可以快速找到相应类型的图层，例如，单击过滤文字图层的按钮 T，图层列表就只显示文字图层（见图A08-6）。关闭图层过滤的开关 •，则会显示所有图层。

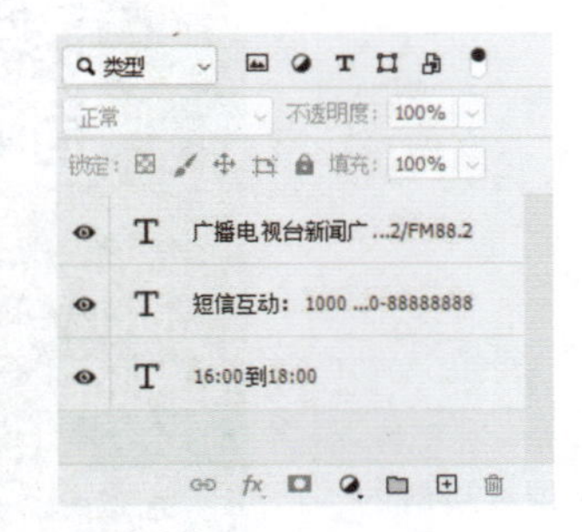


图A08-6

### 2. 图层锁定

为了防止误操作，可以将图层锁定保护起来，如图A08-7所示。

锁定：

图A08-7

- 锁定透明像素：透明的部分不可以被编辑。
- 锁定图像像素：像素的部分不可以被编辑。
- 锁定位置：不可以被移动变换。
- 防止在画板内外自动嵌套：把图层锁定在固定画板上。
- 锁定全部：完全不能编辑。

# A08.3 新建图层

新建普通图层有以下3种方式。

（1）在【图层】面板中单击新建按钮⊞（可以结合Alt键打开【新建图层】对话框），如图A08-8中的①所示。

（2）在【图层】面板的菜单中选择【新建图层】选项，如图A08-8中的②所示。

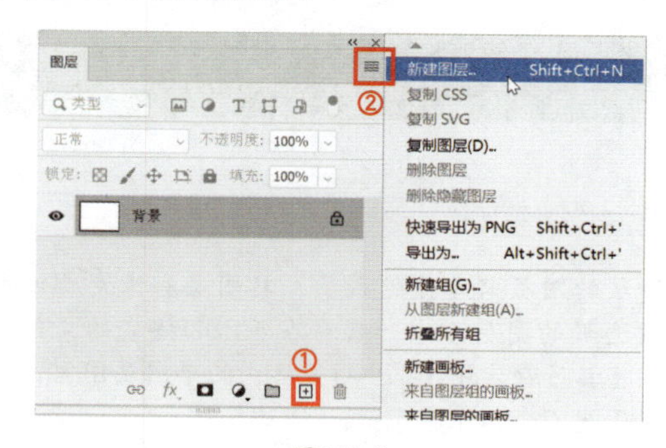

图A08-8

（3）在【图层】菜单中执行【新建】-【图层】命令，如图A08-9所示。

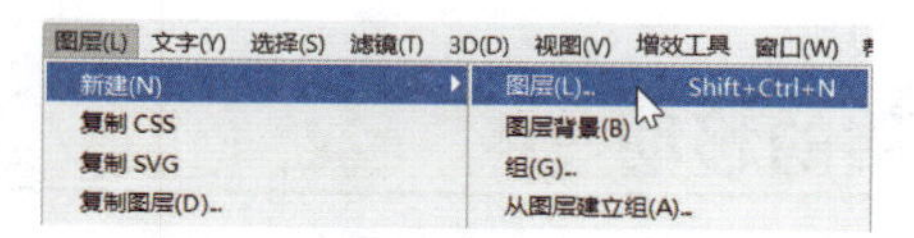

图A08-9

新建图层的快捷键是Shift+Ctrl+N。

在【新建图层】的对话框中（见图A08-10）可以预先为图层起一个名字，还可以通过选中【使用前-图层创建剪贴蒙版】复选框创建剪贴蒙版，A21课将会详细讲解剪贴蒙版，现在保持默认即可。

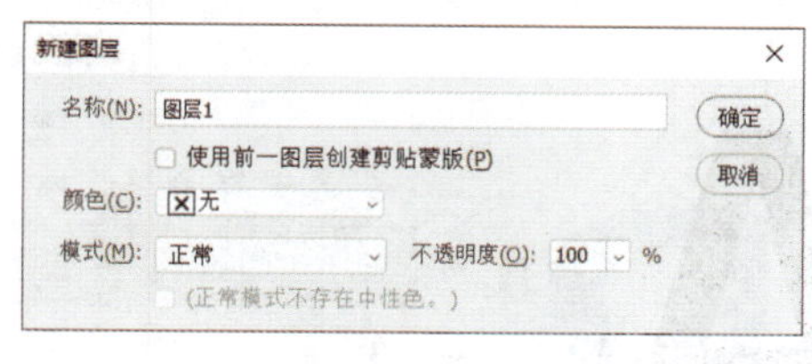

图A08-10

还可以选择一种颜色，这个颜色是图层的识别颜色，并不是图层上像素的颜色，如图A08-11所示。

图A08-11

【模式】即图层的混合模式（见图A08-12），B05课将会讲解有关混合模式的知识。

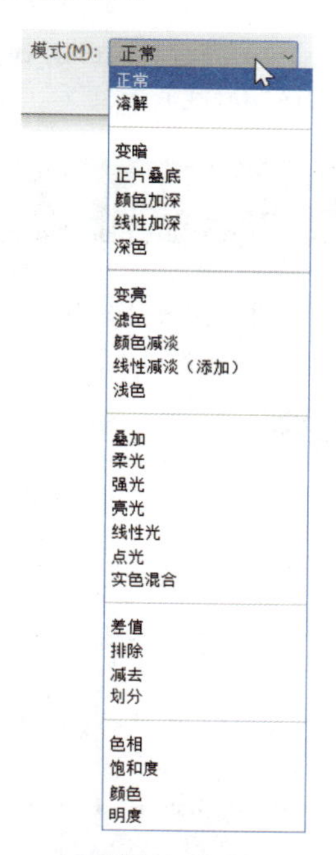

图A08-12

对于不透明度，默认设置为100%，在【图层】面板中也可以随时调整。设定好图层以后，单击【确定】按钮，一个新图层就建立好了。

图层建好以后，图层前面的小眼睛图标显示刚才设置的识别颜色。可以在图层上右击，以修改识别颜色（见图A08-13），这个颜色方便我们识别和分类，而图层本身的像素并没有颜色信息，图层上显示的是表示透明的灰白网格。

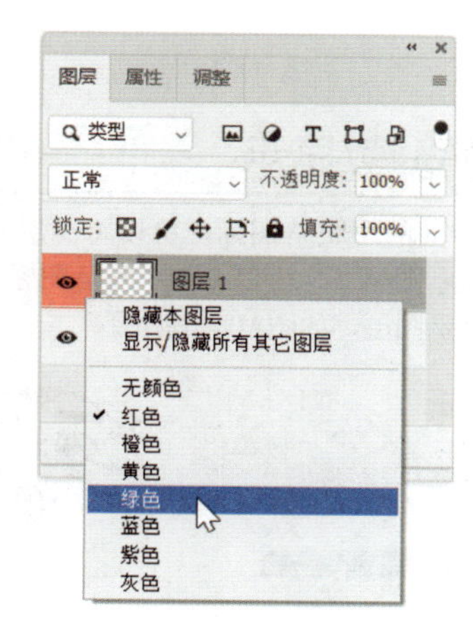

图A08-13

另外，还可以在图层名称的位置双击以修改图层名称。例如，用快捷按钮新建的图层，默认的名称是“图层1”“图层2”等，建好图层以后，双击即可改名，如图A08-14所示。

图A08-14

值得注意的是，双击的时候，一定要双击文字区域，如果双击缩略图，或者双击空白区域，会弹出【图层样式】对话框（B03课会详细讲解图层样式）。

# A08.4 图层操作

本课将讲解图层的操作方法，包括选中图层、移动图层、删除图层等。

## 1. 图层的选中

单击图层，即可选中它，选中的图层会以高亮显示。可以结合Ctrl和Shift键一次性选中多个图层，如图A08-15所示。

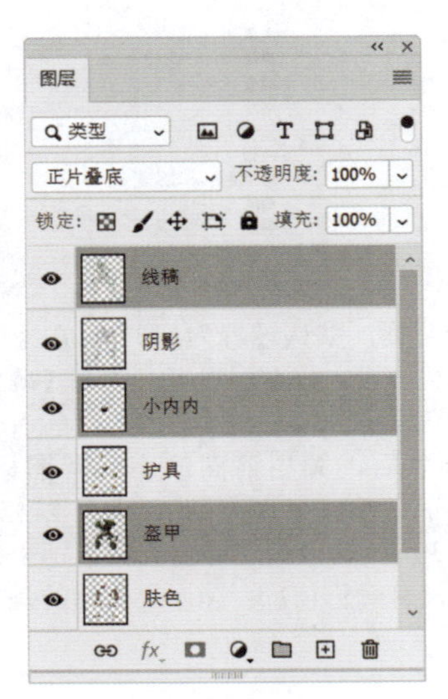


图A08-15

## 2. 图层的隐藏/显示

单击图层前面的小眼睛图标，可以将图层隐藏，再次单击，即可重新显示图层。也可以右击小眼睛图标，在快捷菜单中选择隐藏或显示图层，如图A08-16所示。

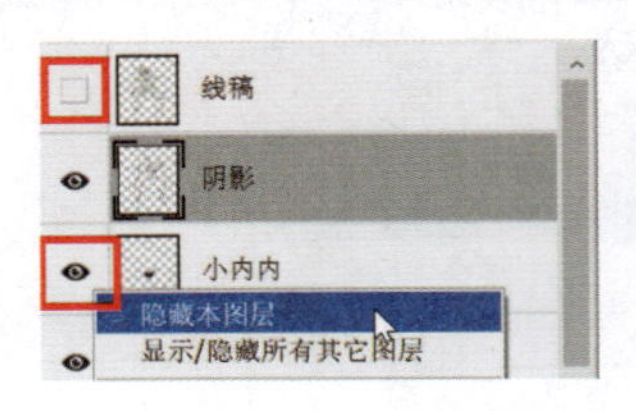

图A08-16

> **SPECIAL 扩展知识**
>
> 隐藏的图层只是被隐藏了，其图层和像素都没有丢失，被隐藏的图层可以一直存在于PSD格式的文件里，但如果将其另存为JPG、PNG等格式的单图层图像，则隐藏的图层就不会被保存了。

如果想单独查看某个图层，而隐藏其他图层，可以在按住Alt键的同时单击小眼睛图标，重复单击，可以实现隐藏和显示的切换。

## 3. 图层的移动

选中图层后，可以上下拖曳图层，进行上下次序的改变。图层的次序一旦发生变化，画面上的叠加显示效果也会发生变化，由原来的A遮挡B（见图A08-17），变成了B遮挡A（见图A08-18）。由此可见，修改图层的次序对最终画面的影响是非常大的。

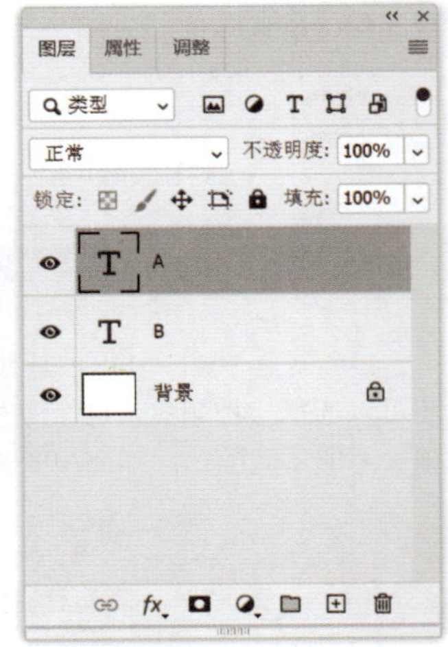


图A08-17

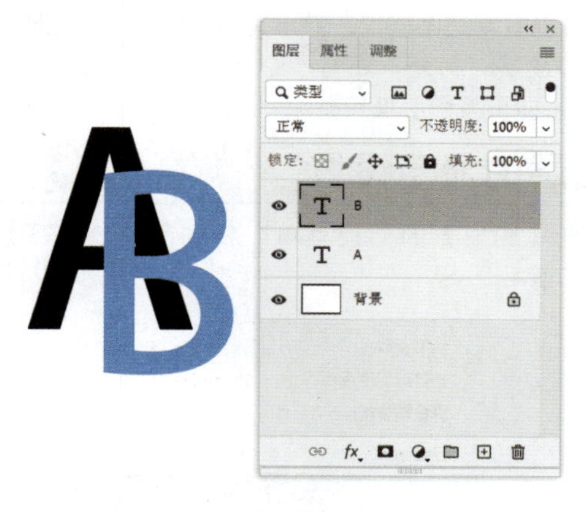


图A08-18

### 快捷键

- Ctrl+［：将选中的图层向下移动一层，重复操作，就可以一直向下移动，直到最下方（背景图层上方）。
- Ctrl+］：将选中的图层向上移动一层，重复操作，就可以一直向上移动，直到最上方。
- Shift+Ctrl+］：将选中的图层直接移到最上方。
- Shift+Ctrl+［：将选中的图层直接移到最底层（背景图层上方）。

在【图层】-【排列】菜单中也可以找到相应的命令，如图A08-19所示。

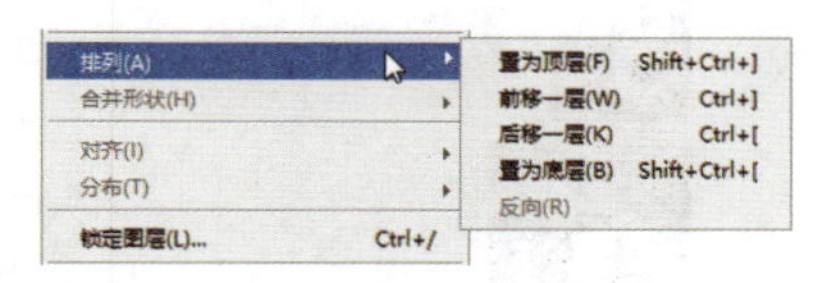


图A08-19

## 4. 图层的复制

下面分别介绍复制图层的几种方法。

（1）在【图层】菜单中执行【复制图层】命令即可复制图层，如图A08-20和图A08-21所示。

图A08-20

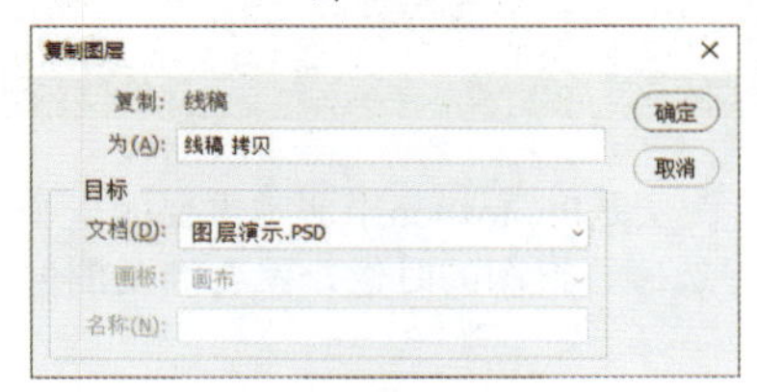


图A08-21

（2）使用快捷键复制图层。按住Alt键，在图层列表上拖曳某个图层，当鼠标变成双箭头时，松开鼠标，此时图层就被复制了一份，如图A08-22所示。

图A08-22

如果按住Alt键在画面上进行拖曳，也可以实现复制，而且鼠标松开的位置，就是复制到的位置。

（3）在【图层】面板中将某图层拖曳到新建图层按钮上，松开鼠标后，也可以复制图层，如图A08-23所示。

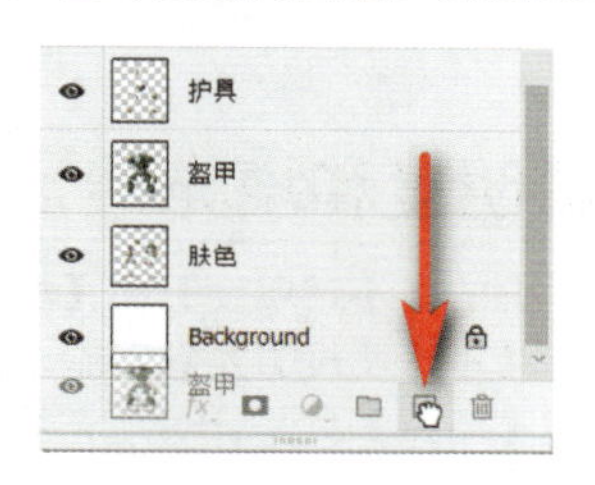


图A08-23

另外，也可以通过Ctrl+J快捷键复制被选中的目标图层，如图A08-24所示。复制后的新图层会自动放置在目标图层的上方，并且与原图层的位置重叠。同样也可以对多图层进行此操作。

图A08-24

使用Ctrl+J快捷键虽然看上去像是复制，其实这是一个新建的过程，这个命令也可以在【图层】-【新建】菜单中找到，叫作【通过拷贝的图层】（见图A08-25），意思是通过对目标图层的拷贝，新建一个和目标图层一样的图层。

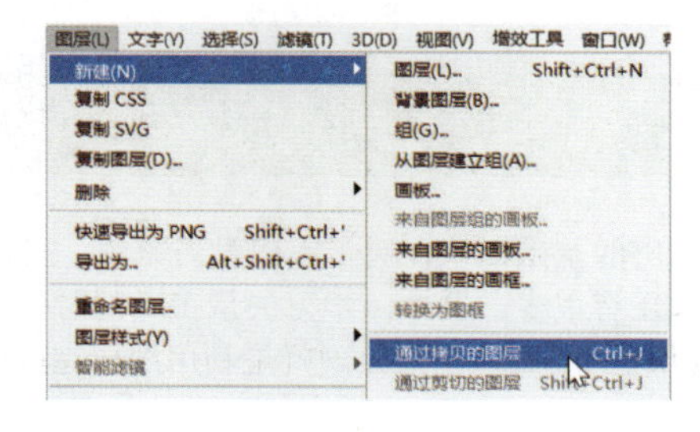


图A08-25

### 豆包：“复制图层能用通用的Ctrl+C快捷键吗？”

也可以哦，在【编辑】菜单中可以找到【拷贝】命令（见图A08-26），快捷键就是Ctrl+C，拷贝后，执行【粘贴】命令（快捷键为Ctrl+V）就可以了（对于某些旧版PS，可能需要先有选区才可以拷贝）。

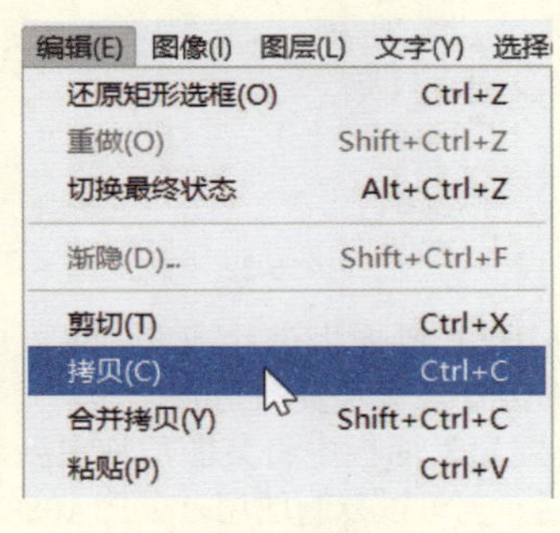


图A08-26

## 5. 设定不透明度和填充

【图层】面板上的【不透明度】和【填充】十分类似，如图A08-27所示。【不透明度】是针对整个图层的，包括添加的图层样式，而【填充】只是针对填充的颜色做调整，不会对图层样式效果起作用。

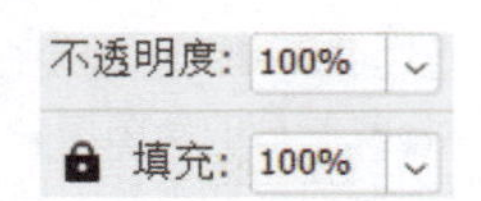


图A08-27

## 6. 删除图层

【图层】面板下方有一个删除图层按钮（见图A08-28），选择某图层，单击该按钮，就可以删除该图层；同样，也可以拖曳图层到该按钮上进行删除。

图A08-28

也可以右击某图层，在弹出的菜单中单击【删除图层】选项删除图层。另外，还有一个最为便捷的方法，就是按Delete键，即可将图层直接删除。

## 7. 图层的显示设置

打开【图层】的面板菜单，找到【面板选项】，如图A08-29所示。

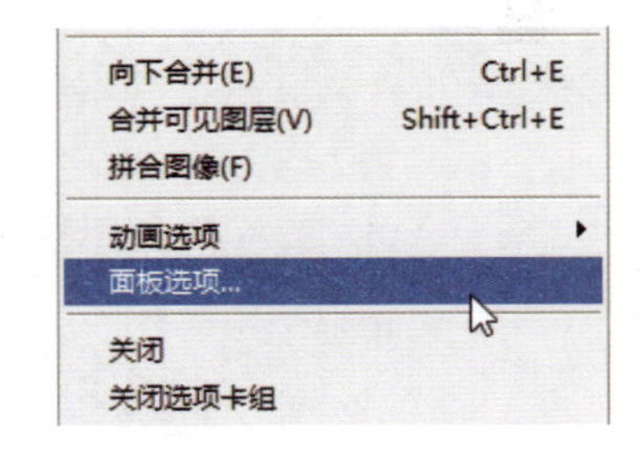


图A08-29

在打开的【图层面板选项】对话框中可以选择缩览图大小，选择缩览图内容，调整一下试试看，将其设置为习惯的显示方式即可，如图A08-30所示。

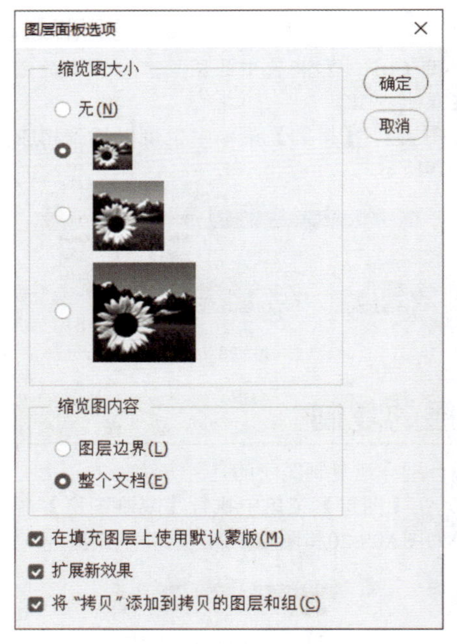


图A08-30

# 总结

关于图层的基础知识，对于入门学习来说，目前了解这么多就足够用了。图层是Photoshop中非常重要的一个部分，图层的相关功能还有很多。例如，学习矢量工具的时候，就会涉及矢量图层；学习选区、抠图的时候，就会涉及图层蒙版等。图层是Photoshop的基石，图像处理就是利用图层完成的。

视图放大，针对局部细节；视图缩小，把握整体效果。本课将学习视图的平移、缩放、旋转等相关的操作。首先打开一张比较大的图片，也可以使用本课的素材。

## A09.1　视图的移动

### 1. 抓手工具

在工具栏下方区域有一个小手图标，这就是【抓手工具】，快捷键是H。

**扩展知识**

使用快捷键时，注意要将输入法切换为英文状态。

使用【抓手工具】可以拖曳画面，实现视图的移动，如图A09-1所示。

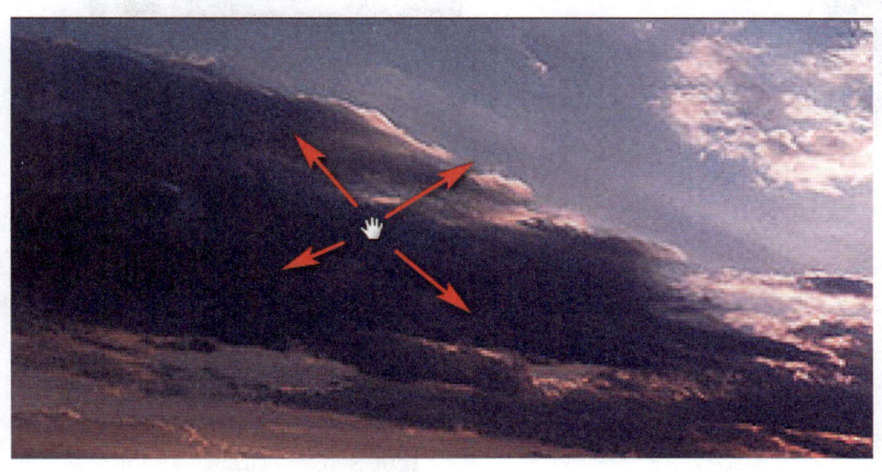

图A09-1

在选项栏上选中【滚动所有窗口】复选框可以同时移动打开的多个文档的视图，如图A09-2所示。

图A09-2

A09课

视图操作

放大镜里的世界

## 2. 空格键

在其他工具状态下，按住空格键不放，可以快速切换为【抓手工具】，如图A09-3所示。

图A09-3

例如，选择【画笔工具】后，按住空格键，【画笔工具】就变成了抓手的图标，这时就可以进行移动视图的操作了。释放空格键，又恢复到了【画笔工具】。

## 3. 滚动条

当图片比较大的时候，画布左侧和下方会有滚动条（见图A09-4），拖曳滚动条也可以实现视图移动。

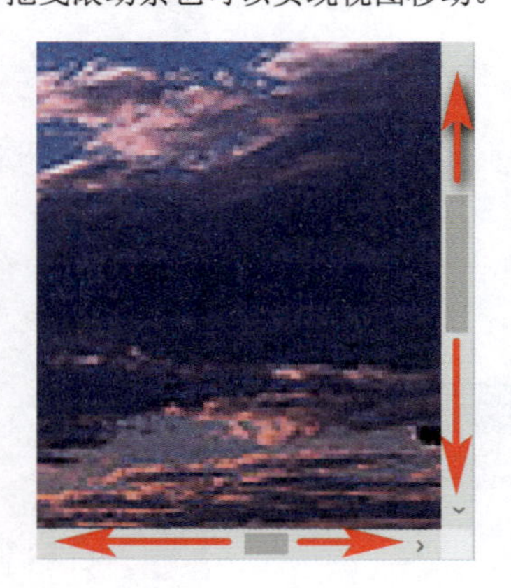

图A09-4

## 4. 导航器面板

执行【窗口】-【导航器】命令（见图A09-5），打开【导航器】面板，拖曳导航器的缩略图区域框同样可以移动视图，如图A09-6所示。

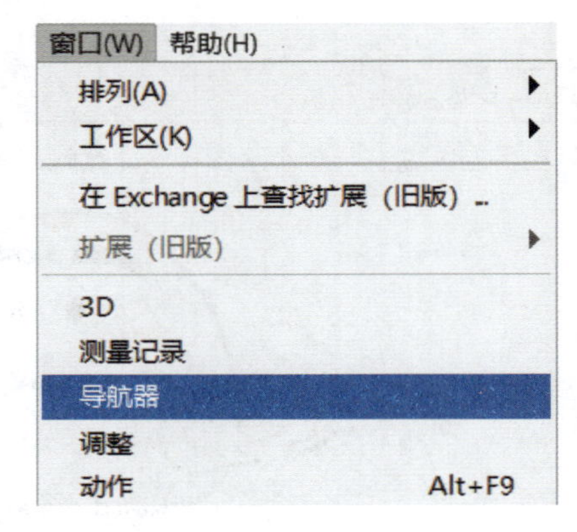


图A09-5

图A09-6

# A09.2 视图的缩放

## 1. 在状态栏输入百分比

在A03课讲解主界面的时候曾提到过，在状态栏的左下方可以输入百分比来控制视图大小。

## 2. 缩放工具

在工具栏下方区域有一个放大镜的图标，这就是【缩放工具】，快捷键是Z。单击【缩放工具】后，在选项栏中可以选择放大模式或者缩小模式（按住Alt键可以切换）。

操作方法有以下4种。

（1）直接单击放大或缩小图标即可放大或缩小视图。

（2）在图片上右击，在弹出的菜单中选择【放大】或【缩小】选项即可，如图A09-7所示。

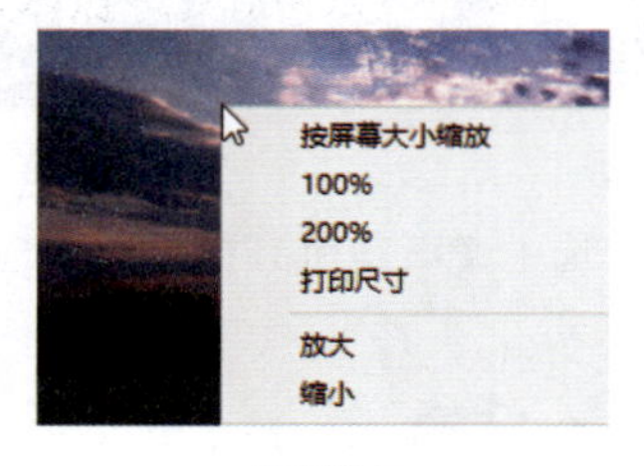


图A09-7

（3）按住鼠标左键并拖动。在放大模式下，按住鼠标左键并拖动，可以画出一块虚线区域框，即可对此区域进行放大，如图A09-8所示。

图A09-8

（4）在选项栏上选中【细微缩放】复选框，可以用按住鼠标左键并拖动的方式缩放视图。向右拖动即为放大，向左拖动即为缩小。

## 3. 使用快捷键

双击【抓手工具】，或者按Ctrl+0快捷键，可以显示全部图像范围，相当于单击选项栏上的【适合屏幕】按钮，如图A09-9所示。

100%　适合屏幕　填充屏幕

图A09-9

双击【缩放工具】，或者按Ctrl+Alt+0快捷键，可以100%显示当前图像，展现图像本身的原始尺寸，相当于单击选项栏上的【100%】按钮，如图A09-10所示。

图A09-10

Ctrl+加号或减号可放大或缩小视图，如图A09-11所示。

Alt+鼠标滚轮（或仅使用鼠标滚轮，需要在【首选项】里设定滚轮功能方式）也可缩放视图。在【图层】面板上按住Alt键（或macOS下的Option键）并单击图层缩览图，可以缩放以适应该图层的内容，或者执行菜单栏中的【视图】-【按屏幕大小缩放图层】命令。

图A09-11

## 4. 导航器面板

可以利用【导航器】面板的滑块控制视图的缩放，如图A09-12所示。

图A09-12

在Photoshop中实现视图移动或缩放的方式有很多，只要会用其中的一两项就可以了，不论方式如何，能达到最终目的就好。不管是移动还是缩放，都是为了能更好地观察细节或把握全局，这只是对视图的调整，不会对图像做出实质性的改变。

# A09.3　视图的旋转

除了移动和缩放，还有一种旋转视图的调整方式。

在工具栏的【抓手工具】上右击或长按鼠标左键，可以展开工具组，会看到【旋转视图工具】，快捷键是R。

可以拖曳鼠标控制旋转角度，也可以在选项栏中输入角度数值。单击【复位视图】按钮可恢复正视图状态，如图A09-13所示。

图A09-13

【旋转视图】工具一般在进行手绘工作时使用，通过旋转图像的角度以配合手腕方向。

# 总结

查看视图的操作方式多种多样，读者可根据自己的习惯进行灵活选择并掌握。

# A10课

# 移动工具

## 图像行动指挥官

【移动工具】在工具栏顶部，快捷键是V。图像的基本移动全靠这位“大V指挥官”了。

移动操作大部分都是针对整体图层或多个图层，也可以针对图层上选区内的像素，所以【移动工具】和图层密不可分。

打开本课素材，如图A10-1所示，这是一个包含多个图层的PSD文件，有5个豆包卡通形象。

图A10-1

## A10.1　基本移动操作

### 1. 选择图层

选择【移动工具】之前，首先要确保选中相应的图层。可以在项目上右击，选择相应图层（见图A10-2）；或者在【图层】面板上选中该图层，然后在画面中进行移动。

图A10-2

移动项目的时候，鼠标光标可以放在画面任意位置，不必触及项目本身。

### 2. 自动选择图层

如果选中选项栏中的【自动选择】复选框，则单击某个项目时，即可激活相应图层，从而可以直接移动。

> **扩展知识**
>
> 不选中【自动选择】复选框的状态下，按住Ctrl键配合单击，可以临时切换为自动选择状态。

## 3. 约束角度移动

按住Shift键并配合鼠标左键拖动，可以约束角度，以水平、垂直或以45°方向移动。

## 4. 移动并复制

按住Alt键并配合鼠标左键拖动，图层会被复制。

## 5. 方向键

使用上、下、左、右方向键，可以对图像进行微调，结合Shift键可以加大步长，如图A10-3所示。

图A10-3

# A10.2 变换控件

选择【移动工具】，并在选项栏上选中【显示变换控件】复选框（见图A10-4），可以对图层对象进行简单变换操作，如拉伸、放大、旋转等，如图A10-5所示。

图A10-4

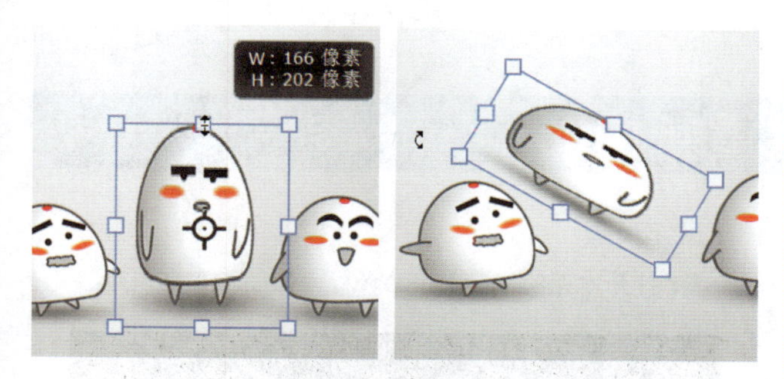


图A10-5

或者通过鼠标右击，在弹出的快捷菜单中选择【自由变换】选项，也可对图像执行变换操作，如图A10-6所示。

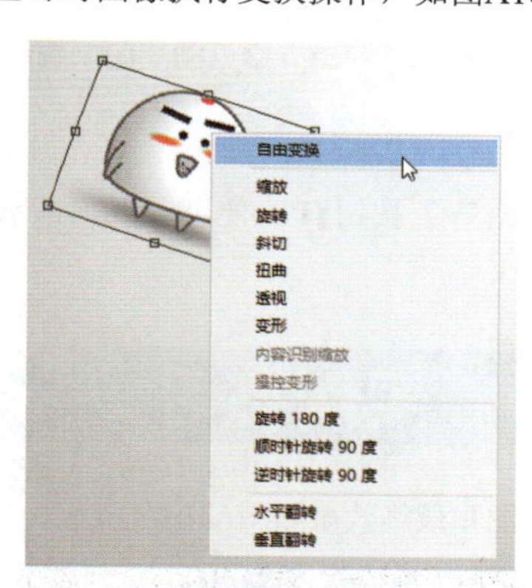


图A10-6

A19课将详细讲解【自由变换】功能，在此先不做更多讲述。

# A10.3 对齐分布

在图层列表中同时选中多个图层的时候，可以使用【移动工具】选项栏上的对齐和分布功能，下面分别进行讲解。

## 1. 对齐

对齐的方式有多种，包括顶对齐、底对齐、左对齐、右对齐、居中对齐等，如图A10-7所示。

图A10-7

例如，打开本课素材图片，如图A10-8所示，数字呈阶梯状摆放。

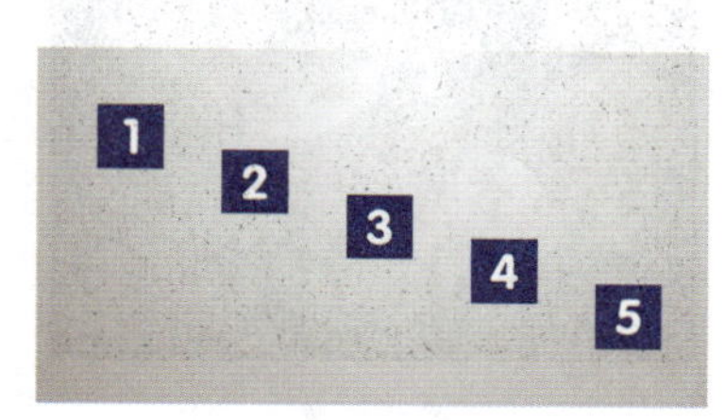


图A10-8

要想水平对齐全部数字，可按住Ctrl键，在【图层】面板上选中要对齐的所有图层，如图A10-9所示。

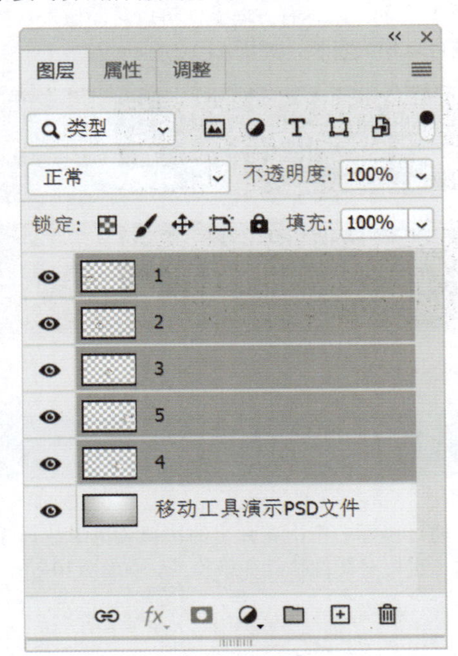


图A10-9

单击【顶对齐】按钮，便可实现顶部水平对齐了，如图A10-10所示。

图A10-10

### 2. 分布

分布的意思是把图层对象进行等距离的排列，分布的方式包括按顶分布、按底分布等，如图A10-11所示。

图A10-11

例如，数字的间距不固定，如图A10-12所示。

图A10-12

选中所有数字图层，单击【水平居中分布】按钮，则数字会以相等间距进行分布，如图A10-13所示。

图A10-13

## A10.4 实例练习——移动图层重新构图

本实例原图和最终效果如图A10-14所示。

原图

最终效果

图A10-14

### 操作步骤

01 打开本课的宇航员PSD素材，如图A10-15所示。

图A10-15

02 选择【移动工具】，在图层对象上右击，选择对应的图层，进行移动和重新构图，如图A10-16所示。

图A10-16

03 如图A10-17所示，一幅新的作品诞生了。

图A10-17

## 总结

【移动工具】是图像行动的指挥官，是最常用的工具，必须熟练使用。

### 读书笔记

A11课

# 选区知识

有了选区，就有了界限

选区，就是选择出来的区域。选区的作用是对图层部分区域的像素进行操作或保护，如图A11-1所示。

图A11-1

选区内部是可以进行操作编辑的区域，选区外部属于受保护的区域，如图A11-2所示。

图A11-2

选区表现为一个封闭的游动虚线区域，就像一圈蚂蚁在爬，俗称蚂蚁线。能够建立选区的工具有很多，下面先从最基础的开始了解。

## A11.1 矩形选框工具

【矩形选框工具】紧邻【移动工具】，快捷键是M，用于绘制矩形选区。

首先新建文档或打开素材图，选择【矩形选框工具】。

### 1. 自由方式绘制选区

按住鼠标左键并拖动，松开鼠标，即可绘制矩形选区。

### 2. 绘制正方形选区

先按住Shift键，再按住鼠标左键并拖动，选区会被约束为正方形，松开鼠标，完成绘制，如图A11-3所示。

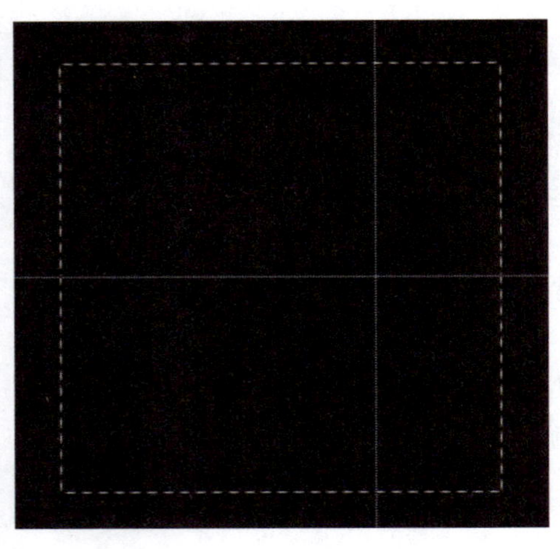

图A11-3

### 3. 从中心点建立选区

先按住Alt键，再按住鼠标左键拖动，选区会以单击处为中心扩展，松开鼠标，完成绘制，如图A11-4所示。

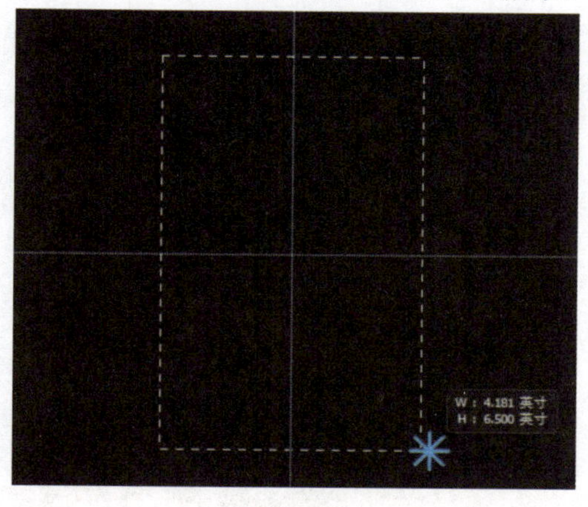


图A11-4

**SPECIAL 扩展知识**

在画面上先按住Shift+Alt快捷键，再按住鼠标左键拖动，将得到沿单击处中心扩展的正方形选区。

### 4. 设定选区比例或尺寸建立选区

在选项栏的【样式】下拉菜单中可以将其设定为【固定比例】或者【固定大小】，如图A11-5所示，然后直接在画面上单击，就可以创建相应选区。

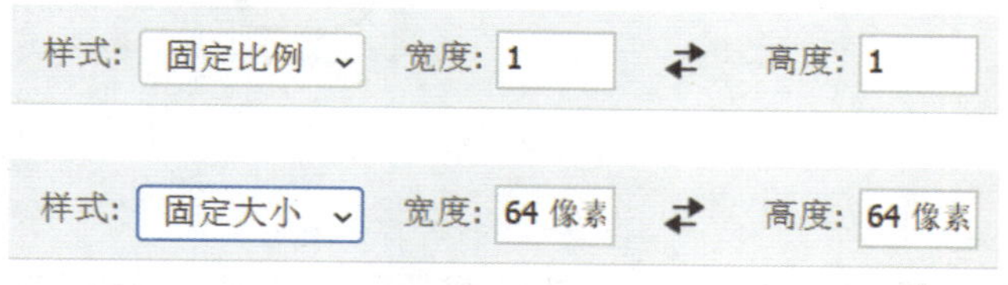


图A11-5

## A11.2 选区组合方式的绘制

工具的选项栏中有4种选区的组合绘制方式，如图A11-6所示。

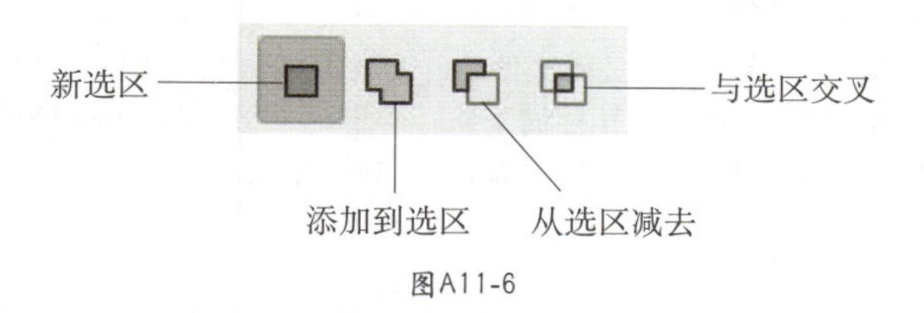


图A11-6

### 1. 新选区

每次绘制新的选区，原来的选区会自动消失（见图A11-7），新选区取而代之。

图A11-7

### 2. 添加到选区

【添加到选区】是指新的选区会和现有的选区合并或同时存在（见图A11-8），选区将融合在一起。

图A11-8

### 3. 从选区减去

【从选区减去】是指新的选区会挖掉现有选区相应的部分，如图A11-9所示。

图A11-9

图A11-9（续）

## 4. 与选区交叉

【与选区交叉】是指将新的选区和现有选区交叉的部分保留下来，如图A11-10所示。

图A11-10

# A11.3　选区的通用操作

矩形选区是最简单的选区，但麻雀虽小，五脏俱全，选区的相关属性它一样也不少。了解了矩形选区的相关知识，也就学会了所有类型选区通用的操作方法。

## 1. 移动选区

绘制一个矩形选区，不要切换其他类型的工具，保持选区类的工具状态，将鼠标光标放在选区里，按住鼠标左键并拖动，即可移动选区（见图A11-11）。移动选区只是针对选区，不会对当前图层的像素产生影响。

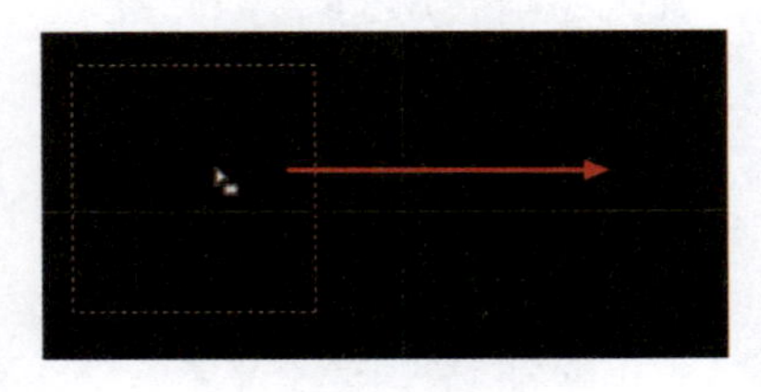

图A11-11

## 2. 取消选区

在【选择】菜单中执行【取消选择】命令，快捷键为Ctrl+D（见图A11-12），即可取消选区，选区就消失了。

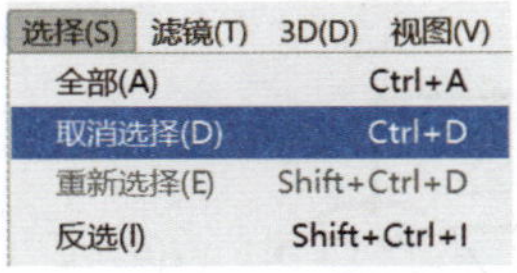

选择(S)　滤镜(T)　3D(D)　视图(V)
全部(A)　Ctrl+A
取消选择(D)　Ctrl+D
重新选择(E)　Shift+Ctrl+D
反选(I)　Shift+Ctrl+I

图A11-12

另外，在一般情况下，用选区类的工具在选区外部单击一下，也可以取消选区，这种方法更加常用。

取消选区以后，还可以通过【选择】菜单的【重新选择】命令重新恢复上一个消失的选区，当然，用【历史记录】命令也可以达到同样的效果。

## 3. 存储选区

选区是临时的，关闭文件后，选区将自动丢失。如果这个选区很重要，就要将其存储下来，存储后的选区以Alpha通道的形式保存在PSD文件里（A20课将讲解Alpha通道的知识）。

### 操作步骤

01 在选区内右击，在弹出的快捷菜单中执行【存储选区】命令，或者在【选择】菜单中执行【存储选区】命令，如图A11-13所示。

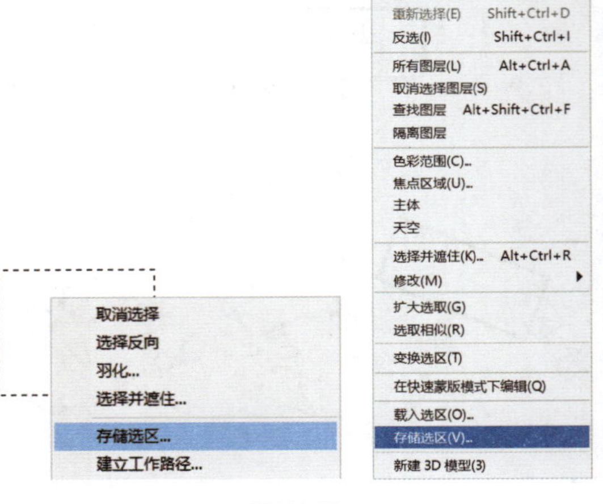


图A11-13

02 打开【存储选区】对话框，存储的选区将位于文档的通道里，所以在【通道】下拉列表框中选择【新建】就可以了，【名称】可以留空。单击【确定】按钮后（见图A11-14），在【通道】面板中就可以找到该选区了，如图A11-15所示。

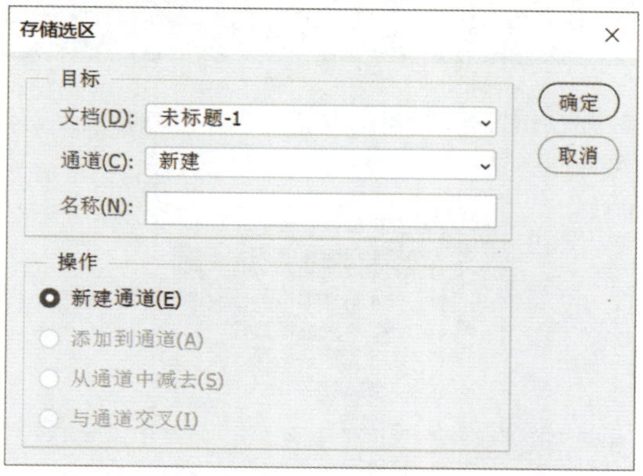

图A11-14

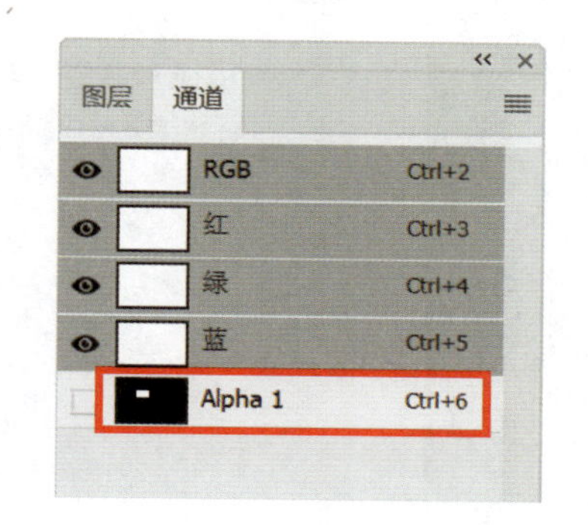


图A11-15

03 存储后的选区可以随时载入回来，在选框工具状态下，在画面上右击，在弹出的菜单中选择【载入选区】选项（见图A11-16），找到自己存储的那个通道并载入，选区就回来了。

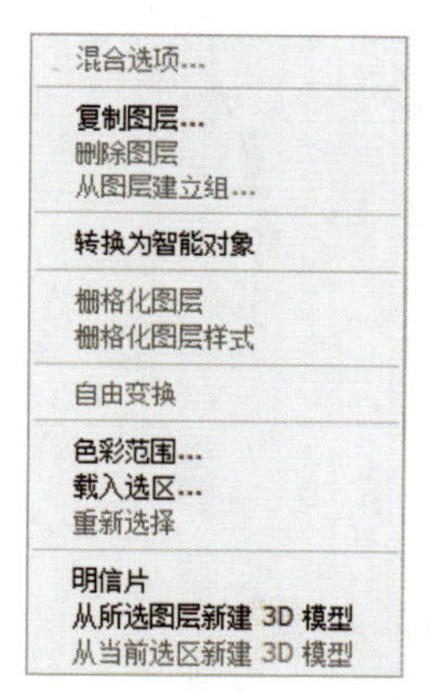


图A11-16

## 总结

制作选区是重要的前期工作，有了精准的选区，才能更好地做绘制、填充、去除、抠取等图像处理工作。在接下来的课程中会进一步讲解选区相关的知识，B01课和B07课将针对选区相关的抠图进行实战讲解。

A12课

# 选区工具

简单选区，简单创建

除了【矩形选框工具】之外，还有很多可以绘制选区的工具，下面分别进行介绍。

## A12.1 椭圆选框工具

如图A12-1所示，长按或者右击【矩形选框工具】，可以弹出工具组，其中有更多的选框工具（按住Alt键单击可以循环显示）。

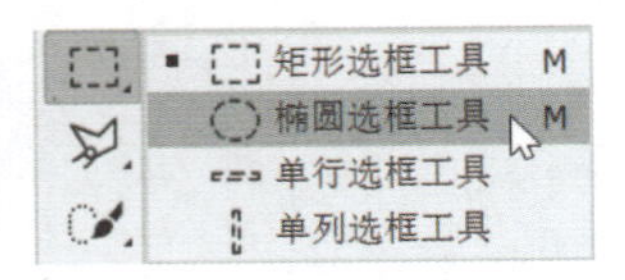


图A12-1

【椭圆选框工具】用来绘制椭圆或者正圆选区，用法和【矩形选框工具】是一样的。它们属于同类工具，有着同样的用法，可以通过前面学习的知识举一反三。例如，按住Shift键时，就可以绘制正圆，如图A12-2所示。

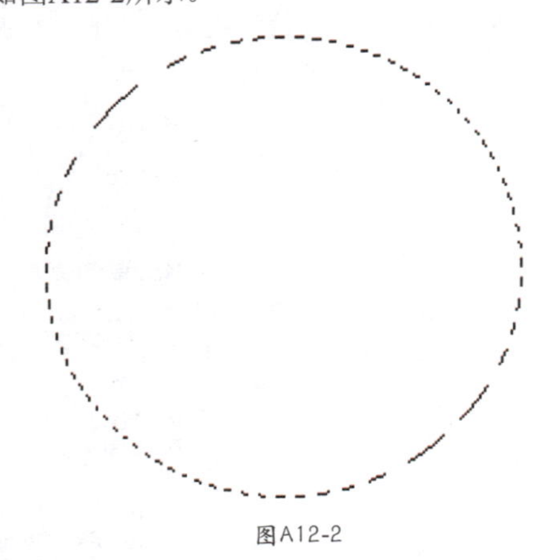

图A12-2

与绘制矩形选区不同，绘制非矩形选区时要注意抗锯齿效果，在选项栏中可以找到【消除锯齿】复选框，如图A12-3所示。

图A12-3

选中【消除锯齿】复选框可以使绘制的选区边缘平滑柔和，如图A12-4所示；如果取消选中，绘制后的选区的曲线或斜线部分会出现比较明显的锯齿，如图A12-5所示。

图A12-4

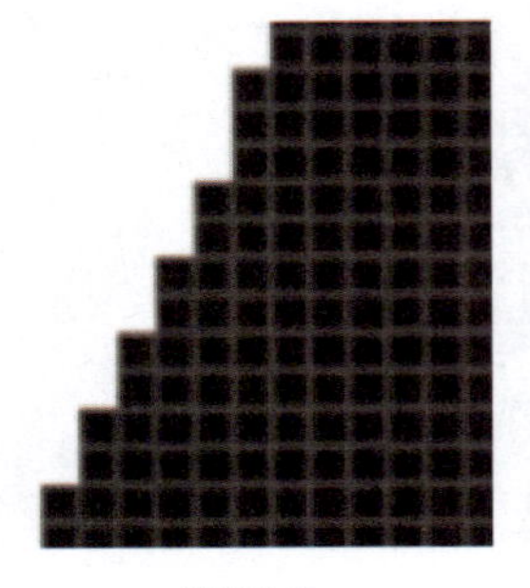

图A12-5

所以一般情况下，都需要选中该复选框。但在某些特殊情况下，例如绘制像素画需要保留清晰的锯齿边缘时，就要取消选中该复选框，如图A12-6所示。

图A12-6

## A12.2 单行/单列选框工具

使用【单行/单列选框工具】绘制选区时只需要在画面上单击一下，如图A12-7所示，就会生成1像素高/宽的细线一样的选区。

图A12-7

## A12.3 套索工具

选框工具组的下方是套索工具组（见图A12-8）。先来看【套索工具】，其图标就像套马的绳索一样，非常形象。

图A12-8

套索工具组用来制作不规则的选区，使用【套索工具】可以直接在画面上自由绘制，按住鼠标左键不放将画出黑线轨迹，松开鼠标即可闭合为选区，如图A12-9所示。

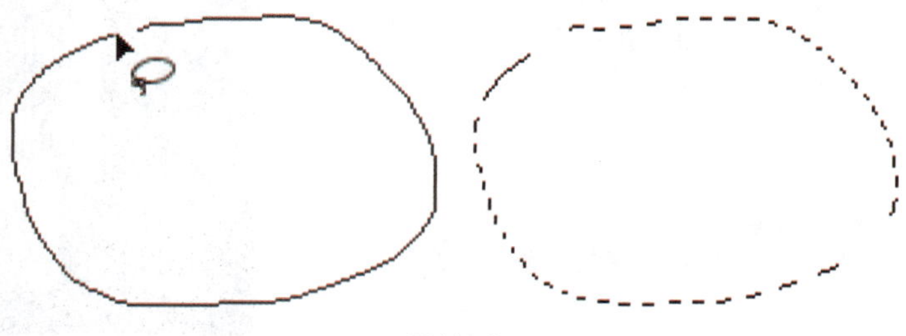

图A12-9

## A12.4　多边形套索工具

【多边形套索工具】可以采用逐点单击的方式建立直线段围合的多边形选区，当最后闭合的时候，鼠标光标右下角会出现一个小圈圈，如图A12-10所示。

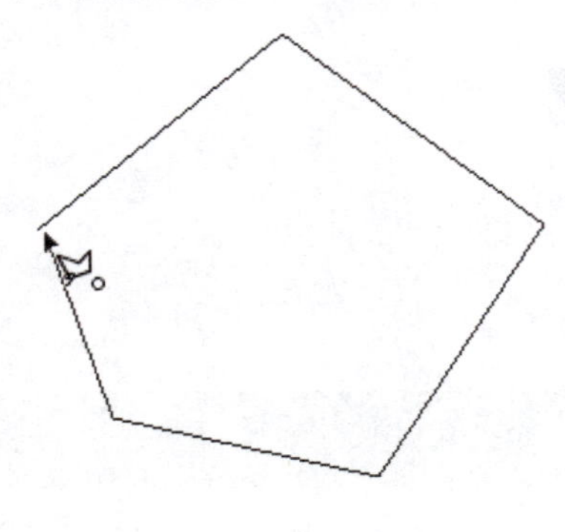

图A12-10

在单击绘制选区的过程中，可以结合Backspace键取消上一次的绘点，也可以直接双击鼠标，或者按Enter键，就地封闭选区。还可以结合Alt键实现多边形套索和套索的切换，从而绘制多边形和自由线结合的选区，如图A12-11所示。

图A12-11

## A12.5　磁性套索工具

【磁性套索工具】有智能识别边缘的功能。

打开素材图片，首先在图像的边缘单击，然后沿着边缘轻轻滑动鼠标，轨迹线会自动找到附近对比强烈的边缘点，沿着边缘继续滑动，一直到最开始的地方，单击闭合，完成选区，如图A12-12所示。

鼠标滑动的时候，要尽量缓慢一些，使识别更细致。

可以通过选项栏的参数设置调整识别精度，如图A12-13所示。

图A12-12

宽度：10 像素　对比度：10%　频率：57

图A12-13

## A12.6　综合案例——更换天空

### 操作步骤

01 打开本课的建筑效果图素材，双击背景层解锁，变为普通图层；使用【多边形套索工具】沿着直线边缘将天空部分选择出来，建立选区，如图A12-14所示。

02 按Delete键删除天空部分，如图A12-15所示。按Ctrl+D快捷键可取消选区。

03 打开另一幅天空素材，使用【移动工具】将效果图文档拖曳进来，将图层放在建筑物下方，调整好位置，最终效果如图A12-16所示。

图A12-14

图A12-15

图A12-16

## 总结

从矩形选区到各种形状的选区，工具是多种多样的，创建选区的工作还不止于此，尤其在抠图去背景的操作中，为了把主体从背景中完美地抠取出来，还需要学习更多好用的工具。

读书笔记

A13课

选区速成

快速选出对象

# A13.1 快速选择工具

【快速选择工具】紧邻套索工具组，快捷键是W，它的作用是智能、快速地识别像素区域的边缘并创建选区。

打开本课图片素材——一张布偶照片。

## 1. 基本操作

使用【快速选择工具】时，鼠标光标呈现一个圆圈，在要建立选区的区域单击鼠标左键，或者连续多次单击，或者按住鼠标左键拖动，都可以自动生成选区，该选区自动识别像素对比落差比较明显的边缘。例如，在橙色嘴巴区域单击，这块区域自动就生成了选区，如图A13-1所示。

图A13-1

另外，还可以直接单击选项栏上的【选择主体】按钮（见图A13-2），让计算机自动判断主体选区（见图A13-3），生成选区后，再手动深入调整。

图A13-2

图A13-3

**扩展知识**

【选择主体】功能也可以在【选择】菜单中执行【主体】命令实现，然后在主体物上单击，即可生成主体选区。

## 2. 大小调节

【快速选择工具】的鼠标光标和【画笔工具】的很像，可以调节大小，对于一些小的区域、细微的边缘，需要精细处理，笔触太大就会识别出多余的像素。

在选项栏中可以控制光标大小，如图A13-4所示。A16课会详细介绍画笔类工具的通用参数设置。

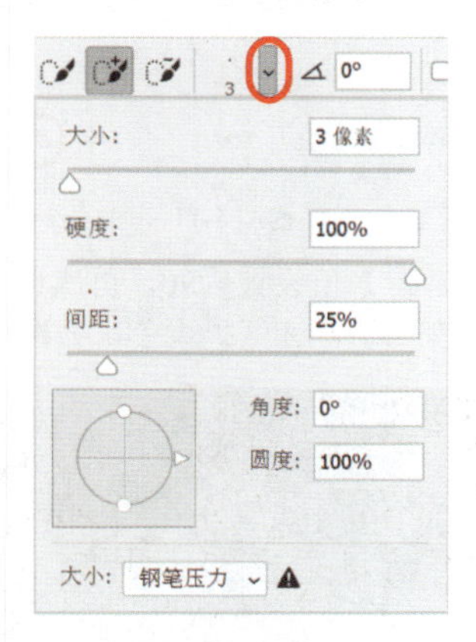


图A13-4

## 3. 深入操作

电脑并不是人脑，在实际操作过程中，仍然会有识别不准的情况，此时便需要进行或增或减的深入绘制操作。

和其他选区类的工具类似，使用【快速选择工具】时同样可以选择绘制模式，在选项栏中可以看到3种模式，和A12课讲解的是相同的道理。

第一个是【新选区】，第二个是【添加到选区】，第三个是【从选区减去】。一般使用最多的模式是【添加到选区】。绘制选区很少能一次成功，经常是先小范围绘制识别，逐步增加选区范围，最终得到想要的完整部分，所以这是逐步添加到选区的过程。

如果在绘制识别过程中识别到多余的区域，选区就扩大了，如图A13-5所示，红框区域内的边缘颜色比较接近，没有识别到准确边缘，这时可以切换为【从选区减去】的模式，也可以结合Alt键临时切换为【从选区减去】的模式，将多余的选区减去。

单击或拖动绘制选区时，要结合笔触大小细心处理（见图A13-6），就这样通过增增减减，最终完成选区绘制，如图A13-7所示。

图A13-5

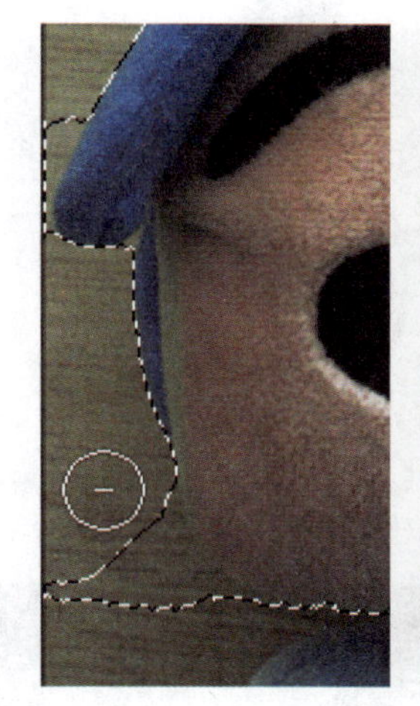
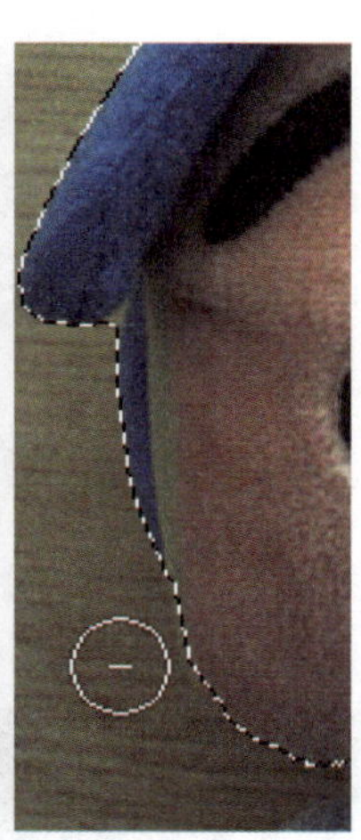

图A13-6

图A13-7

## 4. 深入编辑

选项栏中还有一项深入调节选区的功能——【选择并遮住】，如图A13-8所示，在B01课中将具体学习该命令的使用方法。

图A13-8

# A13.2 魔棒工具

使用魔棒工具可以选择颜色相近的像素的区域，只需要在某个点单击，和该点颜色相近的区域即生成选区，像魔法棒一样可自动识别选择。

如图A13-9所示，使用【魔棒工具】单击这个三角区域，其相近的颜色区域就自动创建了选区，如图A13-10所示。

图A13-9

图A13-10

在选项栏中可以调整【魔棒工具】的【容差】值，容差越小，选取的颜色范围越小；容差越大，选取的颜色范围越大，如图A13-11所示。

图A13-11

例如，将【容差】值设置为90，再次单击试试，选区识别的颜色包容度变高了，选区扩大了，如图A13-12所示。

图A13-12

还可以通过【添加到选区】模式（结合Shift键），连续单击，即可选择很多的区域并合并进来。

取样点可以是单个像素，也可以是多个像素的平均值，在选项栏的【取样大小】下拉菜单中有多种类型的取样可以选择，如图A13-13所示。

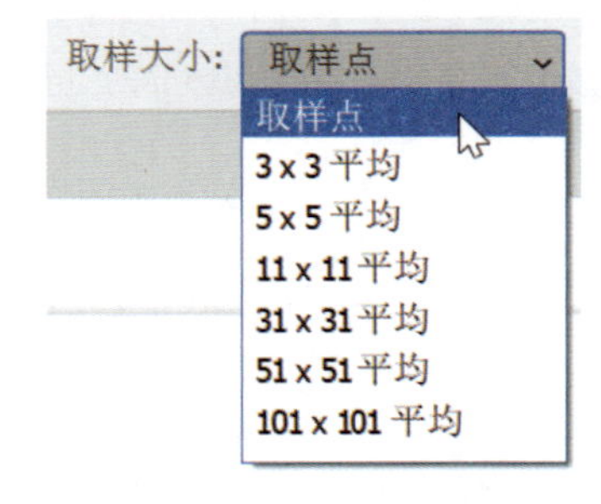


图A13-13

选中选项栏上的【连续】复选框，生成的选区是单块选区。单击后会选中单块封闭区域的邻近颜色，如图A13-14所示。如果取消选中【连续】复选框，可能会有不相邻的多块同类颜色的区域创建出选区，如图A13-15所示。

图A13-14

图A13-15

## A13.3 对象选择工具

【对象选择工具】是从2020版本开始加入的新工具，使用起来更加简单便捷，只需要大概框选住对象（见图A13-16），松开鼠标后即可自动生成对象的选区（见图A13-17）；或者将鼠标悬停在对象上方，对象会以高亮蓝色显示，单击即可自动生成对象的选区。该工具比较适合边缘相对明显，对选区精度要求不高的快速选择操作。在选项栏模式中，可以选择【矩形】或者【套索】模式执行框选。

图A13-16

图A13-17

## 总结

【魔棒工具】适合选择颜色比较纯净的同类区域，【对象选择工具】适合快速地选择简单对象，【快速选择工具】适合选择较为复杂的对象，并且可以增减调整。请根据不同的需求选择最合适的工具，或者将它们结合起来使用。

读书笔记

创建选区后，有多种编辑方法可使选区变得更加好用，如图A14-1所示，相关命令都在【选择】菜单中。

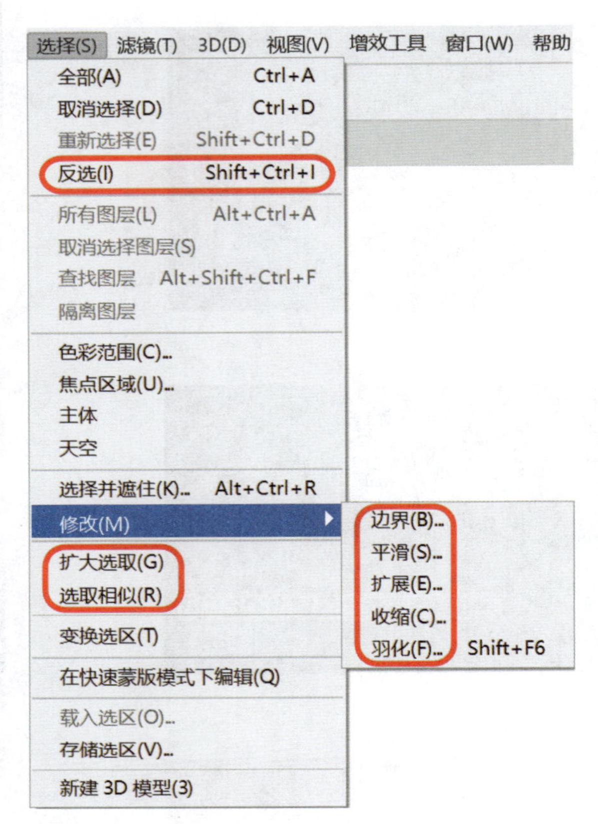


图A14-1

A14课

# 选区编辑

选区变变变

## A14.1　反选

【反选】就是反转选区，原来的选区内变选区外，选区外变选区内，受保护的区域变成可编辑区域。快捷键是Ctrl+Shift+I。

## A14.2　扩大选取和选取相似

这两个命令其实是魔棒工具的延伸。

在现有选区的基础上执行【扩大选取】命令，选区相应地扩大，扩大的规则基于魔棒工具的容差值，以邻近像素扩展的方式扩大选择范围。而【选取相似】命令则是选择包含整个图像中位于容差范围内的像素，而不只是相邻的像素，相当于魔棒工具取消了【连续】选项。

## A14.3　边界

执行【边界】命令可以把选区的边缘变成有宽度的新选区。例如，绘制一个矩形选区，如图A14-2所示。

图A14-2

执行【边界】命令后，设定未来新选区的【宽度】为20像素（见图A14-3），新选区基于原来的边缘扩展出20像素，变成了画框形状（见图A14-4），并且选区带有柔和效果，填充选区（见图A14-5），颜色是柔和扩展出去的（在A18课中将具体学习填充知识）。

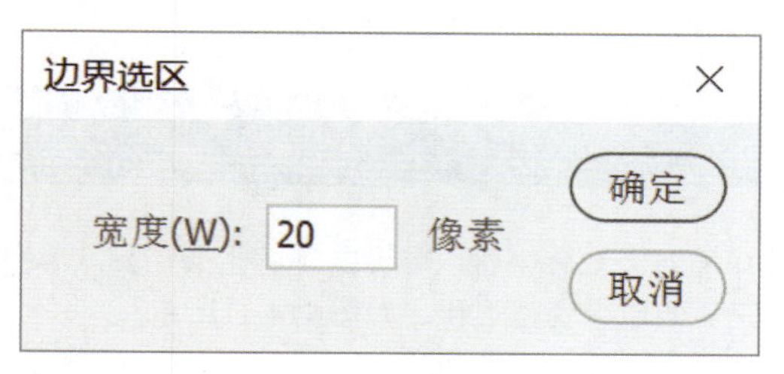


图A14-3

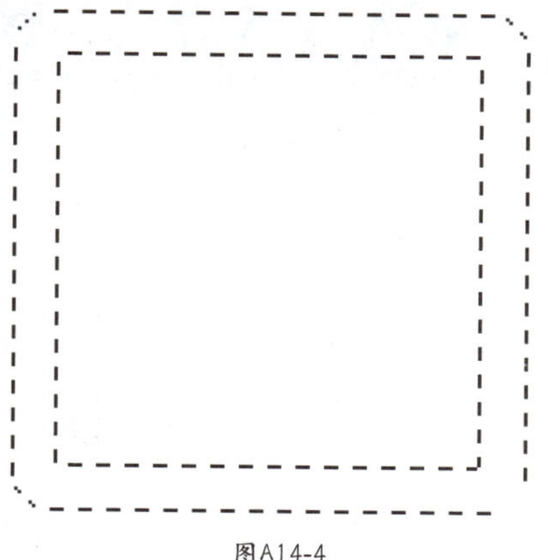

图A14-4

图A14-5

## A14.4 平滑

对于边缘不平的选区（见图A14-6），可执行【平滑】命令，【取样半径】越大，平滑度越高（见图A14-7）。提高【取样半径】值后，选区边缘变平滑了，如图A14-8所示。

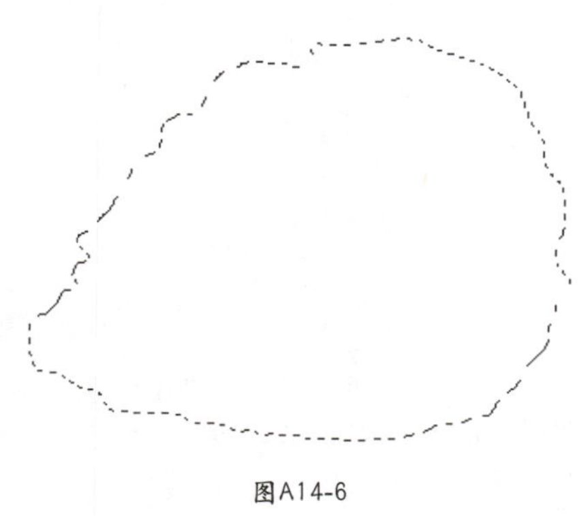

图A14-6

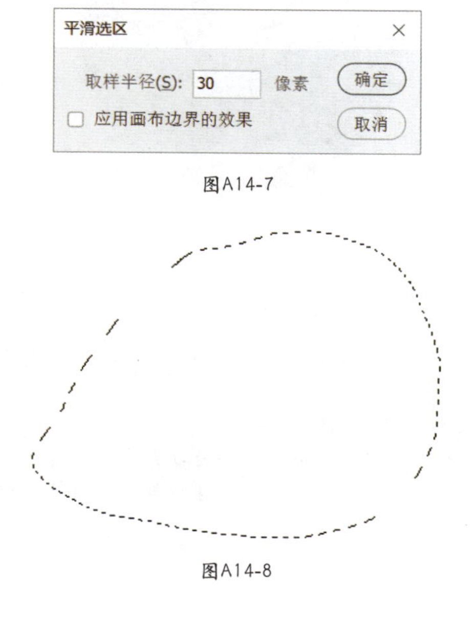


图A14-7

图A14-8

## A14.5 扩展和收缩

扩展或收缩选区时，扩展或收缩量以像素计算，也就是扩展或收缩后的边距。例如，设置【扩展】或【收缩】值为50，如图A14-9所示。

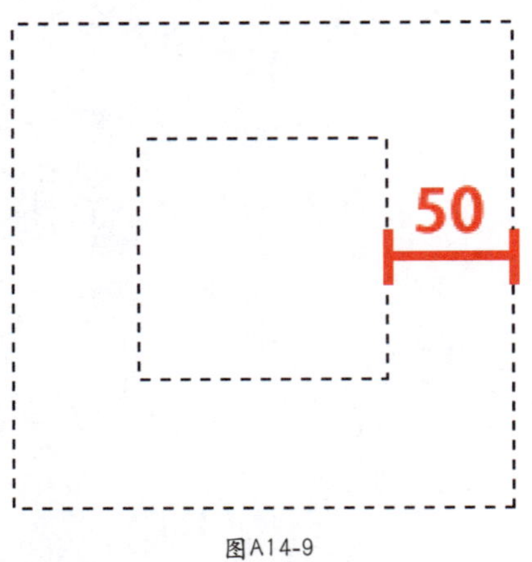


图A14-9

## A14.6 羽化

【羽化】是使选区边缘部分展现过渡式虚化，使选区内外自然衔接。

对于普通的选区，填充颜色后，边缘是非常清晰锐利的，如图A14-10所示。

图A14-10

执行【羽化】命令后，可设定【羽化半径】，半径值越大，填充后的边缘就越柔和，如图A14-11所示。

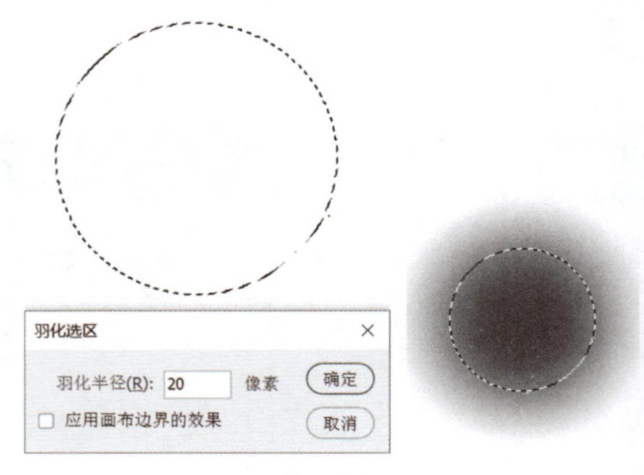


图A14-11

### 扩展知识

在绘制选区之前，也可以先设定羽化值，直接绘制带有羽化效果的选区。选区类工具的选项栏中都有此项。

如果选区很小，而羽化半径较大，可能会出现“选中的像素不超过 50%”的提示信息，选区的蚂蚁线将不可见，但选区仍然存在，填充颜色后，会发现选区颜色变得非常薄。

## A14.7 实例练习——绘制云朵

本实例最终效果如图A14-12所示。

图A14-12

### 操作步骤

01 打开本课素材——一张1920×1080像素的图片，有一个蓝色渐变的背景，使用【椭圆选框工具】在该背景上绘制第一个圆形选区，如图A14-13所示。

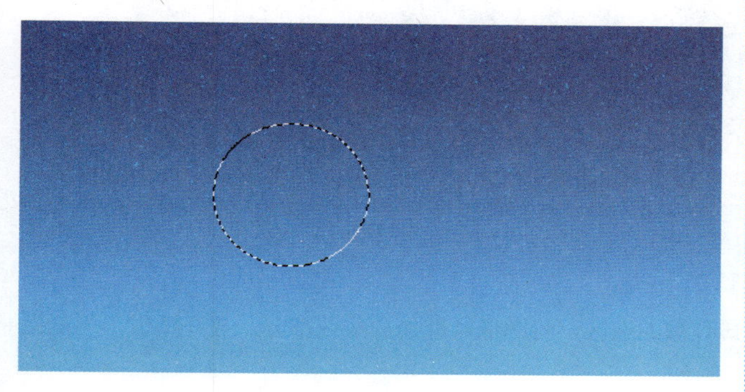

图A14-13

02 使用选项栏中的【添加到选区】模式，继续绘制多个椭圆，合并出云朵的造型，如图A14-14所示。

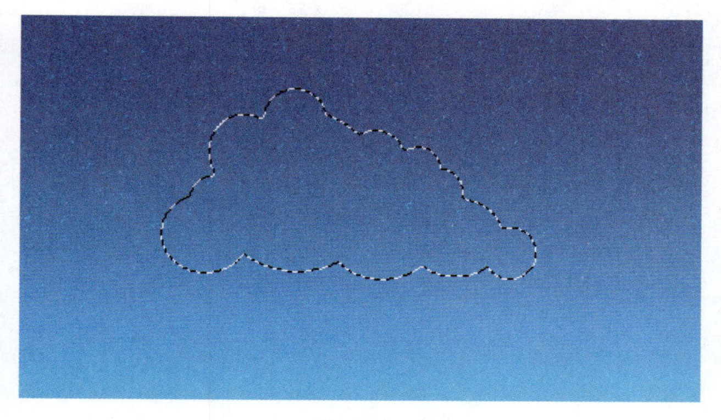

图A14-14

03 按Shift+F6快捷键打开【羽化】命令，设定【羽化】值为15，效果如图A14-15所示。

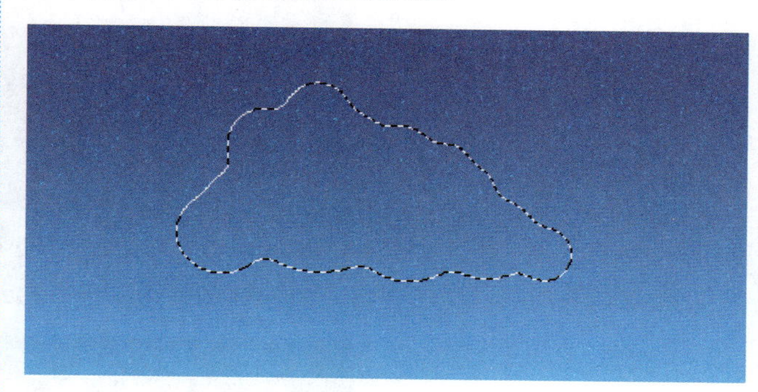

图A14-15

04 执行【编辑】菜单中的【填充】命令，如图A14-16所示。

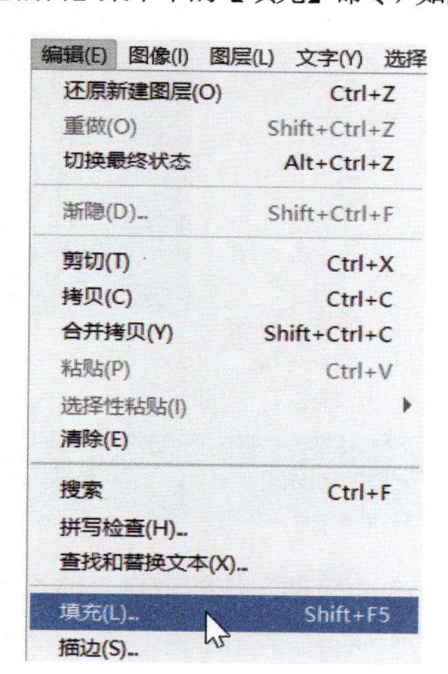


图A14-16

05 在打开的【填充】对话框中选择【内容】下拉列表框中的【白色】选项并确定，如图A14-17和图A14-18所示。

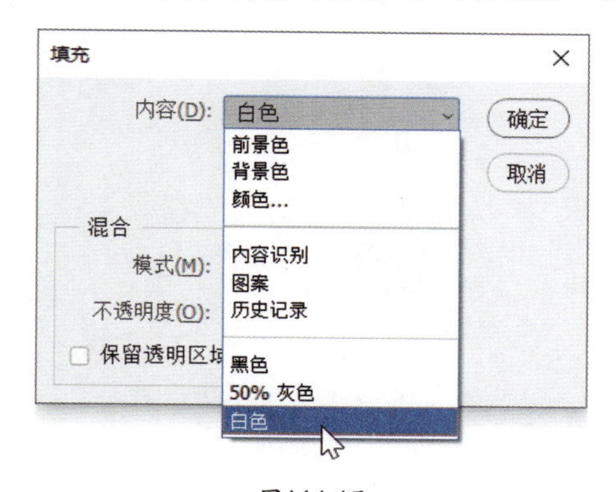


图A14-17

图A14-18

 按Ctrl+D快捷键取消选区，如图A14-19所示，一朵白云就制作好啦！

图A14-19

## 总结

选区是Photoshop前期工作的重点，通过各种编辑方式得到最理想的选区，将图像精准地分成几部分，分开操作，才能做出精彩的后期效果。

读书笔记

## A15课

# 历史记录

这个世界有『后悔药』

俗话说“常在河边走，怎能不湿鞋”。图形图像设计是一项复杂的工作，难免会有某一步做错。在Photoshop里，可以开启“时空之旅”，通过【历史记录】返回到做错前的状态。

## A15.1 历史记录面板

在【窗口】菜单中可以打开【历史记录】面板，如图A15-1所示。

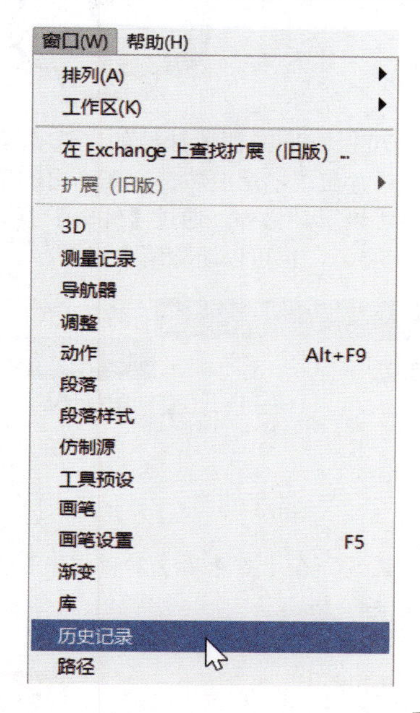

图A15-1

只要产生实质性的操作，【历史记录】面板上就会有相应的记录，例如，使用【魔棒工具】，并设定【容差】值为128，再选择花朵的颜色部分，这个操作过程就会被【历史记录】面板记录下来，如图A15-2所示。

图A15-2

接下来在【选择】菜单中执行【取消选择】命令，如图A15-3所示。

图A15-3

面板上会继续记录相关操作，如图A15-4所示。

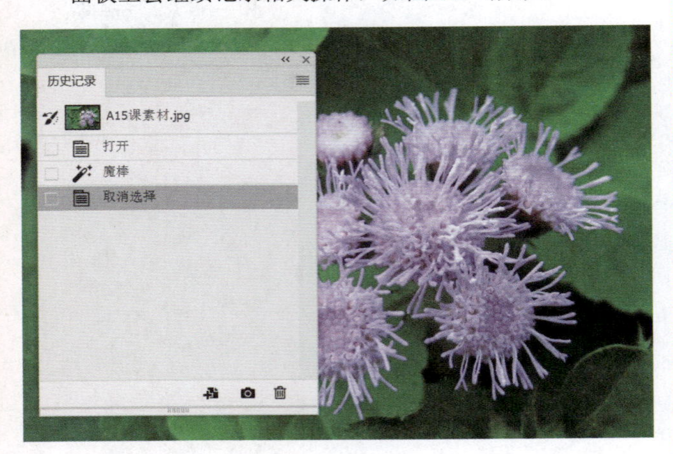


图A15-4

【历史记录】面板就像皇上身边的史官一样，记录着皇帝的一举一动。有记录，就能还原。

当然，历史是可以有选择性地抹掉的，选择某一项记录，单击🗑图标，或者在该记录上右击，在弹出的菜单中选择【删除】选项就可以了。另外，通过【编辑】菜单的【清理】命令（见图A15-5），也可以清除所有记录。

图A15-5

温习：A07课讲过，在【首选项】对话框中可以设置历史记录条数。

## A15.2　还原

接下来在A15.1课的基础上继续操作，让历史记录变得多一些。例如，选择【套索工具】，随意画一个自由选区（见图A15-6），移动该选区（见图A15-7），再添加一个羽化效果，如图A15-8和图A15-9所示。

图A15-6

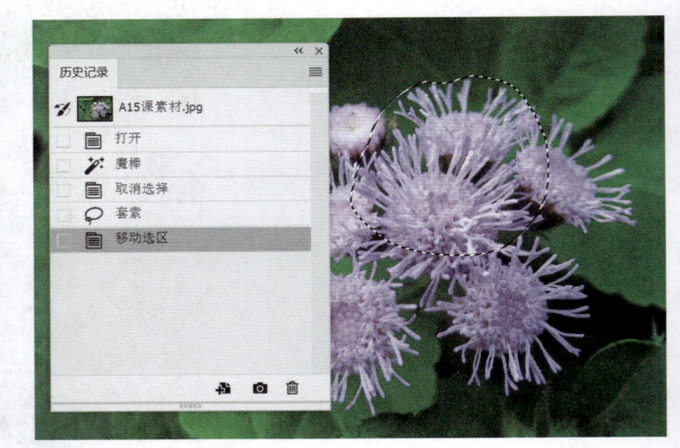


图A15-7

图A15-8

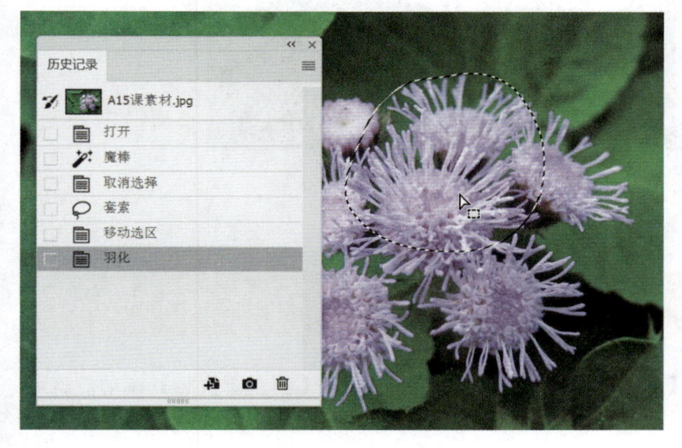


图A15-9

步骤渐渐多起来了，这时如果想还原到某一步骤时的状态，很简单，在【历史记录】面板中单击该步骤就可以了。例如，想回到魔棒选择的那个选区，单击【魔棒】这个步骤就可以了，如图A15-10所示。

图A15-10

同样，再尝试单击【套索】步骤，也可以还原回去，如图A15-11所示。

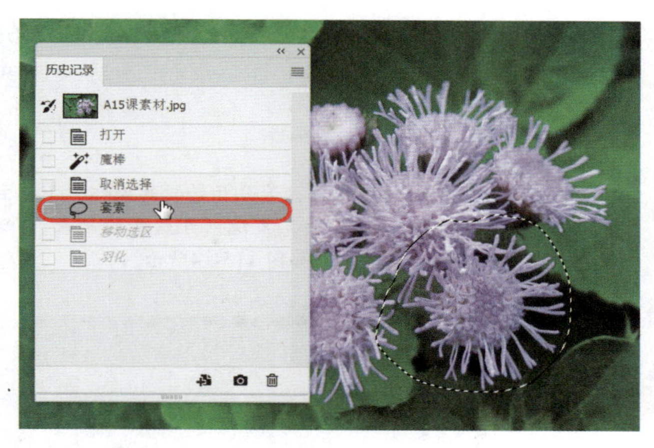


图A15-11

### 快捷键

除了可以在【历史记录】面板上直接选择步骤之外，还可以通过一组命令或对应的快捷键实现还原，在【编辑】菜单的顶部可以找到这组命令，如图A15-12所示。

编辑(E) 图像(I) 图层(L) 文字(Y) 选择(

| 还原状态更改(O) | Ctrl+Z |
| --- | --- |
| 重做移动选区(O) | Shift+Ctrl+Z |
| 切换最终状态 | Alt+Ctrl+Z |

图A15-12

- 还原状态更改（Ctrl+Z）：可以逐步还原，在【历史记录】面板上表现为逐个向上返回，直到最初状态，或者记录次数的极限。
- 重做移动选区（Shift+ Ctrl+Z）：逐步重做，在【历史记录】面板上表现为逐个向下重做，重做到最后一步。
- 切换最终状态（Alt+Ctrl+Z）：单击一次，切换到最终状态，到达【历史记录】面板上最下方的最终历史记录；再单击一次，切换回刚才的记录状态。

在Photoshop CC 2018或更早的版本中的显示如图A15-13所示。

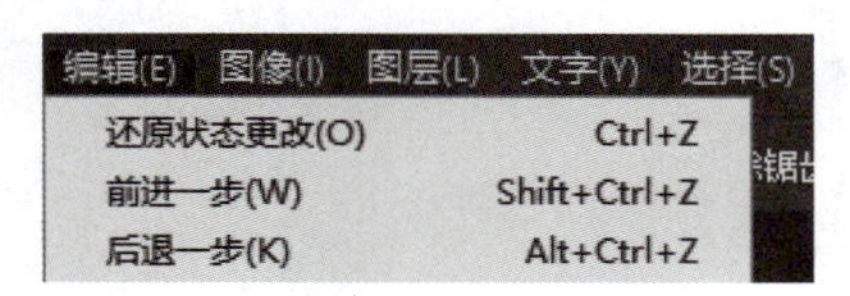


图A15-13

- 还原状态更改（Ctrl+Z）：单击一次，切换到最终状态，到达【历史记录】面板最下方的最终历史记录；再按一次，切换回刚才的记录状态。
- 前进一步（Shift+Ctrl+Z）：逐步重做，在【历史记录】面板上表现为逐个向下重做，直到最后一步。
- 后退一步（Alt+Ctrl+Z）：逐步还原，在【历史记录】面板上表现为逐个向上返回，直到最初状态，或者记录次数的极限。

由此可见，相对于一些旧版本，目前版本的Ctrl+Z快捷键与Ctrl+Alt+Z快捷键的功能互换了，请注意版本区别和操作的差别。

SPECIAL **扩展知识**

还原到某个前面的步骤后，若要开始新的操作，系统会记录新的操作步骤，原来的步骤会消失。例如，还原到【套索】这个步骤后开始新建图层，系统则开始新的记录，即记录【新建图层】的操作，原先套索之后的【移动选区】和【羽化】的记录就被覆盖了，如图A15-14所示。

A15-14

## A15.3 快照

如果有些步骤是出于多种构思的考虑，不想被覆盖，使用【从当前状态创建新文档】或者【创建新快照】功能就可以了，如图A15-15所示。

- 【从当前状态创建新文档】：该功能就像文件的阶段性备份，把当前历史记录状态生成新的文档，并存储起来。虽然稍微麻烦一些，但对于大型复杂工作来说，有备无患，相当实用。
- 【创建新快照】：在本文档的历史记录里创建不可覆盖的固定记录，就像照了相一样，定格在快照栏上。单击某条记录后单击按钮，在【历史记录】面板中会出现新快照，如图A15-16所示。按住Alt键的同时单击按钮，可以弹出【新建快照】对话框，用于设置快照的具体参数。

图A15-15

图A15-16

不管是历史记录还是快照，都是临时性的，只能在本次操作中使用，无法保存到文件里。关闭文件后，历史记录和快照就都被清空了。

# A15.4 历史记录画笔

在工具栏中可以找到历史记录画笔工具的图标，其工具组中包含两个工具，如图A15-17所示。

图A15-17

当图像经过处理后，例如，执行【图像】-【调整】-【去色】命令（见图A15-18），图片呈灰度显示，如图A15-19所示。

去色(D) Shift+Ctrl+U

图A15-18

图A15-19

此时，注意【历史记录】面板上显示的图标如图A15-20所示，意思是本条记录/快照就是历史画笔源。

图A15-20

【历史记录画笔工具】可以通过鼠标绘制，恢复带有画笔源图标的历史记录状态，如图A15-21所示。

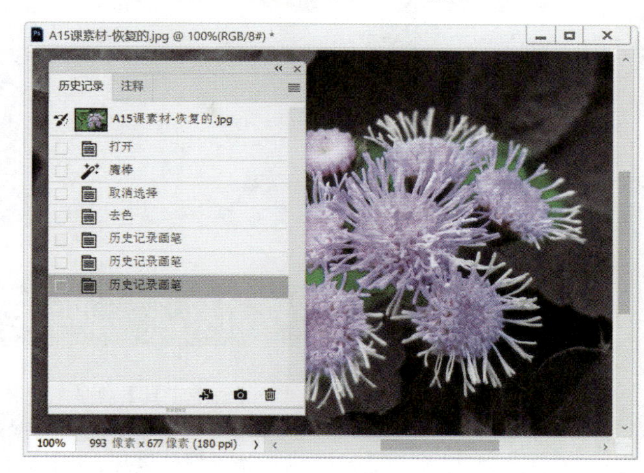


图A15-21

同理，使用【历史记录艺术画笔工具】绘制，可恢复带有画笔源图标的历史记录状态，并带有艺术样式效果。可以在【样式】选项栏里选择不同的样式，如图A15-22所示。

图A15-22

# 总结

本课讲解了历史记录和还原相关的知识，在平时的工作及学习中，还原历史记录的操作频率是非常高的，因为人是会出错的，出了错不要紧，历史记录就是“后悔药”。

A16课

# 画笔工具

看我妙笔生花

【画笔工具】是绘制操作的基础工具，最能直接发挥设计师的创意才华，最能直接体现创造力。虽然画出来的作品不能像“神笔马良”一样变成现实，但有跃然于屏幕之上的效果也是非常棒的事情。

## A16.1 画笔基本操作

【画笔工具】就是拿起鼠标（或者手绘设备）像画画一样，在Photoshop中进行绘制。

【画笔工具】的快捷键是B。除了【画笔工具】之外，还有很多类似画笔的工具，其用法和选项属性也是通用的，所以学会了【画笔工具】，就可以很快学会其他一系列的工具。

选择【画笔工具】，当鼠标显示为一个圆圈○时，说明当前笔刷为普通的圆点笔刷，圆圈的大小代表当前笔刷的大小。如果选择了异形的笔刷（见图A16-1），鼠标光标就会变成相应的预览形状。按下CapsLock键，鼠标光标则固定显示为精确十字形。

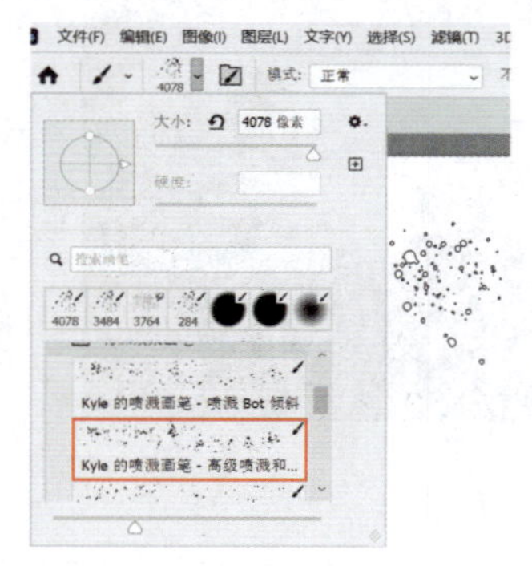

图A16-1

【画笔工具】的使用方法如下。

- 新建一个文档，设置背景色为白色，使用【画笔工具】，并选择普通的圆笔刷，设定适当的大小，【硬度】为100%。设定一个前景色，再新建一个图层，在画面上拖动鼠标，如图A16-2所示。

图A16-2

- 可以结合Shift键来画直线，或者先用画笔点一个点，再按住Shift键的同时单击下一个点，两点之间就可以自动生成直线，如图A16-3所示。

图A16-3

- 除了单击左上方的方块设定画笔的颜色之外，还可以在画笔状态下，按住Alt键，光标将临时变为吸管工具，用吸管吸取到的颜色即可变为画笔色。
- 选项栏中还有【平滑】选项（见图A16-4），尝试选择不同的选项，感受绘制的不同效果。

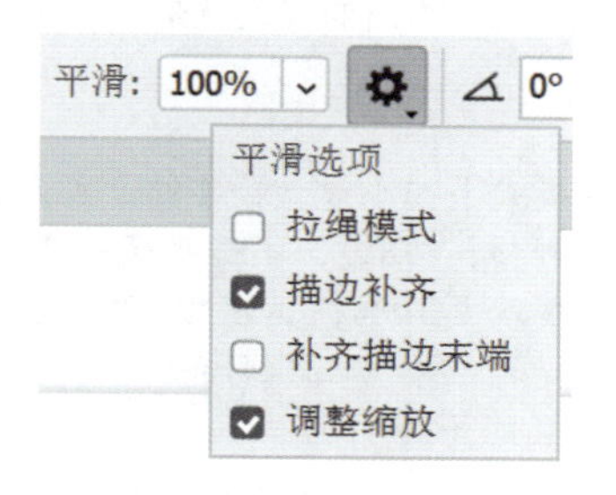


图A16-4

## A16.2 画笔的大小和硬度

除了可以在选项栏的【画笔预设】选取器中设定画笔的大小和硬度之外，还可以在画面上用鼠标右击的方式打开此面板，如图A16-5所示。

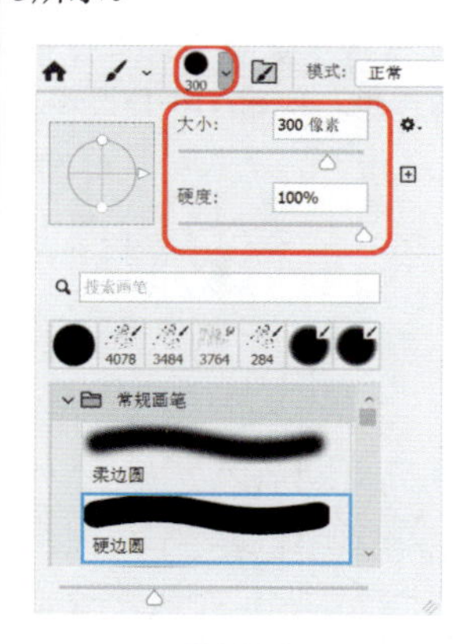


图A16-5

- 大小：可以通过快捷键“[”和“]”逐步调节画笔笔刷大小。左中括号（[）代表变小，右中括号（]）代表变大，如图A16-6所示。

图A16-6

按Alt+鼠标右键水平移动，将有红色的笔刷大小预览显示（HUD模式）。

- 硬度：可以通过Shift+[和Shift+]快捷键逐步调节画笔硬度。左中括号代表变软，右中括号代表变硬，如图A16-7所示。

图A16-7

按Alt+鼠标右键垂直移动，将有红色的笔刷大小预览显示（HUD模式）。

## A16.3 不透明度和流量

【不透明度】和【流量】位于选项栏中，如图A16-8所示。

图A16-8

## 1. 不透明度

【不透明度】用于设置画笔色彩的不透明度，也就是说画笔要有颜料，而这个颜料可以调得非常稠，看起来是不透明的，也可以调得非常稀，如同水彩般半透明。例如，设置【不透明度】为50%，画出的线条就是半透明的。

### 快捷键

- 在画笔模式下按小键盘数字键，可调节画笔的不透明度。例如，按8键，不透明度就是80%；按3键，不透明度就是30%；迅速按6和7键，不透明度就是67%。而在移动工具下按小键盘的数字键可以调节图层的不透明度。

## 2. 流量

【流量】用于设置画笔颜色的轻重，也就是画笔里的颜料流出来多少。当设定为100%时，画笔的颜色就流出100%，而设定为50%则一次只能流出50%的颜色。

### 快捷键

- 按住Shift键的同时按下小键盘数字键即可调整流量。

**豆包：“流量和不透明度有什么区别呢？”**

将【流量】设置为10%，将【不透明度】设置为100%，按住鼠标左键不放，反复绘制，随着颜料不断流出，会产生叠加加重颜色的效果，颜色很快就变成了不透明的。

将【流量】设置为100%，将【不透明度】设置为20%，按住鼠标左键不放，无论怎么重复绘制，都是20%的不透明颜色，是平均的，因为是100%的流量，不会产生叠加加重颜色的效果，除非松开鼠标再绘制一次，才可以有叠加加重颜色的效果。

## 3. 压力、喷枪和对称

【压力】和【喷枪】也位于选项栏中，如图A16-9所示。

图A16-9

- 【压力】：激活该选项，可以使用压感笔（数位手写板）的笔尖压力来控制不透明度。压感笔多用于计算机绘画、CG艺术创作、动漫、插画等领域，如图A16-10所示。

图A16-10

- 【喷枪】：激活该选项，可使用喷枪模拟绘画。将鼠标移动到某个区域时，如果按住鼠标不放，颜料量将会增加。画笔的【硬度】【不透明度】和【流量】选项可以控制应用颜料的速度和数量。
- 【对称】：激活该选项可以选择很多对称类型，直接绘制对称的图形，如图A16-11所示。

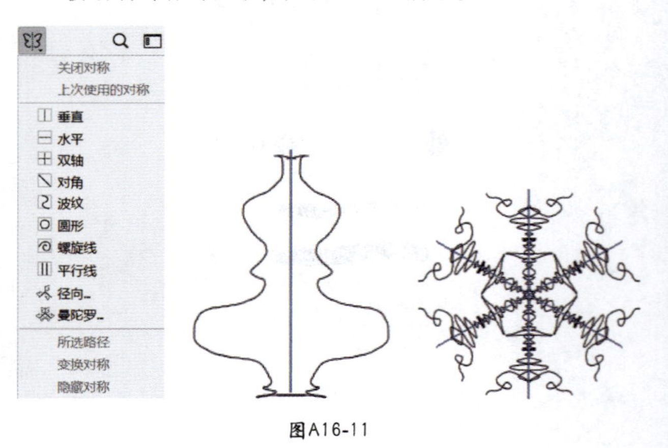


图A16-11

# A16.4 画笔预设

## 1. 选择画笔

在选项栏中单击或者右击画笔预设按钮即可弹出【画笔预设选取器】面板，在该面板中不仅能调节画笔【大小】和【硬度】，还可以选择预设画笔，如图A16-12所示。

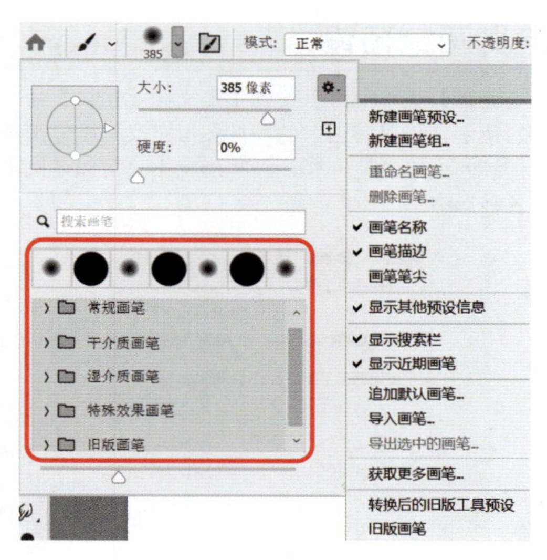


图A16-12

还可以通过面板菜单改变列表的显示方式，便于更加直观地找到想要的画笔类型，如图A16-13所示。

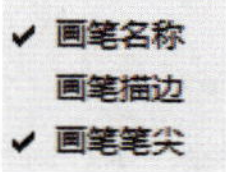

✔ 画笔名称
画笔描边
✔ 画笔笔尖

图A16-13

### 快捷键

- 使用逗号（，）和句号（。）键可以按顺序切换画笔预设，结合Shift键可以选择最前面或者最后面的画笔预设。

## 2. 导入外部笔刷资源

Photoshop可以使用的画笔远远不止这些，还可以通过导入外部笔刷资源获得千变万化的笔刷。例如，可以载入如图A16-14所示的外部画笔文件来丰富画笔库。

图A16-14

图A16-14所示是一个画笔文件，这个文件里面不只是一个画笔，而是一个画笔组，里面有不同类型的火焰画笔。

我们可以从网络上搜索画笔资源。另外，还可以自己制作画笔，也就是接下来要讲到的新建画笔预设。

先来看导入外部画笔的方法，在【画笔预设选取器】面板菜单中选择【导入画笔】选项，在打开的【载入】对话框中选择画笔文件并载入，如图A16-15所示。

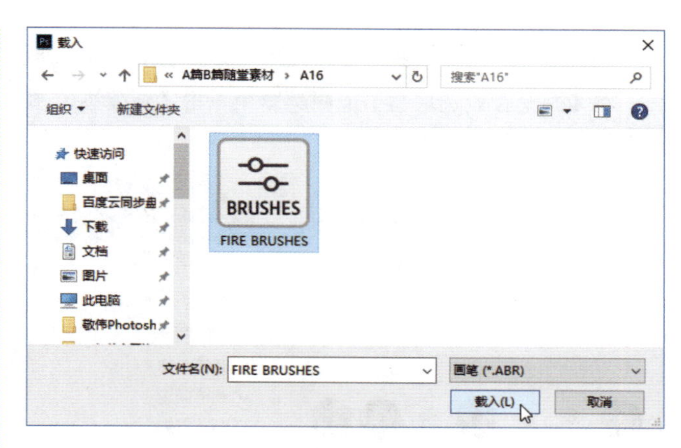


图A16-15

在【画笔预设选取器】列表下方会显示新导入的画笔组（见图A16-16），选择某个画笔（如火焰画笔）试试效果，如图A16-17所示，可以直接画出火焰形状。

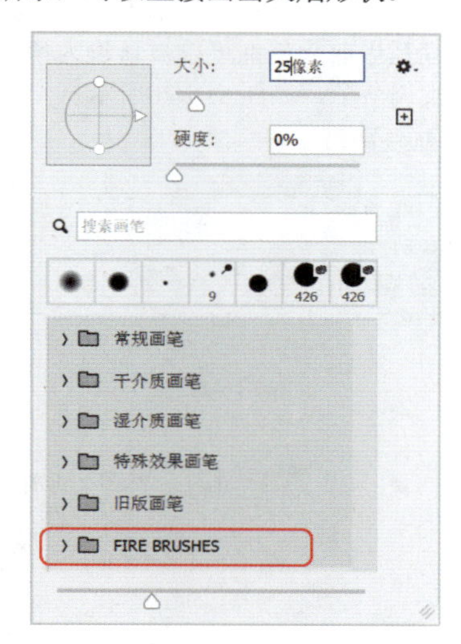


图A16-16

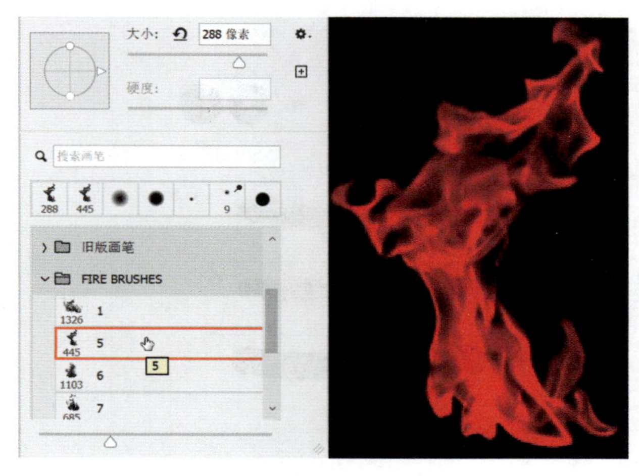


图A16-17

## 3. 新建画笔预设

在【画笔预设选取器】面板菜单中单击【新建画笔预设】命令，如图A16-18所示。

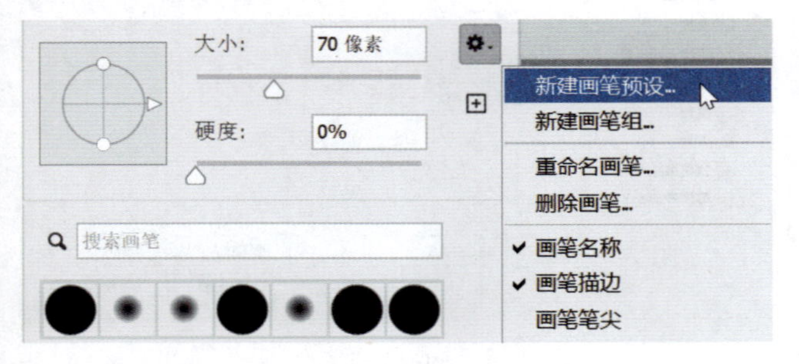


图A16-18

【新建画笔预设】就是把当前画笔的工具参数设置存储下来，放在预设列表当前的画笔组里，以备下次直接使用（见图A16-19）。除了可以存储当前状态的画笔大小和画笔属性之外，甚至当前颜色都可以被新建为预设，下次使用时，就不用多次调节了，如图A16-20所示。

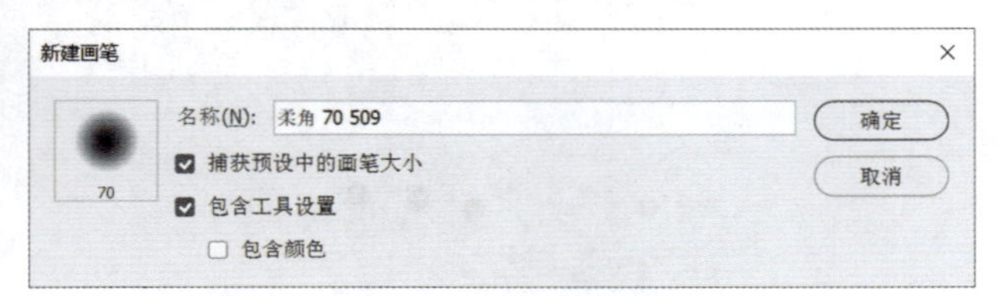


图A16-19

图A16-20

## 4. 定义画笔预设

在【编辑】菜单中可以找到【定义画笔预设】命令，如图A16-21所示，可以将当前的图像图形定义为画笔形态，就像前面提到的火焰画笔一样，画笔形状不只可以是圆点，还可以是各种形态。

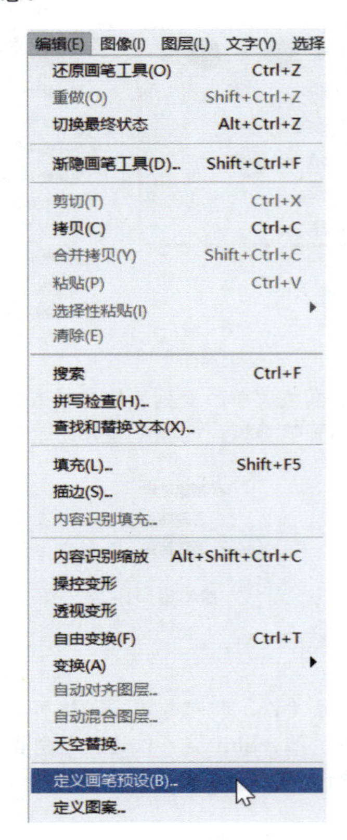


图A16-21

例如，画面上有一个豆包卡通形象，执行【定义画笔预设】命令，给画笔起个名字，然后单击【确定】按钮（见图A16-22）。接下来会发现，鼠标光标变成了豆包的轮廓（见图A16-23），在【画笔预设选取器】列表下方就有了【豆包卡通画笔】这个新定义的画笔了，如图A16-24所示。

图A16-22

图A16-23

图A16-24

设定好前景色以及其他的画笔选项参数后单击或绘制即可，如图A16-25所示。

图A16-25

## A16.5 画笔设置面板

在画笔工具的选项栏中可以找到【画笔设置面板】按钮，单击后，将弹出该面板，如图A16-26所示。

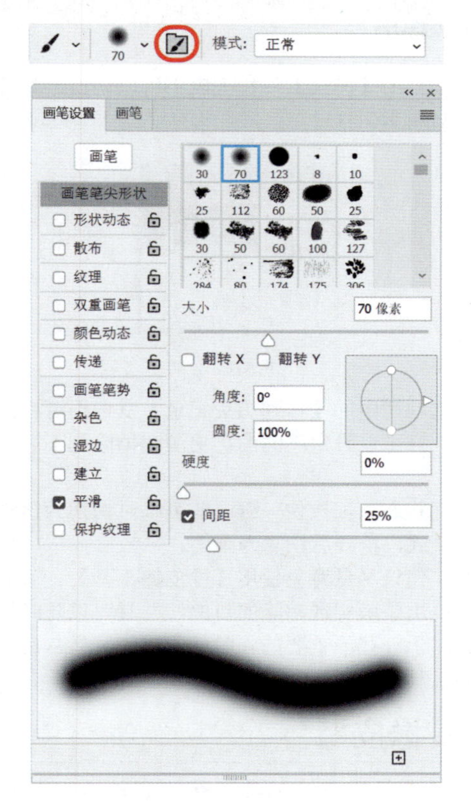


图A16-26

这个面板看上去有很多参数，是不是有点令人头疼呢？这些参数看起来虽然烦琐，但是不复杂，只要耐心地都调一调、试一试，看看有什么变化，慢慢就会都熟悉了。

- 形状动态：控制画笔大小、角度、圆度方面的动态变化。
- 散布：控制笔触两侧画笔形状的发散分布。
- 纹理：可以设置图案纹理作为画笔的笔刷。
- 双重画笔：可以设置两种画笔结合的画笔。
- 颜色动态：可以设置颜色的动态变化。
- 传递：可以设置不透明度和流量的动态变化。
- 画笔笔势：设置调整画笔的笔势角度。
- 杂色/湿边：给笔刷添加杂色或湿边的效果。
- 建立：启用喷枪样式的建立效果。
- 平滑：用鼠标绘制的平滑处理。
- 保护纹理：选择其他画笔预设时，保留原来的图案。
- 键盘上的左、右方向键：用于快速调整画笔的角度。

可以同时选中这些复选框，同时起作用。在每一项后面都有小锁图标用于锁定设置。关于每项的设定效果，建议扫码观看视频讲解。

## A16.6 工具预设

在选项栏中【主页】按钮的后面是【工具预设】按钮，如图A16-27所示。

图A16-27

不单单是【画笔工具】，每一个工具的选项栏中都会有这个面板，如图A16-28所示。

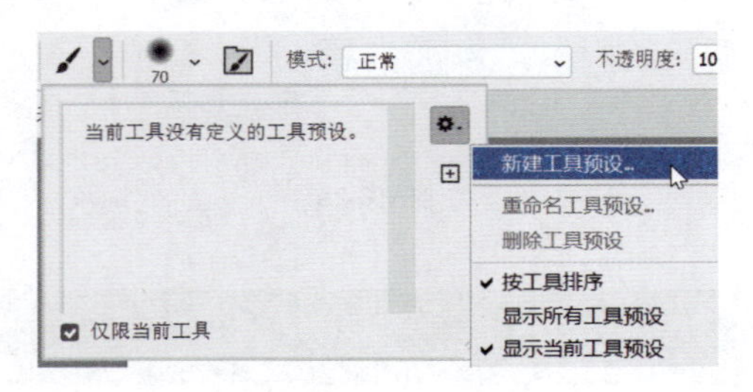


图A16-28

新建或存储工具预设保存的是当前工具的所有选项栏参数，对于画笔来说，包括模式、不透明度、流量等，保存的是该工具的完整状态；而新建画笔预设只是保存笔刷的属性，不包括选项栏的属性。

取消选中【仅限当前工具】复选框，可以看到Photoshop自带的很多工具预设，如图A16-29所示。

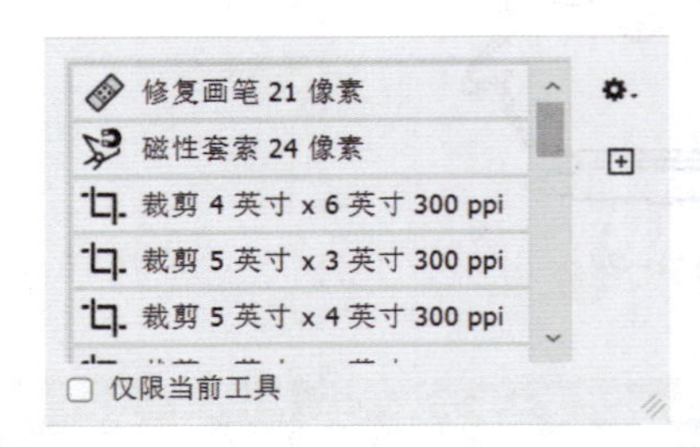


图A16-29

## A16.7 类似画笔的系列工具

### 1. 铅笔工具

不要误解为【铅笔工具】能画出类似现实中铅笔的效果。使用【铅笔工具】画出的线条都是带锯齿的，没有做抗锯齿的柔和处理，如图A16-30所示。

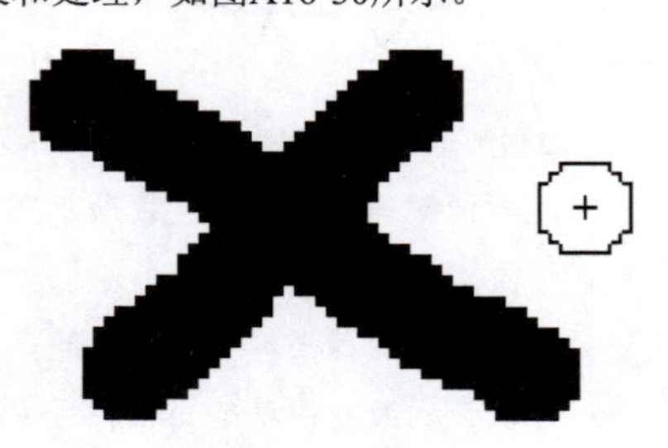

图A16-30

在制作界面或者像素画时经常会使用【铅笔工具】。该工具的选项和画笔几乎一样，按画笔的方法使用即可。

选中选项栏中的【自动涂抹】复选框后，当背景层的颜色和前景色相同时，会画出背景色。

### 2. 橡皮擦工具

【橡皮擦工具】的快捷键是E。

使用橡皮擦可以擦除图层上的像素，像素被擦掉以后，图层就变成了透明层。当图层是背景层的时候，能擦除背景色。

在选项栏的【模式】下拉列表中可以切换擦除的模式，如图A16-31所示。

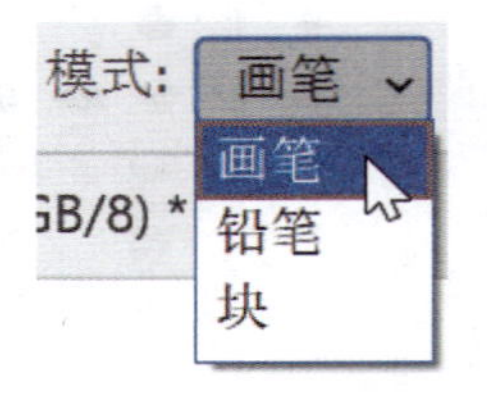


图A16-31

选中选项栏中的【抹到历史记录】复选框可以擦除到历史状态，同样可以设定不同的历史源擦除到不同的历史结合效果。

在画笔状态下，按住~键，即可临时切换为该画笔形状的橡皮擦模式，松开后恢复为画笔。

不过，建议尽量避免使用【橡皮擦工具】。后面将学到蒙版，可以用蒙版实现擦除的目的，并且可以随时找回，便于调节。对于一些不重要的临时性的工作，偶尔可以用一下【橡皮擦工具】。

### 3. 背景橡皮擦

使用【背景橡皮擦工具】可智能地识别图像的边缘，可以擦除背景，得到主体图像。关于抠图去背景，在B01课、B07课会有专门的讲解，【背景橡皮擦工具】并不是最好的抠图工具，可以临时用一下。

## 4. 魔术橡皮擦

使用【魔术橡皮擦工具】可以快速擦去同类色区域。可以将其看作【魔棒工具】+Delete键，其选项设置和魔棒也类似。

## 5. 颜色替换工具

使用【颜色替换工具】可以在目标颜色范围内绘制，类似于【魔棒工具】+【画笔工具】。

## 6. 混合器画笔工具

使用【混合器画笔工具】可以将画布上已经绘制的颜色与正在绘制的颜色产生混合，模拟颜料在画布上随着笔触涂抹而混合的真实效果；可以在选项栏中控制颜料的干湿程度（混合程度），实现非常自然的笔触效果。此工具常用于CG艺术创作、计算机绘画、概念设计等工作中。

# A16.8 综合案例——PS画笔绘画

本案例的最终效果如图A16-32所示。

图A16-32

### 操作步骤

01 按Ctrl+N快捷键新建文档，并设定文档大小为1280×720像素。

02 新建图层，选择【画笔工具】，右击选择【旧版画笔】-【默认画笔】中的【草】画笔（见图A16-33）。将前景色和背景色分别设定为深绿色和浅绿色（见图A16-34）。然后开始绘制草地，根据“近大远小”的透视原理，适当调节画笔大小，如图A16-35所示。

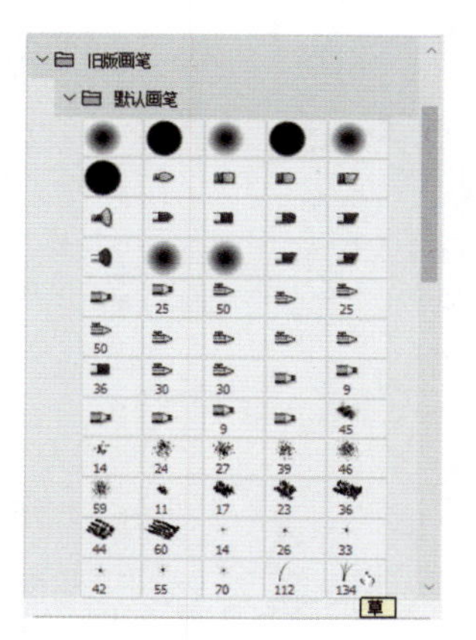


图A16-33

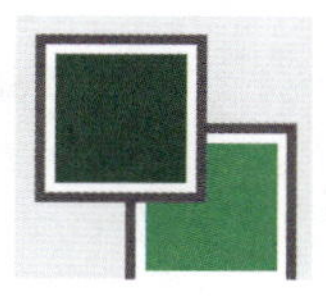

图A16-34

图A16-35

03 在草地图层上新建一个图层，选择【旧版画笔】-【特殊效果画笔】-【杜鹃花串】画笔（见图A16-36），将前景色和背景色分别设定为黄色和橙色（见图A16-37），然后绘制花朵，如图A16-38所示。

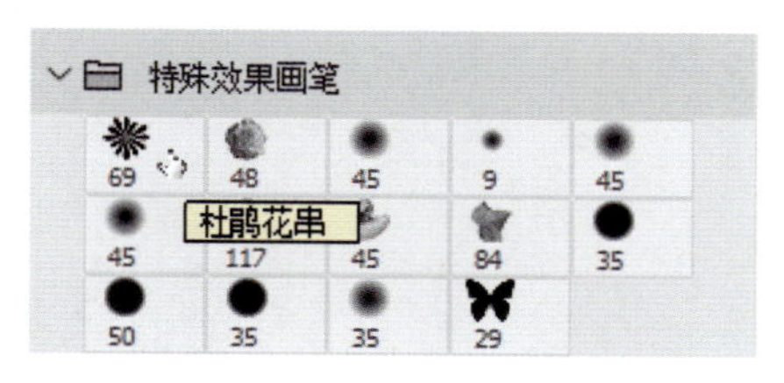


图A16-36

图A16-37

图A16-38

04 可以继续点缀，丰富内容，选择【旧版画笔】-【特殊效果画笔】-【蝴蝶】画笔，绘制不同大小不同颜色的蝴蝶，如图A16-39所示。

图A16-39

05 选中最下方的背景图层，在【编辑】菜单中执行【填充】命令，设置填充内容为【颜色】，填充一个淡蓝色，作为天空的颜色（A18课会详细讲解有关填充的知识），如图A16-40所示。

06 新建图层，使用【画笔工具】，右击，选择圆点画笔，将【硬度】值设置得非常低，将【不透明度】和【流量】也都调低一些，结合不同的画笔大小，轻轻画出一层层白云（要想画好，需要一定的绘画功底，需要多练习），如图A16-41所示，作品完成。

图A16-40

图A16-41

## 总结

无论是绘制，还是修饰，或者设计，画笔都是最常用的工具，需要重点学习。对于从事CG艺术创作的Photoshop使用者来说，画笔是最代表生产力的工具。

读书笔记

本课将介绍一系列针对图像修饰、修复处理的工具，主要处理图片的瑕疵、水印、清晰度等，并进行细节调整。接下来“十八般兵器”将悉数登场，展现各种神奇的操作。

# A17.1 污点修复画笔工具

工具栏中的修复类工具组中有一系列的工具（见图A17-1），快捷键为J，按住Shift+J快捷键可以轮流切换该组内的工具。

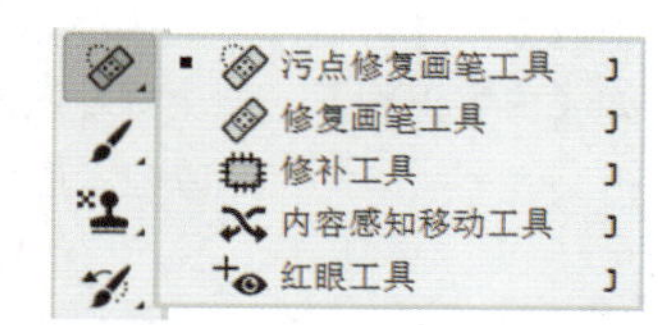


图A17-1

使用【污点修复画笔工具】可以快速去掉图片中的污点或多余元素。该工具可以自动从所修饰区域的周围取样，使用样本进行绘画，并将样本像素的纹理、光照、透明度和阴影与所修复的像素相匹配。

【污点修复画笔工具】和【画笔工具】有通用的属性，如画笔大小、硬度等。对于想要修饰的污点，调整好画笔大小，点一下，就可以了。例如，图A17-2所示的脸上的痣，使用该工具就可以轻松去掉，如图A17-3所示。这是一个非常简单、省事的工具。

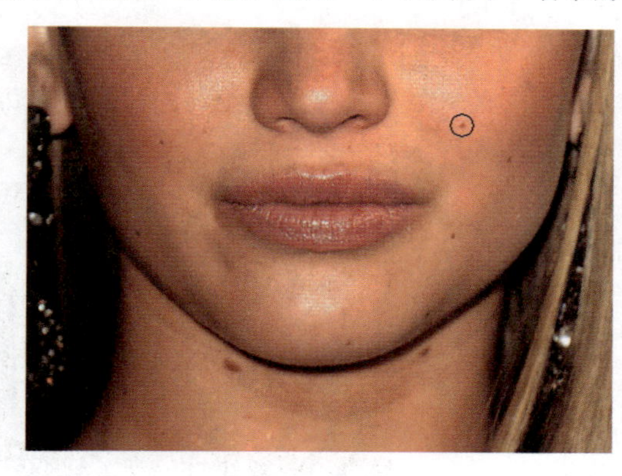

图A17-2

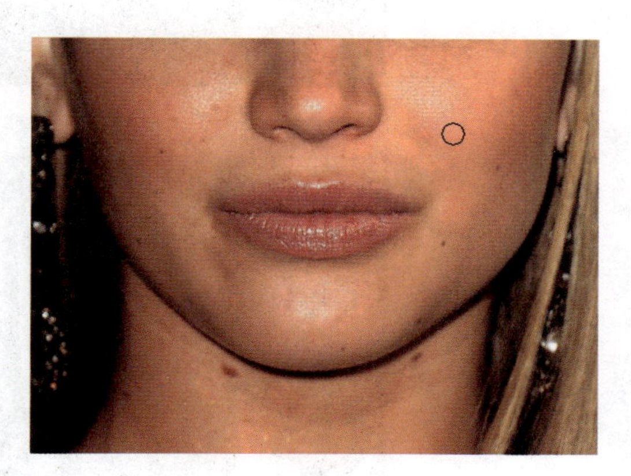

图A17-3

其他的痣和过曝的小光斑，也可以用这种方式清理干净，如图A17-4所示。

A17 课

修饰修复

小痘痘不见了

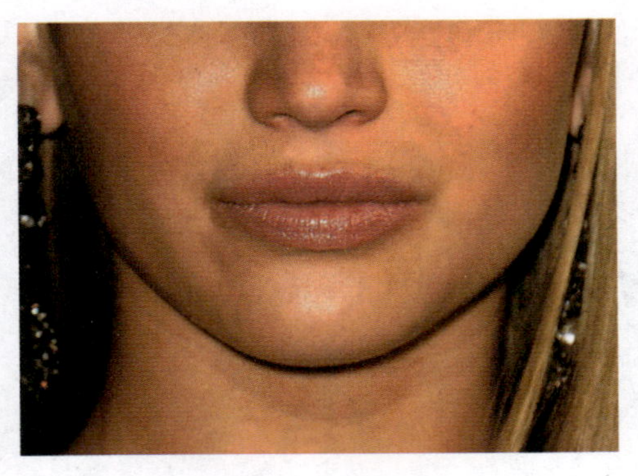

图A17-4

在该工具的选项栏中可以选择不同的识别模式，如图A17-5所示。

类型： 内容识别 | 创建纹理 | 近似匹配

图A17-5

对于一般的污点修复工作，选择【内容识别】就可以，这是最智能的模式；【创建纹理】可用于在有规律纹理的背景上修复；【近似匹配】则使用周围的像素直接匹配修复，不如【内容识别】（能更好地匹配光线、阴影等）好用。

# A17.2 仿制图章工具、图案图章工具和修复画笔工具

【仿制图章工具】【图案图章工具】和【修复画笔工具】如图A17-6所示。

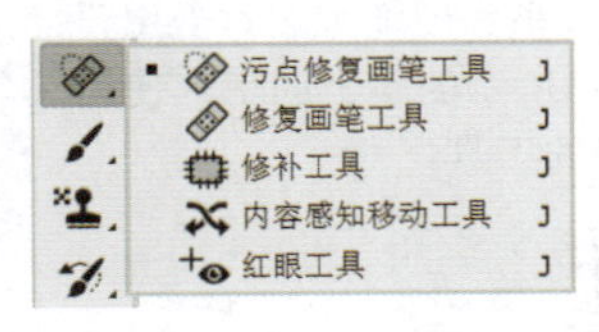


图A17-6

## 1. 仿制图章工具

使用【仿制图章工具】可将图像的一部分绘制到同一图像的另一部分，也可以将一个图层的一部分绘制到另一个图层。通过【仿制图章工具】可以复制对象，通过复制来修饰类似重复区域，或者添加重复元素。

### 操作步骤

01 选择【仿制图章工具】，调整好画笔大小，在想要被仿制的区域先按住Alt键，再单击拾取仿制源样本信息，如图A17-7所示。

图A17-7

● 在该工具的选项栏中可以选择拾取仿制源样本的图层选项，如图A17-8所示。

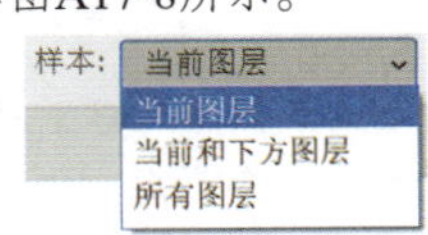


图A17-8

02 松开Alt键，此时仿制源已准备好，在想要修饰的区域绘制即可，绘制的图像将和仿制源的一模一样，如图A17-9和图A17-10所示。

图A17-9

图A17-10

- 在绘制之前，建议先新建一个图层来操作，从而进行更加深入的处理，如图A17-11所示。

图A17-11

- 在选项栏中单击【切换仿制源面板】按钮（见图A17-12）可以激活【仿制源】面板（见图A17-13）。另外，在【窗口】菜单中也可以找到该面板，如图A17-14所示。

图A17-12

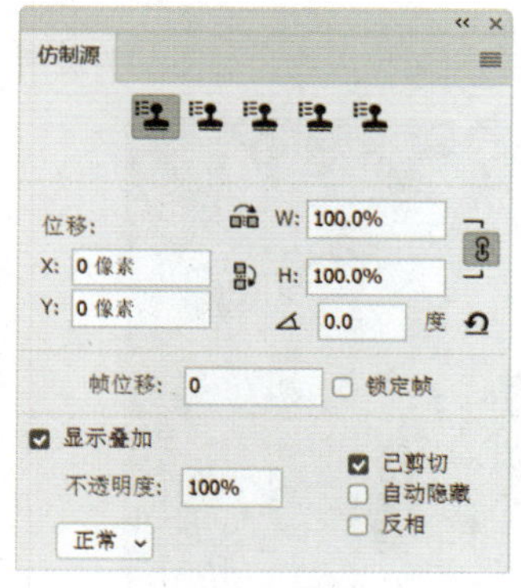


图A17-13

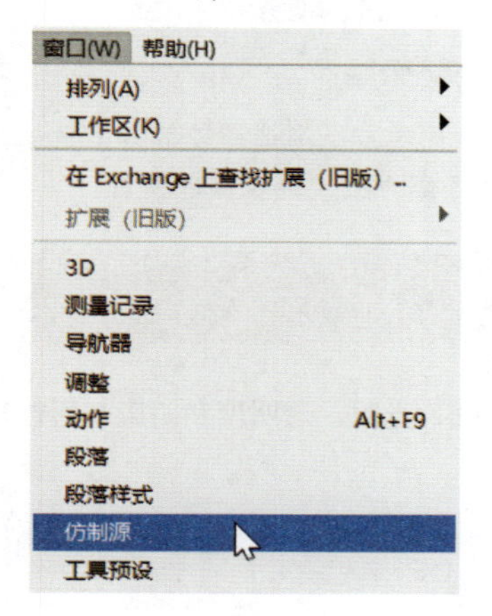


图A17-14

- 仿制源可以有5个备用选项，如图A17-15所示，每个都可以单独设置相关参数，激活备用按钮，按住Alt键拾取仿制源就可以使用了。除了【仿制图章工具】之外，本课后面要讲的【修复画笔工具】同样也可以共用此选项。

图A17-15

## 2. 图案图章工具

使用【图案图章工具】时不需要按Alt键拾取仿制源，可直接选择图案作为仿制源，使用该工具可以绘制图案内容。在该工具的选项栏中可以选择不同的图案，在该工具的面板菜单中也可以加载更多丰富的图案（见图A17-16）。选择好图案后，即可直接绘制该图案，如图A17-17所示。

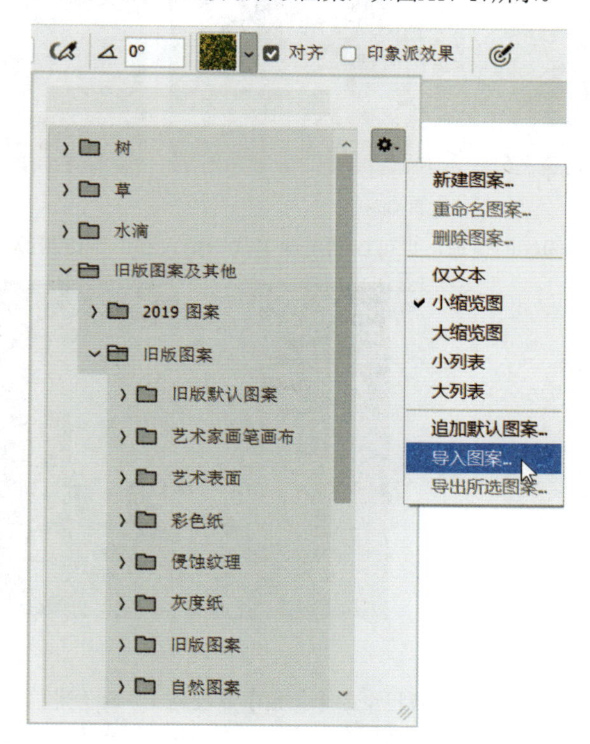


图A17-16

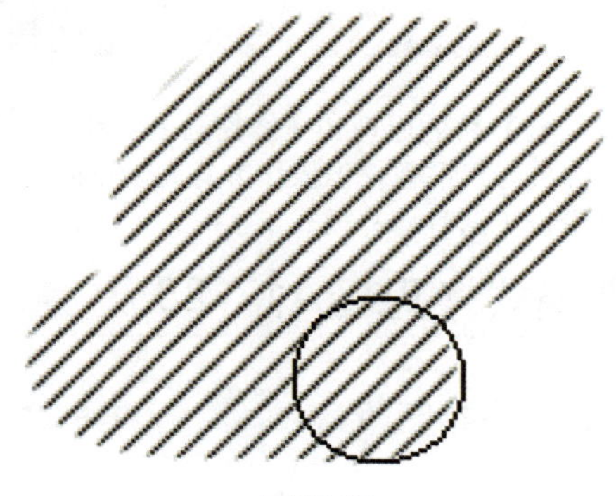

图A17-17

## 3. 修复画笔工具

【修复画笔工具】与【仿制图章工具】用法一样，按住Alt键拾取仿制源，使用仿制源绘制修复。和【仿制图章工具】不同的是，【修复画笔工具】可将仿制源的纹理、光照、透明度和阴影与所修复的区域进行智能匹配，达到完美融入图像的目的。

如图A17-18所示，一部分行人横穿马路，非常危险。如果想把图右侧红框里的人物去掉，可以选择左侧红框中的马路路面当作仿制源，选中选项栏中的【使用旧版】复选框，同样按下Alt键并单击，然后松开Alt键，开始绘制修复（见图A17-19），修复完成后，人物被完美地去掉了，如图A17-20所示。

图A17-18

图A17-19

图A17-20

同样的道理，也可以利用此工具，把人物当作仿制源（见图A17-21），在旁边复制出人物，如图A17-22所示。

图A17-21

图A17-22

● 该工具选项栏中的【扩散】属性的作用：图像中如果有颗粒或精细的细节，则选择较低的扩散值；图像如果比较平滑，则选择较高的扩散值。取消选中【使用旧版】选项，会以颜色匹配为主，边缘得以保留。

# A17.3 修补工具

【修补工具】的原理和【修复画笔工具】类似，同样可以将样本的纹理、光照、透明度和阴影与所修复的区域进行智能匹配，完美融入图像，但操作方式完全不同。

该工具有以下两种修补模式。

## 1. 正常模式（见图A17-23）

修补：正常 源 目标 透明 使用图案 扩散：5

图A17-23

例如，要去掉图A17-24中的网址水印，先选择【修补工具】，绘制要修复的区域，然后框出选区，如图A17-25所示。

图A17-24

图A17-25

得到选区后，将选区移动到合适覆盖此区域的位置。如图A17-26所示，拖曳该选区到下方颜色类似的区域。

图A17-26

松开鼠标，取消选区，原来的选区处就被下方样本区域覆盖了，这就完成了一部分的工作；用相同的方法，可以将后面所有的字母覆盖，完美去掉水印，如图A17-27所示。

图A17-27

豆包：“修补的过程为什么要分开操作呢？一次性选择所有文字来修饰不行吗？”

修饰的区域越小，识别得就越细致，修饰得越完美，太大的区域不容易找到合适的样本来修饰。

- 除了能去掉元素之外，【修补工具】也能复制元素，在选项栏的 源 目标 位置把【源】模式改为【目标】模式即可。
- 在选项栏中选中【透明】复选框，会出现叠透效果，可按需设置。
- 使用【扩散】功能可控制颜色融合扩散的程度，数值越高，扩散范围越大。
- 框出选区后，还可以直接单击选项栏中的【使用图案】按钮，填充对应图案，该功能较少使用。

## 2. 内容识别模式（见图A17-28）

修补: 内容识别 结构: 4 颜色: 0 对所有图层取样

图A17-28

该模式和正常模式操作方法完全相同，最终效果根据不同的参数设置，也会略有差异，真正试过才能体会哪个好用。总体来说，【内容识别】模式运算更加复杂，处理得更慢，对复杂的图像更能体现出智能的适应性。

- 结构：如果输入数值 7，会完全遵循现有图像进行匹配；如果输入数值 1，会最大化智能地调节匹配，不会完全照搬。
- 颜色：如果输入数值 0，颜色融合度最低；如果输入数值 10，颜色将最大化地融合。

## A17.4 内容感知移动工具

【内容感知移动工具】也是一款修图利器。该工具有以下两种修饰模式。

### 1. 移动模式

在选项栏的【模式】中选择【移动】模式，如图A17-29所示。

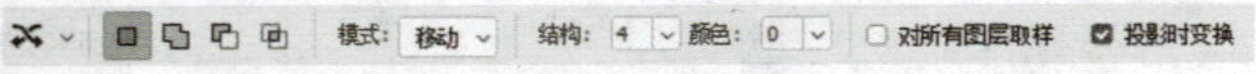

模式：移动　结构：4　颜色：0　对所有图层取样　投影时变换

图A17-29

【内容感知移动工具】的操作方法和【修补工具】类似，先框出选区（见图A17-30），然后移动选区区域，如图A17-31所示。

图A17-30

图A17-31

画面上的小男孩被移动了一个身位，原来的区域被智能地填充了内容，如图A17-32所示。

图A17-32

- 选项栏上的【结构】【颜色】与【修补工具】的用法相同。
- 选中【投影时变换】复选框，移动选区后，会有变换框出现，方便进行缩放或旋转的操作；如果取消选中，则会直接修饰完成。

### 2. 扩展模式

扩展模式就是复制模式，如图A17-33所示。

模式：扩展

图A17-33

执行相同的操作，结果是小男孩变成了双胞胎，如图A17-34所示。

**SPECIAL 扩展知识**

【修补工具】和【内容感知移动工具】框出的选区也是普通的选区。同样，也可以用其他工具先绘制选区，编辑选区，再用【修补工具】或【内容感知移动工具】进行操作。

图A17-34

# A17.5 红眼工具

使用【红眼工具】可以快速消除在闪光灯下拍照出现的红眼效果。选择该工具后，只需框选红眼区域，即可消除红眼。

# A17.6 模糊工具、锐化工具和涂抹工具

## 1. 模糊工具

使用【模糊工具】可以通过绘制使相应区域的像素变模糊。

打开本课PSD素材，即如下排列的豆包卡通形象，如图A17-35所示，使用【模糊工具】对图层3、4、5进行绘制，在图层5上可以多绘制几遍（见图A17-36），图层4次之，逐步绘制出近实远虚的景深效果，如图A17-37所示。

图A17-35

图A17-36

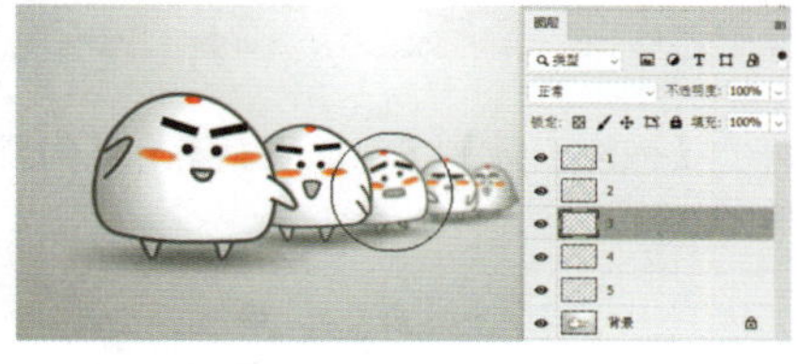

图A17-37

- 在选项栏中可以设定模糊强度，强度越大越模糊。
- 选中【对所有图层取样】复选框，可以对所有图层同时起作用。

## 2. 锐化工具

【锐化工具】和【模糊工具】的功能刚好相反，使用【锐化工具】可以增强像素边缘的对比度，达到图像锐利清晰的效果，如图A17-38和图A17-39所示。

锐化前

图A17-38

锐化后

图A17-39

- 在工具栏中选中【保护细节】复选框可以尽可能地防止锐化过度。

SPECIAL 扩展知识

【锐化工具】和【模糊工具】不是相互可逆的，使用【模糊工具】将图像变模糊以后，【锐化工具】绝对不可能把模糊的图像变回原来的样子。

### 3. 涂抹工具

【涂抹工具】就像在现实绘画中，在画布上用手指涂抹一块颜色。图A17-40所示是对图层1的豆包头部进行涂抹。

图A17-40

- 在选项栏中选中【手指绘画】复选框，可以用前景色进行涂抹；若取消选中，则是基于涂抹点的颜色来扩展。

## A17.7 减淡工具、加深工具和海绵工具

【减淡工具】【加深工具】和【海绵工具】如图A17-41所示。

图A17-41

【减淡工具】可以使相应区域颜色变浅，【加深工具】反之，【海绵工具】可以增减图像饱和度。

例如，原图如图A17-42所示。

图A17-42

使用【减淡工具】绘制遮阳伞的一部分后，绿色的伞变浅了，如图A17-43所示。

图A17-43

接下来，使用【加深工具】绘制头发后，头发变黑了，如图A17-44所示。

图A17-44

继续使用【海绵工具】并设置【加色】模式 模式: 加色 绘制天空后，天空的饱和度变高了，颜色更纯，如图A17-45所示。

图A17-45

使用【海绵工具】并设置【去色】模式 模式: 去色 绘制衣服后，衣服变成了灰色，如图A17-46所示。

图A17-46

## 总结

本课介绍了多个图像修饰相关的工具，每个工具都各有特色，各有用途，某些工具也具有同类性质，可以交替结合、互补互助使用。不管是修去脸上的痘痘，还是去掉抢镜的人物，或者抹掉碍眼的水印，只要涉及图像的修复、修饰，都离不开这些工具，也离不开操作者的细心、耐心和创造力。

读书笔记

A18课

# 填充知识

强大的填充技术

填充有3种基本类型：颜色、渐变和图案。另外还有历史记录和内容识别两种特殊的填充方式。

## A18.1 油漆桶工具

使用【油漆桶工具】可以通过单击的方式快速填充内容。

新建空白图层，设定前景色后，选择油漆桶工具，并在选项栏中选择【前景】，然后单击画布，这样整个画布都被填充了前景色，如图A18-1所示。

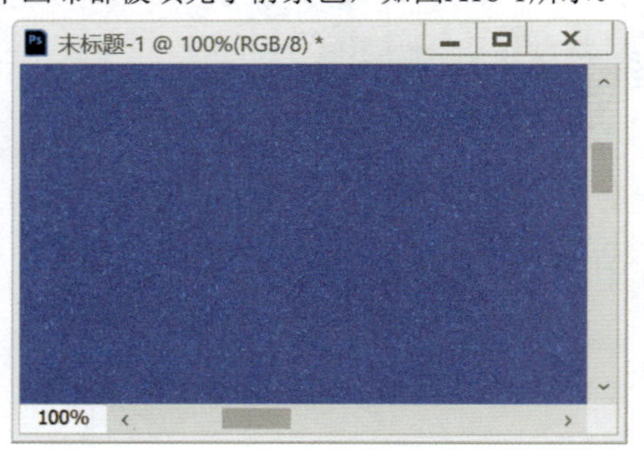


图A18-1

- 如果有选区，则只填充选区内的区域。
- 在选项栏中也可以选择【图案】模式，填充图案纹理，如图A18-2所示。

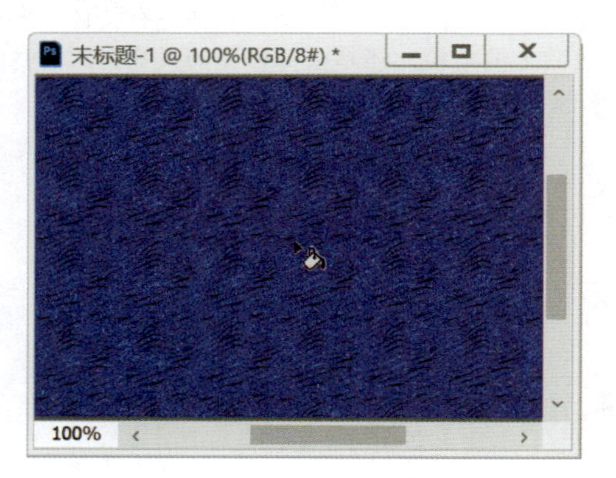


图A18-2

- 如果背景不是单色，而是有很多颜色和内容的照片（见图A18-3），【油漆桶工具】会识别类似色来填充（见图A18-4），选项栏上的【容差】范围设置与【魔棒工具】的相同。

图A18-3

图A18-4

# A18.2 填充命令和内容识别填充

## 1. 填充命令

在【编辑】菜单中可以找到【填充】命令，如图A18-5所示。

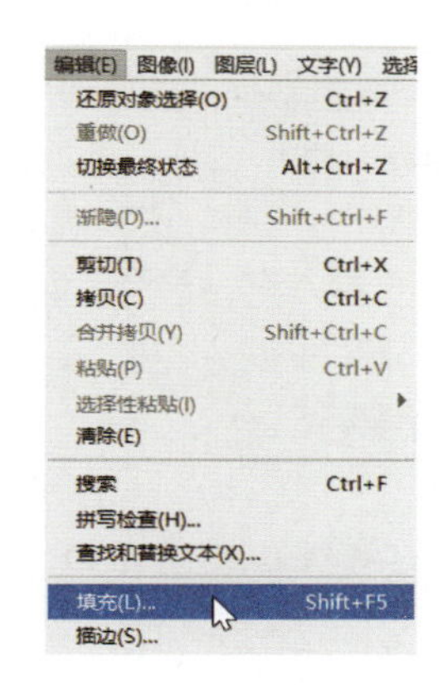


图A18-5

### 快捷键

- 【填充】命令的快捷键是Shift+F5或者Shift+BackSpace。

在【填充】对话框中可以选择填充内容，填充内容可以是前景色或背景色等，如图A18-6所示。

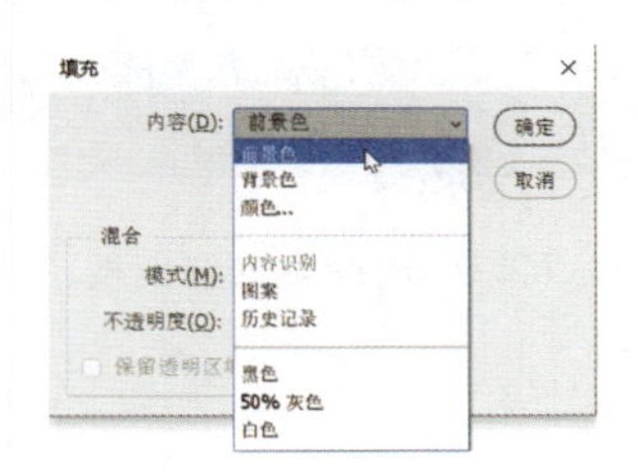


图A18-6

### 快捷键

- 快速填充前景色的快捷键是Alt+Delete或者Alt+BackSpace。
- 快速填充背景色的快捷键是Ctrl+Delete或者Ctrl+BackSpace。

也可以选择【颜色】选项进行填充，或者直接选择黑色、白色或50%灰色。另外还有图案、历史记录等都可以作为填充内容。在该对话框中也可以设定填充的混合模式、不透明度等。选中【保留透明区域】复选框，可以保护透明区域不被填充内容。

需要特别注意的是，在【内容】下拉菜单中还有一项是【内容识别】，是灰色显示状态，即不可用。那么怎样才能使用它呢？它有什么功能呢？

打开A17课的素材图片，使用【套索工具】将人物框选出来，如图A18-7所示。

图A18-7

有了选区，再执行【填充】命令，此时【内容识别】变为可用状态，如图A18-8所示。

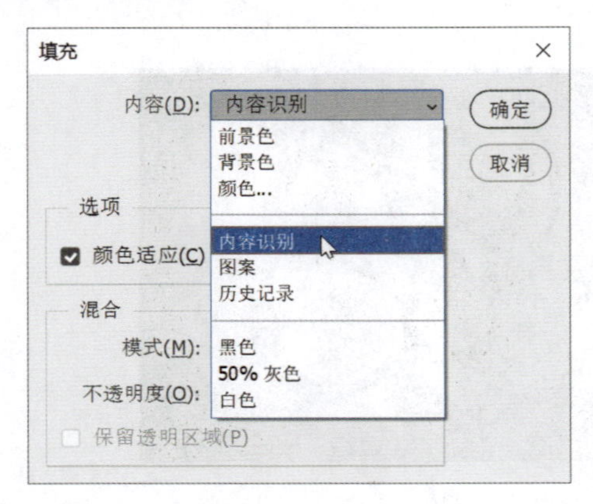


图A18-8

选择【内容识别】选项，单击【确定】按钮后，选区内的人就被修掉了，如图A18-9所示。

图A18-9

【填充】命令的【内容识别】模式也可以当作图片修饰的一种手段。不过，识别区域不要过大，也不要过于复杂，否则效果不会太理想，下面介绍更高级的内容识别。

## 2. 内容识别填充

在【编辑】菜单中，还有一个专门的【内容识别填充】命令，其面板如图A18-10所示。

在中间的【预览】区域可以实时观看填充后的预览效果，最右侧的参数设置面板如图A18-11所示。

- 在【显示取样区域】可以设定颜色和不透明度，【表示】下拉菜单可用于双向调换颜色。
- 在【取样区域选项】中，【自动】为使用类似于填充区域周围的内容；【矩形】为使用填充区域周围的矩形区域；【自定义】为使用手动定义的取样区域。可以准确地识别要从哪些像素中进行填充。
- 在【颜色适应】选项中可选择不同的级别，在预览中观看识别填充后的效果，选择最合适的级别即可。
- 还可以使用最左侧工具栏中的【取样画笔工具】，重新绘制取样大小；用【套索工具】可绘制增减选区。

图A18-10

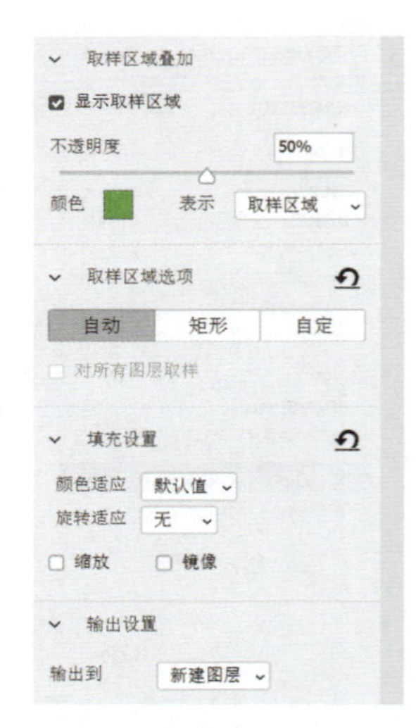


图A18-11

# A18.3 图案编辑

在【填充】对话框中，当选择【图案】选项的时候，单击【自定图案】按钮，可以弹出图案二级面板，在该面板的菜单中有一系列针对图案相关的命令，如图A18-12所示。

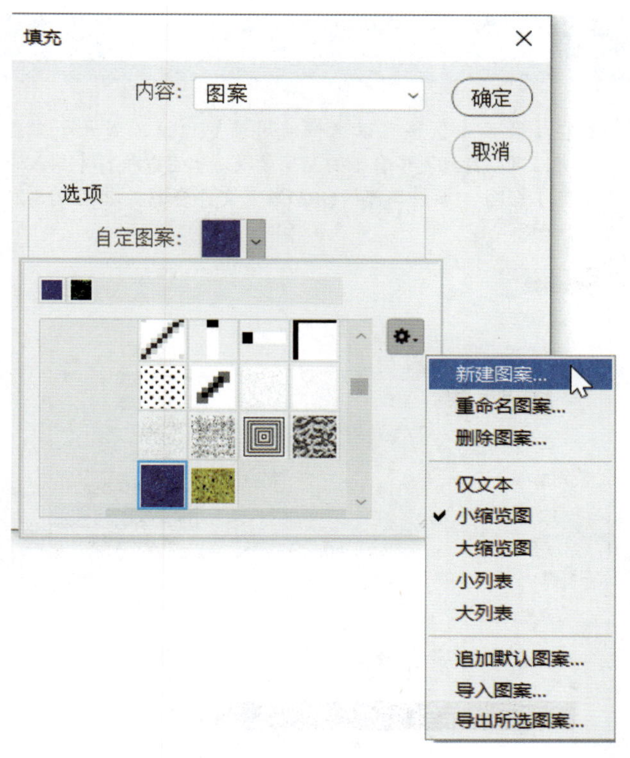


图A18-12

可以在菜单下方找到更多Photoshop自带的图案，如图A18-13所示。

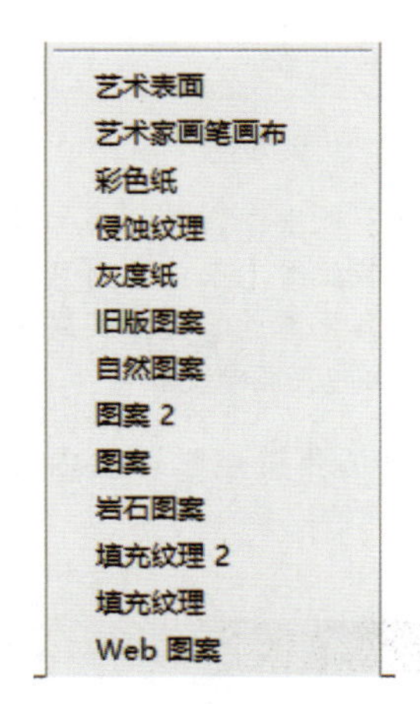


图A18-13

除了使用预设的图案之外，还可以自定义图案，在【编辑】菜单中可以找到【定义图案】命令，如图A18-14所示。

图A18-14

首先，要有图案的基本样式，例如，打开本课的女豆包素材图片，执行【视图】菜单中的【图案预览】命令，可以实时预览图案填充后的效果，然后执行【定义图案】命令，打开【图案名称】对话框，如图A18-15所示。

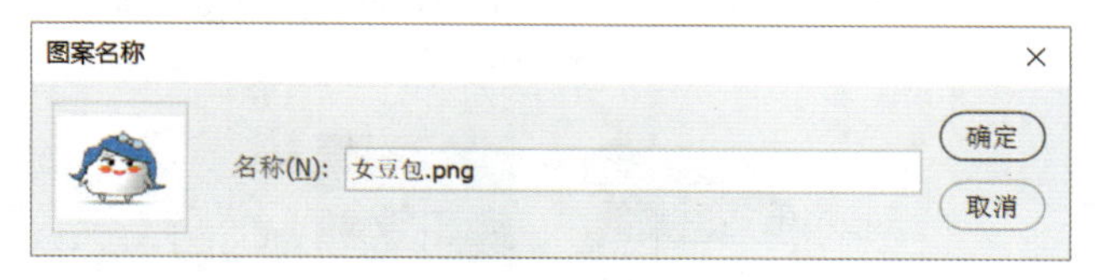


图A18-15

然后，新建一个1920×1080像素的空白文档，执行【填充】命令填充图案，此时就可以看到图案列表里有了刚才定义的图案，如图A18-16所示。

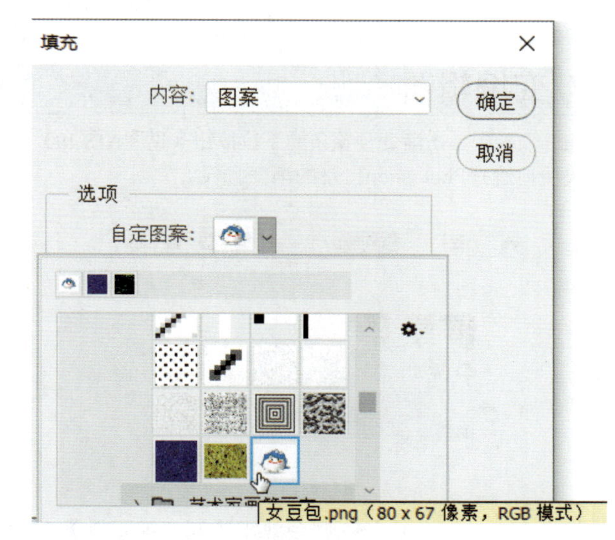


图A18-16

最后，选择自定义的图案，单击【确定】按钮，图案会被平铺填充，如图A18-17所示。

图A18-17

# A18.4 渐变工具

渐变是非常重要的填充内容，可以使用【渐变工具】创作多种样式的渐变效果，渐变的创建方法可以选择【可感知】【线性】【古典】，如图A18-18所示。

图A18-18

【渐变工具】的使用方法是单击并拖曳，拖曳的方向即为渐变的方向。拖曳鼠标的时候，先显示轨迹线，松开鼠标后，渐变就会被填充到画面中。

## 1. 渐变编辑器

在选项栏中单击渐变预览条的下拉按钮（见图A18-19），可以快捷地选择Photoshop自带的渐变预设。

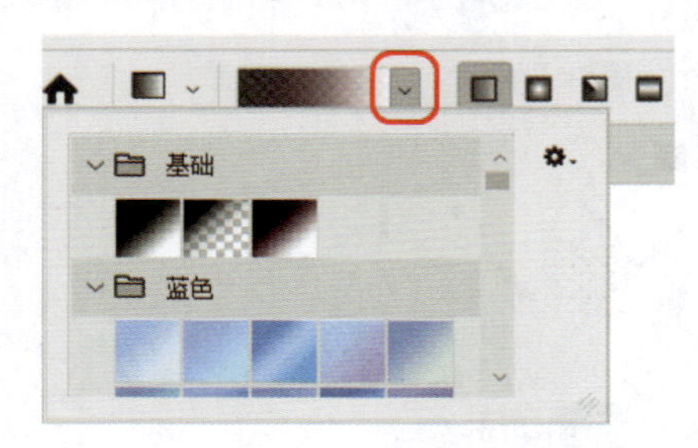


图A18-19

如果直接单击预览条，则会弹出【渐变编辑器】对话框，如图A18-20所示。

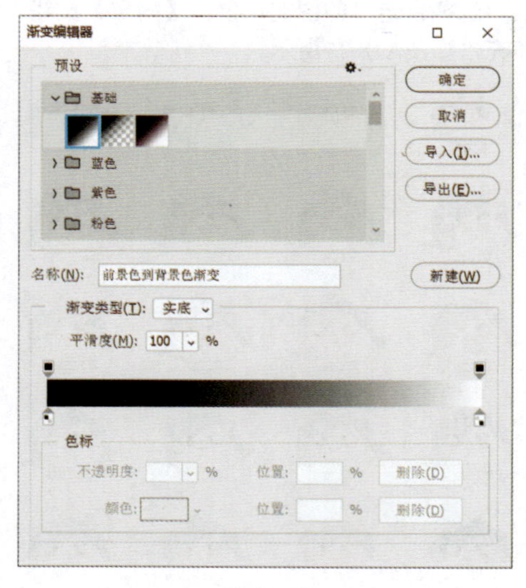


图A18-20

- 在【预设】区域可以选择使用渐变预设，展开小文件夹，可以看到更多自带的渐变效果。也可以执行【导入渐变】命令，加载外部的GRD渐变文件资源，如图A18-21所示。

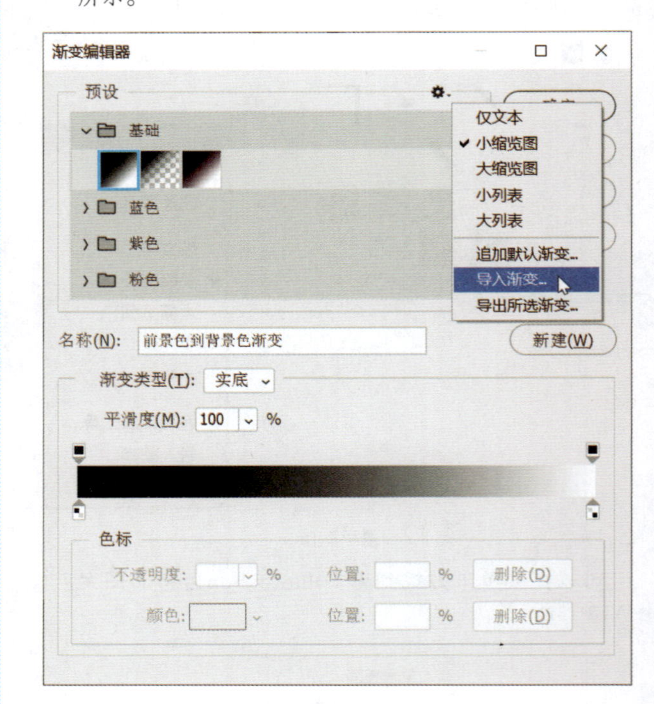


图A18-21

- 在【渐变类型】选项中，最常用的就是【实底】，即过渡式渐变。若使用【杂色】则可以创作多种随机颜色渐变的效果。要重点掌握【实底】类型的渐变，并学会创作自定义的实底渐变。

渐变编辑条也是要重点学习的内容，如图A18-22所示。

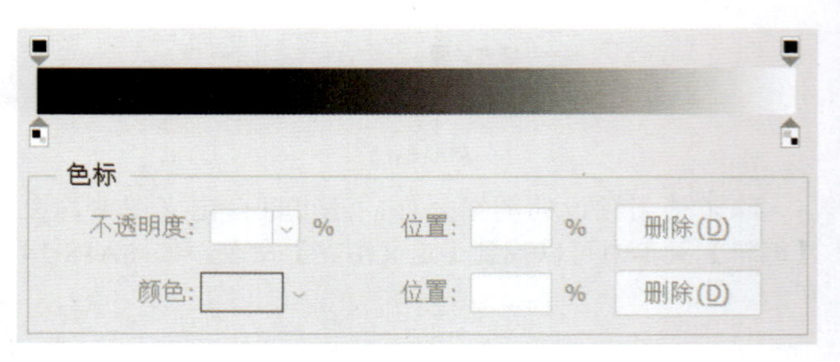


图A18-22

渐变条下方的两个色标用来设定颜色，目前选择的是预设的第一个默认渐变，是从黑到白两个颜色的渐变，所以目前有两个色标。

如果在渐变条的下沿单击，则会创建新的色标（见图A18-23），从而创建多种颜色的渐变。

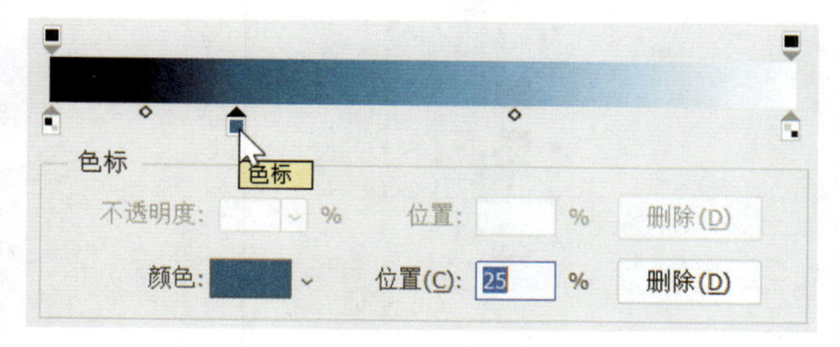


图A18-23

选中色标，单击【颜色】后面的色块，可以修改当前色标的颜色。

渐变条上方的色标是不透明的。同样也可以单击渐变条的上沿，创建新的不透明度色标，使渐变有多种不透明度的变化效果，如图A18-24所示。

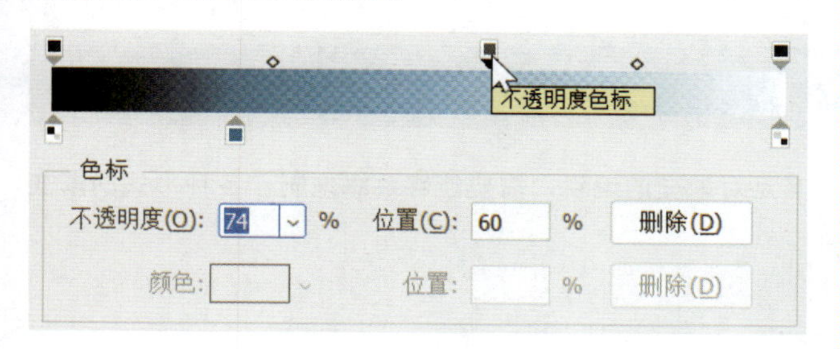


图A18-24

色标中间的小菱形方块是【中点】游标，拖动游标可以控制渐变走势的比例分配。例如，选择默认的黑白渐变时，拖动下方游标控制颜色的分配，若偏左一些，则白色所占的比例会增加，如图A18-25所示。

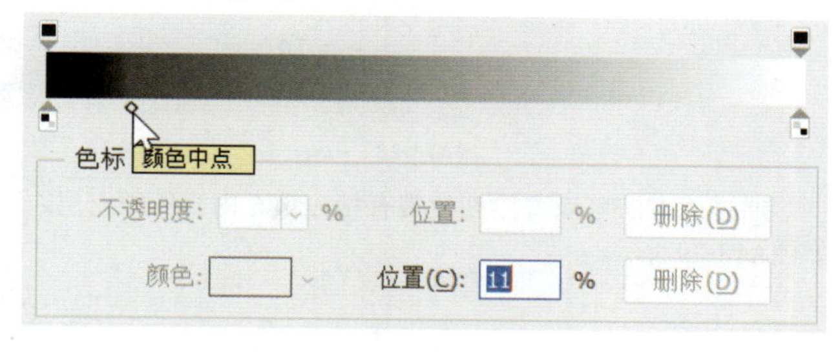


图A18-25

- 对编辑好的渐变，可以设定名称，单击【新建】按钮，渐变可以保存到上方预设栏里，便于下次调用。

## 2. 渐变形式

创建渐变有5种形式，分别是【线性渐变】【径向渐变】【角度渐变】【对称渐变】和【菱形渐变】，在选项栏中可以选择相应的形式，如图A18-26所示。

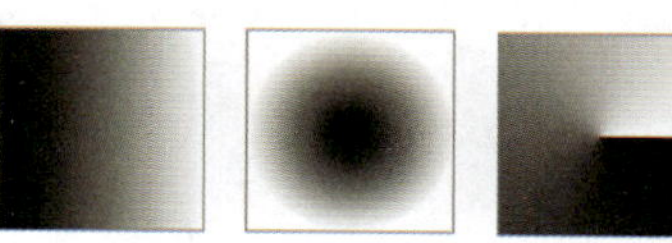
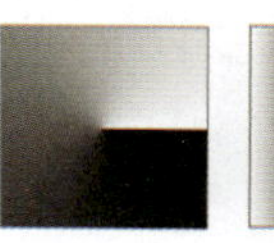

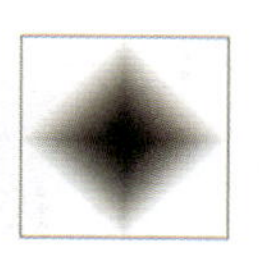

图A18-26

# A18.5 填充层

除了【油漆桶工具】【渐变工具】和【填充】之外，还有其他的填充形式。

打开【图层】面板，单击【创建新的填充或调整图层】按钮，如图A18-27所示。

图A18-27

在弹出的菜单顶部有3个选项，如图A18-28所示。

图A18-28

通过此方法可以直接创建带有相应填充内容的填充层，如图A18-29所示。

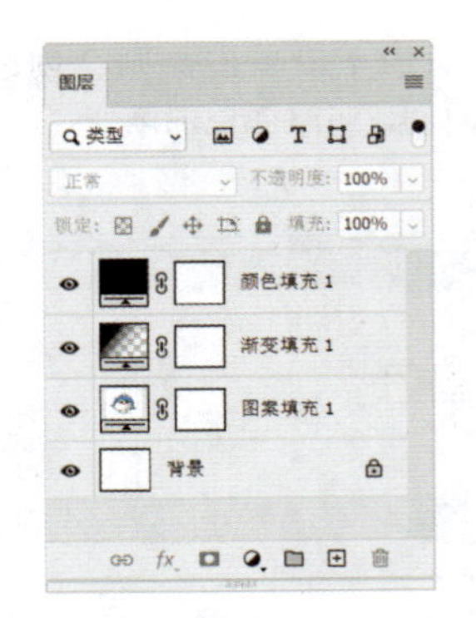


图A18-29

填充层的好处在于可以反复调整，进行无损操作，只要双击图层预览图，就可以弹出调整对话框，重新设定颜色、渐变和图案。对于一些经常会反复修改调整的工作，直接使用填充层是一个很好的选择，与图层蒙版结合使用，则更加科学合理。

另外，通过【图层样式】也可以进行纯色、渐变和图案的填充，功能更加强大，在B03课中将会详细讲解。

## 总结

填充是Photoshop中最基本的操作工具，必须完全掌握，尤其是对渐变的编辑，需要能够熟练地制作各种形式的渐变效果。

自由变换是对对象的变换调整，包括调整位置、大小、角度、镜像、翻转，甚至各种造型变化，是必须要掌握的操作技能。一般情况下，自由变换以图层或者多个图层为变换单位，也可以对图层的选区部分进行变换。

## A19.1　基本操作

在【编辑】菜单中可以找到【自由变换】命令，快捷键是Ctrl+T，如图A19-1所示。

编辑(E)　图像(I)　图层(L)　文字(Y)　选择
还原新建图层(O)　Ctrl+Z
重做渐变(O)　Shift+Ctrl+Z
切换最终状态　Alt+Ctrl+Z
渐隐渐变(D)...　Shift+Ctrl+F
剪切(T)　Ctrl+X
拷贝(C)　Ctrl+C
合并拷贝(Y)　Shift+Ctrl+C
粘贴(P)　Ctrl+V
选择性粘贴(I)
清除(E)
搜索　Ctrl+F
拼写检查(H)...
查找和替换文本(X)...
填充(L)...　Shift+F5
描边(S)...
内容识别填充...
内容识别缩放　Alt+Shift+Ctrl+C
操控变形
透视变形
自由变换(F)　Ctrl+T
变换(A)

图A19-1

打开豆包素材图片，对豆包执行【自由变换】命令，图层对象的四周会显示控件框（见图A19-2），这个控件框即为对象最大的矩形范围。

图A19-2

温习：在【移动工具】的选项栏中选中【显示变换控件】复选框也可以显示出控件框。

# A19课

# 自由变换

我要变形啦

控件框有8个控制点，用来调节并变换造型，在中心位置有一个参考点，是图像变换的轴心。例如，在旋转图像的时候，会以参考点为轴转动。选中选项栏中的【切换参考点】复选框（见图A19-3），即可显示参考点（Photoshop CC 2019之前的版本会直接显示参考点），可以任意移动参考点位置，甚至可以将其放到控件框之外，按住Alt键单击任意位置即可放置，如图A19-4所示。

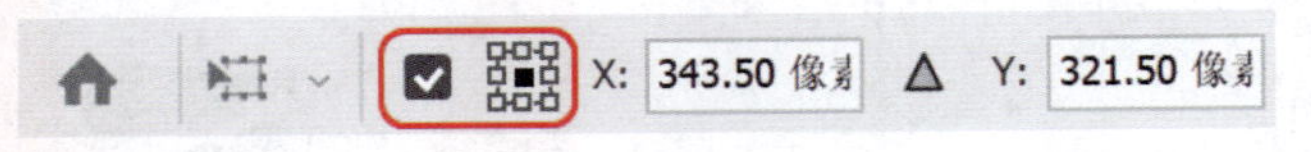


图A19-3

图A19-4

也可以将参考点放到控制点上，与控制点重合。例如，如果选中的是左下角的控制点，那么参考点就会自动被放到左下角。

## A19.2 移动

在自由变换模式下可以移动对象，此时的移动不用再单击移动工具，当鼠标是小黑箭头状态时，就可以拖曳移动了，也可以通过方向键进行微调。

除了手动操作之外，还可以进行精准移动。在选项栏中输入相应的数值即可。X代表水平方向，Y代表垂直方向，如图A19-5所示。

图A19-5

目前的数值代表当前参考点的坐标，可以通过修改坐标完成移动。例如，图A19-5所示的对象要在垂直方向向上移动100像素，就把Y坐标改为517.00像素。这是针对画布大小的绝对坐标，输入数值的时候，要进行加减法运算，比较烦琐，可以单击旁边的小三角按钮使坐标值归零，坐标变为相对坐标，这样想移动多少，就输入多少，方便许多。

完成移动后，可以单击选项栏中的对号按钮提交变换操作，或者直接按Enter键。如果不想提交，就单击禁止按钮或者按Esc键。

### 扩展知识

对图层执行了一次变换操作后，还可以再次执行，在【编辑】菜单下【变换】的二级菜单中有【再次】命令，快捷键为Shift+Ctrl+T，可以快捷地多次执行同样参数的变换操作，如图A19-6所示。

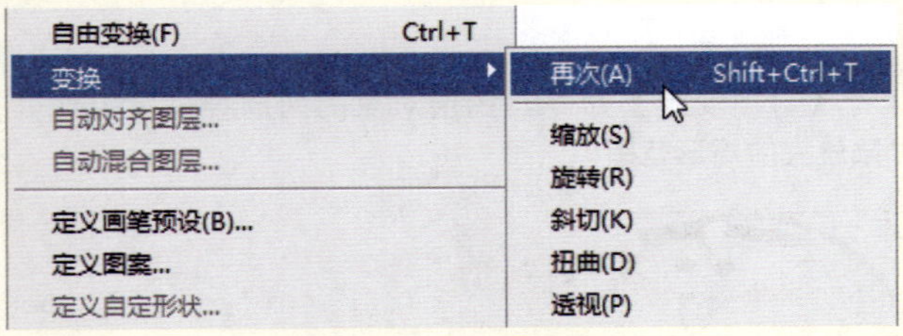

图A19-6

另外，还可以使用Ctrl+Shift+Alt+T快捷键进行再次变换并复制的操作。

## A19.3 缩放

进入自由变换的状态后，当鼠标靠近任意一个控制点或者控制杆的时候，光标会变成双方向箭头（↔、↕、⤡），直接拖曳就可以进行等比例缩放的变换了。按住Shift键，可以解除比例锁定（在Photoshop CC 2019之前的版本中，拖曳4个角点时，是非等比例的缩放，按住Shift键将锁定比例，可以在【编辑】-【首选项】-【常规】中选中【使用旧版自由变换】复选框，使用旧版的变换方式）。同样，可以通过选项栏 W: 100.00% H: 100.00% 设定比例值，精准控制缩放比例，100%是原始比例。W是宽度比例，H是高度比例，可以分别修改，也可以激活中间的链接图标，进行等比例修改。

如果只将W设定为负值，会实现水平翻转的镜像效果；同理，将H设为负值，就是垂直翻转。也可以通过右键菜单（见图A19-7）直接实现翻转。

图A19-7

### 扩展知识

放大、缩小图像是一种插值计算，也就是选项栏中的【插值】选项，如图A19-8所示。

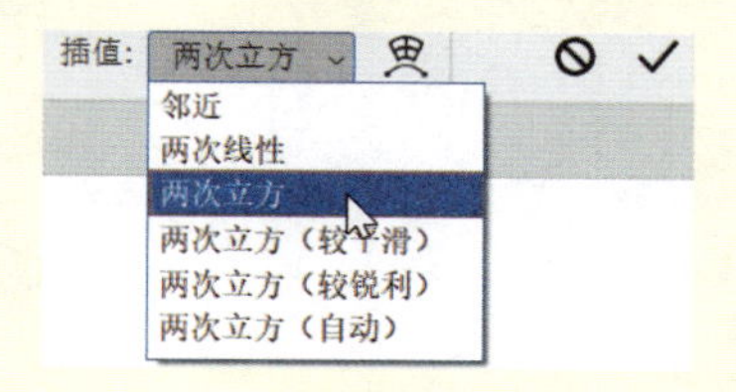


图A19-8

可以尝试不同的插值选项，查看变换后的效果。一般来说，【两次立方（较平滑）】比较适合图像放大，【两次立方（较锐利）】比较适合缩小，不过这都不是固定的，自己尝试后，才会知道哪一种最适合，动手试试吧!

对于像素图形，要尽量避免放大的操作，尽量使用足够大的素材图片，或者矢量图形。而缩小同样有风险，图像变小，看上去没什么问题，但如果想再次放大就不可能了。因为图像缩小后，像素信息丢失了很多，再放大的话，图片就不清晰了。

解决方案：

可以把图层对象转换为智能对象后再缩放。B04课将讲解智能对象的用法，可以提前翻阅了解一下。

## A19.4　旋转

当鼠标靠近控制点，光标变成↰时，拖曳鼠标可以进行旋转操作。也可以在图像上右击，在弹出的菜单中选择【旋转】选项，鼠标光标一直会是旋转模式。另外，也可以在菜单中快捷地选择旋转180°或者90°，如图A19-9所示。

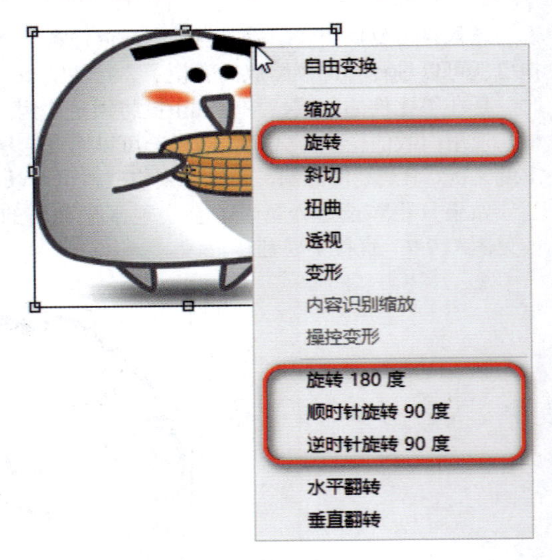


图A19-9

- 在选项栏中可以通过 0.00 度 精确地控制旋转角度。
- 在旋转的时候，可以按住Shift键锁定角度，以固定角度进行旋转。
- 可以改变参考点 的位置，以不同的轴心旋转。

**SPECIAL 扩展知识**

可以先调整参考点，再进行移动、缩放、旋转，然后提交变换操作。最后使用【再次变换并复制】的快捷键Ctrl+Shift+Alt+T，多次执行此变换操作，完成图A19-10所示的效果。

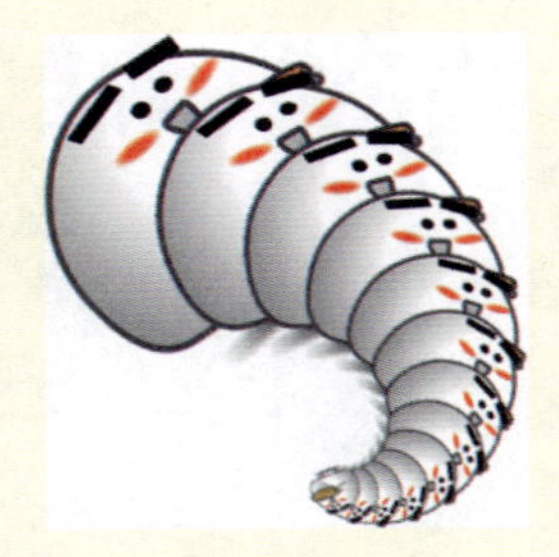

图A19-10

重复旋转固定角度并复制，可以做出美丽的图案，如图A19-11所示。

图A19-11

**SPECIAL 扩展知识**

要想旋转整个文档，可执行【图像】-【图像旋转】命令，如图A19-12所示。

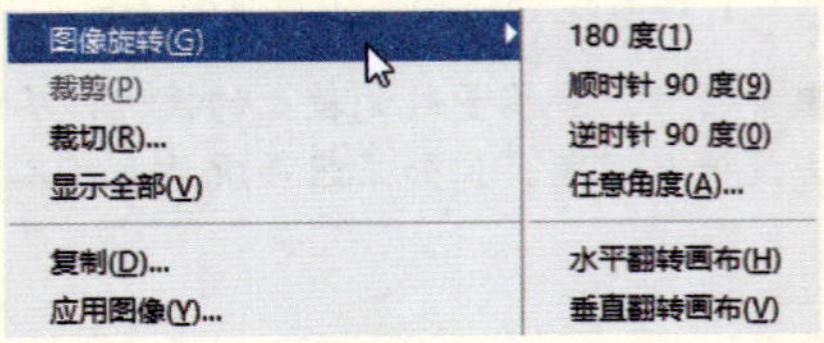

图像旋转(G)
裁剪(P)
裁切(R)...
显示全部(V)
复制(D)...
应用图像(Y)...

180 度(1)
顺时针 90 度(9)
逆时针 90 度(0)
任意角度(A)...
水平翻转画布(H)
垂直翻转画布(V)

图A19-12

## A19.5 斜切

选择【斜切】模式后（见图A19-13），当鼠标光标靠近控制杆的时候会变成 / 形状，拖动鼠标可以倾斜图像，如图A19-14和图A19-15所示。

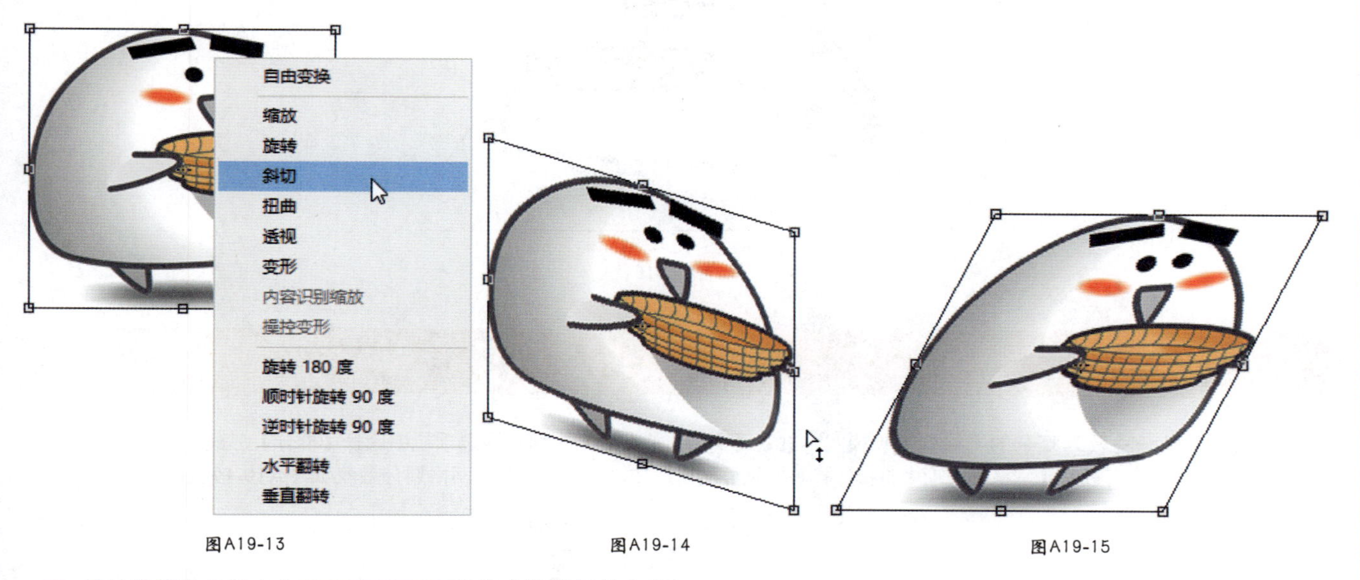


图A19-13　　图A19-14　　图A19-15

- 通过设置选项栏中的 H: 0.00 度 V: 0.00 度 可以精准控制倾斜角度。

## A19.6 扭曲

进入【扭曲】模式后（见图A19-16），用鼠标选择角点并拖曳，可以分别拖曳各个角点，产生变换（见图A19-17），或者在自由变换模式下按住Ctrl键并拖曳角点，也可以快速进行扭曲模式的变换。在某些版本的Photoshop中，要执行扭曲变换，需要先按住Shift键解除水平或垂直方向的锁定，而对于某些版本的Photoshop，则是按住Shift键以启用锁定，请按软件版本情况来适应操作。

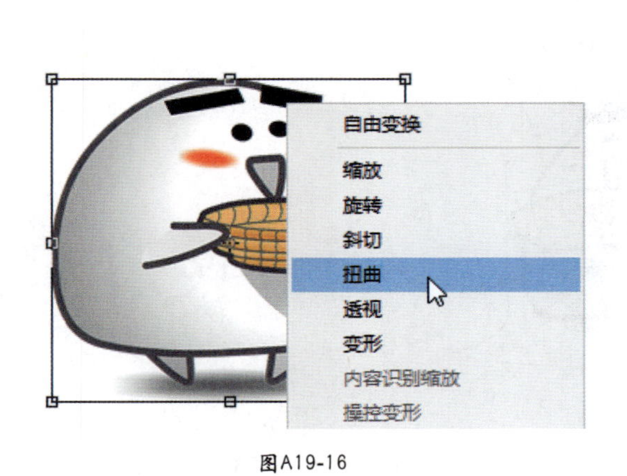


图A19-16

图A19-17

## A19.7 透视

【透视】和【扭曲】类似，也可以通过单击任意角点进行操作，变换的规则遵循透视原理，如图A19-18所示。

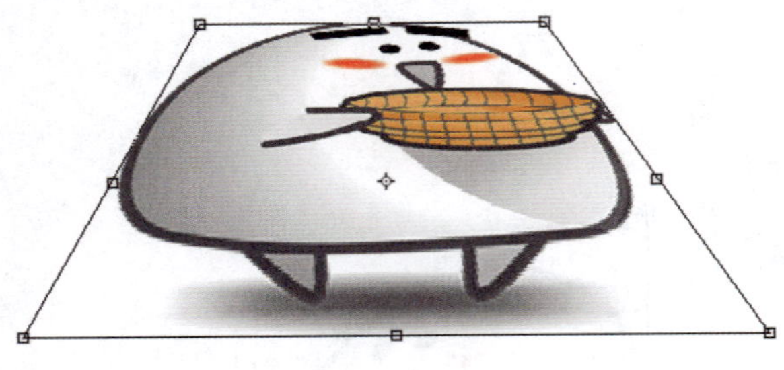

图A19-18

## A19.8 变形

【变形】是一种较为复杂的网格化变换模式。进入【变形】模式之后，可以在选项栏中选择【拆分】形式，单击对象，手动拆分出参考网格；也可以在【网格】选项中直接选择等比划分网格，如选择【3×3】，网格划分效果如图A19-19所示。

图A19-19

不管是拖曳角点、控杆，还是拖动单元格，都会产生曲度变化。此时图像就如同一块泥一样，可以被捏成各种形状，如图A19-20所示。

图A19-20

通过手动来操作不容易控制，Photoshop预设了一些变形效果，在选项栏的【变形】下拉菜单中可以选择多种变形设置，如图A19-21和图A19-22所示。

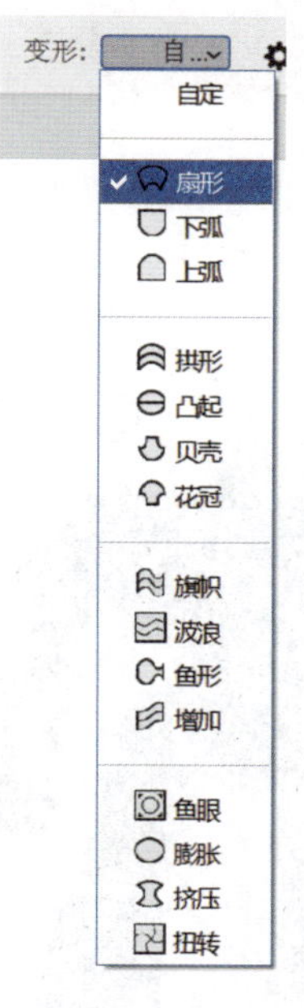


图A19-21

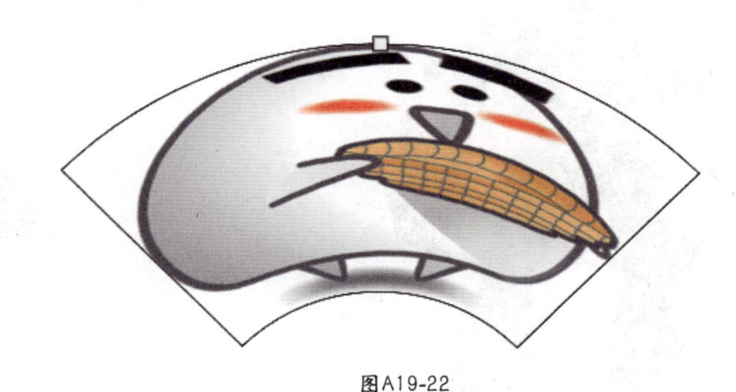

图A19-22

而且，针对当前预设还可以深入地进行参数调节，可以改变变形方向、弯曲度、倾斜扭曲度，使变形更加丰富细致，如图A19-23所示。

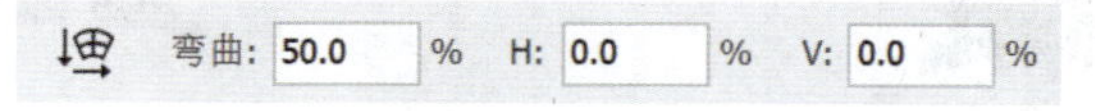


图A19-23

## A19.9 内容识别缩放

通过【内容识别缩放】功能可以在保持主体不变形的情况下缩放背景。

打开本课素材图片（见图A19-24），如果想将鞋子的背景做放大处理，可以执行【编辑】菜单中的【内容识别缩放】命令。

图A19-24

该命令的使用方法和自由变换完全相同，但效果略有区别。缩放的时候，鞋子几乎不会有变化，只有背景在变形，如图A19-25所示。

图A19-25

## A19.10 操控变形

通过【操控变形】功能可将图像转换为关联式三角网面结构，从而实现高度自由的变形。

首先使用【魔棒工具】将本课素材图片的白色背景去掉，执行操控变形时，尽量不要带着背景，如图A19-26所示。

图A19-26

然后打开【编辑】菜单，执行【操控变形】命令，图像上面布满了三角网格（见图A19-27）。在选项栏中取消选中【显示网格】复选框，可以取消网格的显示；选项栏中的【浓度】选项可以控制网格的密度。

图A19-27

现在鼠标光标变成了图钉形状，在图像上单击即可打上图钉，作为变形的关键点，例如，在机器人主要的关节点打上了图钉，如图A19-28所示。

图A19-28

将鼠标放在图钉上，单击并拖动，图像就会跟着一起变形，如图A19-29所示。

图A19-29

在选项栏中可以控制变形的【模式】，使变形可以更加刚性或更加柔和；还可以控制【图钉深度】，例如，机器人的胳膊可以根据深度放在身前或身后。变形调整完成后，单击✓按钮提交，或直接按Enter键完成操作，如图A19-30所示。

**扩展知识**

可以先将对象转换为【智能对象】，再进行操控变形。这样可以保留变形数据，以便多次调整操作。B04课会讲解智能对象相关的知识。

图A19-30

## A19.11 综合案例——可乐罐倒影

可乐罐倒影的最终完成效果如图A19-31所示。

图A19-31

### 操作步骤

01 打开本课可乐罐素材图片（见图A19-32），使用【魔棒工具】结合【多边形套索工具】选择白色背景并删除，如图A19-33所示。

图A19-32

图A19-33

02 按Ctrl+J快捷键复制一份可乐罐图层（见图A19-34），按Ctrl+T快捷键进行自由变换，然后右击，在弹出的菜单中选择【垂直翻转】选项，如图A19-35所示。

图A19-34

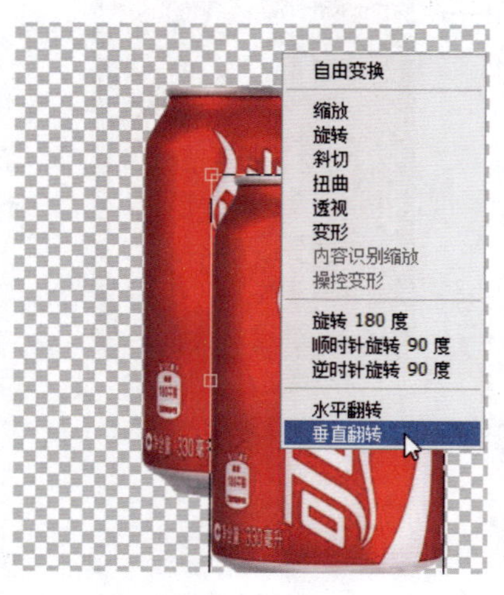


图A19-35

03 将复制出来的图层放到下方，位置对齐。然后再次进行自由变换，选择【变形】选项，如图A19-36所示。

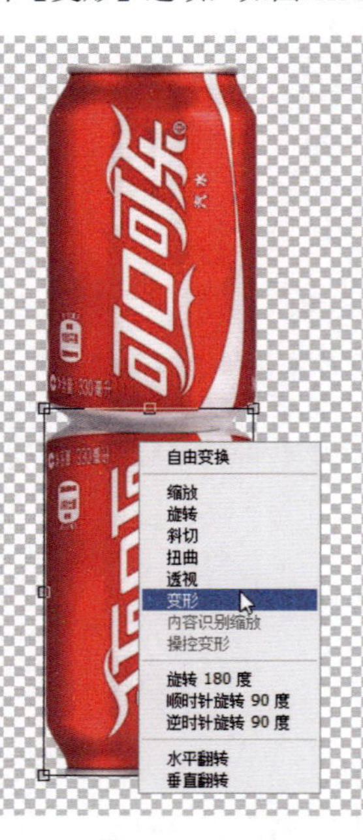


图A19-36

在【自由变换】的选项栏中选择【拱形】变形效果，并将【弯曲】度设定为–30.2%（见图A19-37），因为倒影在整体空间中的透视关系是一致的，所以要使罐体的扭曲方向一致，如图A19-38所示。

变形： 拱... 弯曲： -30.2 %

图A19-37

图A19-38

04 将倒影图层的【不透明度】设定为22%，并在下方加上白色背景，如图A19-39所示。

图A19-39

05 制作倒影的渐隐效果。使用【矩形选框工具】在倒影的下半部分绘制一个方框选区，然后右击，选择【羽化】选项，设定【羽化】值为200，如图A19-40所示。

图A19-40

06 羽化后的选区，其边界将呈现柔和的过渡效果，按Delete键删除两次（见图A19-41），倒影下方渐隐消失（在A20课中学会图层蒙版后，制作渐隐效果会更加方便），倒影制作完成，如图A19-42所示。

图A19-41

图A19-42

## 总结

自由变换的缩放、旋转、扭曲、变形的使用频率都非常高，在执行变形操作时还需要一定的操作经验，要多加练习。

A20课

# 通道蒙版

走向高手的通道

图层是图像的层次，在Photoshop中，一张图像可以由很多图层构成，而通道则是从另外一个角度诠释图像的构成。例如，RGB模式的图像，其颜色是由红、绿、蓝三种色光叠加生成，那么红、绿、蓝就是该图像的色彩层次，这个色彩层次就是原色通道。除了原色通道，还有诠释图像透明度信息的Alpha通道，以及诠释专用颜色的专色通道，如图A20-1所示。

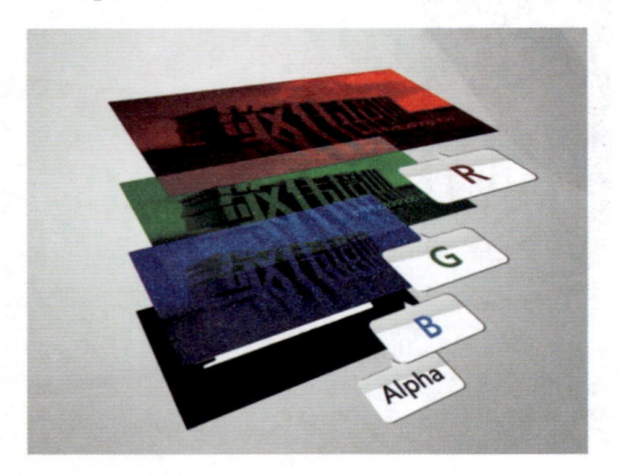


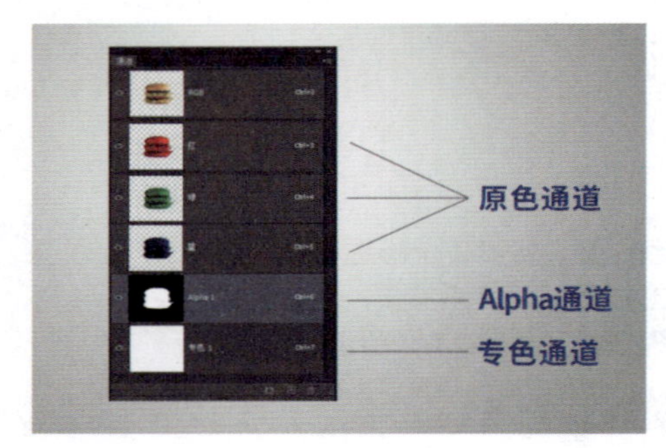


图A20-1

A22课将会讲解色彩的相关内容，并深入学习原色通道的知识。本课重点学习的是与选区紧密相关的Alpha通道，Alpha通道可以处理与色彩相关的复杂选区。

## A20.1 通道面板

打开本课素材的PSD文件，在【窗口】菜单中可以打开【通道】面板，如图A20-2所示。

图A20-2

## 1. 复合通道

图A20-2中的第一个RGB是复合通道，也就是色光混合后完整的效果，如图A20-3所示。

图A20-3

## 2. 原色通道

红、绿、蓝是原色通道，每一个原色通道只有一种颜色。

在默认的状态下，原色通道呈灰度显示，并不显示它本来的颜色。灰度便于查看当下通道的发光强度（或颜色的多少），能更好地查看颜色分布的区域，方便基于通道制作一些特殊的选区。

如果觉得这样不够直观，可以按Ctrl+K快捷键打开【首选项】对话框，在【界面】参数面板中选中【用彩色显示通道】选项，如图A20-4所示。

图A20-4

这样便可以很直观地看到每个通道的颜色了，如图A20-5所示。因为经常用通道制作选区，为了便于观察，还是默认以灰度显示比较好。

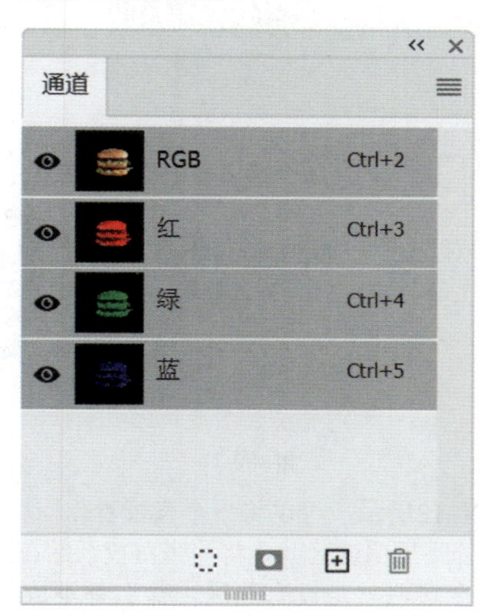


图A20-5

- 单击小眼睛图标可以临时关闭/显示该通道。

## 3. Alpha通道

单击【通道】面板中的【创建新通道】按钮，或者在面板菜单中选择【新建通道】选项，可以创建一个Alpha通道，如图A20-6所示。

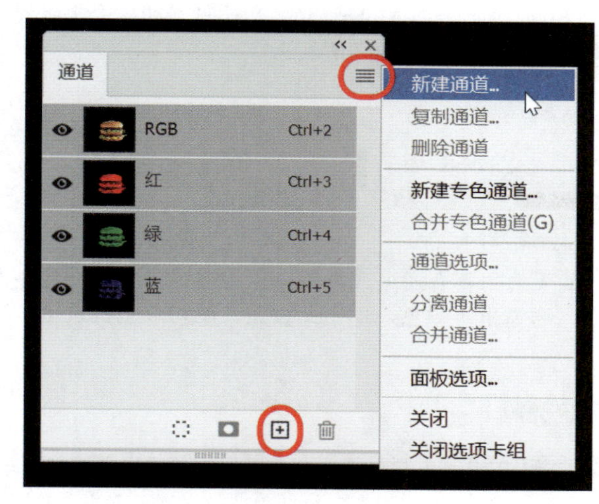


图A20-6

一个空的Alpha通道是黑色的，如图A20-7所示。在原色通道中，黑色代表没有任何色光，就是纯黑色，而Alpha通道的黑色可以理解为透明。Alpha通道也叫透明通道，用于记录图像中不同区域的透明度信息，告诉目标媒介什么地方是透明的，什么地方是半透明的，什么地方是不透明的。有些文件格式可以支持Alpha通道的写入，如TGA、TIFF等。Alpha通道的黑色还可以理解为没有任何选区，当通道是全黑的时候，不能生成任何选区范围。

图A20-7

## 4. 载入选区

【通道】面板下方第一个按钮是【将通道作为选区载入】（见图A20-8），只要通道中有颜色，就可以将颜色的范围生成选区，如果通道是纯黑色的，则不会生成选区。例如，选中刚刚新建的Alpha通道，单击此按钮，会提示没有选择任何像素，如图A20-9所示。

图A20-8　　图A20-9

如果选中复合通道或者单个原色通道，只要图像中有内容，通道里有颜色，单击此按钮，就可以生成选区，如图A20-10所示。

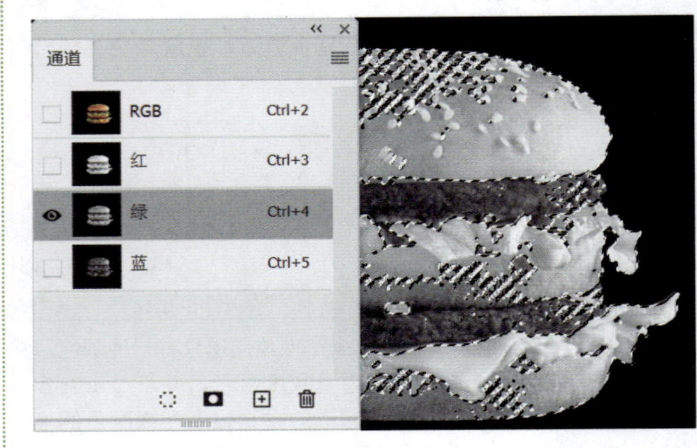


图A20-10

### 快捷键

- 按住Ctrl键单击相应通道，也可以创建该通道的选区。
- 按住Ctrl+Shift键并单击相应通道，则添加到当前选区。
- 按住Ctrl+Shift+Alt键并单击相应通道，则与当前选区交叉。
- 在图层预览图上也可以使用此类快捷键操作，快速生成图层内容的选区。

A11课中讲解过存储选区的知识，存储的选区就是Alpha通道形式，所以，载入选区也可以通过按钮或Ctrl键操作。

## A20.2　选区的不透明度表达

之前我们接触到的选区，基本上都是不透明度为100%的选区。其实选区也可以是半透明的。

通道默认以灰度显示，从黑到白，也就是灰度值从100%到0。

黑，代表选区透明；灰，代表选区半透明；白，代表选区不透明。也就是说，当通道上某区域是0灰度，即纯白色时，载入选区后（见图A20-8），得到的选区是100%不透明的选区；如果通道上的颜色是灰色，灰度值是30%的浅灰，则创建的选区是不透明度为70%的半透明选区；如果通道是100%灰度，即黑色，就是0，没有选区（见图A20-9）。

所以选区的不透明度和灰度值是成反比的。1%～99%是不同程度的半透明选区。通俗地说：颜色越白，选区越厚；颜色越黑，选区越薄（透）。

当然也可以以8位RGB通道诠释灰阶，虽然单位不同，结论和应用都是一样的，如图A20-11所示。

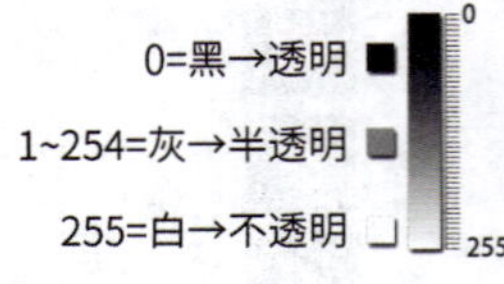


图A20-11

如图A20-12所示，可以将一个黑板看作一个空的Alpha通道，普通的不透明选区就是将一张白板纸贴在黑板上，是不透明的；全透明就是没有选区，什么都不放，什么都没有；半透明选区就是将一张半透明的硫酸纸（拷贝纸）贴在黑板上；边缘朦胧的过渡类选区就好像是一团棉花粘在了黑板上。

图A20-12

那么如何在Alpha通道中编辑各种形式的选区呢？

## A20.3 编辑Alpha通道

就像把钱存到银行一样，也可以把选区存放到通道里，可以很方便地载入选区或从选区中取出。

将钱存到银行会有运作，选区在通道里也可以进行多种编辑工作，最后得到更加精致的选区。

编辑通道可以像编辑图层一样，对通道进行绘制、填充、变换等操作，还可以施加部分调整命令和滤镜。

### 1. 直接对Alpha通道进行编辑

可以直接在通道中作画，如图A20-13所示。

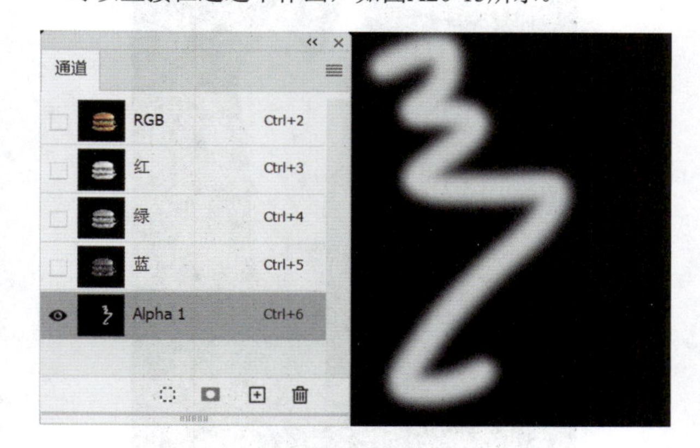

图A20-13

或者使用【多边形套索】等选区类工具，画一个形状选区，填充颜色，如图A20-14所示。

或者填充渐变，并针对选区进行自由变换操作，如图A20-15所示。

图A20-14

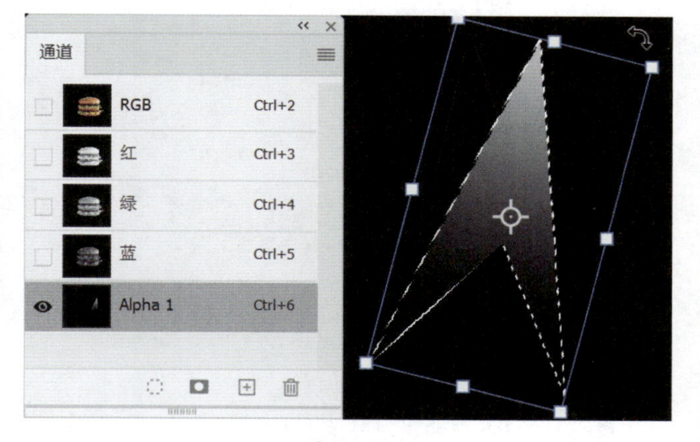

图A20-15

下面通过一个实例进行讲解。

01 打开素材图片，如图A20-16所示，利用【快速选择工具】，并结合【套索工具】等，创建穿红色球衣的运动员的选区。

图A20-16

02 在选区上右击，然后选择【存储选区】选项，在通道面板中创建Alpha 1通道，如图A20-17所示。

图A20-17

03 激活Alpha 1通道，显示出人物剪影的区域，呈纯白色（见图A20-18），因为普通选区都是100%不透明的。

图A20-18

04 使用【渐变工具】选择一个从黑到透明的线性渐变，为通道中的图像添加渐变过渡效果，如图A20-19和图A20-20所示。

图A20-19

图A20-20

05 按Ctrl键并单击通道载入选区。

06 激活复合通道，回到【图层】面板，按Ctrl+J快捷键复制出选区内的图像，并隐藏下方的背景图层，如图A20-21所示。

图A20-21

因为人物选区下方是渐变的，使选区有了过渡的效果。所以，通过选区复制出来的图像也是渐变过渡的。

## 2. 复制原色通道编辑

一般情况下，不要直接编辑原色通道，否则会直接影响画面颜色，如果想编辑原色通道制作选区，可以先复制。右击该通道，选择【复制通道】选项（见图A20-22），或者拖曳该通道到新建按钮上（见图A20-23）。这样就可以对复制出来的通道随意进行编辑了，如图A20-24所示。

图A20-22

图A20-23

图A20-24

编辑Alpha通道对图层本身没有影响，只是改变了通道的信息。

编辑Alpha通道可以用来制作和处理选区，让选区变得更加完美，不透明度的变化可以让选区更加有深度。

**扩展知识**

激活显示本来图像颜色的RGB复合通道，会自动激活红、绿、蓝原色通道的3个小眼睛图标，平时只显示固有的3个原色通道。注意不要激活下方的拷贝或者Alpha通道（见图A20-25），否则颜色会混乱。只有在单独编辑通道时，才可以激活拷贝通道或Alpha通道。

图A20-25

## A20.4　图层蒙版

图层蒙版就好像为图层披上一件隐形披风，通过蒙版可以控制图层是否完全隐形（看上去像空图层），或者部分隐形（看上去像被删除一部分），或者完全暴露（正常显示）。

说白了，图层蒙版主要用于隐藏和显示图层上的部分区域。

图层蒙版是前期学习的重点，学会蒙版，就算入了Photoshop的门了。

### 1. 添加蒙版

在【图层】面板中单击【添加蒙版】按钮（见图A20-26），即可为当前图层添加蒙版。默认是添加【显示全部】蒙版，如果按住Alt键并单击该按钮，则添加的是【隐藏全部】蒙版。在【图层】菜单中也可以找到此操作命令，如图A20-27所示。

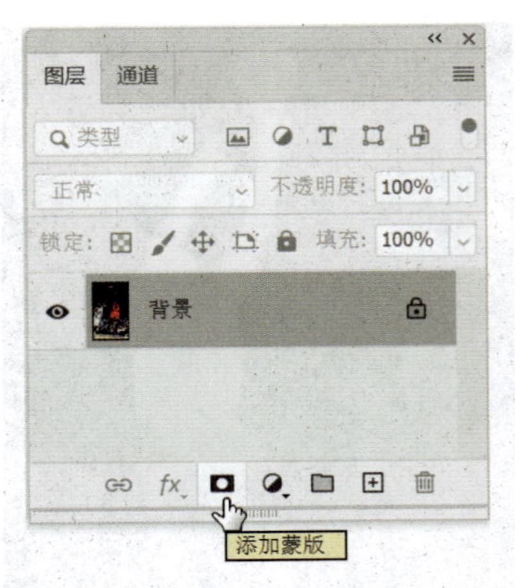


图A20-26

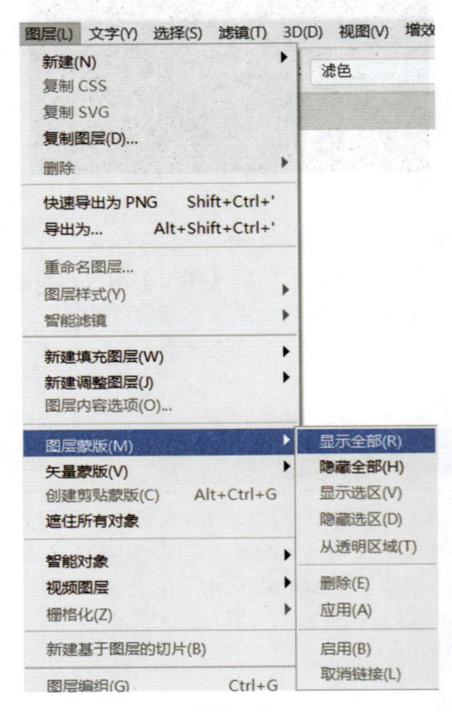


图A20-27

【显示全部】的蒙版自带白色填充色，如图A20-28所示。

图A20-28

【隐藏全部】的蒙版自带黑色填充色，如图A20-29所示。

图A20-29

如果当前图层上有选区，添加蒙版的时候，会自动把选区的信息带到蒙版里。

例如，还是创建球星的选区，单击【添加蒙版】按钮，人物被显示出来，背景被隐藏（见图A20-30）。如果按Alt键并单击该按钮，则效果刚好相反，如图A20-31所示。

图A20-30

图A20-31

如果按Ctrl键并单击【添加蒙版】按钮，则可以无视选区，创建完整的【显示全部】的蒙版。

## 2. 编辑蒙版

按住Alt键并单击图层蒙版缩览图（见图A20-32），可以在画布上临时显示蒙版内容，显示的图像和在Alpha通道里的一样，如图A20-33所示。

图A20-32

图A20-33

蒙版与通道的原理是相通的，黑色代表透明（隐形），白色代表不透明（显示），那么半透明呢？

接下来用同样的方法，在蒙版中添加黑色到透明的渐变，如图A20-34所示。

然后，再次按住Alt键并单击图层蒙版缩览图，回到图层显示状态。可以发现人物有了半透明的渐变效果。创建一个白色的图层并放到其下方当背景，效果更明显，如图A20-35所示。

图A20-34

图A20-35

编辑蒙版时一定要单击蒙版，将其激活，如果选中的是图层图像，那么就是直接编辑图像了。

另外，画面上消失的背景只是被隐藏了，没有被删除，随时可以将其重新显示。例如，用黑色的画笔把篮球抹掉，还可以用白色的画笔把篮球找回来。

在蒙版上操作，和在图层上操作一样，可以用画笔绘制，可以填充内容，甚至可以执行调整命令等。另外，对蒙版也可以进行高级的边缘处理，在蒙版上右击，选择【选择并遮住】选项，如图A20-36所示。

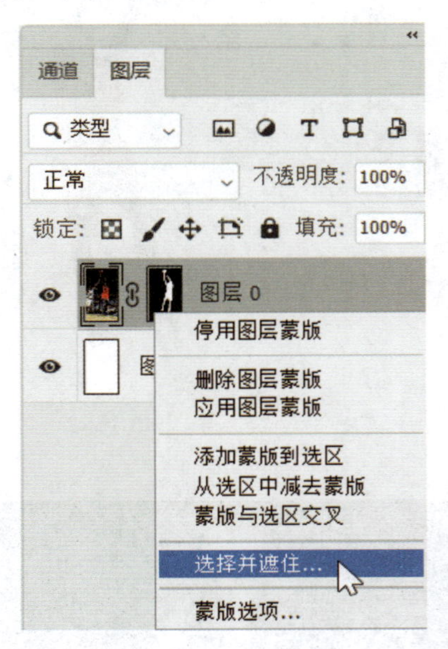

图A20-36

## 3. 管理蒙版

在蒙版上右击，在弹出的菜单中可以选择各个选项来管理蒙版，如图A20-37所示。

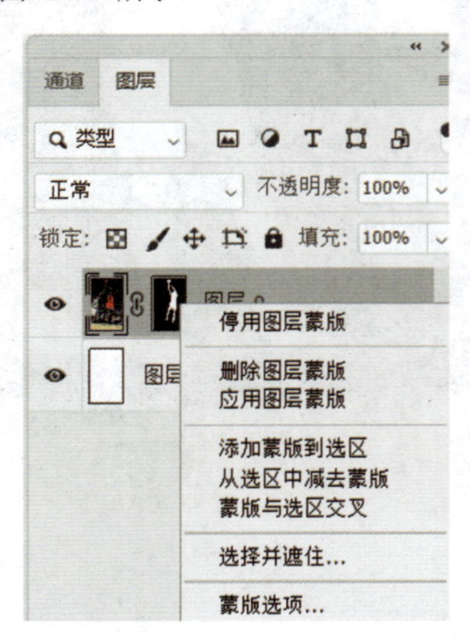

图A20-37

- **停用图层蒙版：** 可以临时将蒙版停用，按住Shift键并单击蒙版缩览图，蒙版上会出现红叉。再次按Shift键并单击，则启用，如图A20-38所示。

图A20-38

- **删除图层蒙版：** 彻底删除蒙版，也可以拖曳蒙版到删除图层的按钮🗑上，完成删除。
- **应用图层蒙版：** 将当前蒙版的遮蔽效果完全应用于图层，图层蒙版消失，被隐藏的像素会被彻底删除，尽量少用此命令。
- **添加蒙版到选区：** 和通道的【载入选区】命令的工作原理相同，将蒙版的区域载入选区。快捷键是Ctrl+单击蒙版缩览图。
- **从选区中减去蒙版：** 从现有选区减去蒙版显示的区域，快捷键是Ctrl+Alt+单击蒙版缩览图。
- **蒙版与选区交叉：** 生成的选区是现有选区与蒙版显示的区域交叉的部分，快捷键是Ctrl+Shift+Alt+单击蒙版缩览图。

要想复制蒙版给其他图层，按住Alt键并拖曳蒙版缩览图到其他图层上即可，如图A20-39和图A20-40所示。

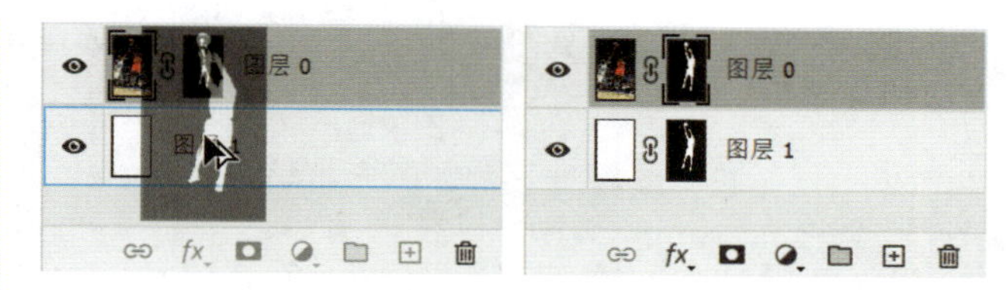


图A20-39　　图A20-40

蒙版与选区、通道有着千丝万缕的联系，关系密不可分，如果通道是选区加工厂，蒙版就是选区车间，图层则是选区的隐形披风。蒙版的应用范围非常广泛，抠图、合成、调色等，几乎涉及图层的操作都会用到蒙版，如图A20-41所示。

图A20-41

## A20.5 实例练习——天空抠图合成

### 操作步骤

**01** 打开本课素材图片。把带有白云的天空图片（见图A20-42）放到湖水图片（见图A20-43）的上方，并添加图层蒙版，如图A20-44所示。

图A20-42

图A20-43

图A20-44

02 使用渐变工具（见图A20-45），并在【渐变编辑器】中选择黑白渐变，如图A20-46所示。

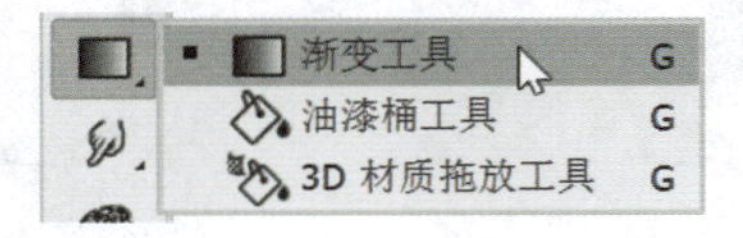


图A20-45

图A20-46

03 在蒙版上使用【渐变工具】填充黑白渐变，如图A20-47和图A20-48所示。

图A20-47

图A20-48

天空下方被蒙版遮住，抠出了上方的天空部分，如图A20-49所示。

图A20-49

04 复制一份天空的图层（见图A20-50），按Ctrl+T快捷键对其执行自由变换的操作，然后在图片上右击，选择【垂直翻转】选项，如图A20-51所示。

图A20-50

图A20-51

05 将翻转后的天空图片放到湖面上，把图层的不透明度降低，当作水面的倒影，至此风景照片换天空制作完成，如图A20-52所示。

图A20-52

## A20.6 实例练习——人物换头术

本实例原图和最终效果如图A20-53所示。

原图

最终效果

图A20-53

### 操作步骤

01 打开本课的“长发女孩”素材（见图A20-54），将另一张“婚纱新娘”素材拖入文档，放到“长发女孩”图层上方，如图A20-55所示。

02 将“婚纱新娘”图层的不透明度适当降低，便于观察五官位置是否对应，按Ctrl+T快捷键对其进行自由变换，调节大小，最终使五官位置对应合适（见图A20-56）。然后将图层的不透明度调回100%，按住Alt键并单击【添加图层蒙版】按钮，在图层蒙版上使用白色的画笔将五官和脸部逐渐绘制出来，实现面部的替换，如图A20-57所示。

也可以同时选择两个图层，执行【编辑】菜单中的【自动混合图层】命令，利用【堆叠图像】智能地生成蒙版进行编辑。

图A20-54

图A20-55

图A20-56

图A20-57

## A20.7 快速蒙版模式

快速蒙版并不是图层蒙版的加速版，快速蒙版是另外一种工作模式，其功能和目的只有一个：制作选区。

在【选择】菜单中执行【在快速蒙版模式下编辑】命令即可开启快捷蒙版模式，快捷键为Q，如图A20-58所示。

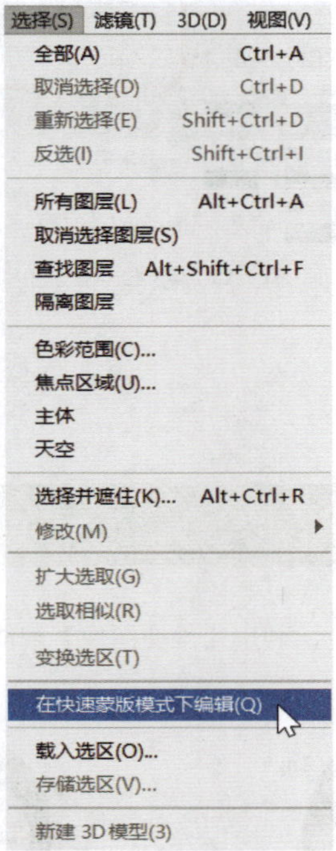

选择(S)
滤镜(T)
3D(D)
视图(V)
全部(A) Ctrl+A
取消选择(D) Ctrl+D
重新选择(E) Shift+Ctrl+D
反选(I) Shift+Ctrl+I
所有图层(L) Alt+Ctrl+A
取消选择图层(S)
查找图层 Alt+Shift+Ctrl+F
隔离图层
色彩范围(C)...
焦点区域(U)...
主体
天空
选择并遮住(K)... Alt+Ctrl+R
修改(M)
扩大选取(G)
选取相似(R)
变换选区(T)
在快速蒙版模式下编辑(Q)
载入选区(O)...
存储选区(V)...
新建 3D 模型(3)

图A20-58

在工具栏下方也可以找到此模式的开关按钮，如图A20-59所示。

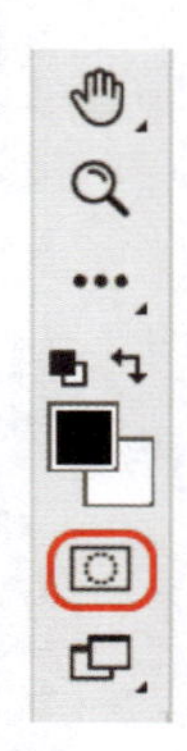

图A20-59

进入快速蒙版模式以后，【通道】面板中会临时出现一个【快速蒙版】通道，图层列表中的激活图层也变成了红色显示，说明当前是快速蒙版模式。

快速蒙版模式其实就是临时Alpha通道模式，遵循通道里的各种编辑操作规则。例如，使用【画笔工具】，选择纯黑色，大概绘制一下白色球衣人物区域。此时会发现绘制的颜色不是黑色，而是半透明的红色（见图A20-60），而快速蒙版通道显示的是纯黑色，如图A20-61所示。

通道
图层
RGB
红
绿
蓝
快速蒙版

图A20-60

通道
RGB
红
绿
蓝
快速蒙版

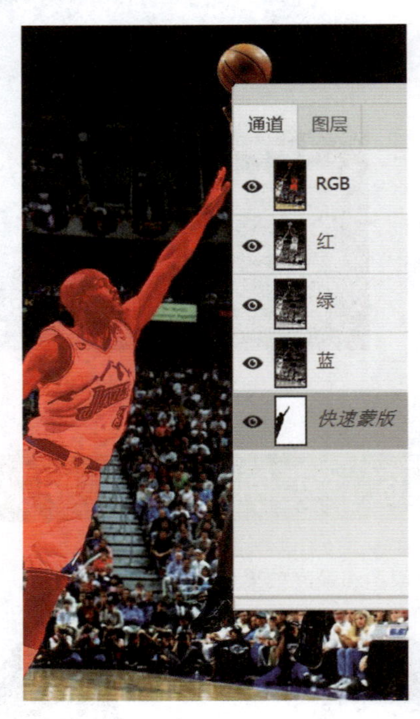

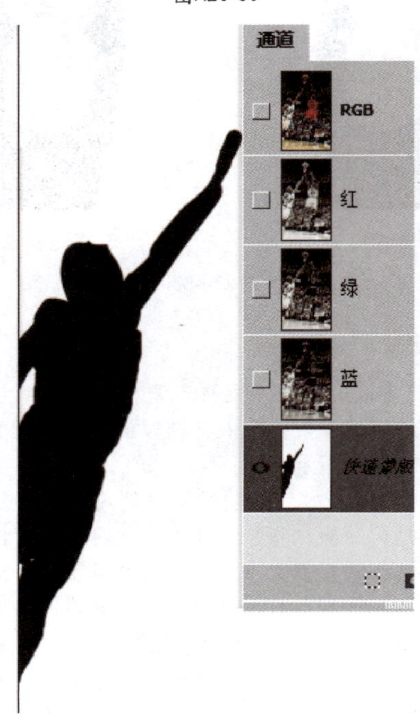

图A20-61

快速蒙版模式就是绘制选区，用画笔绘制的区域马上就能变成选区（或选区外）。图层上显示的半透明红色只是为了便于观察绘制的选区区域，没有实际的颜色。可以通过【通道】面板菜单中的【快速蒙版选项】调节预览色和透明程度，如图A20-62所示。

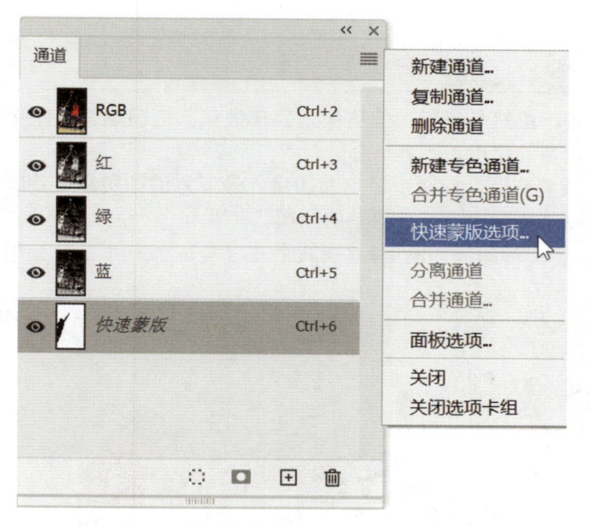


图A20-62

而通道上的黑白区域完全遵循通道的规则：黑色没有选区，白色为100%不透明的选区。

此时按Q键退出快速蒙版模式，即可得到绘制的选区。目前选中的是人物之外的区域（见图A20-63）。执行菜单栏中的【选择】-【反选】命令，即可选中人物，如图A20-64所示。

图A20-63

图A20-64

编辑快速蒙版不限于用画笔，也可以建立选区来填充，或使用其他工具修改，只要发挥创造力，任何形式的选区都能被创造出来。

快速蒙版的特性是来得快，去得也快。快速蒙版适合快速建立一个形态很复杂的选区。如果该选区很重要，必须要存储选区到通道，或者把选区添加到相应的图层蒙版，把选区保留在PSD文件里，以备今后使用。

## 总结

初学通道，会感觉略有吃力，先搞清楚最基本的原理，接触得多了就熟悉了，学会了通道，就迈向了PS高手之路。Alpha通道是制作复杂选区的根基，而选区建立后，保留哪些，去掉哪些，使用蒙版即可搞定，因此蒙版是必学必用的重点功能。

A21课

# 图层进阶

挖掘更多图层功能

在A08课中初步学习了图层的基本功能，还有更多的功能等待我们去挖掘。接下来就继续学习更多图层的相关功能。

## A21.1 图层剪贴蒙版和图框工具

### 1. 剪贴蒙版

在A20课中我们学习了图层蒙版，虽然是蒙版，但更像是隐形披风。而剪贴蒙版是上方图层进入下方图层的轮廓内，起到遮罩的作用。

所以，建立图层剪贴蒙版，必须要有两个或两个以上的图层。最下方的图层是【蒙版图层】，其上方的图层可以进入蒙版图层轮廓内，是被剪贴的图层。

如图A21-1所示，蒙版图层是一个心形图像，图层1放在其上方。

图A21-1

打开【图层】菜单，执行【创建剪贴蒙版】（快捷键是Alt+Ctrl+G）命令，如图A21-2所示。

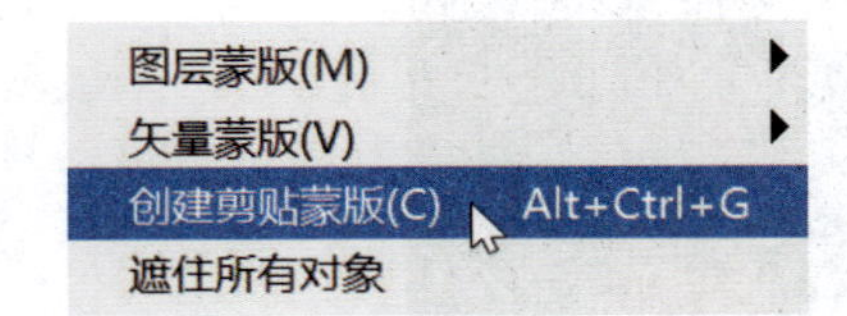


图A21-2

或按住Alt键，在两个图层的夹缝处单击，也可以创建剪贴蒙版，如图A21-3所示。

图A21-3

这样图层1就进入蒙版图层的轮廓里了（见图A21-4）。用相同的方法，使多个图层都可以加入进来，如图A21-5所示。

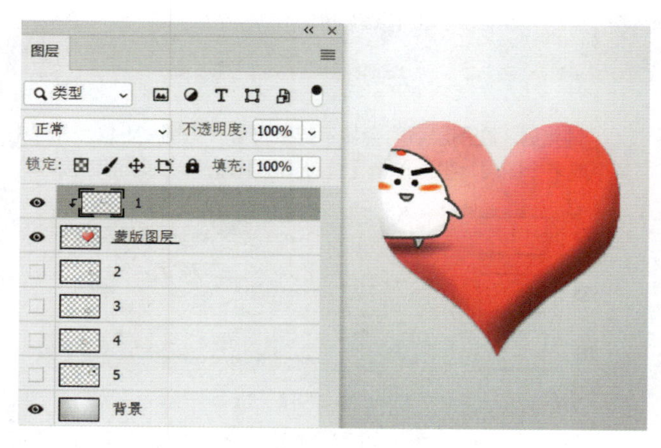


图A21-4

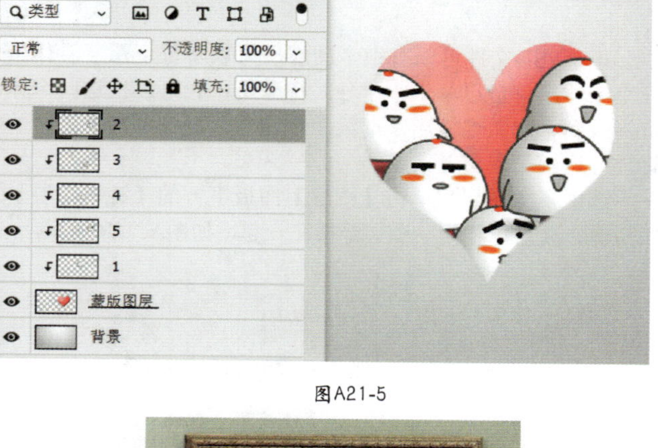


图A21-5

**扩展知识**

不仅仅是普通图层，其他类型的图层也可以作为上方被剪贴的图层，如调整图层。调整图层作为上方被剪贴的图层时，只会对下方蒙版图层起作用。

利用图层剪贴蒙版可以设计出很多以图形内容填充的效果，如图A21-6和图A21-7所示。

图A21-6

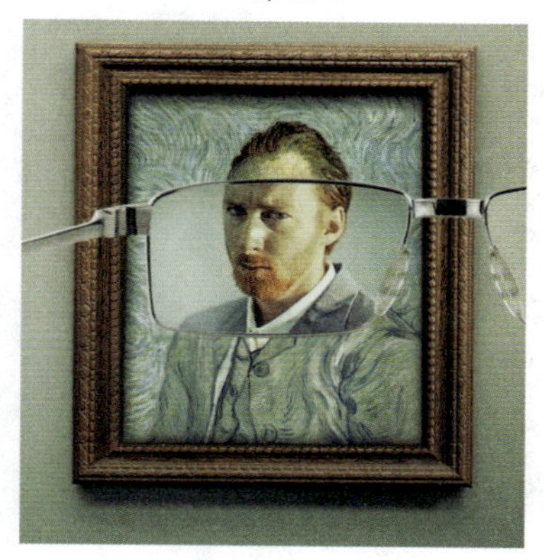

图A21-7

## 2. 图框工具

通过工具栏中的【图框工具】（快捷键为K）可以快速建立矩形或圆形的类似剪贴蒙版的遮罩效果；在选项栏中可以选择图框形状，使用该工具绘制图框后，在【属性】面板的【插入对象】中选择要插入的图像（见图A21-8），即可快速将图像置入图框中（置入的图像为智能对象，B04课有具体讲解）。

图A21-8

另外，也可以在【图层】面板上右击图层，在弹出的菜单中选择【来自图层的画框】选项，快速创建图框图层。

在【图层】面板中选择图层上的第一个缩览图【图框】，可以在【属性】面板中调整图框大小、设置图框描边等（见图A21-9）；选择第二个缩览图【图像】，则可以正常编辑图像，如移动位置、修改大小、调整颜色等，图像只在图框范围内显示。

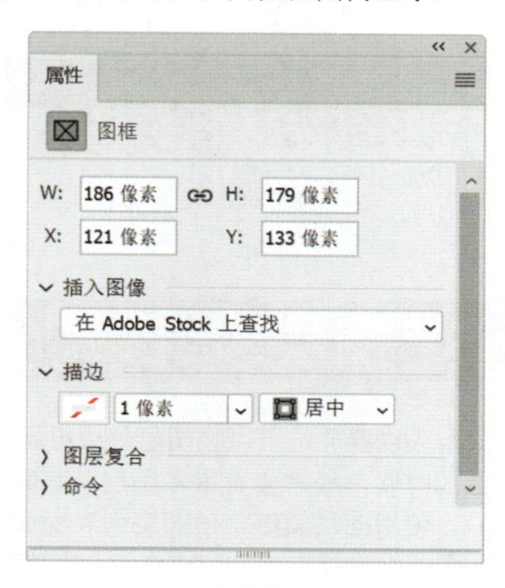


图A21-9

# A21.2 图层链接

一个PSD文件可以有很多图层，可以将每个图层看作是一个个体户，自己单干，单独发挥作用；也可以把这些个体户撮合到一起做连锁店，继续个体经营，但是要接受统一的管理，这就是图层链接。

选中多个图层，单击【图层】面板下方的【链接图层】按钮，就可以将这些图层链接在一起，如图A21-10所示。

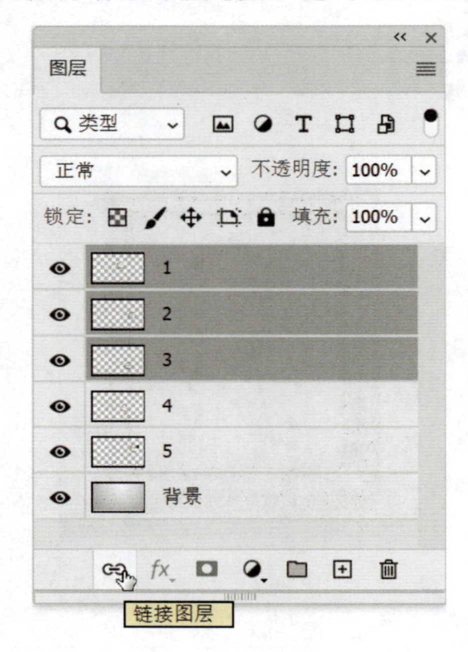


图A21-10

也可以通过菜单命令控制，在图层上右击，或者在【图层】菜单/【图层】面板菜单中找到【链接图层】命令，如图A21-11所示。

图A21-11

链接后，在图层后面会显示链接符号（见图A21-12）。选中某个或多个图层，再次单击【链接图层】按钮，则取消链接。

图A21-12

按住Shift键单击链接符号，会出现小红叉（见图A21-13），临时取消链接状态，再次按住Shift键并单击该链接符号，便可恢复链接。

图A21-13

图层链接有什么用呢？在选中一个图层的情况下，可以移动所有被链接在一起的图层，还可以统一进行自由变换，如放大、缩小等。但这些图层仍旧是独立的，只是统一了它们的移动变换。

当然，同时选中多个图层，也可以实现统一移动变换，但这只是临时的，如果再次移动变换，还需把这些图层再选中一次，是很麻烦的。如果把它们链接一起，就方便很多了，只选中其中一个，就可以带着其他图层一起变化。

如果想同时选中所有链接在一起的图层，可以执行【图层】菜单中的【选择链接图层】命令，如图A21-14所示。

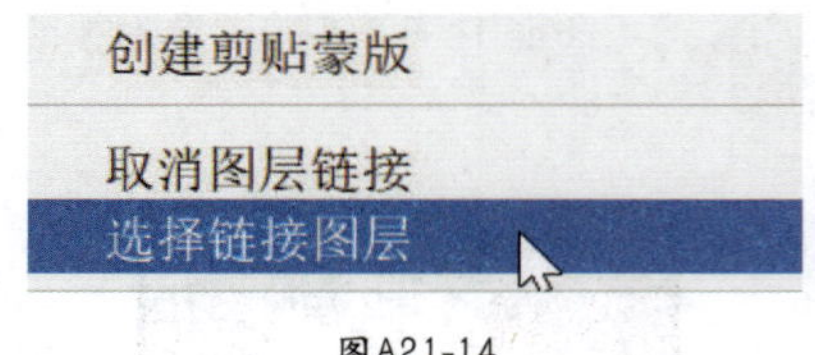


图A21-14

# A21.3 图层编组

物以类聚，人以群分，可以把图层分成组织，做好图层构架，方便进行工作和管理。

处理图像的时候，经常会有很多图层，有时甚至多达上百个。图层越多，PSD文件的细节就越容易调节和控制（占用的空间也越大）。使用图层编组，使图层列表变成树状目录结构，可按功能、性质、位置、色彩，或者其他因素分组，为每个组起好名字，图层管理起来就井然有序了。与在计算机上建立文件夹、整理文件是一个道理。

## 1. 新建空组

未选择图层，或选中一个图层的时候，在【图层】面板下方单击【创建新组】按钮，可以创建一个空组，如图A21-15所示。

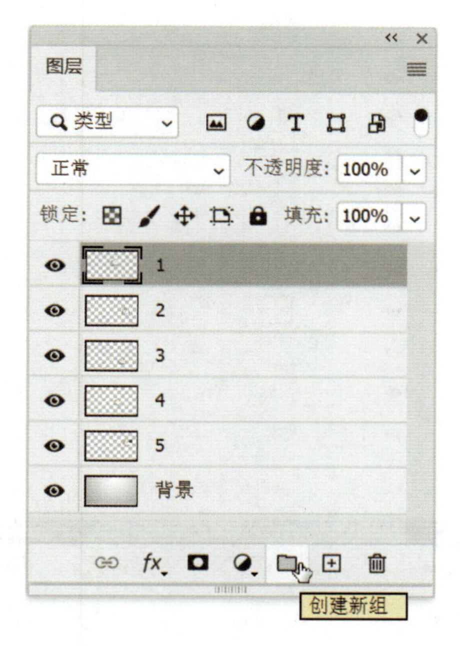


图A21-15

按住Alt键并单击【创建新组】按钮，可以弹出其属性对话框（见图A21-16）。设定基本属性后，单击【确定】按钮，一个空组就创建成功了，如图A21-17所示。

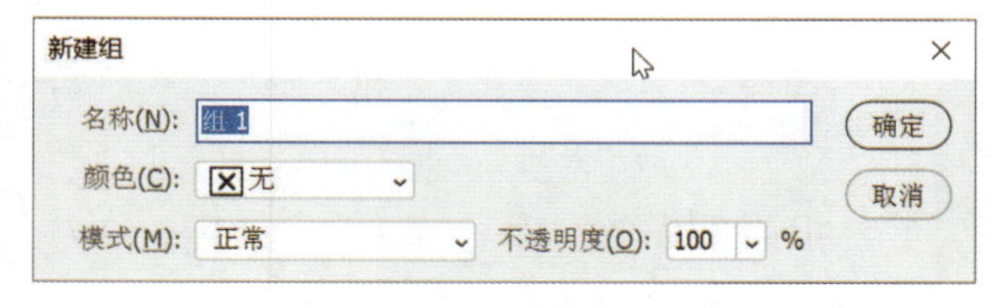


图A21-16

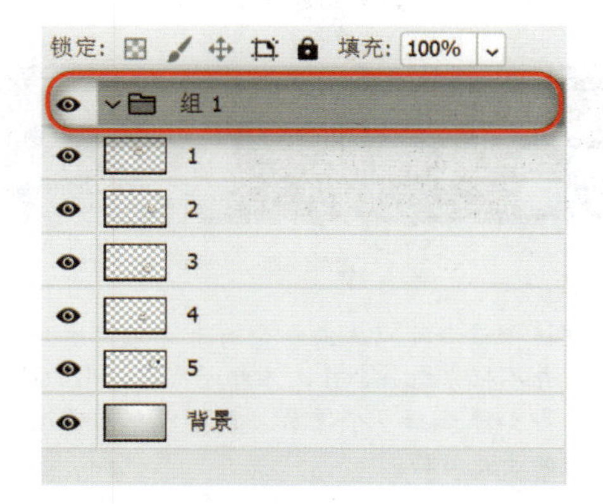


图A21-17

把想要入组的图层拖曳到组里就可以了，如图A21-18所示。

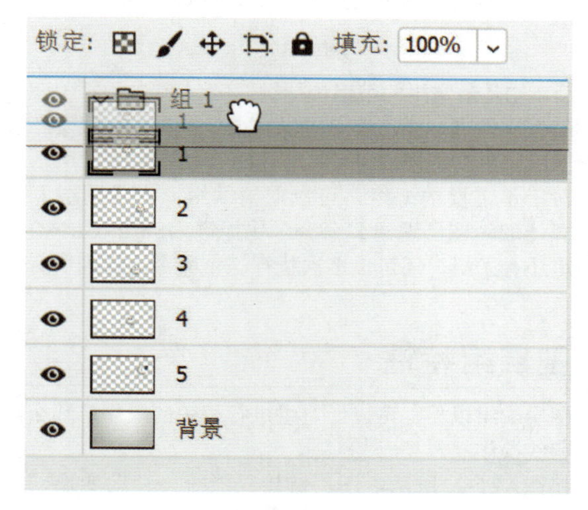


图A21-18

## 2. 从图层建立组

当选择多个图层的时候，执行【创建新组】命令，或者单击【创建新组】按钮，相应的图层会自动编为一组，如图A21-19所示。

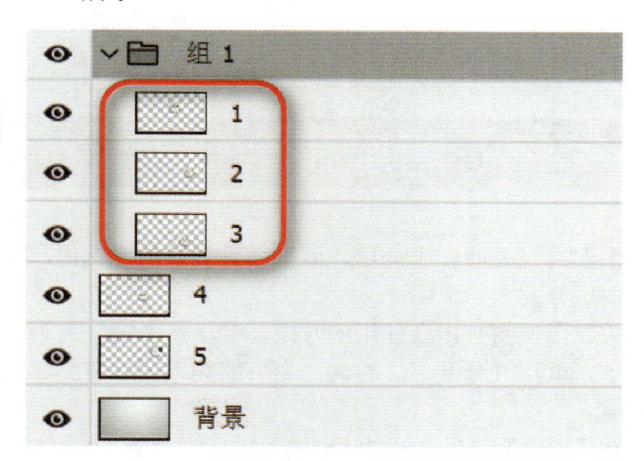


图A21-19

也可以在【图层】菜单中执行【新建】-【从图层建立组】命令，如图A21-20所示。

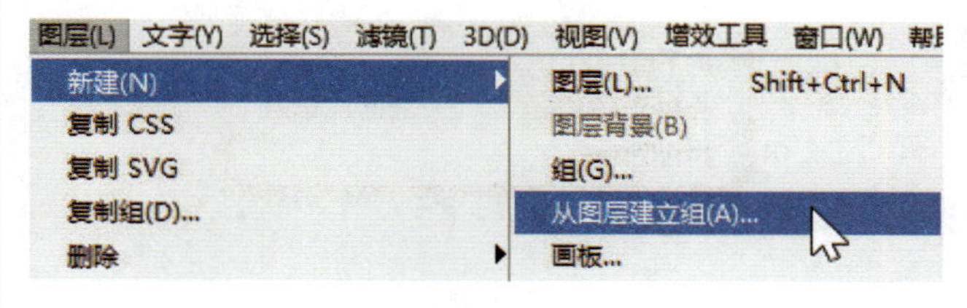


图A21-20

另外，也可以在【图层】菜单中执行【图层编组】命令，快捷键为Ctrl+G，如图A21-21所示。

图层编组(G)　Ctrl+G
取消图层编组(U)　Shift+Ctrl+G

图A21-21

Ctrl+G是最常用的编组快捷键。

就像文件夹一样，编组可以有很多层级，一级套一级，组里面既可以有图层，也可以有子组，如图A21-22所示。

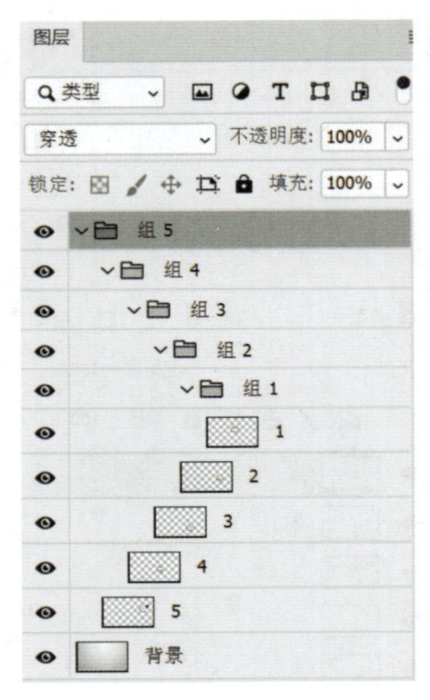


图A21-22

对于不需要的编组，可以取消编组，在【图层】菜单中选择【取消图层编组】命令，快捷键为Shift+Ctrl+G，如果组里还有子组，还可以多次执行这个命令，直到所有的组解散。

### 3. 图层组特性

图层编组以后，可以针对组进行相关的操作，那么都能进行哪些操作呢？

如图A21-23所示，图层链接只能统一移动变换，统一执行图层合并的命令；而图层编组有很多可以统一执行的命令，不但可以一起移动变换，还可以有统一的混合模式，有统一的叠加次序。图层链接中的图层可以分布在各种层次里，甚至不同的组里，各自起各自的作用；而组必须要变成一个层次的集合。另外，对组还可以统一添加蒙版。

| Layer | 统一移动变换 | 统一调整命令 | 统一混合模式 | 同级叠加次序 | 统一施加滤镜 | 统一施加蒙版 |
| --- | --- | --- | --- | --- | --- | --- |
| 图层链接 | ✔ | ⊘ | ⊘ | ⊘ | ⊘ | ⊘ |
| 图层编组 | ✔ | ⊘ | ✔ | ✔ | ⊘ | ✔ |

图A21-23

## A21.4　图层拼合

图层的好处就在于分层，而拼合是分层的反义词，即把若干图层合并为一个图层。

关于图层拼合，在使用的时候，要尽量谨慎。因为一旦合并了，就不好分开了。因此，尽可能编组或者将其转为智能对象。

在【图层】菜单中可以找到关于拼合的命令，如图A21-24所示。

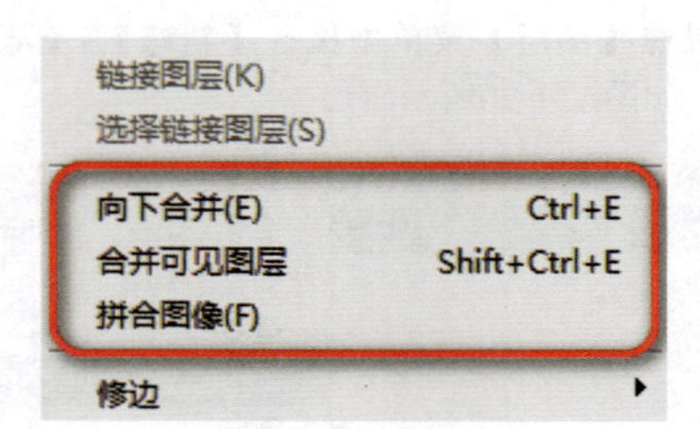


图A21-24

- 向下合并：使图层和下方一个图层合并。
- 合并可见图层：使未隐藏的图层合并。
- 拼合图像：直接合并图像，将所有图层合并为背景图层。

**扩展知识**

另外，还有一个隐藏命令——盖印可见图层，快捷键是Ctrl+Alt+Shift+E，如图A21-25所示。

图A21-25

通过这个命令可以生成一个所有可见图层合并后的新图层，并不把原图层合并。另外还可以使用Ctrl+Alt+E快捷键，即如果选择多个图层，就可以把当前选择的图层生成新的合并图层。

# A21.5 图层复合面板

通过【图层复合】面板可以保存不同的图层可见性状态。

在【窗口】菜单中执行【图层复合】命令，打开【图层复合】面板，如图A21-26所示。

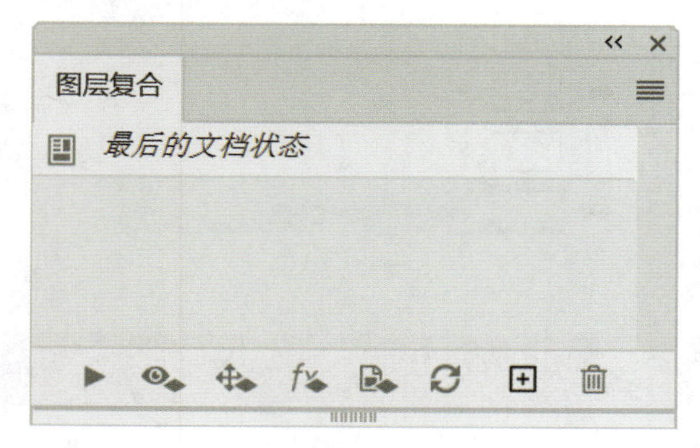


图A21-26

将图层1、3、5隐藏，如图A21-27所示。

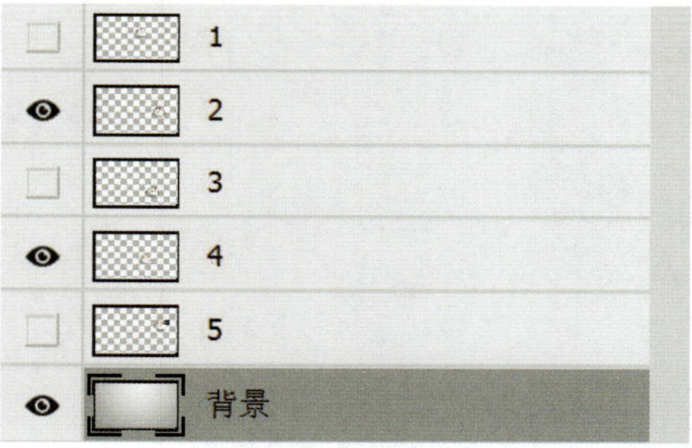

1
2
3
4
5
背景

图A21-27

然后单击【图层复合】面板中的【创建新的图层复合】按钮⊞，弹出【新建图层复合】对话框，如图A21-28所示。

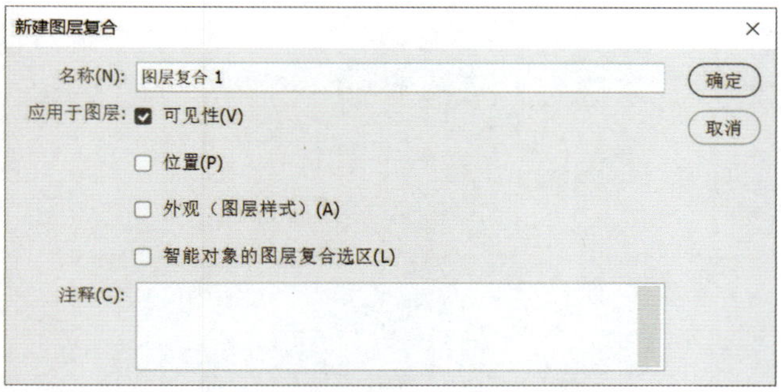

新建图层复合
名称(N): 图层复合 1
确定
取消
应用于图层: ☑ 可见性(V)
☐ 位置(P)
☐ 外观（图层样式）(A)
☐ 智能对象的图层复合选区(L)
注释(C):

图A21-28

除了选中【可见性】复选框之外，还可以选中【位置】和【外观（图层样式）】复选框。一般来说，主要用于可见性状态的复合保存。单击【确定】按钮，生成“图层复合1”，如图A21-29所示。

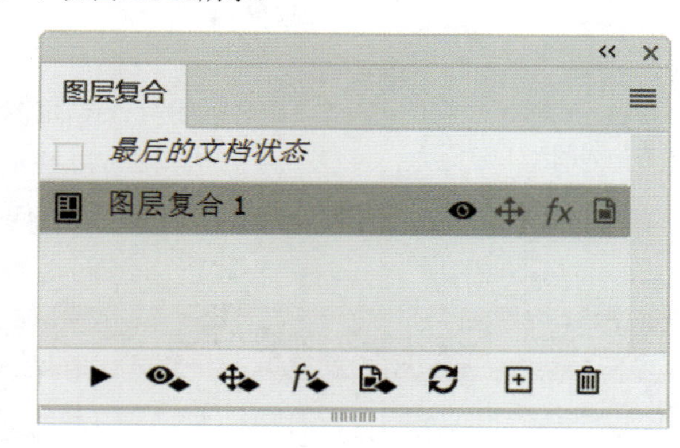


图A21-29

接下来，重新设定图层的可见性，将1、3、5图层显示出来，将2、4图层隐藏，如图A21-30所示。

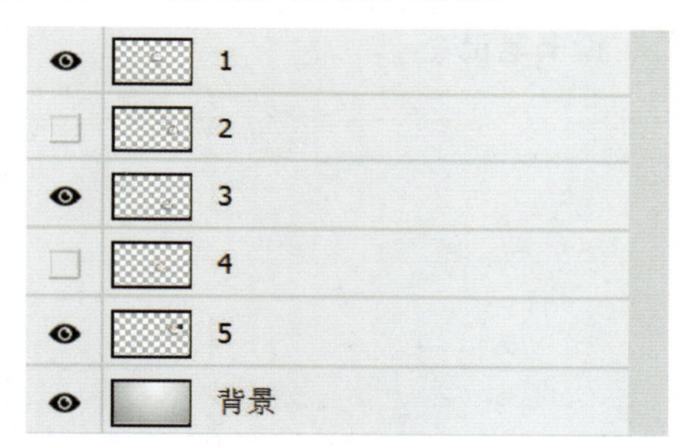


图A21-30

再创建一个“图层复合2”，如图A21-31所示。

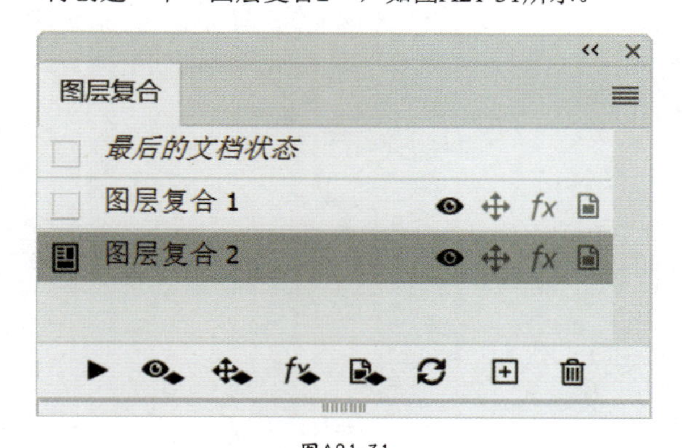


图A21-31

“图层复合2”则保存了图层2和图层4隐藏的状态。

单击图层复合前面的图标，可以切换复合状态，如图A21-32所示。

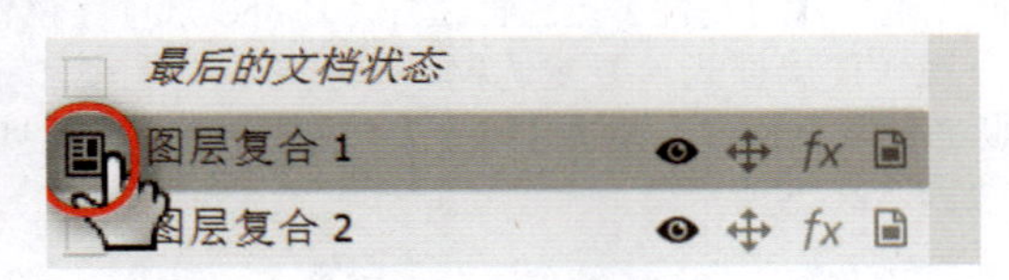


图A21-32

例如，切换到“图层复合1”，则回到图层1、3、5隐藏的状态，如图A21-33所示。

● 面板下方的按钮用于更新图层复合，更新后保存并替换为新的当前状态，如果不想替换，则继续新建图层复合即可。

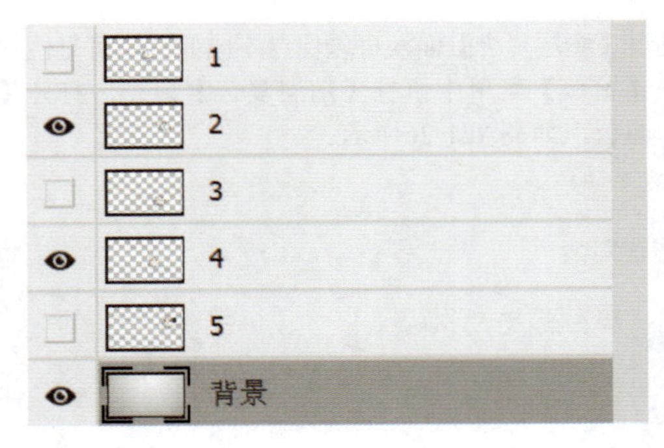


图A21-33

## 总结

至此，图层方面的知识基本上讲完了，但还远远不是终点，还有图层样式、智能对象图层、调整图层、矢量图层、矢量蒙版、3D图层、视频图层等，需要我们继续学习、探索。

# A22.1 色光

光线进入人眼视网膜后，信号传输至大脑，所以我们就能感觉到不同的色彩（见图A22-1）。色彩是光线带给人眼的感觉，所以要了解色彩，就要从色光开始说起。

因为有光，所以见色

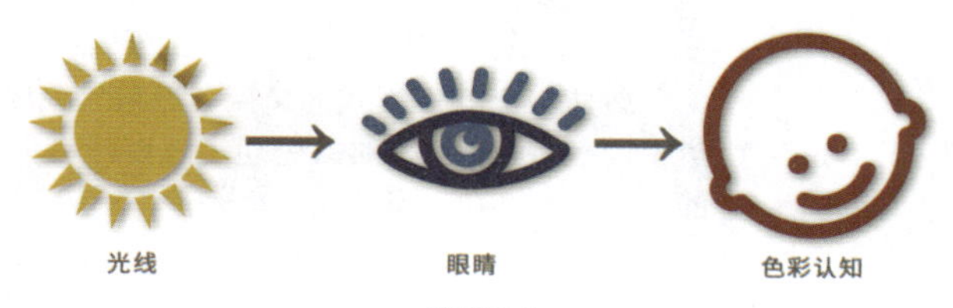


图A22-1

## 1. 色光分析

光是一种电磁波，在自然世界里，有很多种形式的电磁波，如无线电、手机信号、红外线、紫外线等。但是这些我们人眼是看不到的。人眼可以识别的电磁波，就是可见光，如太阳光、灯光、显示屏等。普通人可以识别的电磁波波长范围是770～350纳米，也就是可见光，高于770纳米的是红外线，更长的则是长波，如收音机电波；波长低于350纳米的是紫外线，更低的是核辐射、宇宙射线，如图A22-2所示。

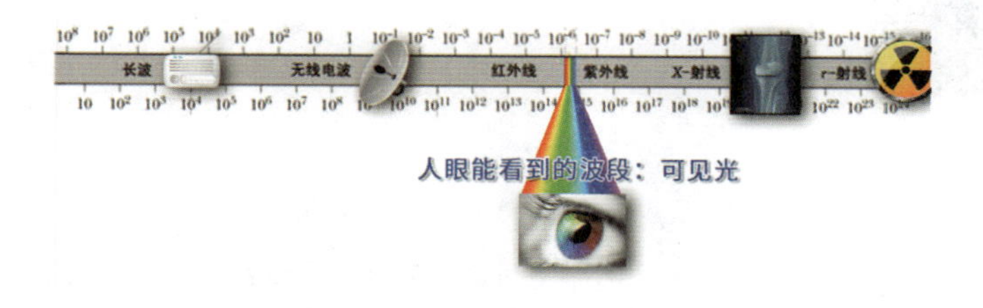


图A22-2

我们看到的光可以分成两种类型，一种是光源光，如太阳光、灯光、显示屏光等，发光体的光线直接进入人眼；还有一种是反射光，即光线射到物体表面时，物体反射出来的光进入人眼，如图A22-3所示。

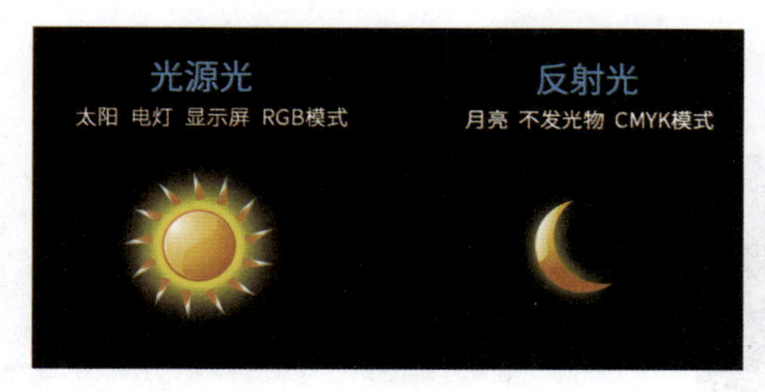


图A22-3

光线通过直射或者反射进入人眼，我们可以识别其颜色，那么这个颜色是怎么来的呢？

A22课

色彩基础

揭示色彩的奥秘

## 2. 单色光和复合光

单色光，就是单一频率（或波长）的光，绝对意义的单色光需要通过实验室的精密仪器获得。通常所说的单色光，基本上属于近似频率范围的光线。我们习惯把红光、绿光、蓝光当作三基色光。我们前面接触过RGB色彩模式，RGB就是Red、Green、Blue的英文缩写，也就是红、绿、蓝的意思。

复合光，就是多种色光通过混合而产生的光，太阳光就是最常见的复合光，屏幕上RGB色彩模式混合的多彩颜色也是复合光。

豆包："太阳光不是白光吗？怎么是复合光？"

日光由多频段可见光复合而成，因其可见光谱段能量分布均匀，所以呈现"白色"。通过三棱镜，可以把日光中的光线分离出来，光的色散如图A22-4所示。

图A22-4

日光通过色散折射出红、橙、黄、绿、青、蓝、紫色的光，雨过天晴之后形成的彩虹也是这个原理。

在正常日光的照射下，一个本身不会发光的物体所呈现的颜色，就是绘画或摄影概念里的固有色。如果在一个黑暗的房间里，用红色的光照射一张白纸，那么这张白纸就变成了红色；用绿色的光照射白帽子，那么白帽子就变成了绿帽子（见图A22-5），这就是绘画或摄影概念里的环境色。不管用的是日光还是有色的灯光，不发光物体的颜色都是由反射到人眼的色光定义。

图A22-5

理解了色光和颜色的概念，下面来看一下计算机色彩模式。

# A22.2 RGB模式

计算机在生成色彩的时候，最常见的模式是RGB，显示器、手机屏、显像设备大都是基于RGB色光混合而产生的图像。

## 1. 原色通道

新建一个RGB模式的文档，把背景改成黑色。打开【通道】面板，3个RGB的原色通道现在没有颜色，所以都是黑的，如图A22-6所示。

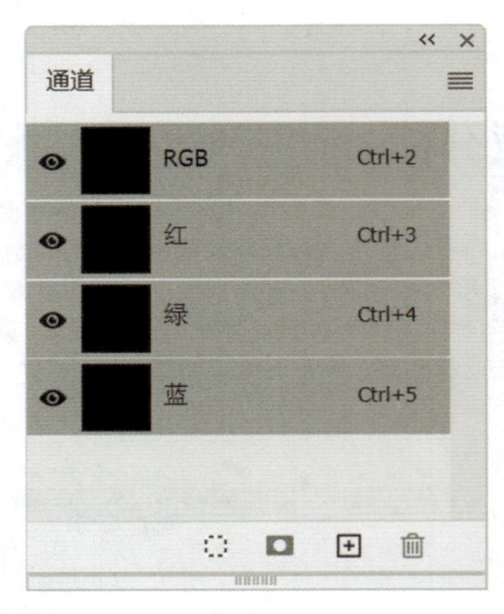


图A22-6

选择【图像】菜单中【模式】下的【RGB颜色】选项，下面是【8位/通道】（见图A22-7），单个通道有256个色阶，也就是2的8次方，所以叫8位通道。

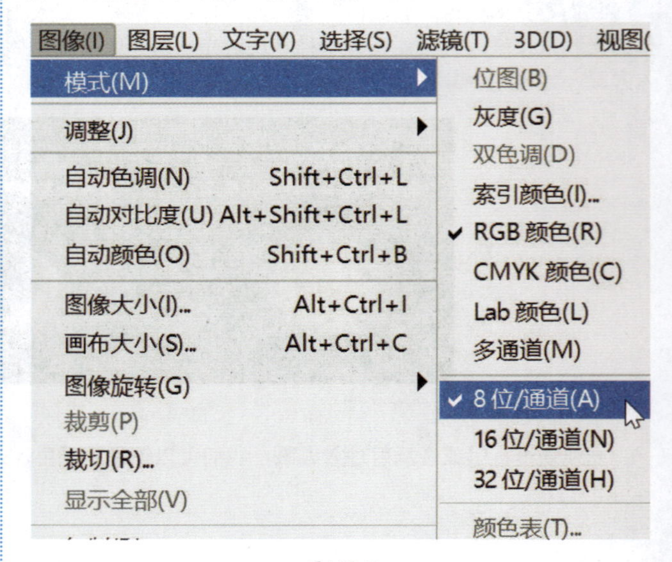


图A22-7

原色通道的取值范围是0～255，表示的是从不发光到发光，数值越大，光线越强，如图A22-8所示。

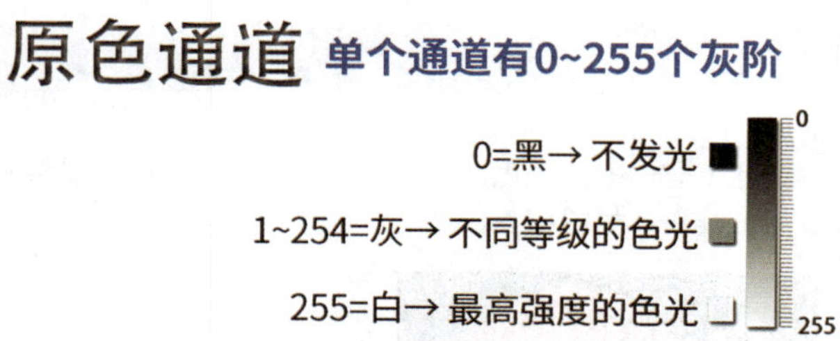

**原色通道** 单个通道有0~255个灰阶

0=黑→ 不发光

1~254=灰→ 不同等级的色光

255=白→ 最高强度的色光

0

255

图A22-8

原色通道默认用灰度表示。黑是不发光，灰色和白色代表了发光强度的不同。

下面做一个实验，在通道里模拟色光的混合。

在红色通道里画一个圆形的选区。然后填充白色，也就是发光强度为100%的红色光，如图A22-9所示。

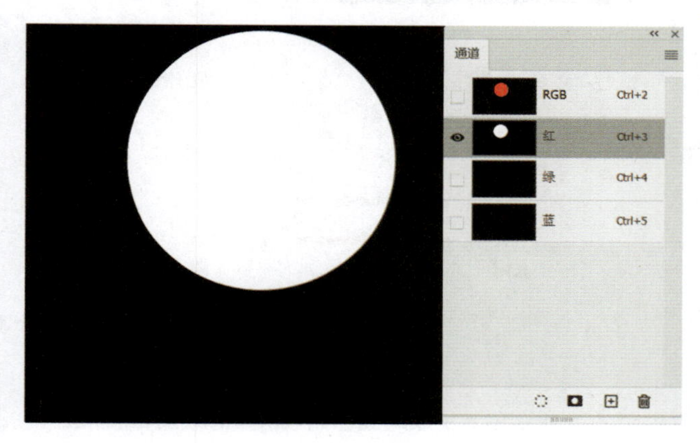


图A22-9

## 2. 吸管工具

在工具栏上选择【吸管工具】，其图标就像是一个吸管，快捷键是I。

在其他的工具状态下，按下Alt键，也可以快速转换为吸管工具。

使用吸管工具，在这个红色的区域单击，前景色就会相应变成红色。在吸管工具的状态下，按住Alt键并单击，就可将当前颜色吸取为背景色。

## 3. 颜色面板

在【窗口】菜单中选择【颜色】选项，打开【颜色】面板，在面板菜单中选择【RGB滑块】模式（见图A22-10），用吸管工具吸取通道里的红色，就显示了颜色当前的RGB色值：255、0、0，如图A22-11所示。

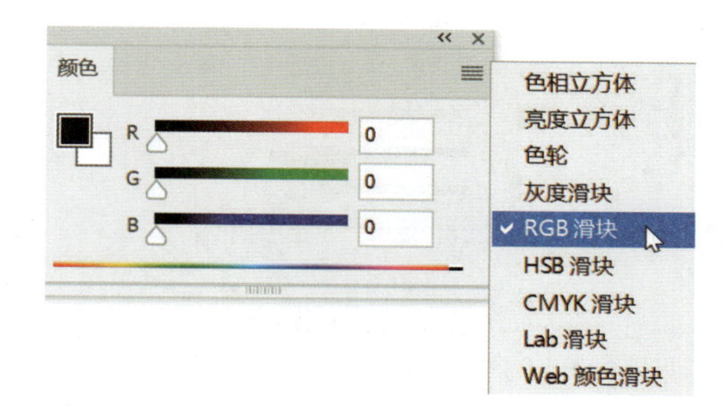


图A22-10

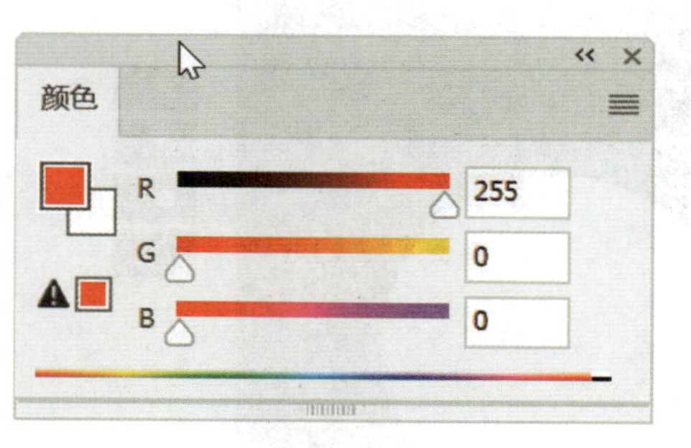


图A22-11

显而易见，这块颜色的红色通道是最高强度的光，8位通道的最高值是255，这个R值就是255。而其他的通道并没有任何色光，所以是0。这样就可以得出结论：在RGB模式下纯红色的色值就是255、0、0。

将R数值改为100，前景色红色变暗了，变成了深红（见图A22-12）。因为在红色通道里，红色光的发光值只有100，连255一半的强度都不到。所以，这个红色就没有那么亮了。

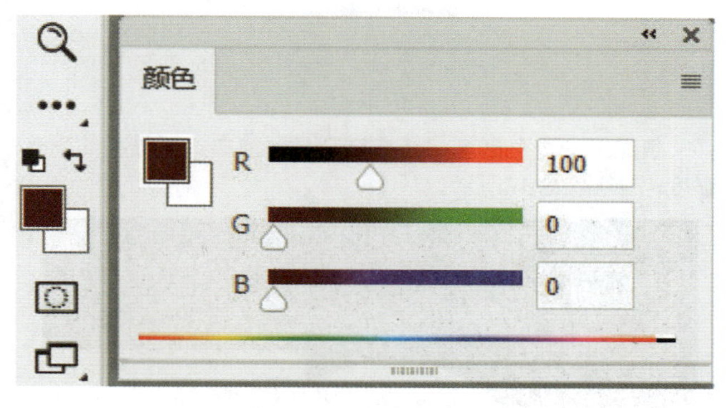


图A22-12

红色如此，那么绿色、蓝色也是这个道理。在色板上，把红色值改为0，把绿色值变为255。滑动滑块到最大值，即255，蓝色还是0。那么前景色就变成了绿色，色值就是0、255、0，如图A22-13所示。

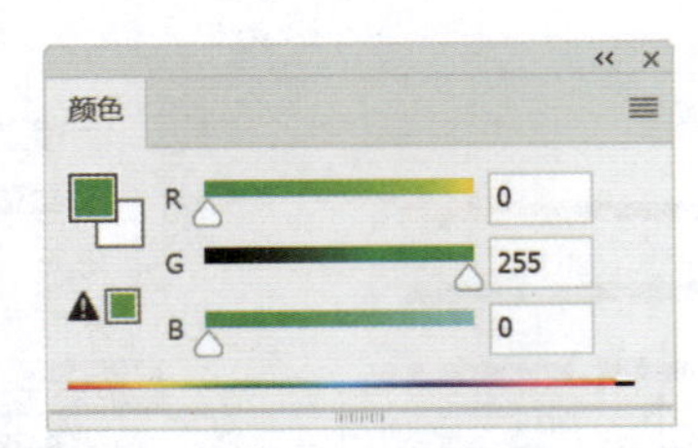


图A22-13

例如，画一个圆形的选区，然后填充绿色。在绿色通道上就可以发现一个白色的区域，同样，通道上的白色代表最强光，即255这个级别的光，如图A22-14所示。

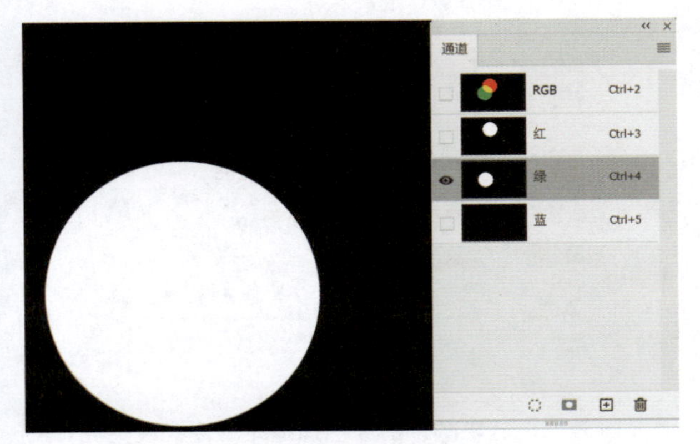


图A22-14

蓝色值则是0、0、255，蓝色通道发出最强的光，如图A22-15所示。

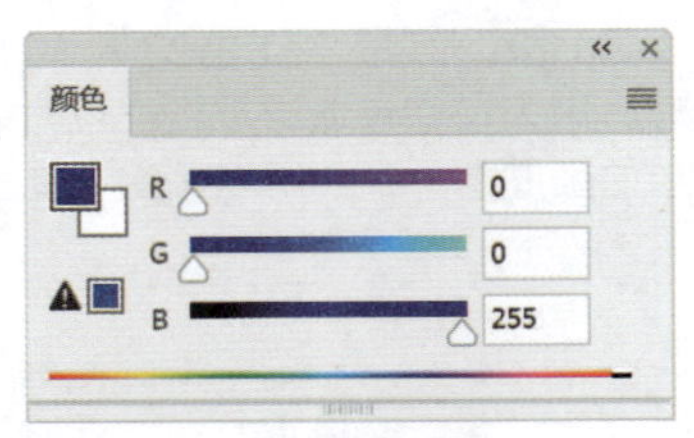


图A22-15

填充一个蓝色区域，蓝通道则显示纯白，即最亮的发光强度，如图A22-16所示。

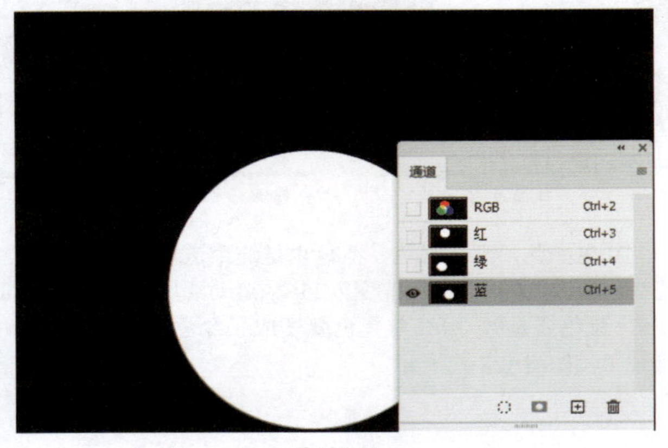


图A22-16

## 4. 色光的混合

计算机可以对三种光进行混合，从而生成复合光，来表现世间万物的色彩。

颜色在混合之前就是RGB原色通道，混合以后，就是复合通道。

刚才填充的RGB颜色，其重叠的区域在通道中可以看到混合后的结果，如图A22-17所示。

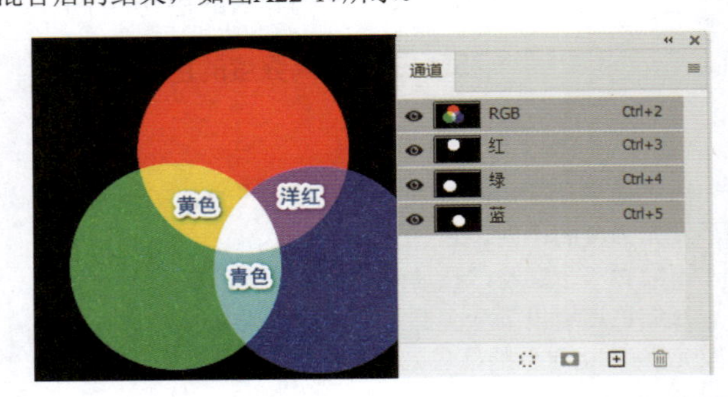


图A22-17

红色光和绿色光生成黄色光（Y）的效果如图A22-18所示。

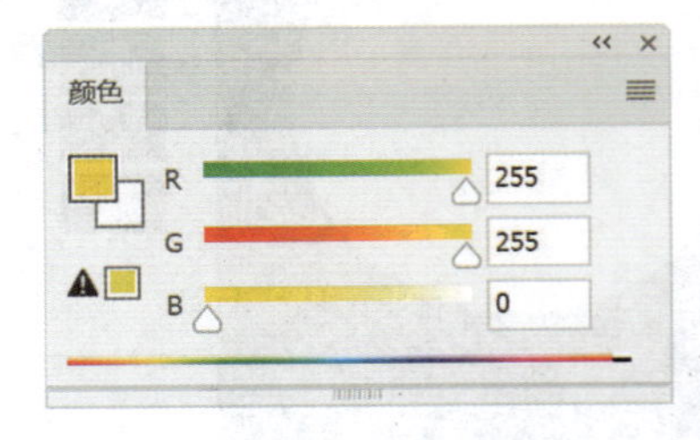


图A22-18

红色光和蓝色光生成洋红色光（M）的效果如图A22-19所示。

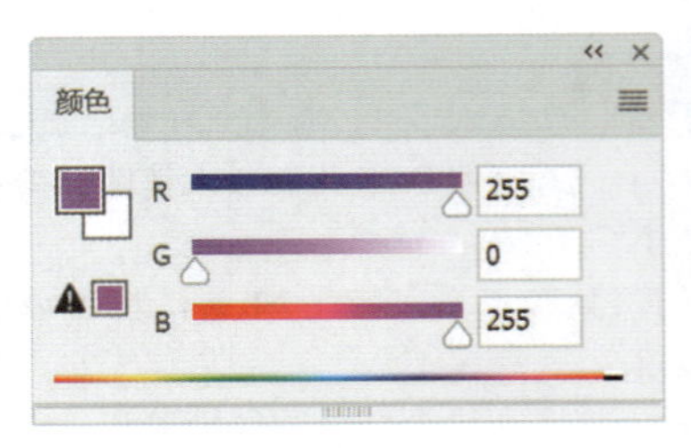


图A22-19

蓝色光和绿色光生成青色光（C）的效果如图A22-20所示。

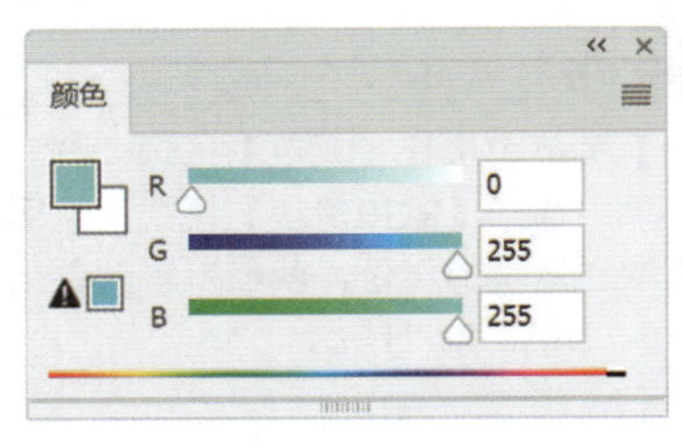


图A22-20

红、绿、蓝光生成白色光的效果如图A22-21所示。

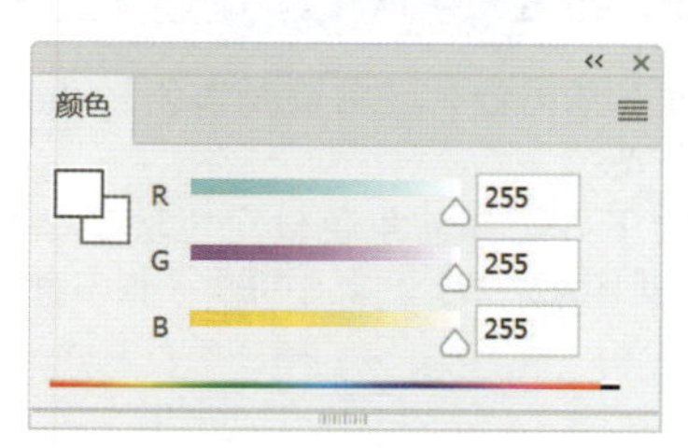


图A22-21

色光叠加越多，光的强度也就越大，亮度也越亮，所以RGB色彩模式是一种加色模式。

目前只介绍了6个不同的色值。在RGB模式下，一个8位通道是256个级别，3个8位通道不同的RGB色值组合可以产生16777216个结果，也就是16777216种颜色。

## A22.3 色彩三要素

平时观察某个颜色时，很难一下子就能说准RGB色值是多少，大脑对颜色有习惯性的色彩分析方法。

大脑对色彩的分析可以总结为三个方面，也就是俗称的色彩三要素：色相、饱和度、明度，如图A22-22所示。



图A22-22

### 1. 色相

我们判断事物的颜色时，第一反应就是色相。色相，就是颜色的品相。例如，我们看红花、看绿叶、看蓝天（见图A22-23），可以分清它们都是什么颜色，这说明它们具有不同的色相。

图A22-23

如图A22-24所示，红、绿、蓝这3种色光可以随意组合和混合，它们是三角形的关系。

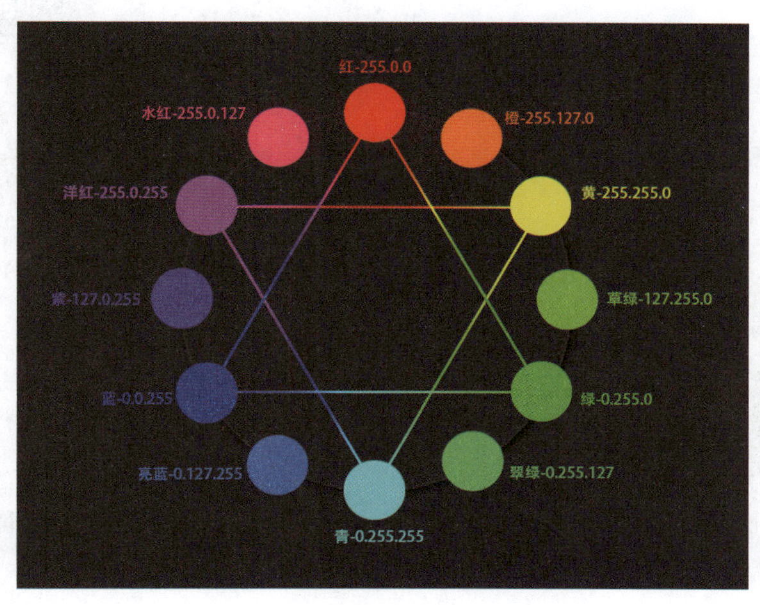


图A22-24

色相，是色彩所呈现的质的面貌，是色彩彼此之间相互区别的标志。

图A22-24所示的这一圈颜色有12种。色彩越多，分得越细，就可以做出一个过渡的环形，这就是色相环，可以按角度区分颜色，如图A22-25所示。

图A22-25

在这个全色相环上，在15°的范围内是同类色，如红和橙红；在45°的范围内是邻近色，如翠绿和草绿；在120°的两端是对比色，能产生强烈的对比，如橙色和青色；在180°的两端是补色，反差最大，如蓝色和黄色。

## 2. 饱和度

饱和度也可以叫作纯度，就是看颜色纯不纯，鲜不鲜艳。

饱和度在Photoshop里的表达为百分比，最高值是100%，最低值是0，就是没有色相，变成了灰色。

灰色其实就是弱化的白光，发光强度比较低，红、绿、蓝混合比例是相等的，R、G、B 3个值是一样的。

## 3. 明度

明度是色彩的明亮程度，对于RGB模式的图像，数值越大，发光越强，明度越高。

图A22-26所示是一个简单的色彩三要素模型。

图A22-26

## 4. 在拾色器上运用HSB选色

在创作作品的时候，经常需要选色，Photoshop中有很多种选色的方式。

在工具栏下方选择前景色设定色块，会弹出【拾色器】对话框（见图A22-27），其中提供了很多种选色的方式。

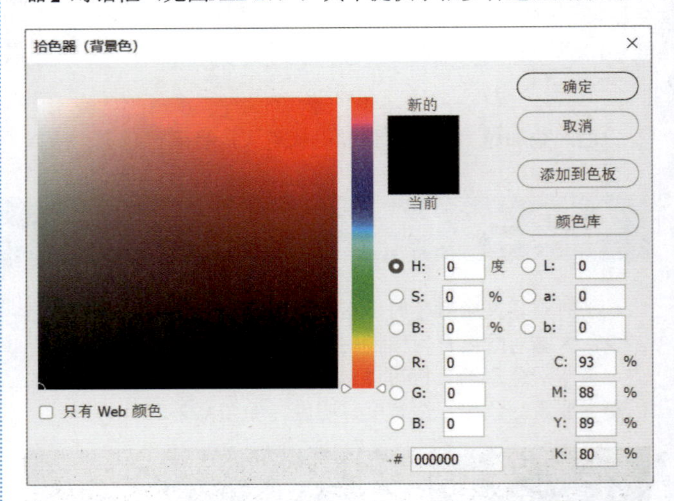


图A22-27

这里有4种模式：HSB模式、Lab模式、RGB模式和CMYK模式，还有左下方的#是十六进制颜色代码。

其中HSB模式就是利用色彩三要素取色。

选中H单选按钮代表竖向色带为色相，如图A22-28所示。

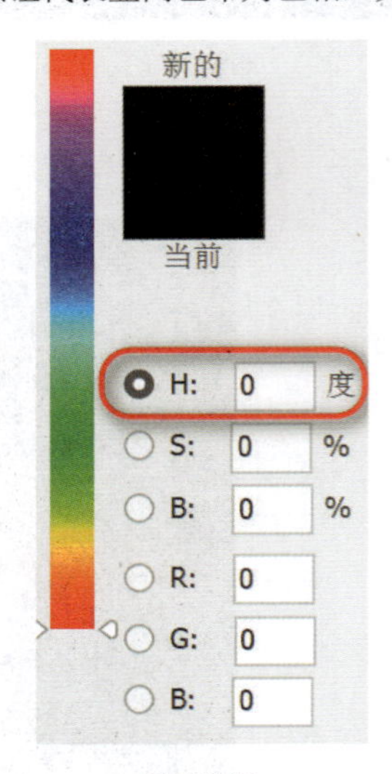


图A22-28

也就是说，首先设定色相，例如，要选择绿色，先把滑块移动到绿色范围，找到最接近的色相。然后在色池中找到最终想要的颜色，右上角是最纯最亮的颜色，左下角是最灰、最暗的颜色，如图A22-29所示。

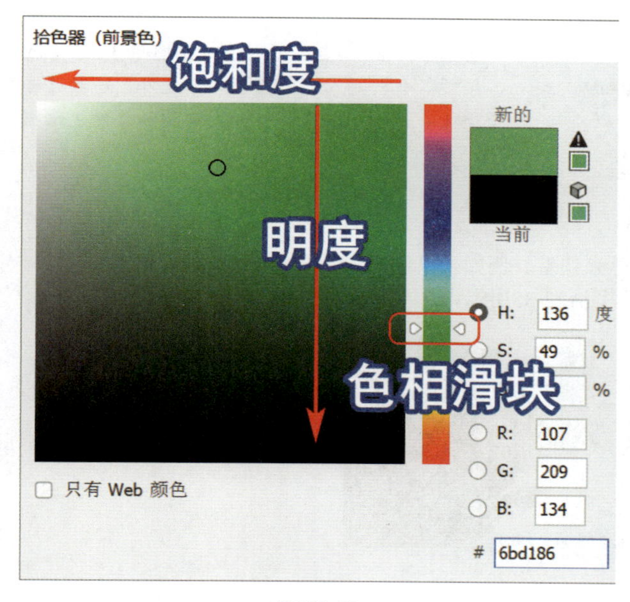


图A22-29

通过HSB模式选色的好处在于符合人类对颜色识别的习惯，比较直观。HSB模式只是一种颜色选择形式，并不是文件的色彩模式。

## A22.4 【色相/饱和度】命令

在【图像】菜单的【调整】子菜单中有【色相/饱和度】命令，快捷键是Ctrl+U，如图A22-30所示。

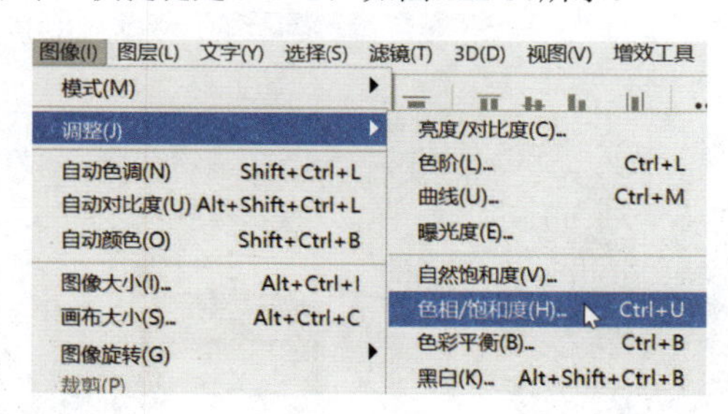


图A22-30

【色相/饱和度】是一个可以很直观地调节色彩三要素的命令，打开本课素材图片，如图A22-31所示。

图A22-31

改变色相，如图A22-32所示。

图A22-32

改变饱和度，如图A22-33所示。

图A22-33

改变明度，如图A22-34所示。

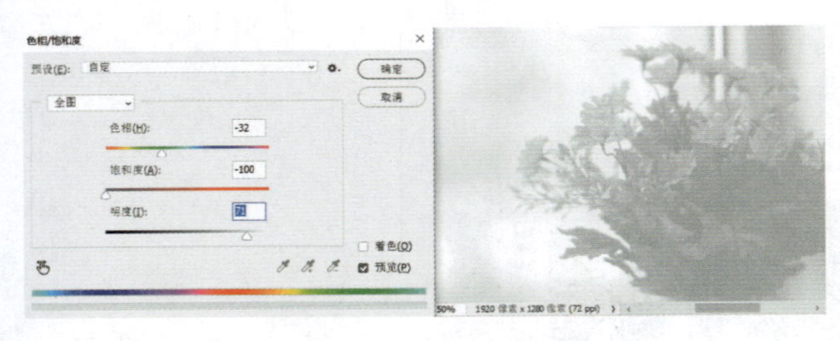

图A22-34

另外，可以单独选择某类颜色来调整。例如，只选择黄色，则主要对黄色区域起作用，如图A22-35所示。

图A22-35

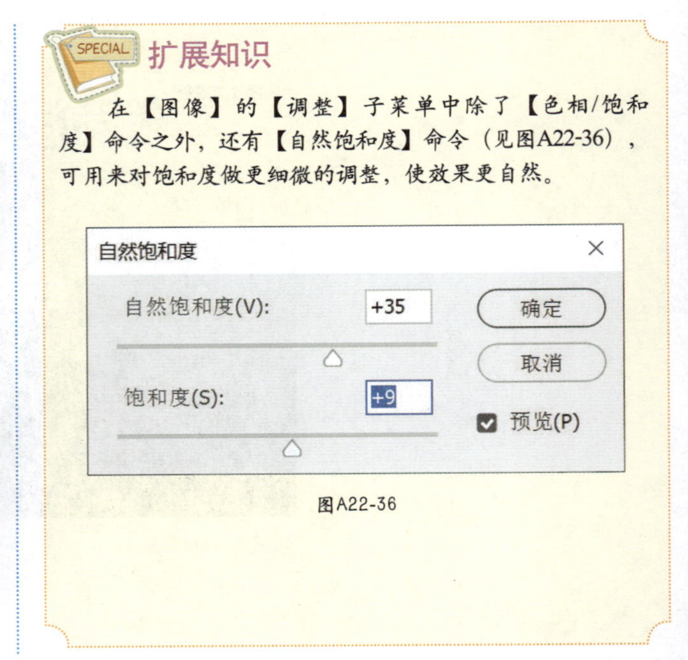

**扩展知识**

在【图像】的【调整】子菜单中除了【色相/饱和度】命令之外，还有【自然饱和度】命令（见图A22-36），可用来对饱和度做更细微的调整，使效果更自然。



图A22-36

## A22.5 实例练习——复古色调

本实例原图和最终效果如图A22-37所示。

原图

最终效果

图A22-37

## 操作步骤

01 打开本课的素材图片（见图A22-38），打开【色相/饱和度】对话框，选择【蓝色】选项，设定【色相】为-40，【饱和度】为-77，【明度】为-7（见图A22-39），可见蓝色的天空变成了灰绿色，如图A22-40所示。

图A22-38

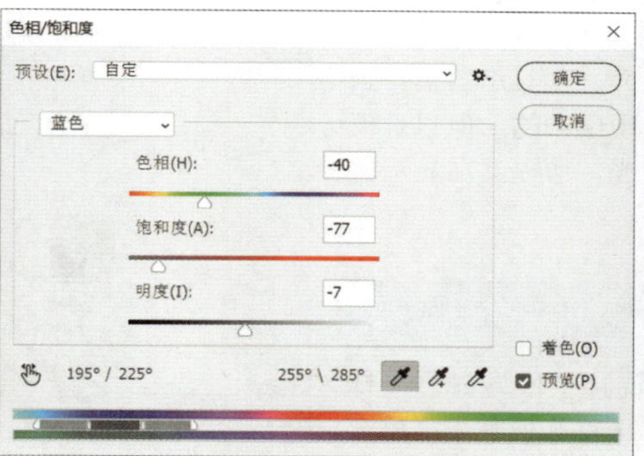


图A22-39

图A22-40

02 选择【黄色】选项，设定【色相】为-45，【饱和度】为-46，【明度】为-3（见图A22-41），可见黄绿色的植物颜色变沉重了，照片整体有了历史厚重感，如图A22-42所示。

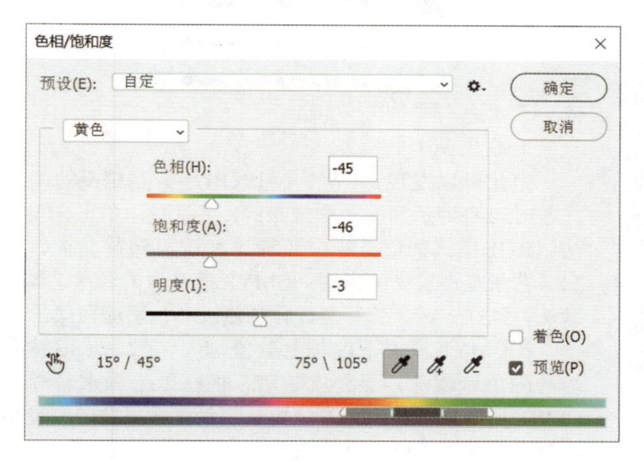

图A22-41

图A22-42

# A22.6 CMYK模式

## 1. CMYK模式的概念

CMYK模式也叫印刷色彩模式。C代表青色，M代表洋红，Y代表黄色，K代表黑色。

CMYK代表的是4种油墨，也就是印刷用的彩墨（见图A22-43）。这些墨水经过混合以后，可以产生各种颜色，然后印在纸上。

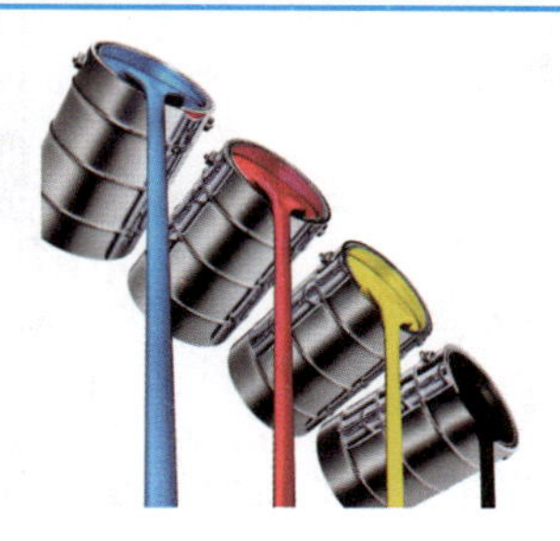

图A22-43

RGB是一种发光的色彩模式，而CMYK则是依靠反光的色彩模式。例如，在黑暗的房间里看手机、看显示器时，仍然可以看见屏幕上的内容，是因为它们可以自发光，而在黑暗的房间里无法看到杂志、画报等印刷品上的内容，必须有光照才行，这就是两个模式本质的区别。

所以CMYK针对的是印刷设备和媒介。在显示器上看到的CMYK颜色，是由显示器发光发亮表现出来的，但它是模拟的印刷色彩，因为印刷色彩本身不发光，所以其在显示器上表现出来的不会有特别亮的颜色。

## 2. CMYK通道

新建一个CMYK模式的文档，设置背景色为白色，打开【通道】面板，在【编辑】菜单下的【首选项】子菜单中选择【界面】选项，在打开的对话框中选中【用彩色显示通道】复选框。

然后分别在【青色】【洋红】和【黄色】的原色通道上创建圆形选区，填充100%的黑色，如图A22-44所示。

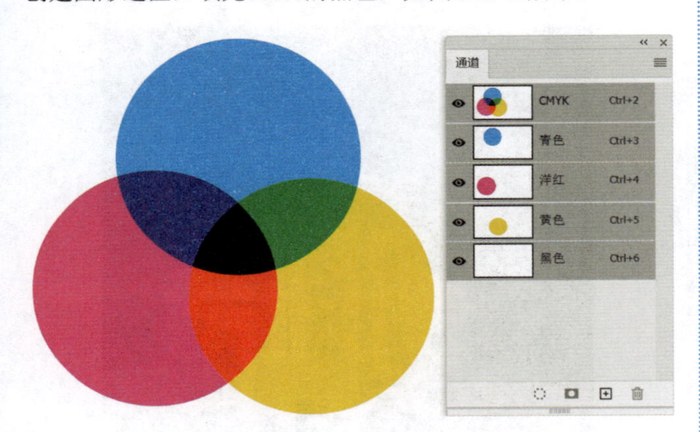


图A22-44

在CMYK模式下，在原色通道中填充黑色代表100%浓度的颜料，白色代表一张白纸，没有颜料。

打开【颜色】面板，在面板菜单中选择【CMYK滑块】选项（见图A22-45），用【吸管工具】吸取颜色，查看其色值。

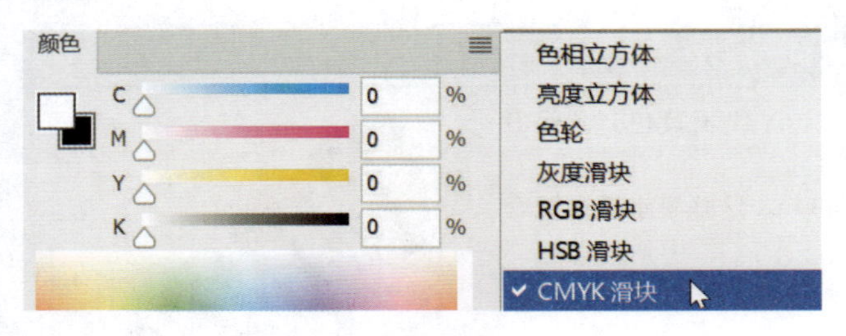


图A22-45

洋红+黄=红，如图A22-46所示。

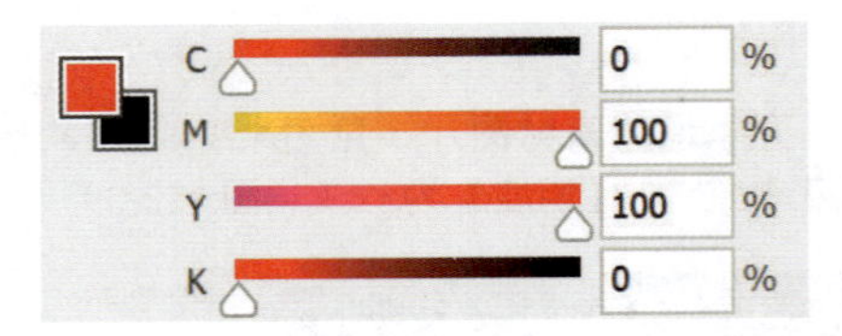


图A22-46

青+黄=绿，如图A22-47所示。

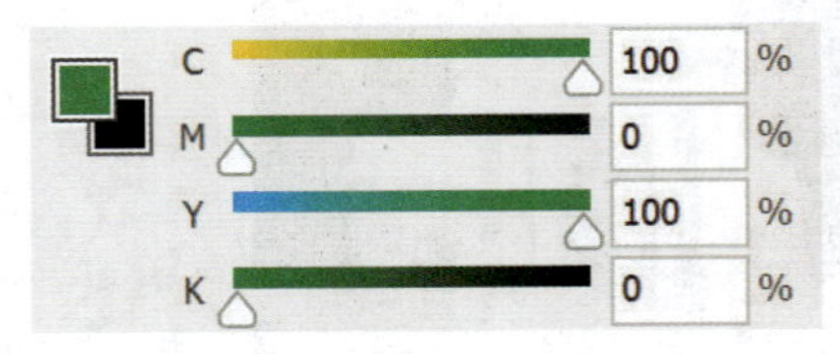


图A22-47

青+洋红=蓝，如图A22-48所示。

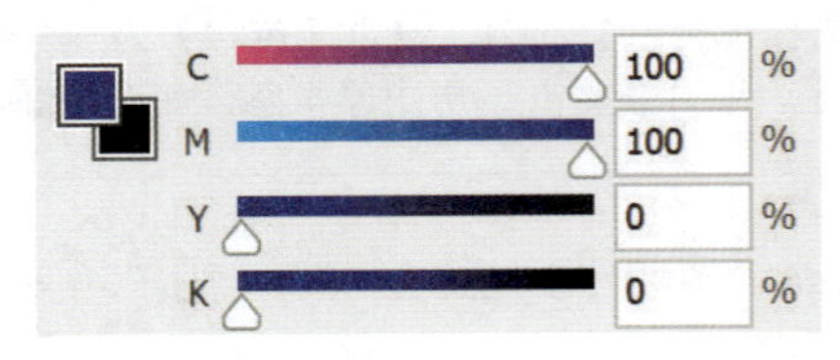


图A22-48

由此可以发现，CMYK和RGB是截然相反的两种模式（暂时忽略为了加深印刷效果的K黑色），是正、反两种算法。RGB模式的红、绿、蓝通过加法得到黄、青、洋红和白，背景是不发光的黑底；CMYK模式的黄、青、洋红通过减法得到红、绿、蓝和黑，背景是没有色彩的白底。

在CMYK模式下，颜色数值越大，颜色浓度越大，叠加的颜色就越深，显得就越暗，像在纸上画水彩画一样。CMYK只是模拟的一种颜色效果，最终效果与印刷设备、纸张材料、油墨成色都有关系。

因为RGB是发光色，有很多特别亮的荧光色用印刷机是印不出来的。如果用RGB模式做印刷品，在显示器上看起来挺不错，但实际打印出来的效果会差很多。打开【拾色器】，选某一种颜色的时候，有时会出现一个叹号小图标（见图A22-49），这个图标就是警告此色超出了CMYK的色域。如果作品用于印刷，可以单击这个图标，系统会自动找到最接近的印刷色来替代。

图A22-49

## A22.7 更多颜色模式

RGB和CMYK是常见的颜色模式。除此之外，还有很多其他的颜色模式，如图A22-50所示。

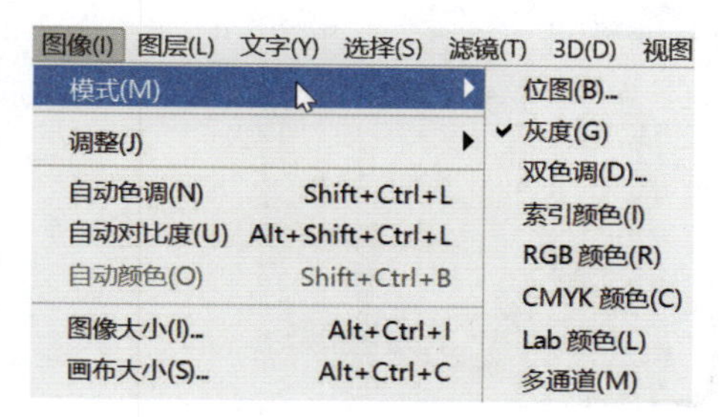


图A22-50

- 【位图】模式：使用两种颜色值（黑色或白色）之一表示图像中的像素。位图模式下的图像被称为位映射 1 位图像，因为其位深度为1，如图A22-51所示。

图A22-51

- 【灰度】模式：灰度模式在图像中使用不同的灰度级。在 8 位图像中，最多有 256 级灰度。灰度图像中的每个像素都有一个 0（黑色）~255（白色）的亮度值。灰度值也可以用黑色油墨覆盖的百分比来度量（0 等于白色，100% 等于黑色），如图A22-52所示。

图A22-52

- 【双色调】模式：该模式通过1～4 种自定油墨创建单色调、双色调（两种颜色）、三色调（三种颜色）和四色调（四种颜色）的灰度图像，如图A22-53所示。

图A22-53

- 【索引颜色】模式：索引颜色模式可生成最多 256 种颜色的 8 位图像文件。当转换为索引颜色模式时，Photoshop 将构建一个颜色查找表（CLUT），用于存放并索引图像中的颜色，如图A22-54所示。

图A22-54

- 【多通道】模式：由多个专色通道组成，经常用于特殊印刷。
- 【Lab颜色】模式：基于人对颜色的感觉的颜色模式。Lab 中的数值描述正常视力的人能够看到的所有颜色。Lab 描述的是颜色的显示方式，而不是具体显示设备的色值或打印设备的颜料量。

Lab颜色模式有3个通道（见图A22-55）：明度通道（即Lab中的L）、a通道（从绿色到红色）、b通道（从蓝色到黄色）。在此模式下，通过【曲线】调整命令对图像调色可以产生无数种可能性。学习完更多颜色调整知识后，在B06课中有针对Lab颜色模式调色的实例练习。

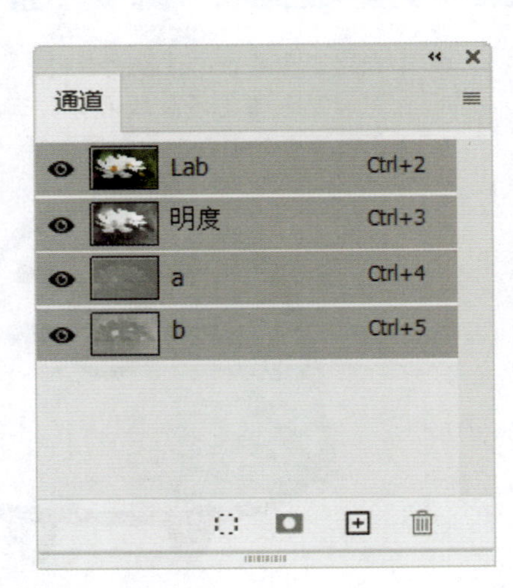


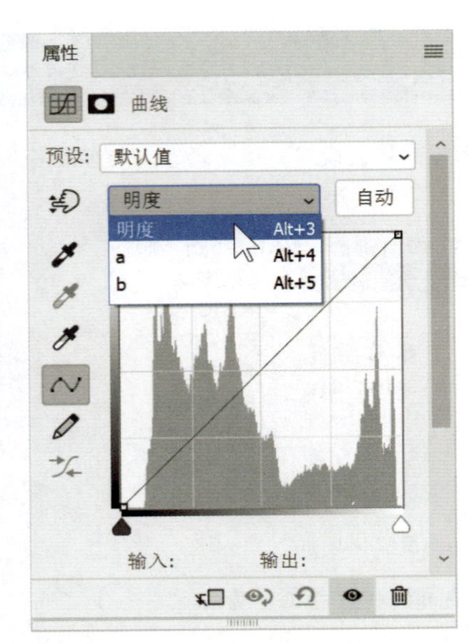


图A22-55

# 总结

本课介绍了最基础的色彩理论知识，摄影师、设计师、插画师等都需要具有驾驭色彩的能力。Photoshop还有非常多的色彩调整相关的命令，在后面的课程中会逐步讲解。

# A23课

# 亮度色阶

明和暗的艺术

色彩的三要素是色相、饱和度和明度。调色就是调节这三种要素带给人的感受，实现方式有很多种：通过调色命令，利用图层、通道、混合模式等都可以进行综合创造性的调色。调色是一门学问。

下面先来了解控制明暗方面的调色知识。

在A22课中我们学习了【色相/饱和度】命令，通过该命令可以进行明度调节，但是其算法简单，有局限性，并不能对画面上的亮、中、暗层次有区别性的对待。而真正的调色，就是要使颜色有层次，有梯度，能分通道，能分开色差，这样才能获得最大的操作灵活度。

## A23.1 【亮度/对比度】命令

Photoshop调色最基础、最简单的命令是【亮度/对比度】。

从色彩构成上来说，色相对比、饱和度对比、明度对比都是色彩表现的形式。有明有暗，即形成对比。摄影、绘画、设计等处处都要体现明暗对比，有的表现为强对比，有的表现为柔和对比。不同的明暗对比，营造出不同的视觉感受。

打开本课素材图片，在【图像】菜单中选择【调整】子菜单下的【亮度/对比度】选项，如图A23-1和图A23-2所示。

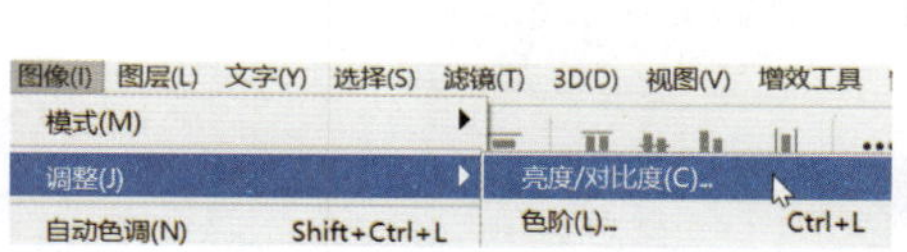


图A23-1

图A23-2

滑动【亮度】滑块到右侧，图片变亮，反之变暗，如图A23-3和图A23-4所示。

图A23-3

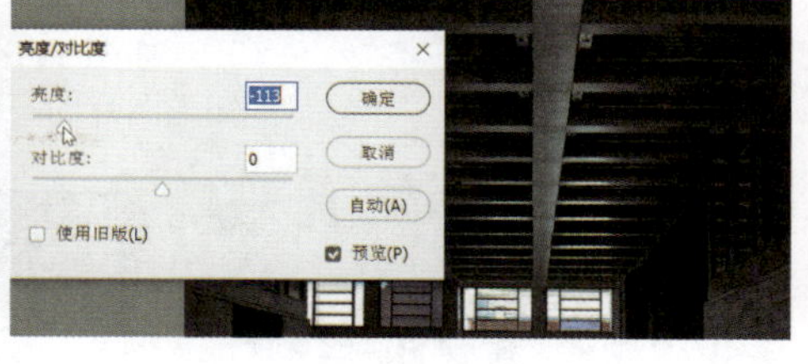


图A23-4

滑动【对比度】滑块到右侧，图片明暗对比增强，反之减弱，如图A23-5和图A23-6所示。

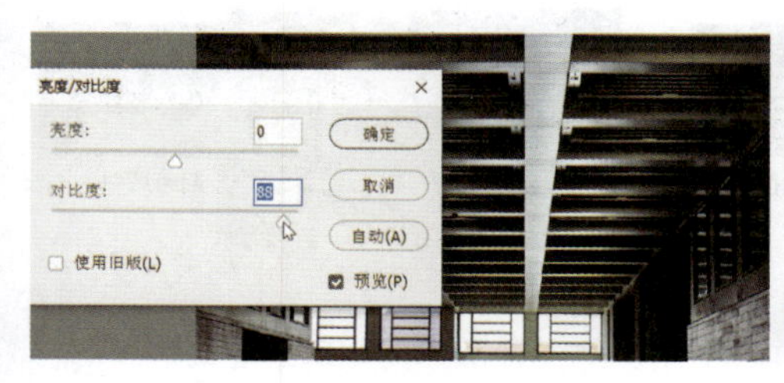


图A23-5

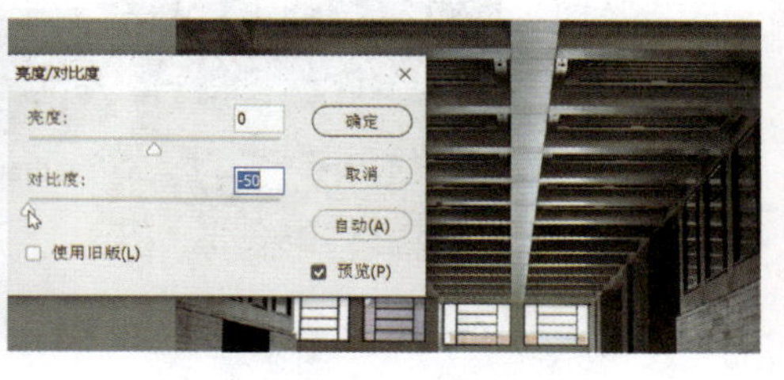


图A23-6

可以选中【使用旧版】复选框，其算法会更加简单直接，效果会更强烈，但不容易控制。如图A23-7所示，对比度增强后，图片过曝了。

旧版的调整方式相对来说比较简单直接，也可以根据特殊效果的需要选择是否选中。

【亮度/对比度】命令使用起来非常简单，但也有局限性，其采用的是一种固定的算法，需要对画面的亮调、中间调、暗调同时进行调节，请酌情使用。

图A23-7

## A23.2 【色阶】命令

打开本课素材图片，单击执行【图像】菜单下【调整】子菜单中的【色阶】命令，快捷键是Ctrl+L，如图A23-8所示。

一般情况下，调节明暗即选择调整RGB整体通道，如果单独选择某个通道（见图A23-9），则色相会发生变化。

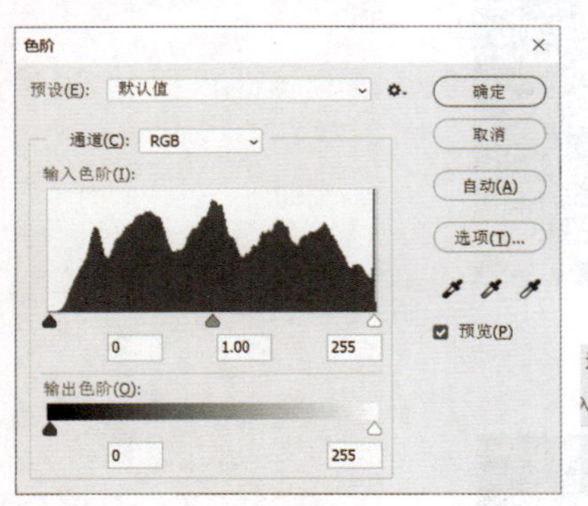


图A23-8

图A23-9

### 1. 直方图

在对话框中，有类似山谷一样的图示，这是【直方图】面板，如图A23-10所示。

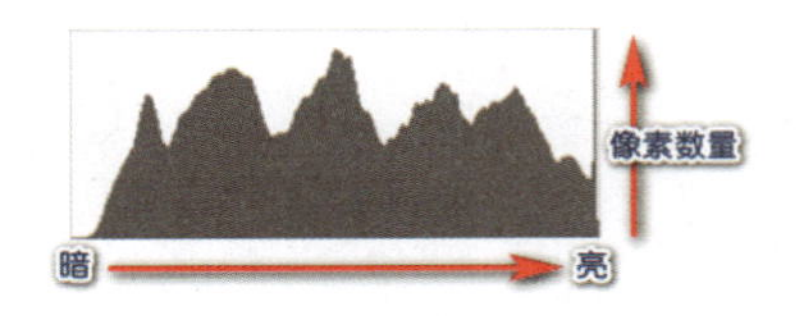


图A23-10

通过RGB直方图可以观察图片上像素发光强度的分布，左侧最暗是0，即不发光（黑场），右侧最亮是255的发光强度（白场）。峰值的高度代表像素数量的多少，如图A23-11所示。

如图A23-12所示，熟悉直方图以后，只看直方图便可以知道图片的亮度分布是否合理。

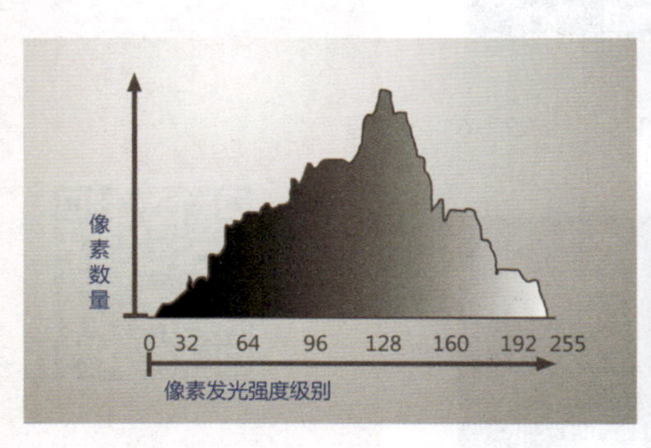


图A23-11

两极过高

图A23-12

**扩展知识**

可以在【窗口】菜单中打开【直方图】面板，查看更多直方图信息。

## 2. 输入色阶

色阶的调节方式有两种，一种是输入色阶，另一种是输出色阶，也可以同时调整。下面先来学习输入色阶。

调整输入色阶有三种方式：合并黑场、合并白场和改变黑白场之间的比例。打开【色阶】对话框，选择RGB通道，如图A23-13所示。

合并黑场，即将最左侧的深色滑块向右滑动，滑块左侧强度在81以下的像素，也就是图A23-14所示的红框里的像素，是原图中比较暗的颜色，接下来将变成黑色，即合并进黑场里，81会变成0，其他像素跟着顺应下调，所以整体变暗，尤其是暗的颜色变得更暗，或者变成纯黑。

图A23-13

图A23-14

同理，合并白场就是将最右侧的浅色滑块向左滑动，将原来的144变成255（见图A23-15），图像变亮。比较亮的颜色会变得更亮，甚至变成纯白。

图A23-15

同时拖动深色和浅色滑块，则出现强烈的对比效果，如图A23-16所示。

图A23-16

拖动中间的灰色滑块，可以调整明暗像素比例，滑向左边，右边范围扩大，亮色区域增大，图像变亮，如图A23-17所示；反之变暗，如图A23-18所示。

图A23-17

图A23-18

## 3. 输出色阶

如图A23-19所示，调整输出色阶即设定整图的色阶范围。例如，调整黑场为115，整图最暗的颜色将会是115级别，远远高于最小值0，整图的色阶范围是115～225，所以整图会变浅，没有低于115的颜色。

图A23-19

同样，如图A23-20所示，将白场值设定为108，则将最亮的颜色限定为108，整图的色阶范围是0～108，整体偏暗。

图A23-20

## A23.3　调整图层

除了直接使用调整颜色相关的菜单命令之外，还可以使用【调整图层】来调整颜色。

在【图层】菜单中的【新建调整图层】子菜单下，也可以找到【色阶】命令（见图A23-21），另外通过单击【图层】面板下方的【创建新的填充或调整图层】按钮也可以新建调整图层，如图A23-22所示。

图A23-21

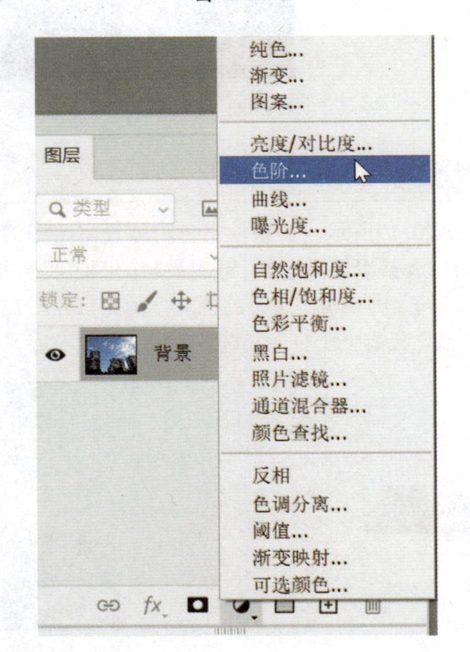


图A23-22

执行【色阶】命令，在图层列表上就会创建一个色阶调整图层，图层默认带一个蒙版，如图A23-23所示。

图A23-23

从【窗口】菜单中打开【属性】面板，或者双击调整图层的图层缩览图，也可以打开【属性】面板，如图A23-24所示。

图A23-24

【属性】面板同样有【色阶】对话框中的相关功能，并且一模一样，如图A23-25所示。

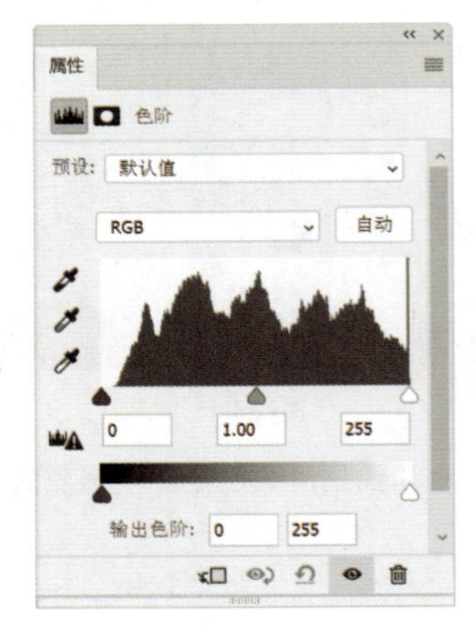


图A23-25

试试调整色阶，图像会有相应变化，用起来效果是一样的。

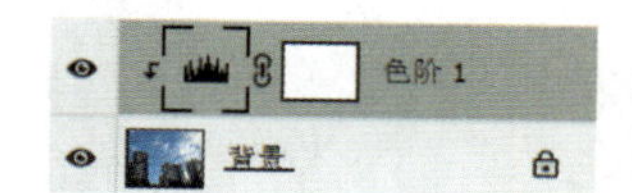

图A23-26

调整该图层对下方所有的图层都会起作用，如果只想对下方指定的图层起作用，则需要和下方图层建立剪贴蒙版，如图A23-26所示。

温习：在A21课中学习过剪贴蒙版的使用方法。

调整图层有非常显著的优点，调整参数不是一次性的，而是可以反复调整，随时可以调整，调整的状态会存储在PSD里，下次打开可以继续调整。其调整的运算是在显示效果控制上，不对下方图层做实质的修改，避免了对下方图层有不可逆转的破坏性操作，对于大型的重要的工作，应尽量使用调整图层来调色。

## A23.4 实例练习——色阶去掉底纹线

### 操作步骤

01 打开本课素材图片（见图A23-27），在背景图层上添加【色阶】调整图层（见图A23-28），向中间调节深色滑块和浅色滑块（见图A23-29），增强对比，灰度部分会逐渐消失，最终只剩下最深的黑色和最亮的背景白色，如图A23-30所示。

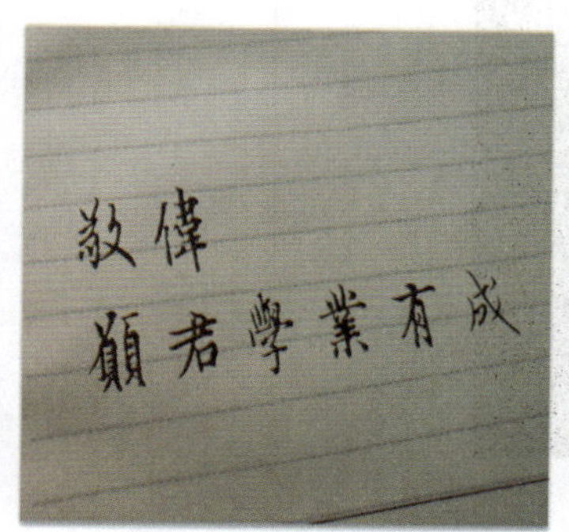

图A23-27

图A23-28

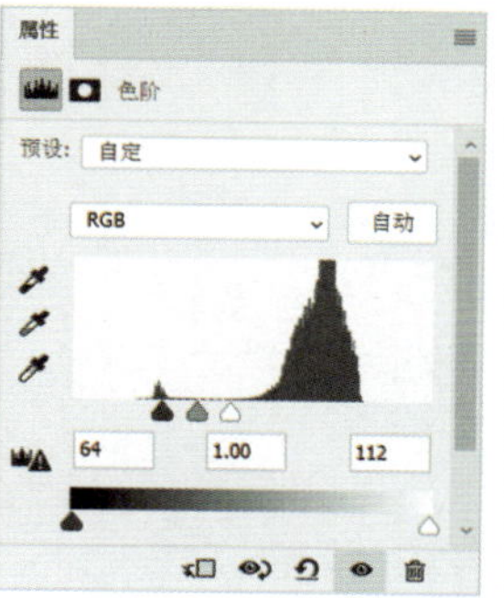

图A23-29

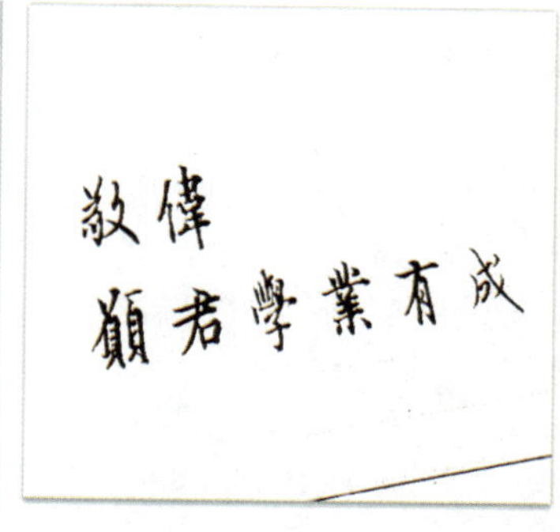

图A23-30

02 在上方新建图层（见图A23-31），使用白色的画笔擦掉比较深的底纹线，处理完成后的最终效果如图A23-32所示。

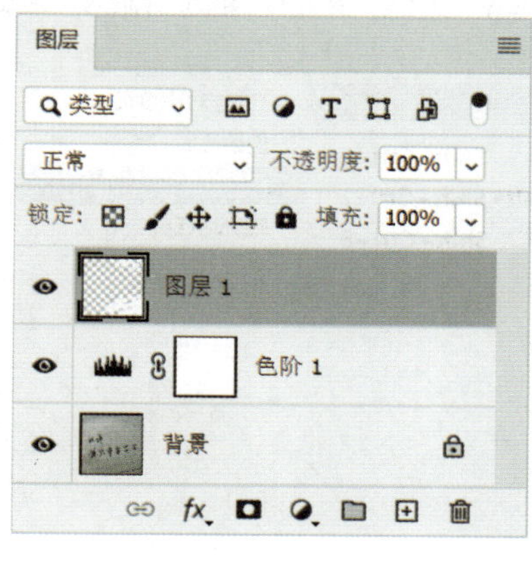

图A23-31

图A23-32

## 总结

本课重点学习了色阶命令，了解调整色阶后带来的明暗对比变化，为A24课学习曲线命令做好准备；另外，要重点掌握调整图层的用法，在以后的学习、工作中会大量使用调整图层命令。

A24课

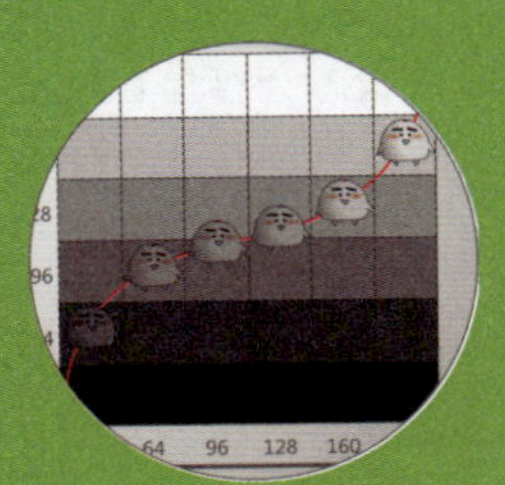

曲线色平

玩转色彩变化



# A24.1 【曲线】命令

## 1. 基本操作

打开本课素材图片（见图A24-1），这是一张黑白照片，其实照片上不只有黑色和白色，还有大量的灰色。黑白照片只是通俗的说法，其实是灰度的RGB图片，通过灰度图可以更好地观察明暗。

图A24-1

打开【图像】菜单，执行【调整】-【曲线】命令，快捷键为Ctrl+M，打开【曲线】对话框，如图A24-2和图A24-3所示。

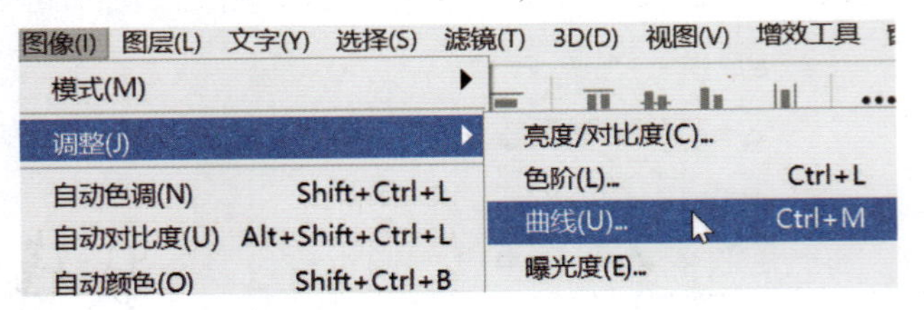


图A24-2

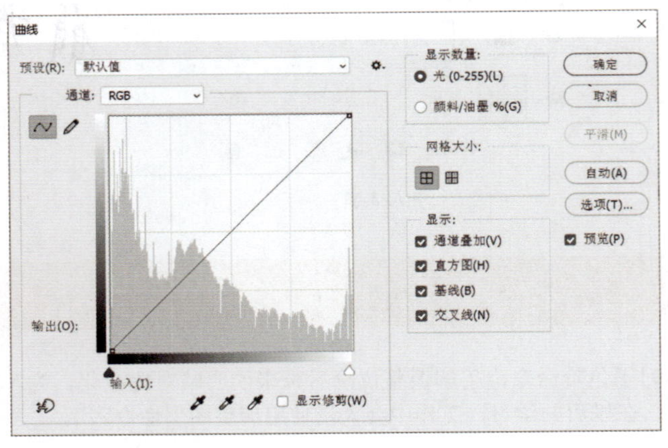


图A24-3

通过预设，可以快捷地选择预设的几种效果，如【反冲（RGB）】，如图A24-4和图A24-5所示。

预设(R): 反冲 (RGB)

图A24-4

图A24-5

和色阶一样，曲线也可以选择通道来调节，一般情况下多用于RGB复合通道调节整体明暗，单独调节原色通道需要有一定经验，逐渐熟悉掌握即可，A24.2课会有调节原色通道的实例练习供学习。网格直方图区域就是曲线控制区，这条斜向的白线就是“曲线”（见图A24-6），左侧竖向的黑白渐变条是输出坐标轴，下方横向的渐变条是输入坐标轴。对于RGB图像，坐标轴从0到255共分为256个级别。

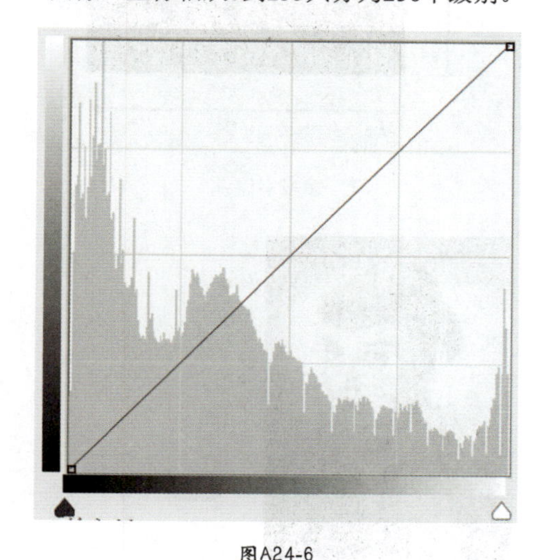

图A24-6

在曲线上单击，就可以添加控制点，按Delete键可以删除控制点。例如，当前选择的点的级别是64，如图A24-7所示。

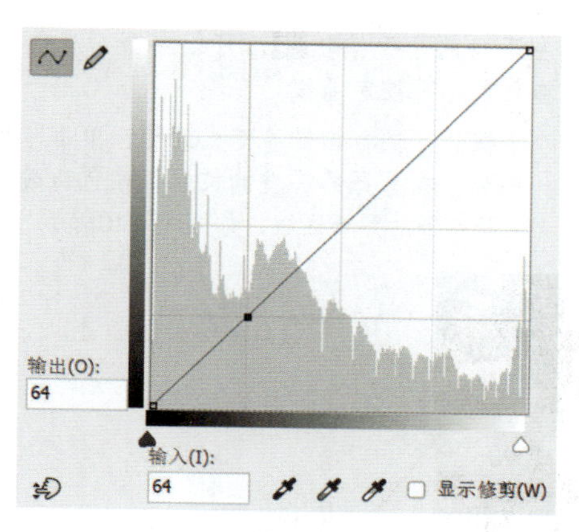


图A24-7

输入值是横向X轴数值，代表当前原图的像素发光强度，输出值是竖向Y轴数值，代表调整后的级别。例如，将输出值调整为128，如图A24-8所示。

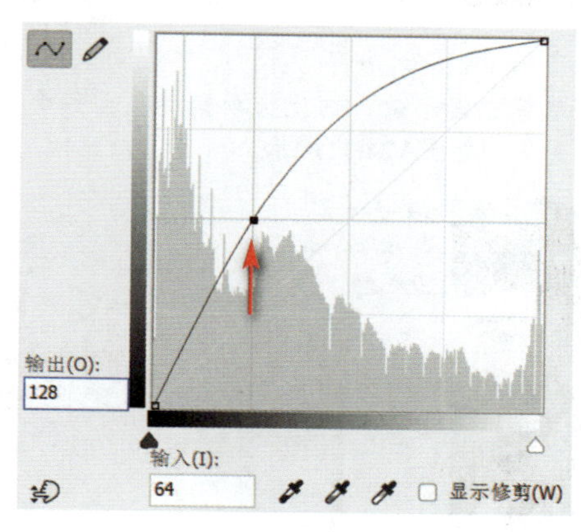


图A24-8

输出值从原来的64变成了128，强度增大，因为这是一个曲线的关联方式，不单单是64级别自己发生了变化，1～254整体都有不同程度的提升，所以图像也会整体变亮。

另外，还可以用鼠标拖动控制点，自由地控制曲线变化，这也是最常用的操作方式，如图A24-9所示。

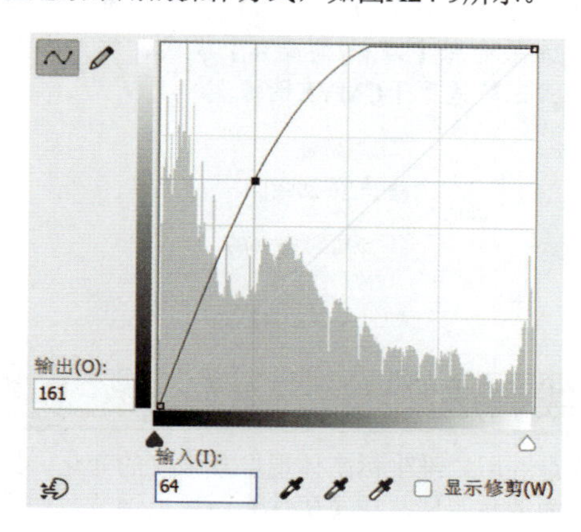


图A24-9

- 单击左下角的小手按钮，可以在画面上选点，在画面上拖动鼠标可控制曲线。
- 激活小手按钮，鼠标指针将变成吸管，单击即可添加控制点。例如，在选择的头发的位置，颜色比较深，曲线上对应的是左下的黑场区域，如图A24-10所示。

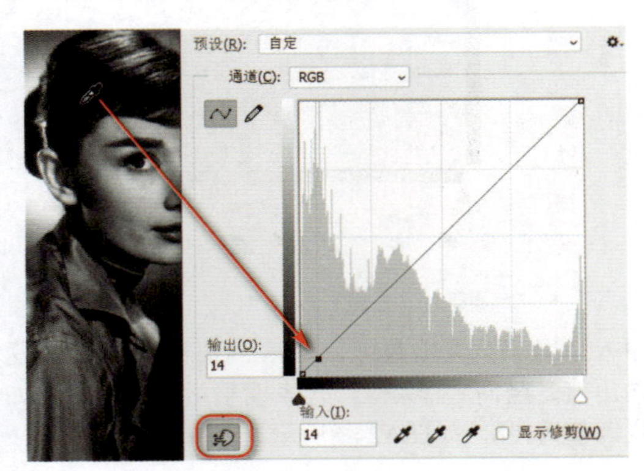

图A24-10

- 按住鼠标左键不放，向上拖动鼠标，曲线会随之向上弯曲变化，如图A24-11所示。

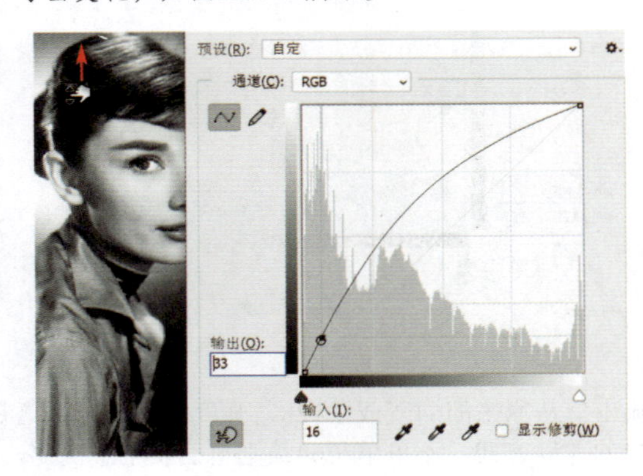

图A24-11

- 在【显示数量】选项栏中，一般选择【光（0-255）】模式（见图A24-12），即采用发光强度计算的加色模式。如果选择【颜料/油墨%】模式，算法完全相反，此模式比较适用于CMYK图像。

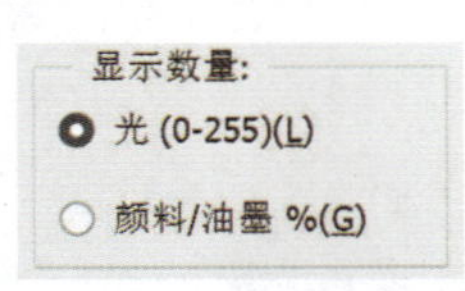


图A24-12

## 2. 曲线调法

曲线是利用二维坐标来体现像素强度的变化。接下来使用的是曲线调整图层，在【属性】面板上调节，作用效果和【曲线】命令一样，如图A24-13所示。

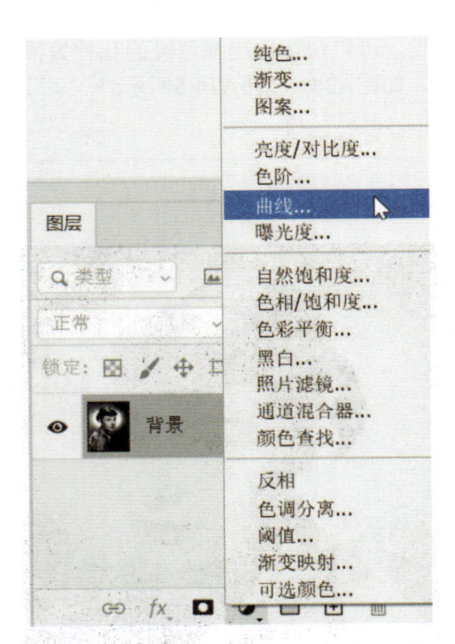


图A24-13

不同亮度的豆包，站在各自的级别位置上，形成默认的基线，如图A24-14和图A24-15所示。

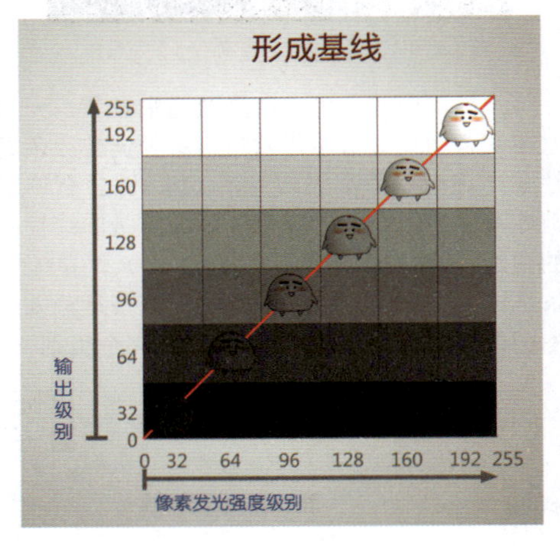


图A24-14

图A24-15

所有的豆包往上走，进入更亮的级别，例如，从96级变成160级，身价上涨喽，如图A24-16和图A24-17所示。

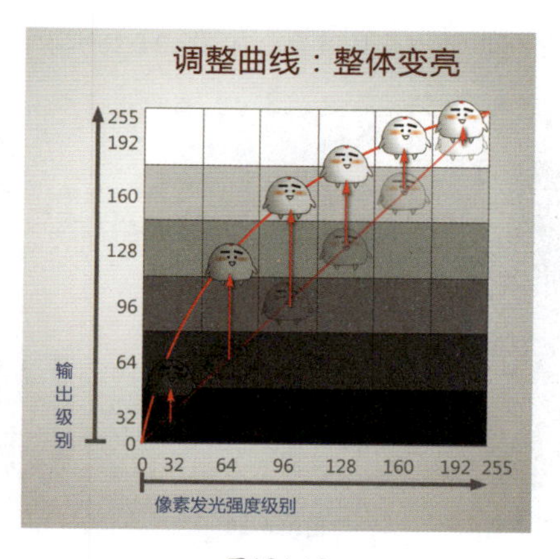


图A24-16

图A24-17

整体变暗也是同样的道理，如图A24-18和图A24-19所示。

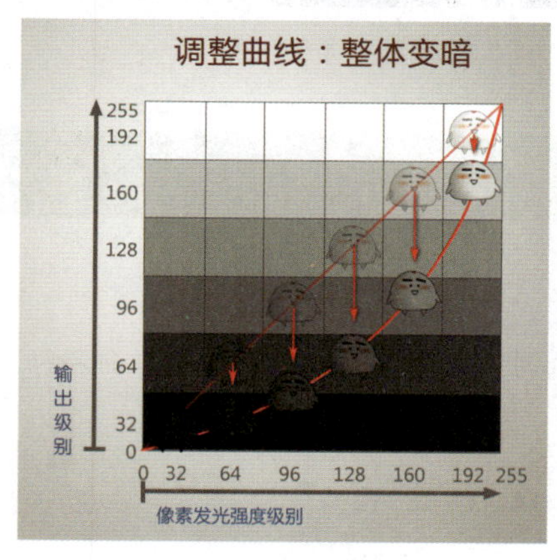


图A24-18

图A24-19

可以在曲线上添加多个控制点，分别调节控制。例如，让暗的变得更暗，让亮的变得更亮，以增强对比，如图A24-20和图A24-21所示。

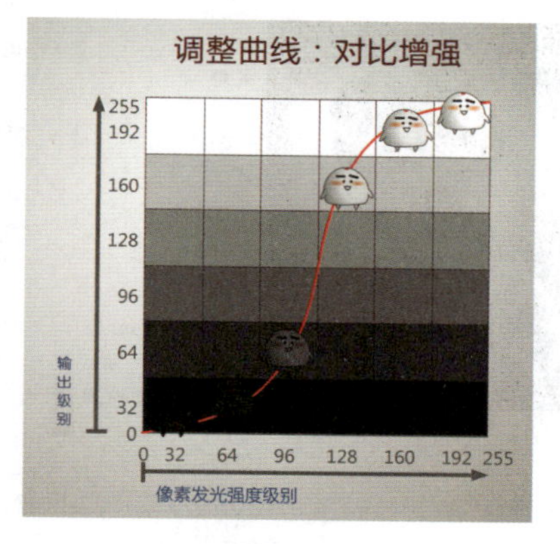


图A24-20

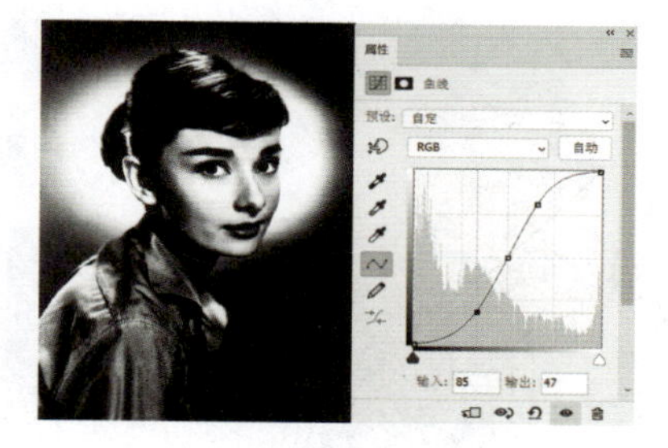

图A24-21

也可以使对比减弱，如图A24-22和图A24-23所示。

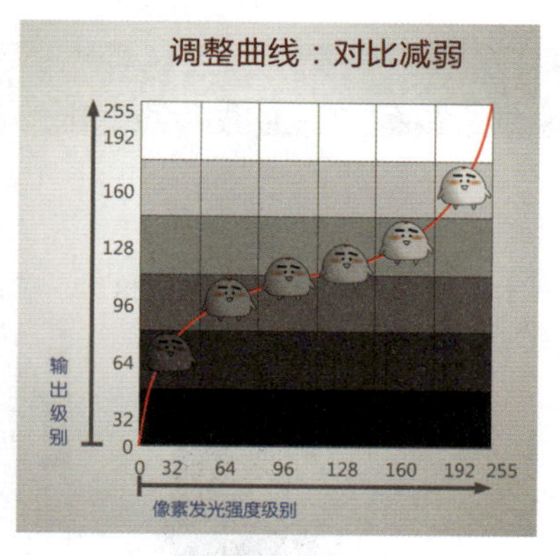


图A24-22

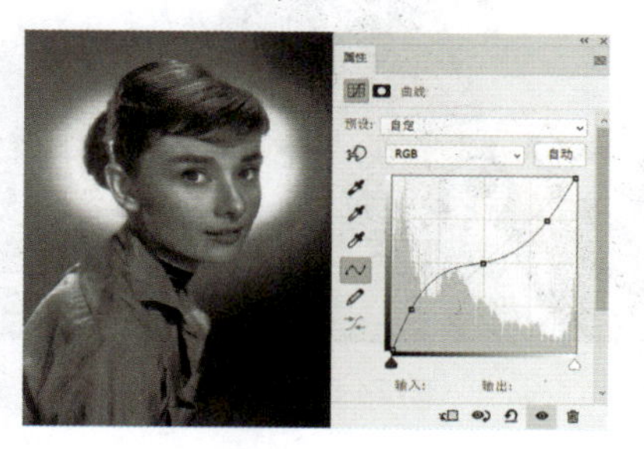

图A24-23

还可以只拖动两端的点，产生丰富的变化。例如，选择左下的黑场控点，将输入值0改成62，意味着62以及62以下的像素变成了黑色，图像变暗，如图A24-24所示。

图A24-24

将输入值复位为0，将输出值0改为82，意味着原来黑色的像素都变成了82的深灰，图像变亮并且变灰，如图A24-25所示。

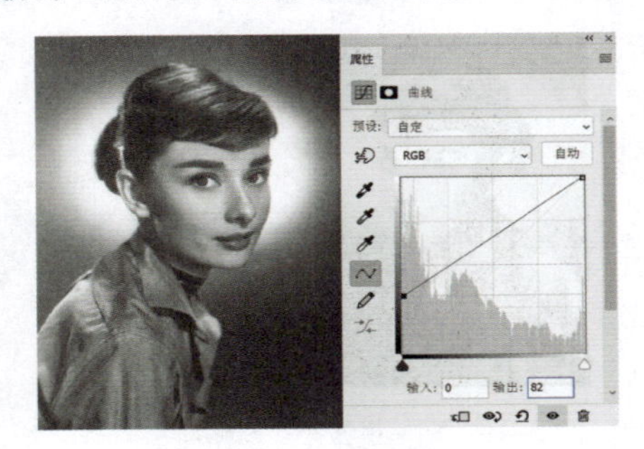


图A24-25

甚至还可以调出底片效果，如图A24-26所示。

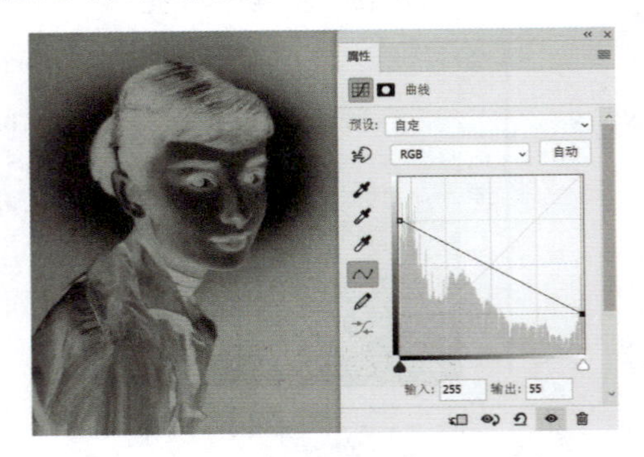


图A24-26

曲线还有很多种不同的用法，可以尽情尝试，制作出不同的风格，如图A24-27所示。

图A24-27

## A24.2 实例练习——曲线怀旧色调

### 操作步骤

01 打开本课照片素材（见图A24-28），在背景图层上方添加【曲线】调整图层（见图A24-29），并命名为“红”，选择【红】通道，增强亮部红色，降低暗部红色，如图A24-30所示。

图A24-28

图A24-29

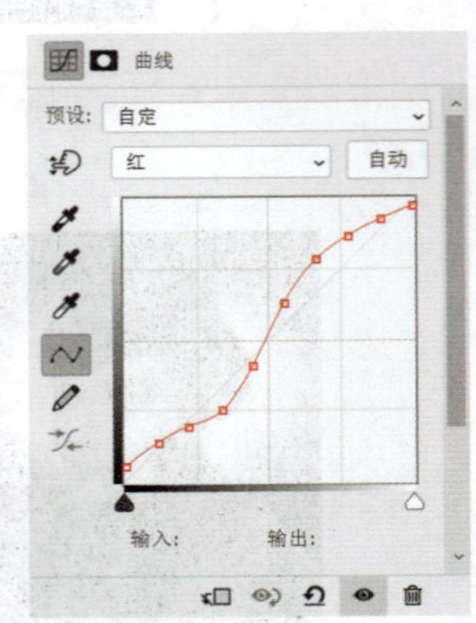


图A24-30

02 选择【绿】通道，适当增加暗调和中间调的绿色，如图A24-31所示。

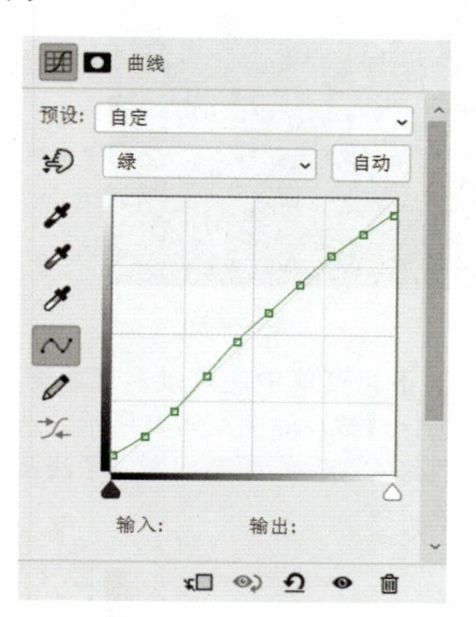

图A24-31

03 选择【蓝】通道，大幅度降低亮调的蓝色，亮调会偏向补色方向并变黄，暗部适当增强蓝色，增强亮部和暗部的冷暖对比（见图A24-32），调色完成后的效果如图A24-33所示。

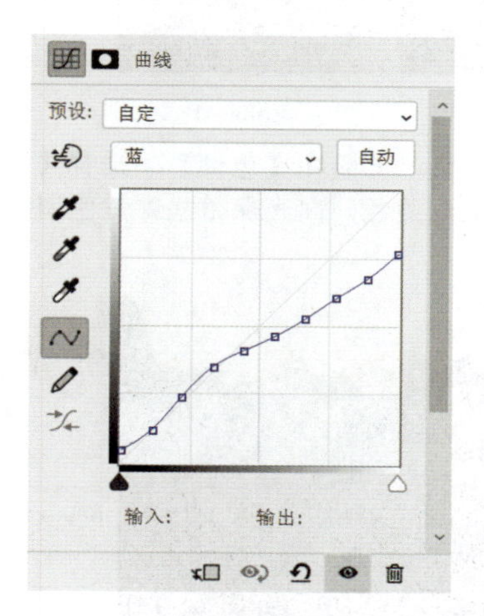

图A24-32

图A24-33

## A24.3 【色彩平衡】命令

通过【色彩平衡】命令可以调节图片的色调偏向。在【图像】菜单下的【调整】子菜单中执行【色彩平衡】命令，快捷键是Ctrl+B（见图A24-34）。当然，也可以使用【色彩平衡】的调整图层来调节。

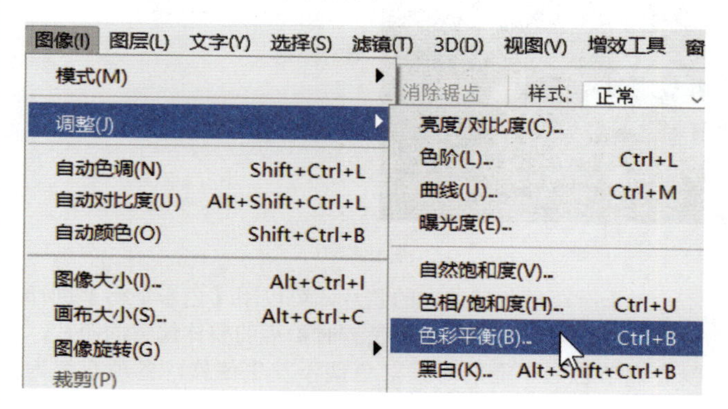

图A24-34

色彩平衡的调节方法是滑块偏移，三组色彩关系代表着整个色相环的补色关系，如图A24-35所示。

图A24-35

青色和红色，洋红和绿色，黄色和蓝色，都是此消彼长的补色对比，如图A24-36所示。

图A24-36

A24.1课的黑白照片没有色调偏向，将滑块向红色和黄色偏移，可营造泛黄的效果，如图A24-37所示。

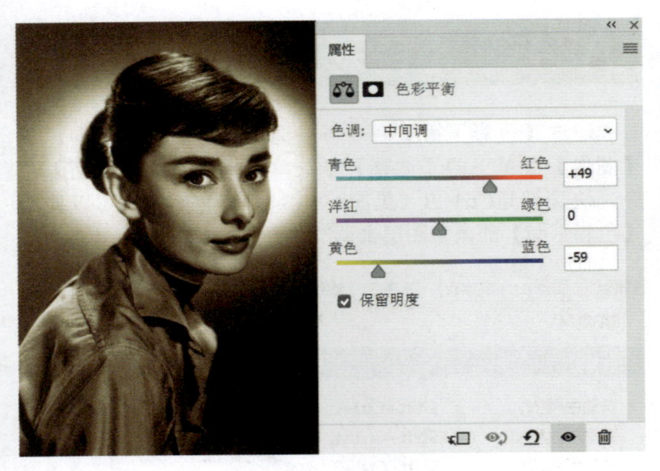


图A24-37

对于有明显色调偏向的照片，可以用【色彩平衡】进行深入调节。素材原图是一幅黄昏时拍摄的整体偏黄的照片，没有调节色彩平衡的时候，色调不发生偏移，各项数值为0，如图A24-38所示。

图A24-38

分别将滑块偏移至青色、洋红、蓝色，其中蓝色偏移值最大，此时画面会呈现为冷紫色调。因为蓝色调整得最多，所以补色黄色被大大减弱，原来的黄色调也就变成了蓝色调，为了色彩更加绚丽，增加了少许的洋红，呈现最终的冷紫色，如图A24-39所示。

图A24-39

图A24-40所示是在素材上增加了大量的青色、蓝色，以及适当的绿色的效果，整体呈现青绿色调。

图A24-40

在【色调】下拉菜单中还可以对【阴影】【中间调】【高光】分别进行调整，如图A24-41所示。选择【高光】选项，偏移到蓝色最右端，画面亮部变成了浅蓝色，暗部仍有大量原图的黄色。

图A24-41

同样的参数，如果在【色调】中选择【阴影】选项，则暗部会变成深蓝色，高光保留些许黄色调，如图A24-42所示。

图A24-42

可以同时调整【阴影】【高光】【中间调】这3个选项，共同起作用，如图A24-43～图A24-45所示。

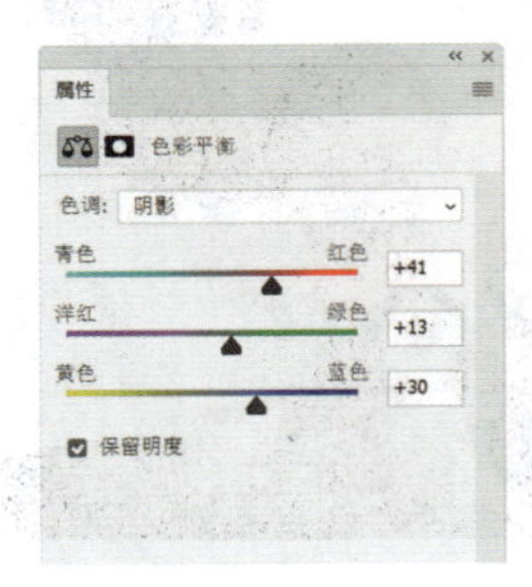


图A24-43

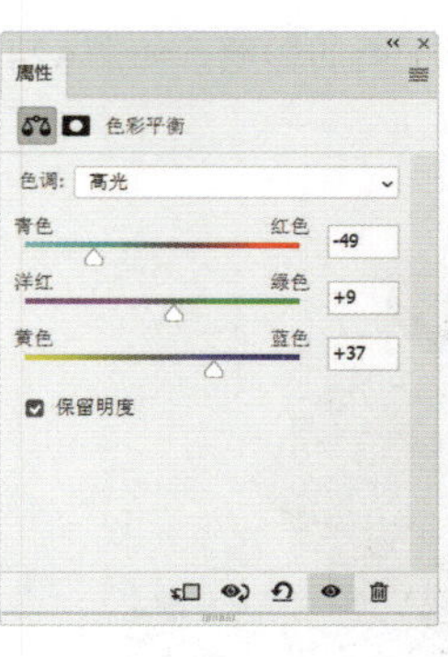


图A24-44

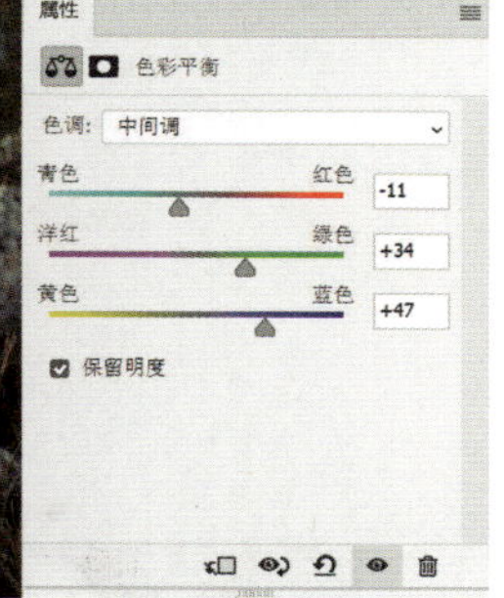


图A24-45

选中【保留明度】复选框可防止图像的亮度值随颜色的更改而改变，一般默认选中。

## A24.4 实例练习——通过【色彩平衡】调节头发颜色

本实例原图和最终效果如图A24-46所示。

原图

最终效果

图A24-46

### 操作步骤

**01** 打开本课的素材图片（见图A24-47），在背景图层上方添加【色彩平衡】调整图层，在【色调】中选择【阴影】选项，设置3个平衡值，分别为-7、-66、-74（见图A24-48）。深色的区域主要偏向洋红，头发变成了酒红色，如图A24-49所示。

图A24-47

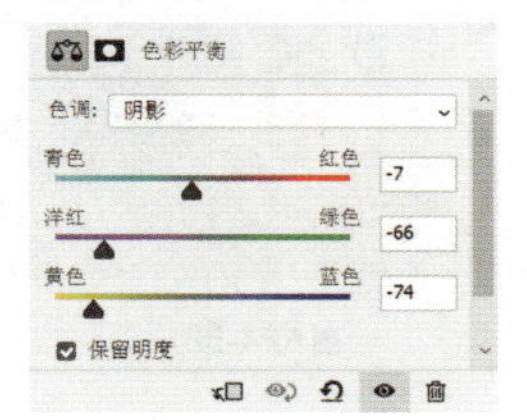


图A24-48

图A24-49

02 在调整图层的蒙版上使用黑色的画笔在环境的绿色区域绘制，使环境不受色彩平衡的影响，如图A24-50和图A24-51所示。

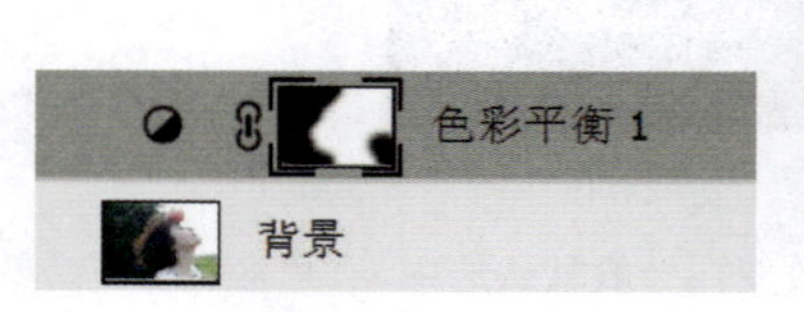


图A24-50

图A24-51

## A24.5 综合案例——合成与调色

### 操作步骤

01 打开本课的牛奶素材图片（见图A24-52），使用【魔棒工具】结合图层蒙版，用黑色画笔擦除多余部分，将溅出的牛奶水花单独选择出来，然后打开手的素材图片，将水花放在手背合适的位置，如图A24-53所示。

图A24-52

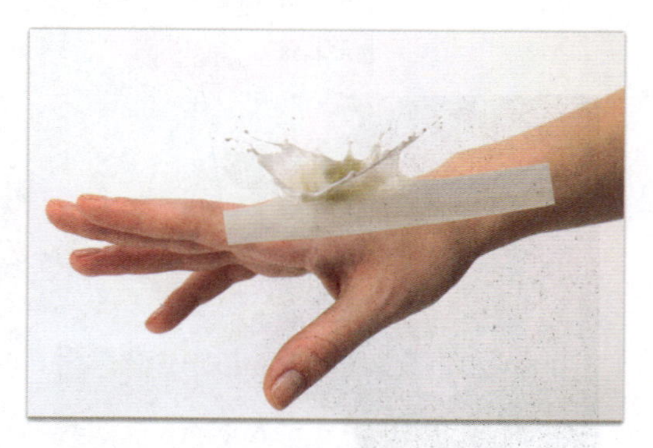

图A24-53

02 在水花图层中继续使用【图层蒙版】，用柔软的黑色画笔擦出柔和的过渡区域，和手背部分自然结合，如图A24-54所示。

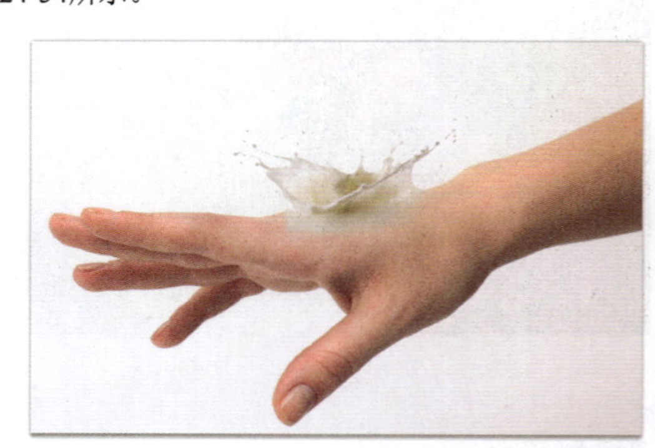

图A24-54

03 在水花图层上方添加【色相/饱和度】调整图层，并按Alt+Ctrl+G快捷键创建剪贴蒙版，使其只对水花图层起作用，同时稍微调低明度，如图A24-55所示。

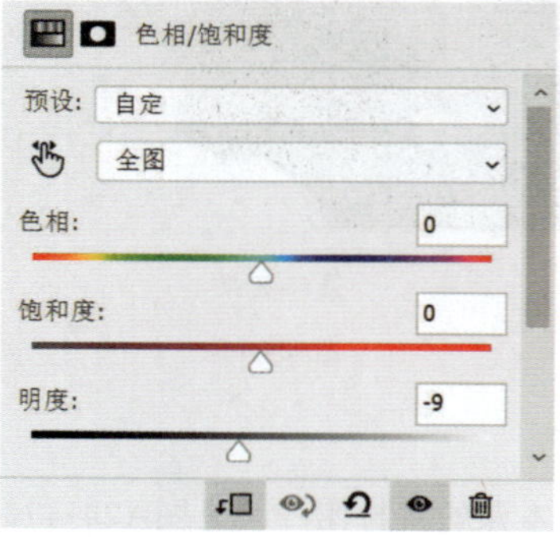

图A24-55

04 继续向上添加【色彩平衡】调整图层，同样创建剪贴蒙版，使其只对水花图层起作用。然后对【阴影】【中间调】【高光】分别进行调节（见图A24-56～图A24-58），将牛奶水花调成和皮肤一样的颜色，最终完成效果如图A24-59所示。

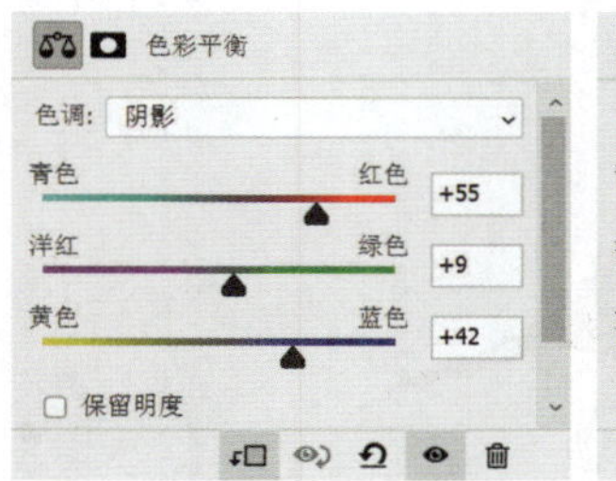


图A24-56

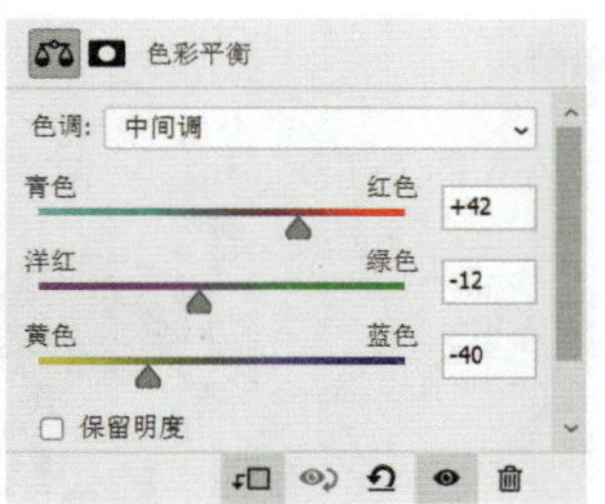


图A24-57

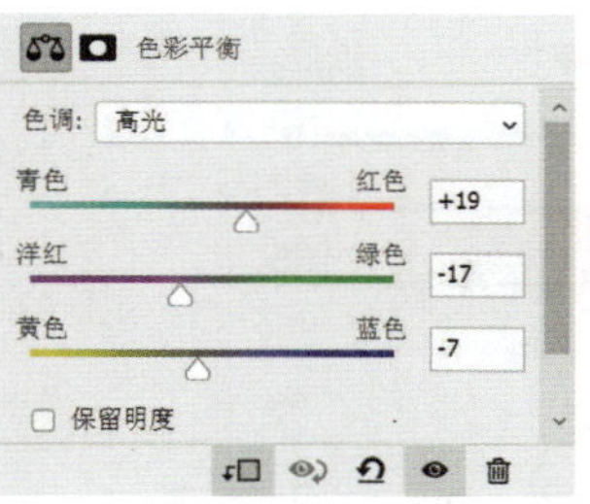


图A24-58

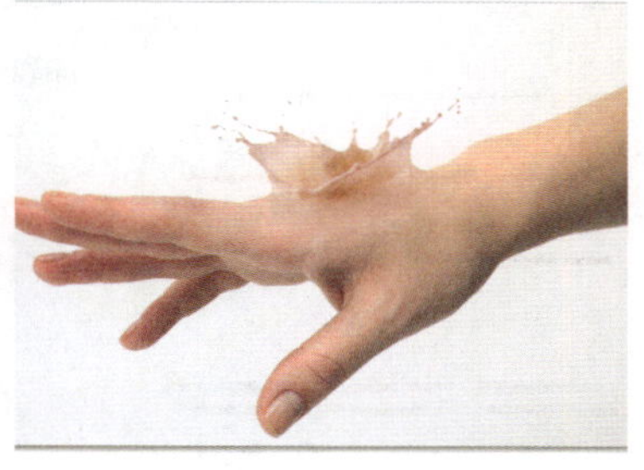

图A24-59

## A24.6 综合案例——恐龙出没

本案例的原图和最终效果如图A24-60所示。

原图

最终效果

图A24-60

### 操作步骤

01 打开本课的素材图片（见图A24-61），分别使用【曲线】【色相/饱和度】【色彩平衡】命令将照片调节成偏灰一些的色调，如图A24-61～图A24-65所示。

图A24-61

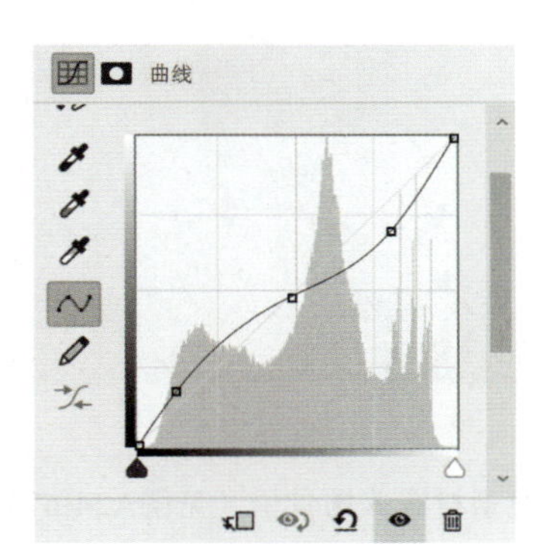


图A24-62

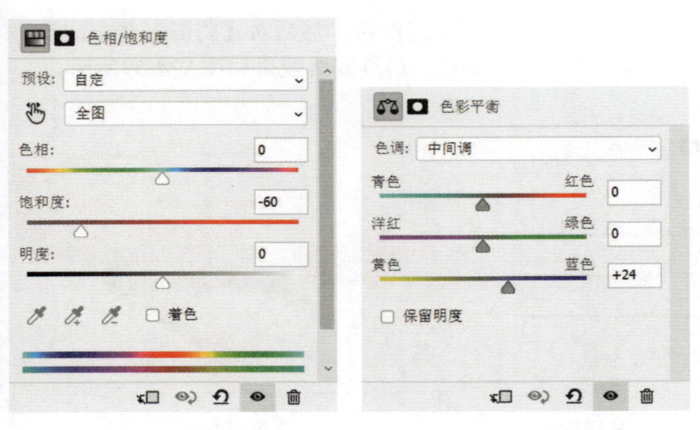


图A24-63　　图A24-64

图A24-65

02 新建图层，用【吸管工具】拾取天空部分的灰颜色，然后使用【画笔工具】，并设定非常柔软的画笔硬度，画上一层神秘的雾霾，如图A24-66所示。

图A24-66

03 将恐龙素材置入场景里（见图A24-67），通过【曲线】（见图A24-68）和【色相/饱和度】（见图A24-69）对恐龙适当调色，如图A24-70所示。

图A24-67

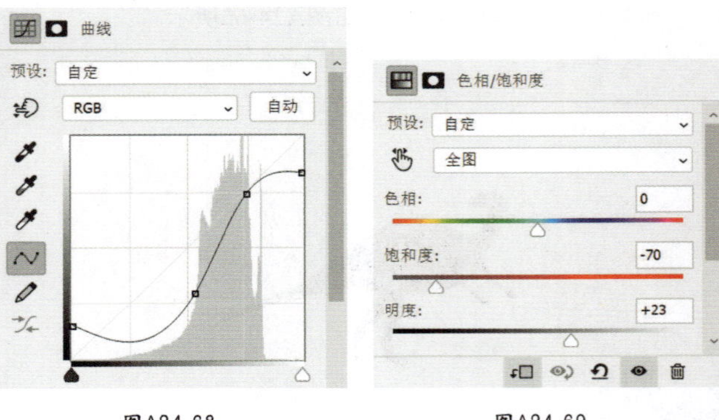


图A24-68　　图A24-69

图A24-70

04 在恐龙上方新建图层，继续使用第2步中雾霾的颜色，用画笔在恐龙的区域画出灰色雾霾，完成的最终效果如图A24-71所示。

图A24-71

## 总结

在调色过程中，有时执行一次命令不够，需要执行多次，或者创建多个调整图层，调整图层还可以有不同的不透明度和填充度（甚至混合模式），从而更好地控制色调的强度，如图A24-72所示。

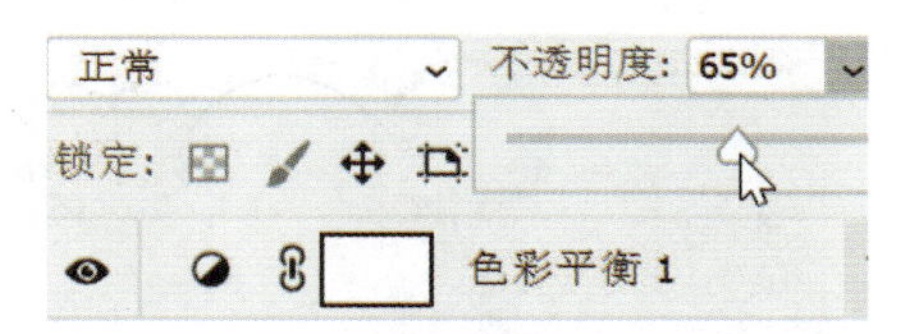


图A24-72

在本书的A篇部分，学会使用【色阶】【曲线】【色相/饱和度】【色彩平衡】命令，就可以完成很多基本的调色任务了。在B06课将讲解其他的调色命令和相关知识。

读书笔记

# A25课

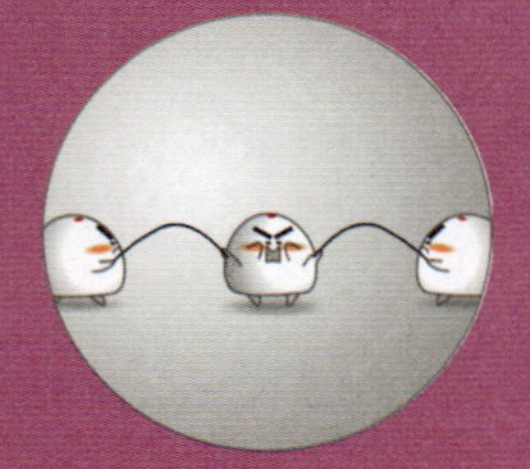

## 矢量工具

### 矢量图形的魅力

像素图，就像马赛克拼图一样，一个点一个点地把图像拼凑起来。一条直线，对于像素图来说，可能要由一千个像素点组成；矢量图，是面向对象的图像或绘图图像，在数学上定义为一系列由线连接的点，同样是一条直线，两个点连起来就可以了。矢量图非常精准，而且可以无限放大、缩小。Photoshop虽然是像素图处理软件，但仍然具有强大的绘制和编辑矢量图形的功能，本课就来详细学习钢笔工具、矢量形状等相关知识和操作。

## A25.1 钢笔工具

### 1. 贝塞尔曲线

贝塞尔曲线（Bézier Curve），又称贝兹曲线，是应用于二维图形应用程序的数学曲线。简单来说，贝塞尔曲线就像一条有弹性的钢丝，用两个点并通过力量和方向来控制钢丝的弯曲度（见图A25-1）。通过很多的点，就组成了多样的曲线。使用钢笔工具绘制曲线的原理就是基于贝塞尔曲线。

图A25-1

### 2. 路径和形状

工具栏上的钢笔工具组包括一系列工具（见图A25-2），快捷键是P。下面先来了解【钢笔工具】的用法。

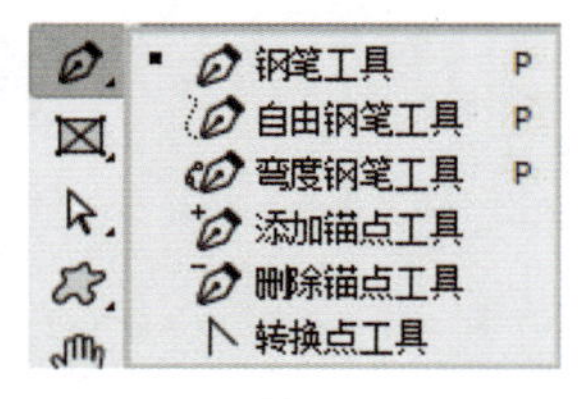


图A25-2

选择【钢笔工具】后，选项栏上将有两种绘制模式可选，分别是【形状】和【路径】，如图A25-3所示。

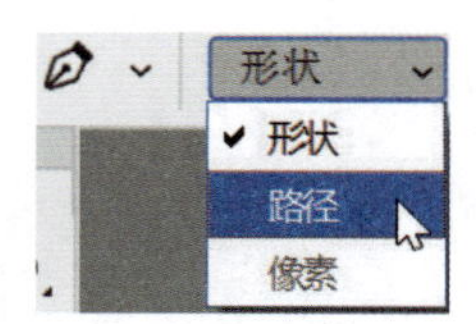


图A25-3

- 形状包含路径的概念，路径是形状的基础部分。形状是独立的实体图层，具备图层所有的属性。路径只存在于【路径】面板中。
- 路径没有实体形态，通过路径可以创建选区等，但不产生像素效果；而形状可以有矢量填充和矢量描边，渲染表现为实际的像素效果。
- 形状也可以在生成选区时起到路径的作用。

接下来选择【路径】模式，先学习使用【钢笔工具】绘制纯矢量路径图形的方法。

## 3. 直线绘制

两点成直线，先单击第一个点（即锚点），再单击第二个锚点，就出现了一条线段（见图A25-4）。可以按Esc键结束绘制，若在该点上右击，在弹出的菜单中选择【删除锚点】选项，可重新绘制该点。

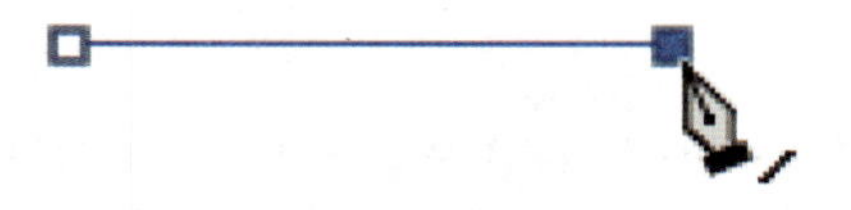

图A25-4

若不按Esc键结束绘制，也可以接着继续绘制，如图A25-5所示。

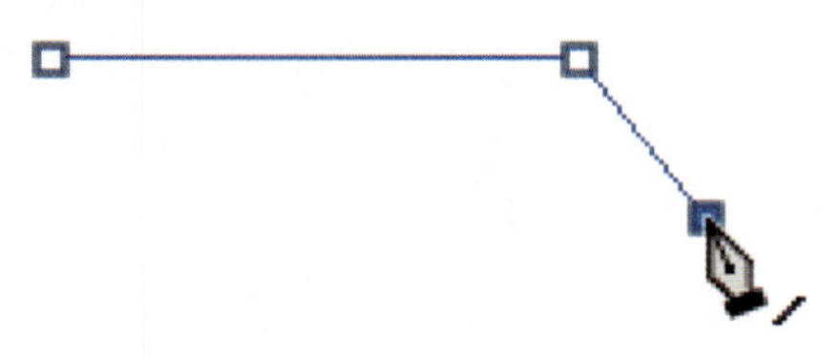

图A25-5

直到绘制到最开始的第一个锚点，完成闭合，即成为一个多边形，如图A25-6所示。

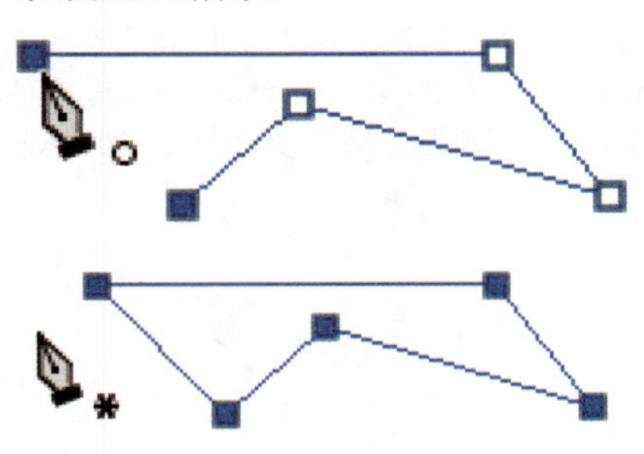

图A25-6

- 按住Shift键可以锁定45°角轮转。

## 4. 曲线绘制

直接单击创建的锚点是角锚点，锚点和锚点的连接除了直线就是带角度的。那么如何创建曲线锚点呢？单击创建第一个点后，在创建第二个点时，单击后不要松开鼠标，而是继续拖动，拖出曲线控制杆来，这就是全曲线锚点了，控制杆负责控制力度和方向，这就是贝塞尔曲线（见图A25-7），两点之间生成的是一条曲线（见图A25-8）。也可以连续绘制，从而绘制出多样化的曲线，如图A25-9所示。

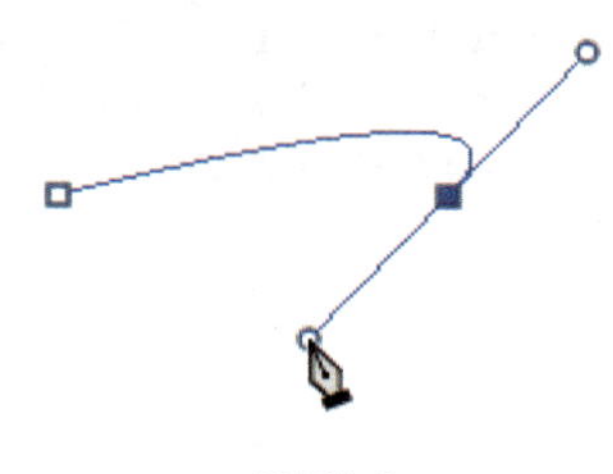

图A25-7

图A25-8

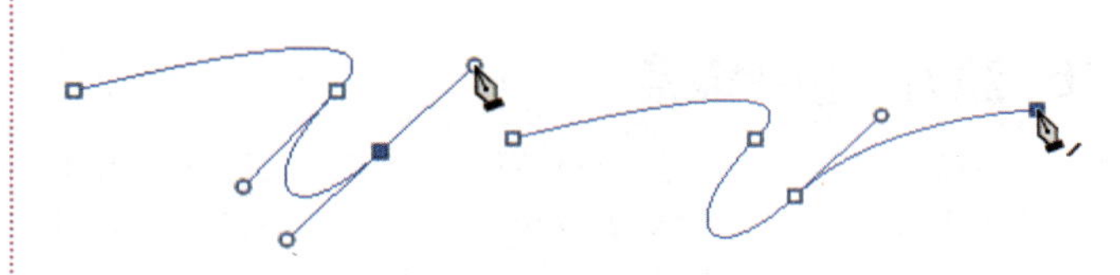

图A25-9

例如，使用角锚点结合曲线锚点，绘制如图A25-10所示的一个葫芦形状的闭合路径。

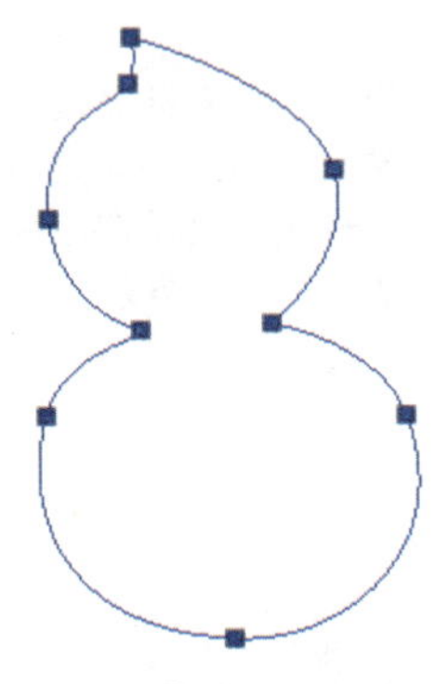

图A25-10

这个绘制稍微有一些难度，首次绘制不用追求绝对的准确和完美，绘制出大概造型即可，绘制完成后还可以慢慢做精细调整，精雕细琢出最终的成品。

扩展知识

钢笔工具组中有一个【弯度钢笔工具】，使用它可以直接单击，无须拖曳，即可半自动地快速绘制曲线（见图A25-11）。使用该工具绘制的曲线造型相对流畅，但可控性较差，请按需使用。

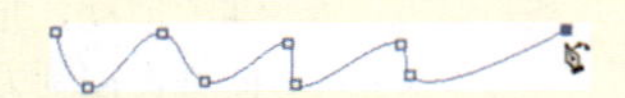

图A25-11

钢笔工具组中还有一个【自由钢笔工具】，可利用鼠标拖动的轨迹进行绘制，路径造型和拖动轨迹完全一致（见图A25-12），适合用鼠绘或手写笔来绘制不规则造型。可以选中选项栏中的【磁性的】复选框，使其变成和磁性套索类似的工具，从而按物体边缘绘制。

图A25-12

钢笔工具组中的【内容感知描摹工具】可以通过在【编辑】-【首选项】-【技术预览】中选中【启用内容感知描摹工具】复选框开启。在此工具状态下，鼠标经过图像边缘即可出现自动感知的预览线，单击即可生成路径或形状。

## 5. 添加/删除锚点

在使用【钢笔工具】绘制路径或形状时，可以在选项栏中选中【自动添加/删除】复选框（见图A25-13），此功能可以在钢笔工具的状态下，通过单击路径边缘即可添加锚点，单击已绘的锚点可以删除该锚点。

自动添加/删除　对齐边缘

图A25-13

若路径处于选择状态，当光标靠近路径边缘时，其右下角会出现小加号（见图A25-14），即为添加锚点状态。添加锚点后，不会改变路径形状，只是在原来贝塞尔曲线的基础上增加了可编辑点，使路径更加复杂，如图A25-15所示。

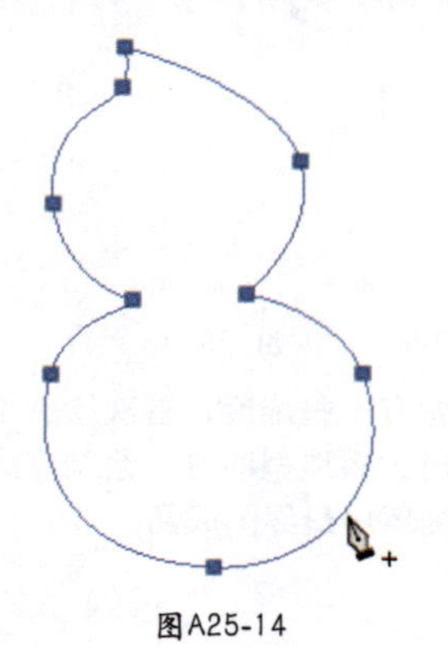

图A25-14

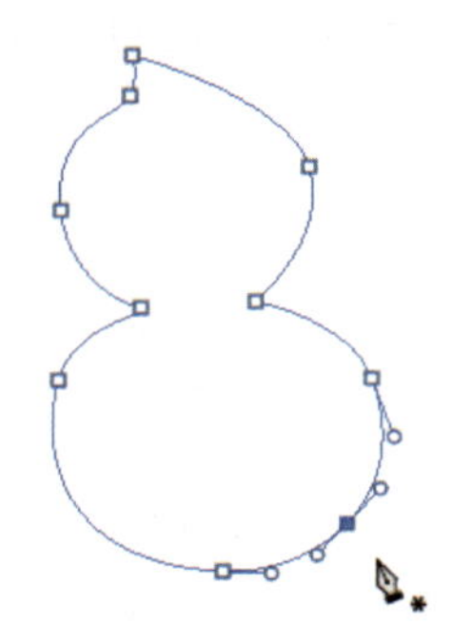

图A25-15

当光标靠近锚点时，光标右下角会出现小减号，即为删除锚点状态（见图A25-16）。删除锚点后，因为是闭合路径，所以不会断开，而是自动连接成直线，如图A25-17所示。

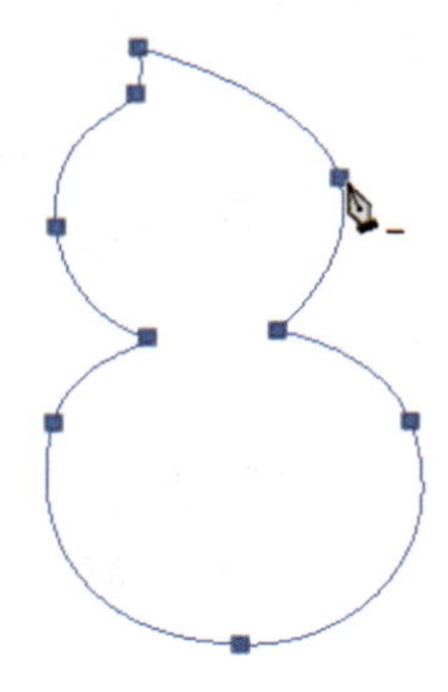

图A25-16

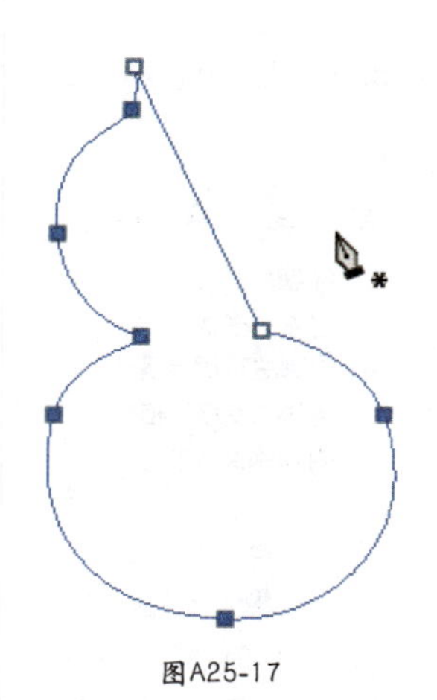

图A25-17

另外，还可以使用该工具组中的【添加锚点工具】和【删除锚点工具】来添加或删除锚点，操作方式基本相同。

## 6. 转换点工具

使用【转换点工具】可以将角锚点和曲线锚点进行相互转换。对于曲线锚点，单击则可变为角锚点（见图A25-18）；对于角锚点，单击后不松，拖曳出控制杆，则变为曲线锚点，如图A25-19所示。

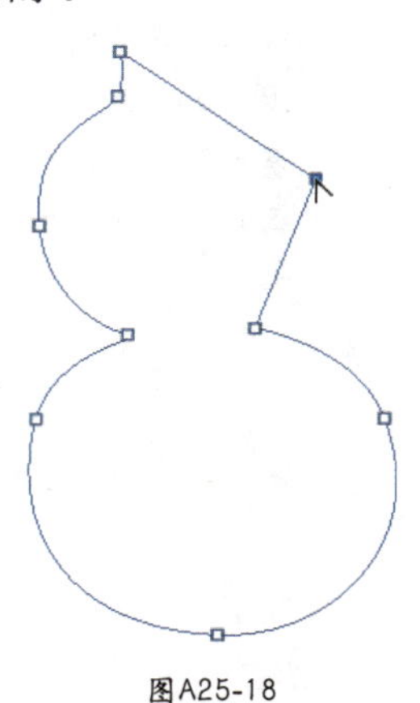

图A25-18

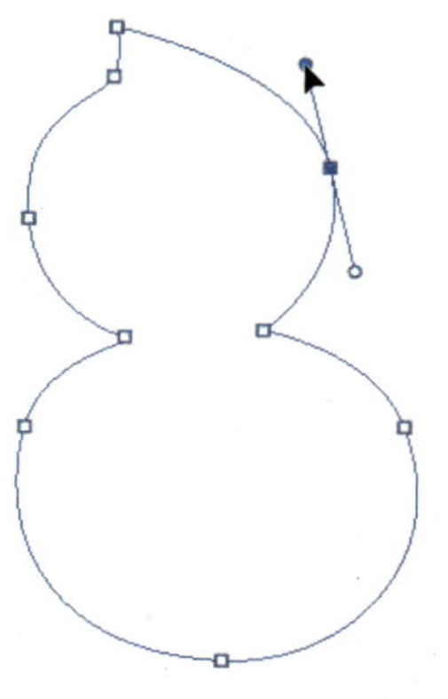

图A25-19

拖动控制杆的端点，可以折断控制杆，从而控制单边曲线，如图A25-20所示。

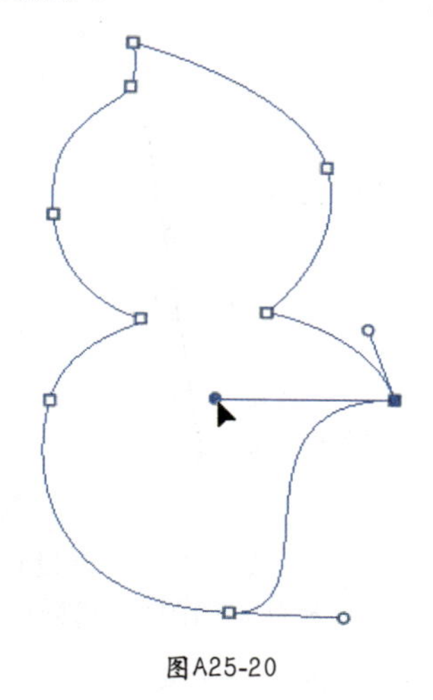

图A25-20

### 快捷键

在【钢笔工具】状态下，在绘制锚点的过程中，按住Alt键可以临时切换为【转换点工具】状态。

# A25.2 路径/直接选择工具

## 1. 路径选择工具

【路径选择工具】 路径选择工具 A 用于选择整体的路径，可以对路径进行移动、复制、对齐、分布、变换等操作，按Alt键并拖动可以复制路径（见图A25-21），按Ctrl+T快捷键可以自由变换路径，如图A25-22所示。

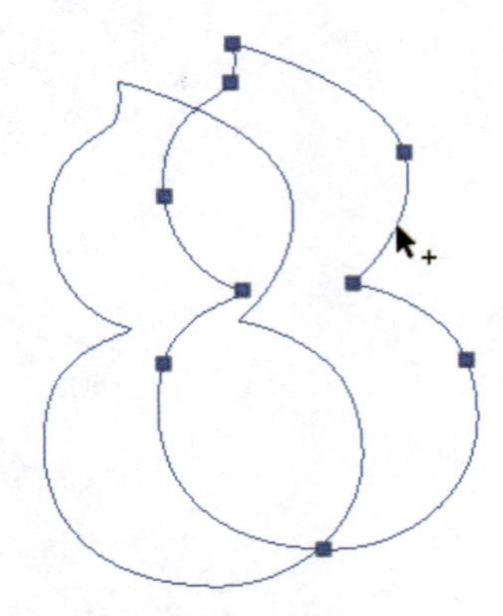

图A25-21

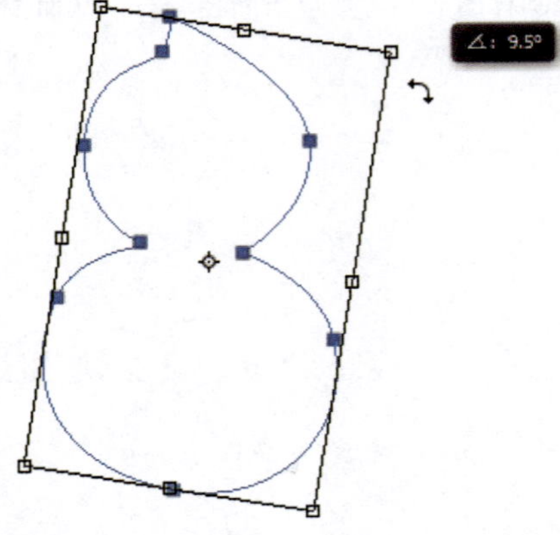


图A25-22

如果有多条路径，在选项栏中可以设置对齐或分布方式，和图层对齐的操作相同，如图A25-23所示。

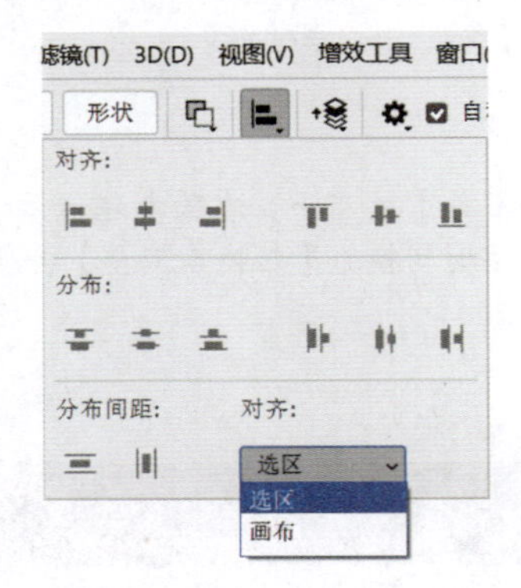


图A25-23

还可以调整上下叠加次序，如图A25-24所示。

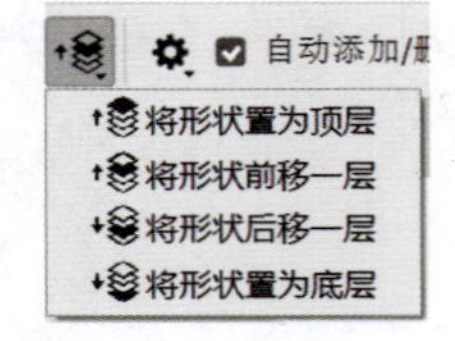


图A25-24

对于多条闭合路径，也可以像选区一样进行组合，如图A25-25所示。

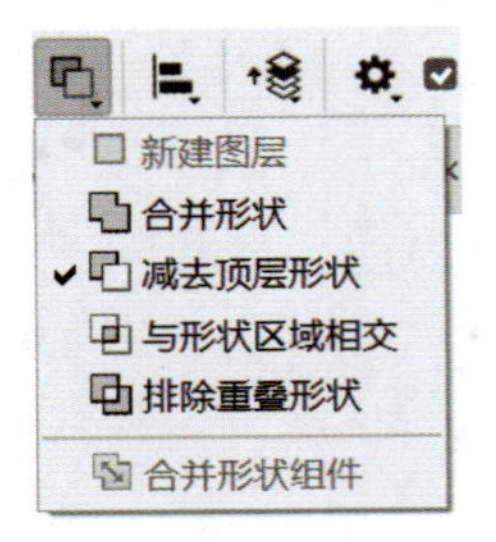


图A25-25

例如，有两个路径，在顶层的三角形和下层的梯形交叉叠加到了一起，如图A25-26所示。此时选择【减去顶层形状】选项，如图A25-25所示。

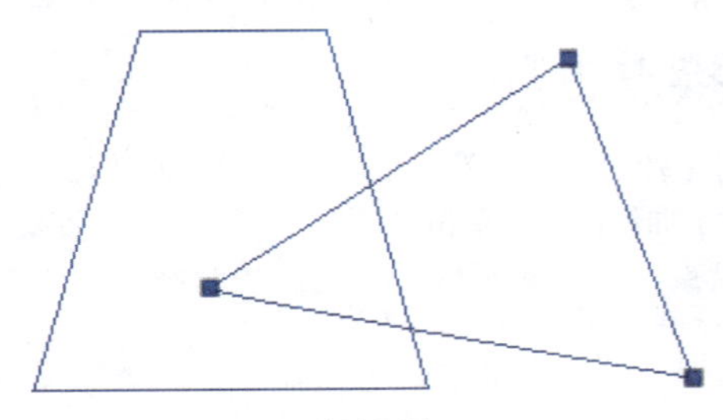

图A25-26

然后执行【合并形状组件】命令，合并后的结果为顶部三角形减去了梯形一部分，如图A25-27所示。

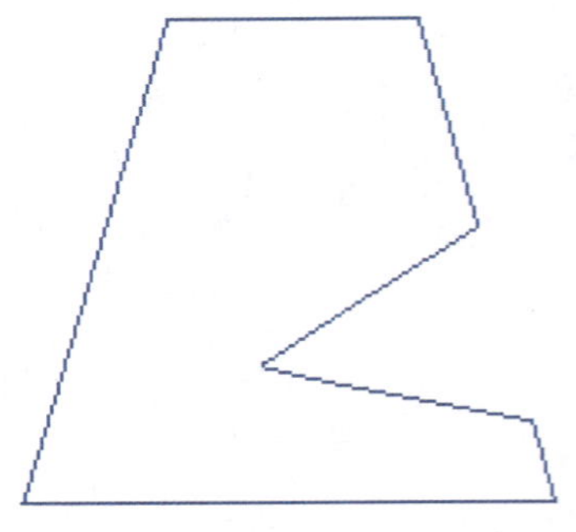

图A25-27

利用路径组合绘制的造型如图A25-28所示。

图A25-28

## 2. 直接选择工具

【直接选择工具】 直接选择工具 A 用于选择或移动锚点、控制杆、曲线，可对路径进行局部编辑调整，如图A25-29～图A25-31所示。

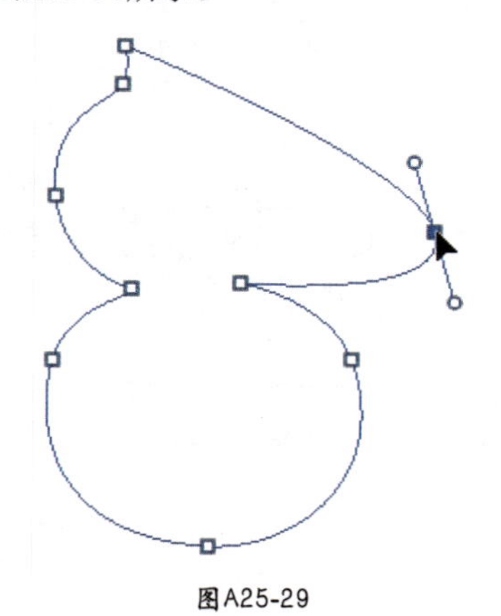

图A25-29

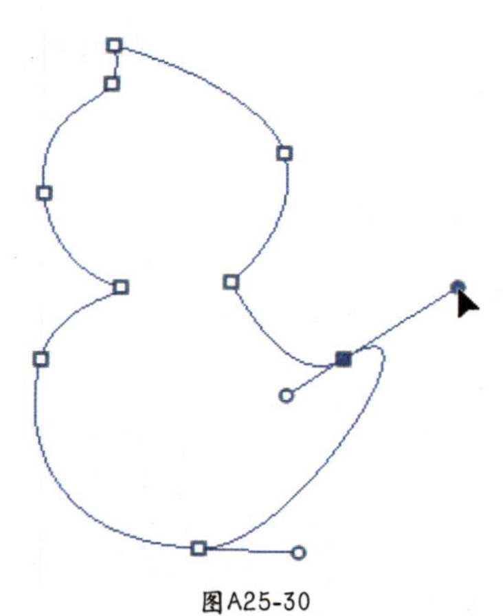

图A25-30

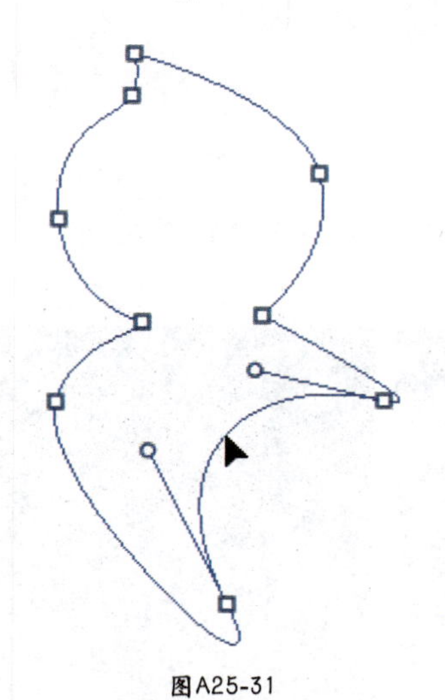

图A25-31

### 快捷键

- 【路径选择工具】和【直接选择工具】的快捷键都是A，可以按Ctrl键实现两者的快速切换。
- 在【直接选择工具】状态下，控制控制杆端点，按住Alt键可以执行类似【转换点工具】的操作，即折断控制杆，松开Alt键，可以调整单边的曲线。对于折断后的控制杆，可以按住Alt键临时恢复双边关联。

【直接选择工具】非常重要，使用也最频繁，因为一开始绘制的路径，尤其是曲线类的造型，很难一次性画出非常准确、优美的曲线。现实情况是，先画出大概的造型，然后通过【添加/删除锚点工具】【转换点工具】和【直接选择工具】对锚点、控制杆、曲线做大量的编辑调整工作，最终完成满意的作品。

### SPECIAL 扩展知识

通过鼠标光标状态可了解当前功能，如图A25-32所示。

| 光标 | 功能 | 光标 | 功能 |
|---|---|---|---|
| | 创建新路径起始点 | | 添加锚点 |
| | 绘制进行中 | | 删除锚点 |
| | 再次选择并继续绘制 | | 无作用 |
| | 完成闭合 | | 转换锚点 |
| | 选择路径 | | 选择锚点或控制杆 |
| | 复制路径（Alt） | | 操作中（按下） |

图A25-32

## A25.3 路径面板

在【窗口】菜单中打开【路径】面板，在【路径】面板中可以创建多个路径层，将众多路径分开管理。在该面板中还有一系列针对路径的功能，如图A25-33所示。

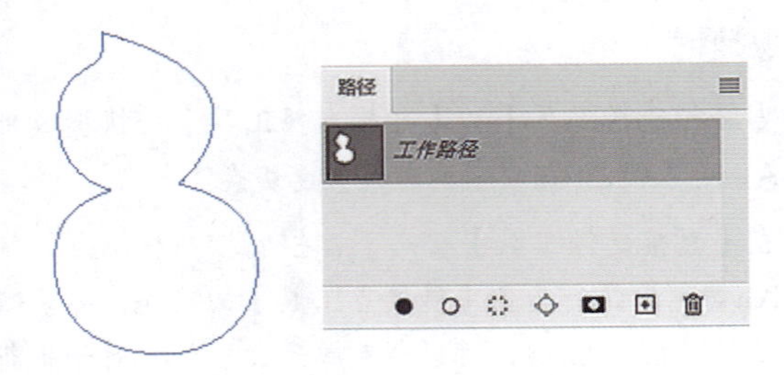


图A25-33

- 【用前景色填充路径】●：利用路径的形状，将实体颜色填充到图层。要求路径是闭合状态。
- 【用画笔描边路径】○：设置好画笔的类型、大小、颜色后，可以用此功能描绘路径边缘，如图A25-34所示。

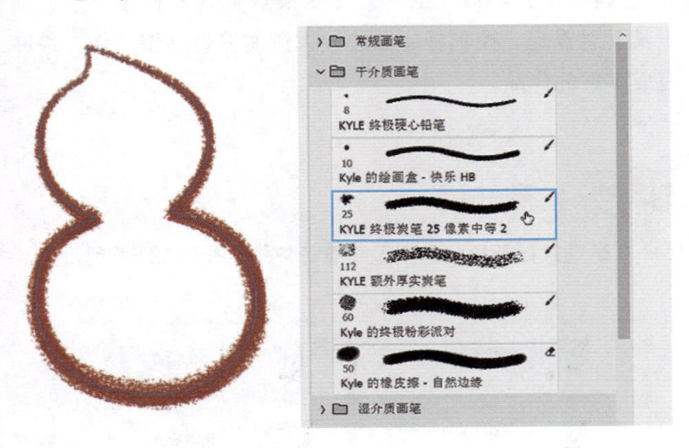


图A25-34

- 【将路径作为选区载入】⁘：也就是将路径变成选区，快捷键是Ctrl+Enter。
- 【从选区生成工作路径】◇：把选区变成路径，转换的过程中会丢失一些边缘信息。如果要存储选区，尽量选择存储到Alpha通道。
- 【添加图层蒙版】◘：将路径形状作为蒙版来使用，单击第一次，是普通蒙版，再次单击，则会添加相应路径的矢量蒙版。在【图层】面板上单击【添加图层蒙版】◘按钮也是如此操作，单击第二次，第二个蒙版就是矢量蒙版，两个蒙版可以同时起作用，如图A25-35所示。

图A25-35

另外，在钢笔工具选项栏中单击【蒙版】按钮，也可以直接创建矢量蒙版，如图A25-36所示。

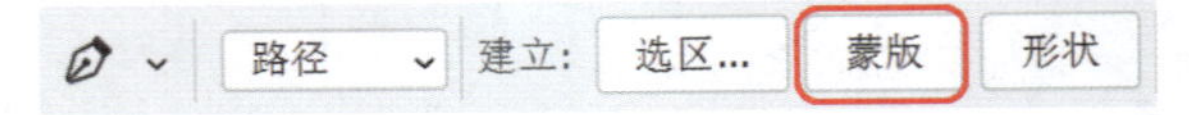


图A25-36

【图层】面板上矢量蒙版的缩略图的路径图形内是白色的，是图层可以显示的部分；图形外是灰色的，是图层被蒙住看不到的部分。

- 【创建新路径】⊞：用于创建新的路径。
- 【删除当前路径】🗑：单击即可删除路径。

由此看来，路径可以用来填充、描边、生成选区或蒙版，功能很丰富。尤其是生成选区或蒙版后，就可以抠图去背景。由于钢笔可以绘制非常准确的图形，所以对于边缘要求比较精确的抠图项目，一定要用钢笔工具。接下来通过实例练习一下用钢笔工具进行抠图的方法。

## A25.4 实例练习——钢笔抠图

### 操作步骤

01 使用【钢笔工具】的【路径】模式，沿着汽车的轮廓进行绘制。可以使用【缩放工具】将图像放大，进行细致的绘制，如图A25-37～图A25-42所示。

图A25-37

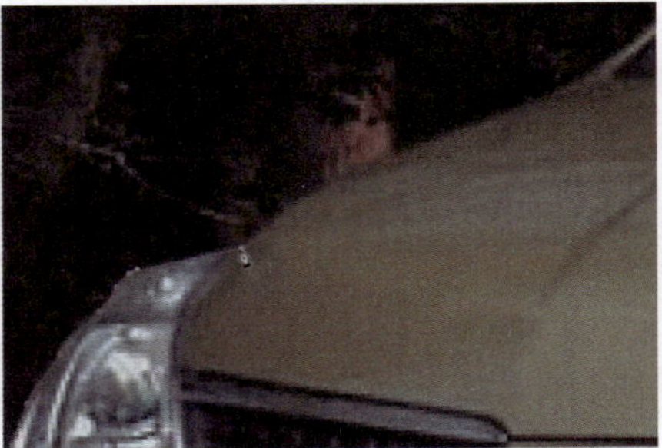

图A25-38

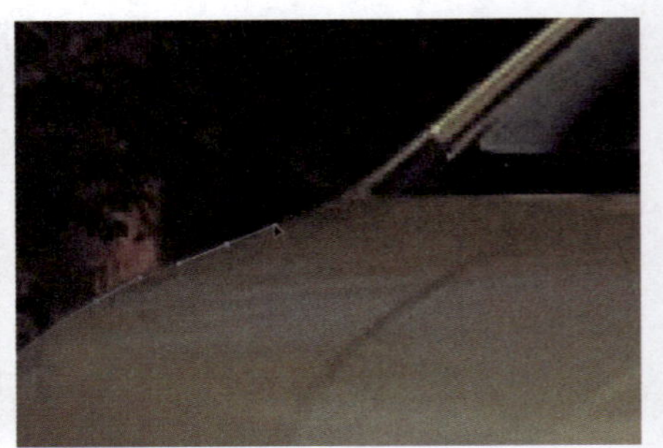

图A25-39

图A25-40

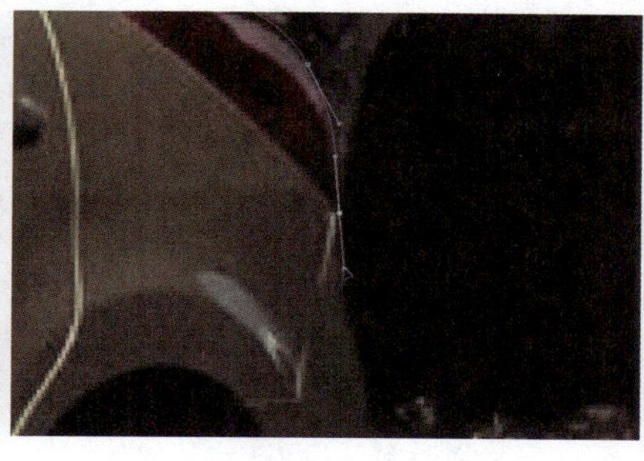
图A25-41

图A25-42

02 绘制完成后，按Ctrl+Enter快捷键将路径转换为选区（见图A25-43），单击【添加蒙版】即可去掉背景（见图A25-44）；也可以直接单击【钢笔工具】选项栏中的【蒙版】按钮，生成矢量蒙版。

图A25-43

图A25-44

# A25.5 矢量形状

## 1. 钢笔形状模式

在【钢笔工具】的选项栏中选择【形状】模式（见图A25-45），形状的绘制操作和路径完全相同。

图A25-45

也可以将路径转换为形状，即在【路径】绘制模式下，在选项栏中单击【建立】后方的【形状】按钮，如图A25-46所示。

图A25-46

## 2. 形状工具组

使用【钢笔工具】可以绘制直线、曲线、多边形及各种复杂的造型，但是很难徒手画出规则的几何图形，如圆形、矩形、正三角形等，所以需要形状工具组来帮忙，如图A25-47所示。

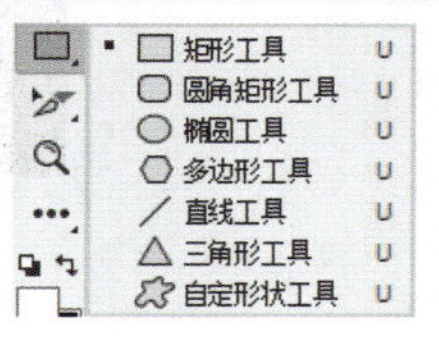

图A25-47

- 【矩形工具】用于绘制矩形形状，按住Shift键可以绘制正方形；可以用鼠标左键拖曳绘制，也可以单击一下，通过设定尺寸属性来绘制，如图A25-48所示。

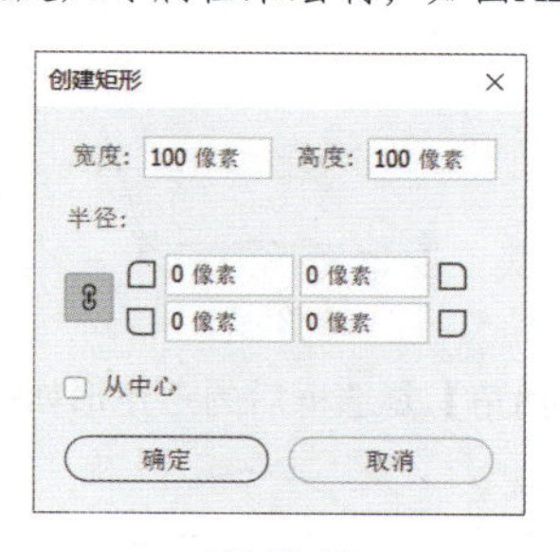

图A25-48

用【矩形工具】绘制的初始图形属于【实时形状】（可以实时修改属性），后面会讲解形状的属性。当使用【直接选择工具】编辑锚点的时候，实时形状会变成常规路径形状，如图A25-49所示。

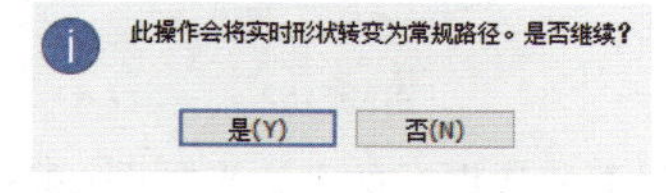

图A25-49

- 【椭圆工具】和【矩形工具】的使用方法完全相同，绘制的初始图形属于【实时形状】，按住Shift键可以绘制正圆。
- 【三角形工具】可以快速绘制等腰三角形，按住Shift键可以绘制等边三角形。
- 【多边形工具】用于绘制多边形的常规路径形状，绘制前需要精确设定好选项栏的属性（见图A25-50），将【边】数设定为3，就是等边三角形，设定为5就是等边五边形；【路径选项】是显示选项，尽量保持默认不变；【半径】值用于设定形状的大小，设定后直接单击画面即可生成形状，留空的话，则可用鼠标拖曳出形状大小；选中【平滑拐角】复选框可以使端角平滑圆润，选中【星形】复选框会以尖角多边形的形式创建形状。

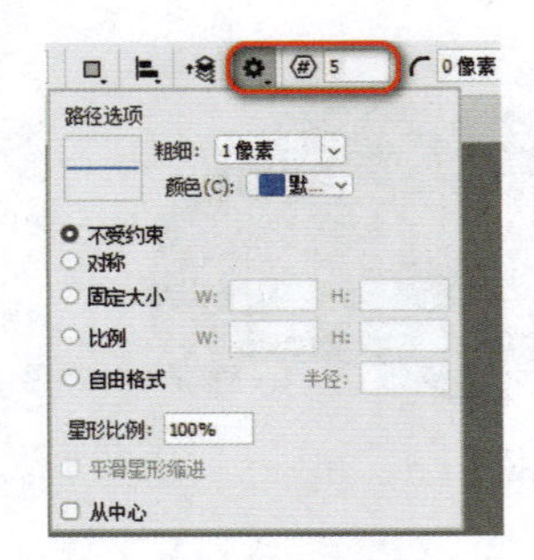


图A25-50

普通五边形如图A25-51所示。

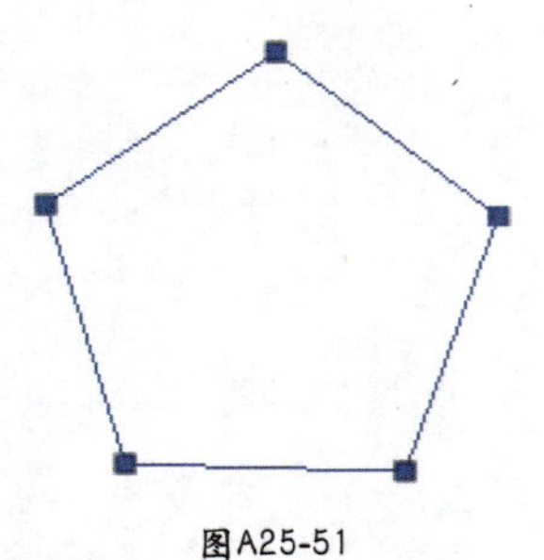

图A25-51

选中【平滑拐角】复选框后的三角形如图A25-52所示。

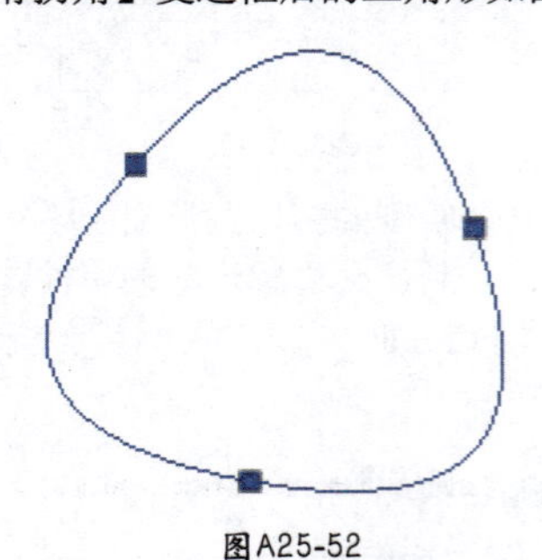

图A25-52

选中【星形】复选框后的五边形如图A25-53所示。

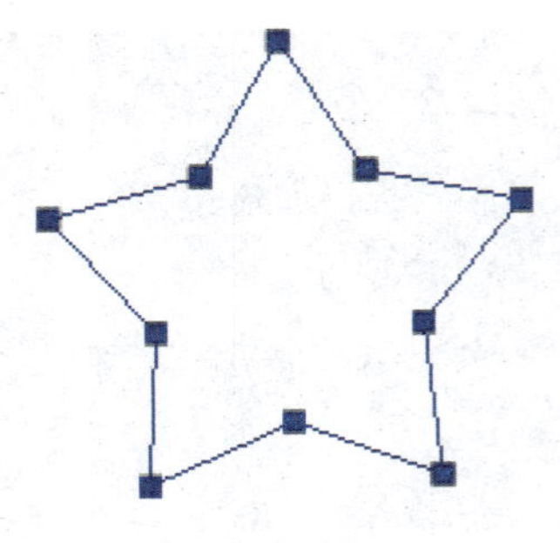

图A25-53

选中【平滑拐角】和【星形】复选框后，生成了有67个边的饼干形状，如图A25-54所示。

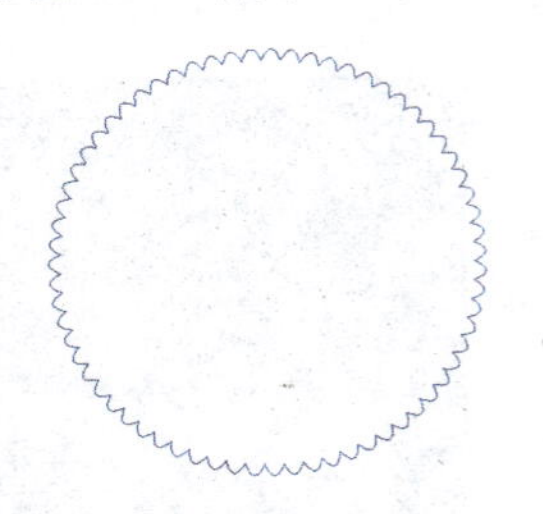

图A25-54

- 【直线工具】用于快速绘制直线形状。
- 【自定形状工具】用于创建各种类型的形状，在选项栏中可以选择形状类型，如图A25-55所示。

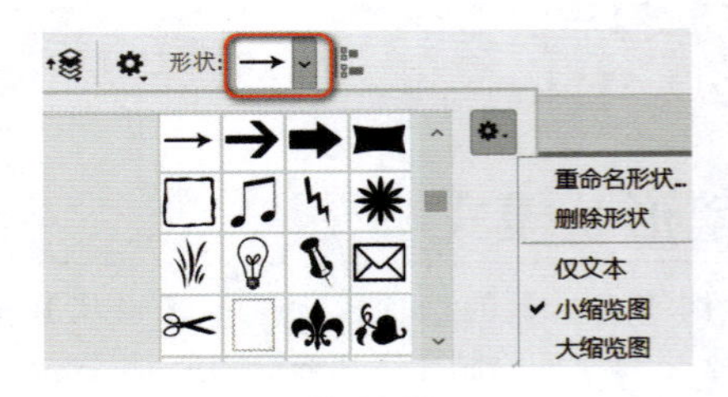


图A25-55

在其面板菜单中可以加载更多自带的形状，或者通过【导入形状】命令加载更多外部的形状资源（CSH文件），如图A25-56所示。

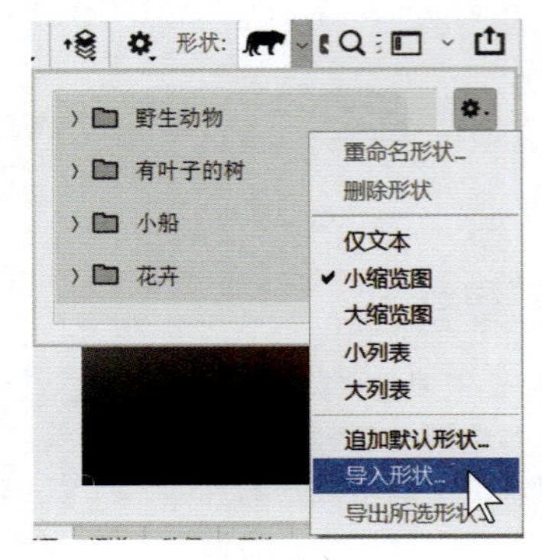


图A25-56

## 3. 形状属性

形状就像为路径穿上了衣服，带上了填充和描边的属性。用【钢笔工具】选择形状模式后，在【填充】面板上可以选择无填充 、填充颜色 、填充渐变 （见图A25-57）或填充图案 （见图A25-58）。

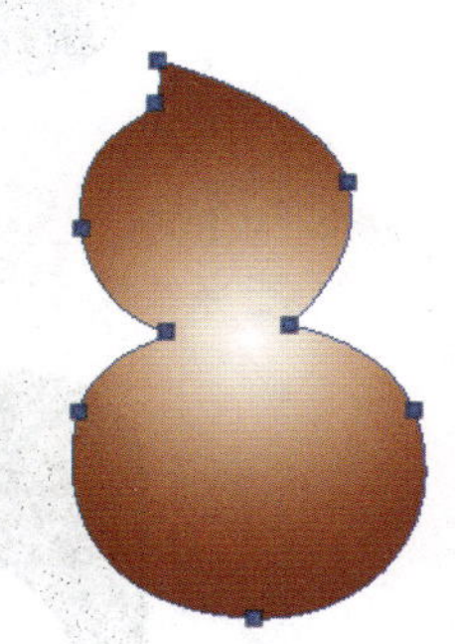

图A25-57

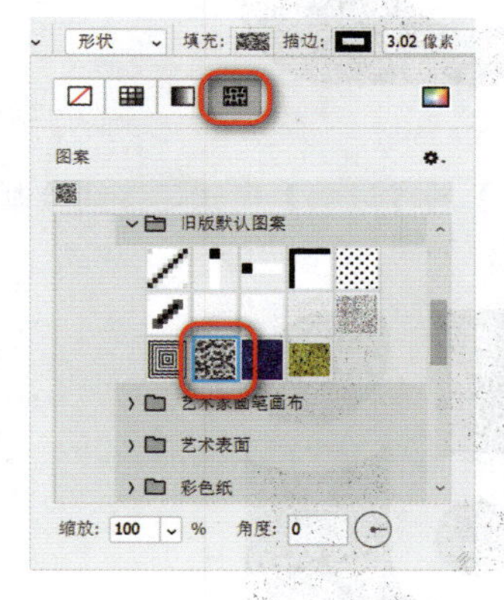

图A25-58

【描边】面板和【填充】面板完全相同，同样可以选择无描边 、描边颜色 、描边渐变 或描边图案 ；另外，还可以设定描边的粗细和线型，可以选择实线或虚线，如图A25-59所示。

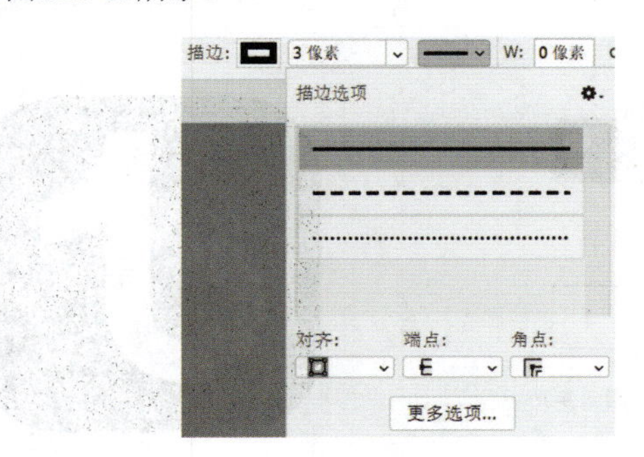

图A25-59

在描边的【对齐】方式中可以选择【内部】【居中】或【外部】；在【端点】中可以选择【端面】【圆形】或【方形】；在【角点】中可以选择尖角【斜面】、圆角【圆形】或斜角【斜面】；【更多选项】用来详细设定虚线段的长度和间隙，如图A25-60所示。

图A25-60

对于实时形状，如圆角矩形，也可以在【属性】面板中设定大部分属性，并且可以实时修改圆角的半径大小，拖曳控件也可以手动控制圆角大小，如图A25-61所示。

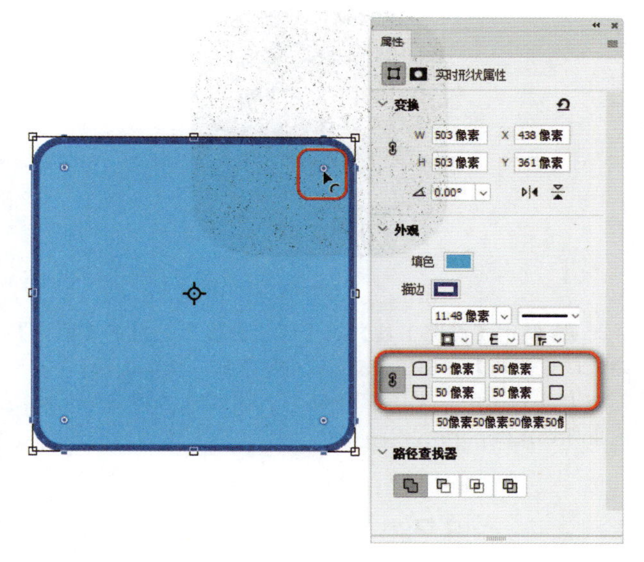

图A25-61

形状的属性可以通过复制、粘贴给其他的形状，在形状的图层上右击，在弹出的菜单中可以执行【复制形状属性】命令，然后选择其他的形状图层，在快捷菜单中执行【粘贴形状属性】命令，如图A25-62所示。

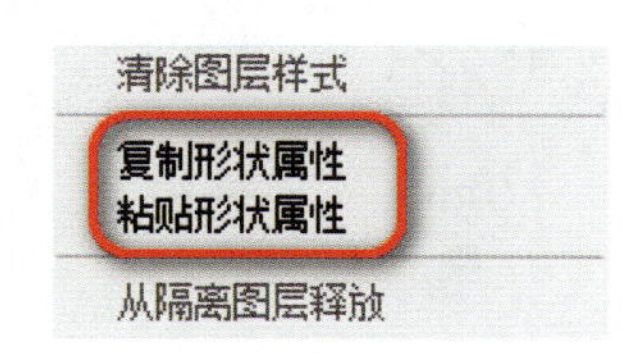


图A25-62

## A25.6 实例练习——图标设计

本实例的最终效果如图A25-63所示。

A25-63

### 操作步骤

01 新建文档，设定尺寸为1024×1024像素，设置背景色为白色。使用【圆角矩形工具】，选择【形状】模式，设定【填充】为黑色，【描边】为无，绘制一个圆角矩形，设定4个圆角半径均为250像素，如图A25-64所示。

图A25-64

02 使用【椭圆工具】的【形状】模式，设定【填充】为无，【描边】为白色，大小为345像素，线宽为127像素，描边方式为居中（见图A25-65）。按住Shift键绘制正圆，位置如图A25-66所示。

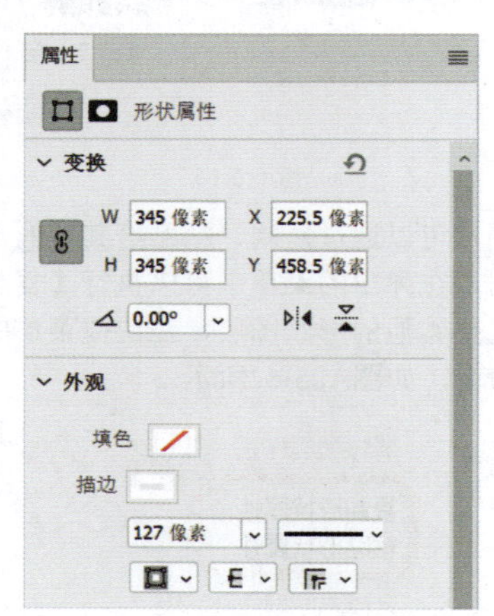


图A25-65

图A25-66

03 使用【钢笔工具】的【形状】模式，延用第2步的属性，绘制一条线段，位置如图A25-67所示。

图A25-67

04 使用【椭圆工具】的【形状】模式，继续绘制正圆，大小为566.5像素，位置如图A25-68所示。

图A25-68

05 为两个圆形的形状图层添加图层蒙版，填充黑色，遮住多余的部分（见图A25-69），这样标志的基本形状就完成了，如图A25-70所示。

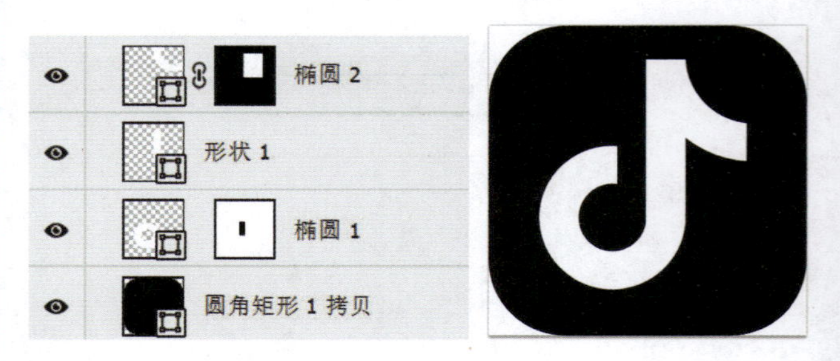


图A25-69　图A25-70

06 将3个白色的形状选中，按Ctrl+G快捷键将其编为一组，起名为“组1”，复制该组并将其放在上方，命名为“组2”。将“组2”向右下方移动一段距离，如图A25-71所示。

图A25-71

07 选择“组2”，在【图层】菜单中执行【图层样式】-【混合选项】，在【高级混合】选项中的【通道】中取消选中G和B复选框，如图A25-72和图A25-73所示。

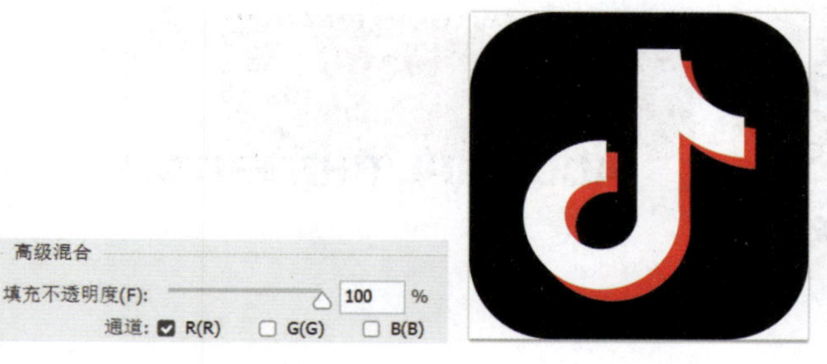


图A25-72 图A25-73

08 选择“组1”，在【图层】菜单中执行【图层样式】-【混合选项】，在【高级混合】选项中的【通道】中取消选中R复选框，如图A25-74和图A25-75所示。

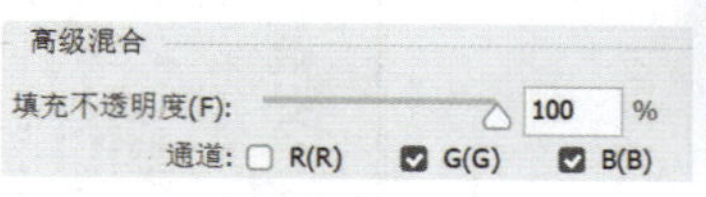


图A25-74 图A25-75

09 在顶部添加【色相/饱和度】调整图层，选择【红色】，将【色相】设定为-20（见图A25-76）。稍微调整一下颜色，图标基本完成（见图A25-77）。这是一个简单粗略的图标绘制，作为初学练习。随着学习的深入和技术的熟练，可以尝试绘制更加精确的图标。

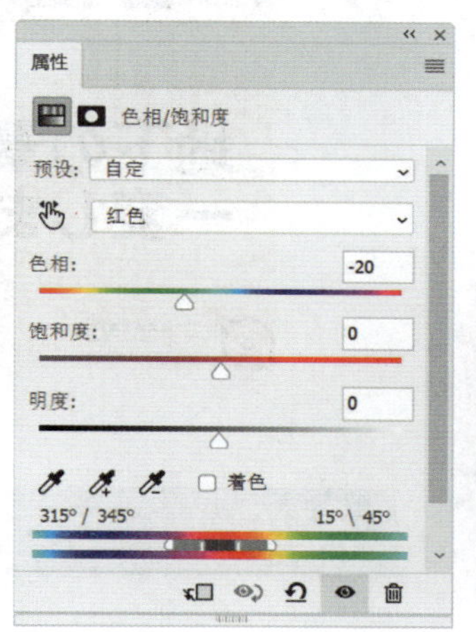


图A25-76

图A25-77

# 总结

路径作为矢量图形可以准确地描绘物体形状，结合矢量蒙版，可以精准地抠图去背景；形状作为实体的图层，可以有填充和描边，也可以作为普通图层，进行任何图层相关的操作，既可以创作图形、插画、标志、图标、背景、表格等，也可以设计艺术字体，设计产品形象，进行产品精修等，可以说功能非常强大，涉及平面设计和制图修图相关的方方面面。如果要更深入地学习矢量图形的设计，可以学习Adobe Illustrator（AI）软件，敬请留意本系列图书中的《Illustrator从入门到精通》一书。

A26课

# 文字功能

爱在字里行间

文字既有信息传达的功能，又可以作为图形设计的一部分，是非常重要的设计元素，如图A26-1所示。本课来学习如何输入并编辑文字。

图A26-1

## A26.1 文字工具

文字工具组是一个T字形的图标样式T，快捷键也是T。

文字工具默认显示为【横排文字工具】，另外也可以选择【竖排文字工具】，以及下方两个创建文字选区的工具，如图A26-2所示。

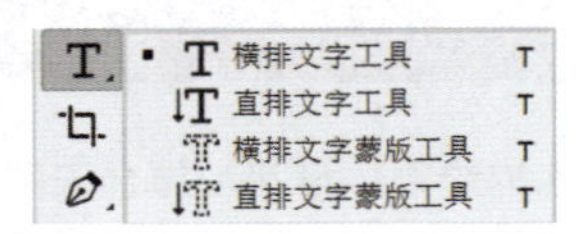


图A26-2

SPECIAL 扩展知识

在使用Photoshop 2019之后版本的文字工具时，开启输入状态后，会显示占位文字"Lorem Ipsum"，可以先针对占位文字进行编辑调节，再输入替换的正式文字。

若不需要显示占位文字，可以在【编辑】菜单中选择【首选项】子菜单中的【文字】选项，在打开的对话框中取消选中【使用占位符文本填充新文字图层】复选框，如图A26-3所示。

☑ 使用占位符文本填充新文字图层

A26-3

输入文字有两种基本方式，一种是【点文本】，即用鼠标左键直接单击，然后输入文字，文字不会自动换行，需要手动按Enter键换行，一般适合标题、口号、短句、小段文字的输入，如图A26-4所示。

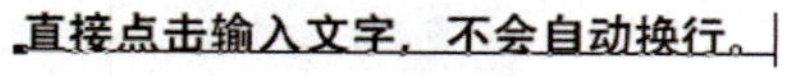

直接点击输入文字，不会自动换行。

图A26-4

另一种是【段落文本】，即按住鼠标左键并拖曳，绘制出矩形区域，在此区域输入文字，文字会自动换行，适合大段文本的输入，如图A26-5所示。

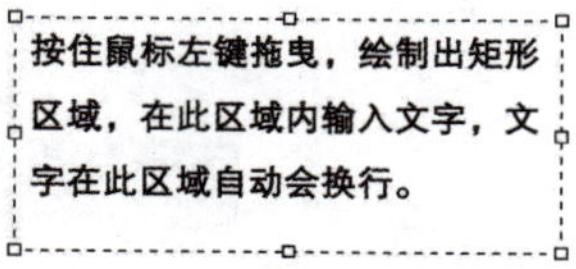

按住鼠标左键拖曳，绘制出矩形区域，在此区域内输入文字，文字在此区域自动会换行。

图A26-5

SPECIAL 扩展知识

除了这两种基本的输入方式之外，还可以根据矢量图形来创建文字。当文字工具靠近路径的时候，即可单击输入，如图A26-6所示。

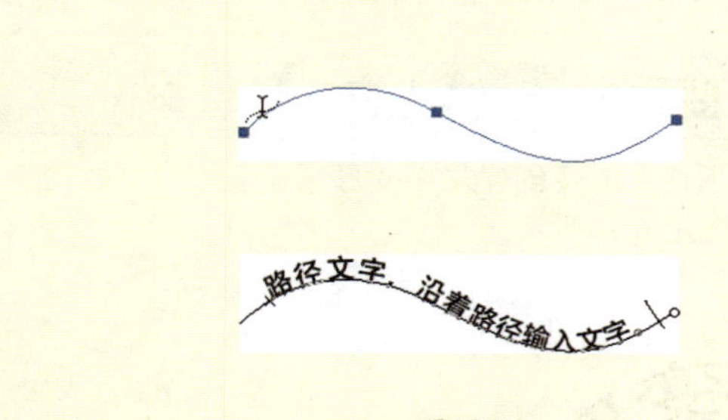


图A26-6

当文字工具进入路径内部时，可以输入段落文字，如图A26-7所示。

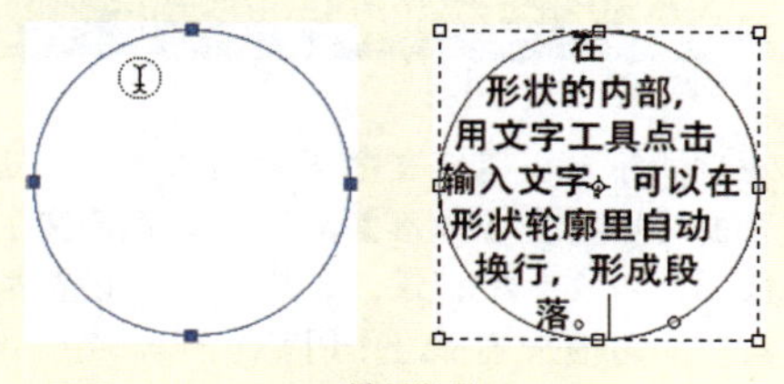


图A26-7

使用【路径选择工具】可以控制文字的起始位置和朝向。

文字输入完毕后，可以单击选项栏中的对号按钮✓，或按Ctrl+Enter快捷键结束文字输入。每次创建文字或段落时，在【图层】面板上就会创建一个文字图层，如图A26-8所示。

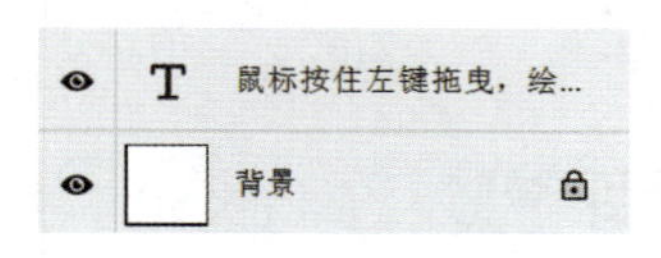


图A26-8

- 【竖排文字工具】和【横排文字工具】的用法相同，输入文字前可以先单击选项栏中的按钮来切换方向；也可以待文字输入完成以后，用菜单命令来改变排列方向，如图A26-9所示。

图A26-9

- 使用【文字蒙版工具】输入的文字会变成选区，以备进一步的操作，如图A26-10所示。

图A26-10

## A26.2 文字图层

- 双击文字图层上的T图标，可以全选文字，如图A26-11所示。

图A26-11

- 按Ctrl键单击文字图层上的T图标，可以生成选区（与普通图层操作方法相同）。
- 右击文字图层，可以将图层转换为路径、形状或栅格化文字，使文字图层变为普通的像素图层，如图A26-12所示。
- 右击图层可以使其在点文本和段落文本之间进行切换，如图A26-13所示。

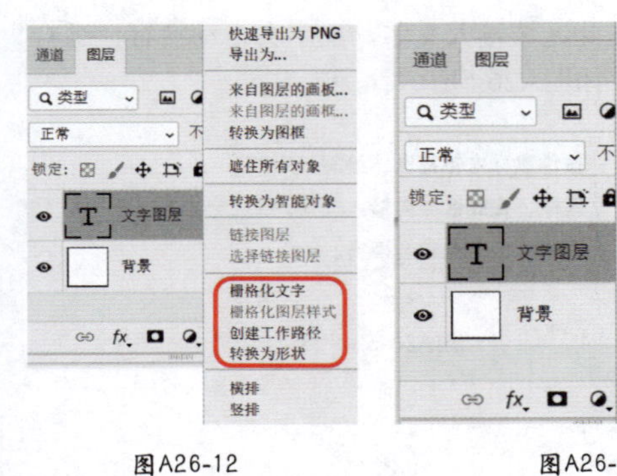

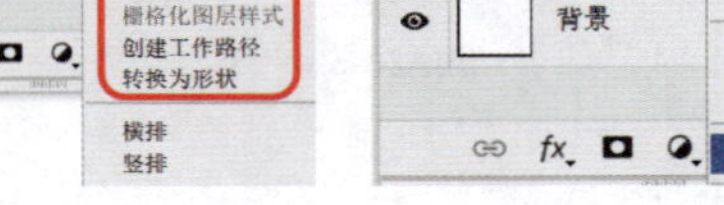

图A26-12　　　　图A26-13

**豆包：“为什么我双击文字图层时，就弹出【图层样式】对话框了呢？”**

欲激活文字，一定要双击图层的T图标哦，双击图层名称是为图层改名，双击图层其他灰度区域，是打开【图层样式】对话框，双击不同的位置，结果是不一样的。

# A26.3 文字编辑

如图A26-14所示，可以在文字工具的选项栏，通过【窗口】菜单打开的【字符】【段落】面板，或者该文字图层的【属性】面板中，对文字进行深入编辑，很多设置都是相通的，可根据自己的习惯来选择，作用都一样。

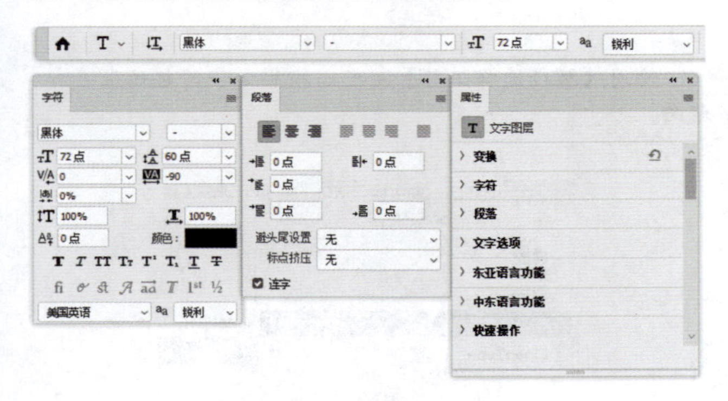

图A26-14

用Photoshop编辑文字和用办公软件编辑文字的操作方法基本相同，如选择字体、字号、颜色、加粗、倾斜、缩进、对齐方式等，就不再一一讲述了，下面重点讲解几个实用的功能。

## 1. 收藏字体

在文字工具的选项栏中打开字体下拉菜单，单击某字体前面的星形图标，即可收藏该字体，如图A26-15所示。

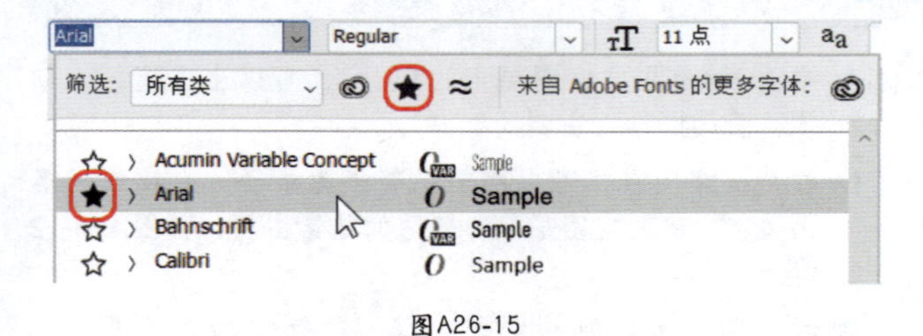

图A26-15

## 2. 字体变形

单击选项栏上的【创建文字变形按钮】即可改变字体的形状，如图A26-16所示。

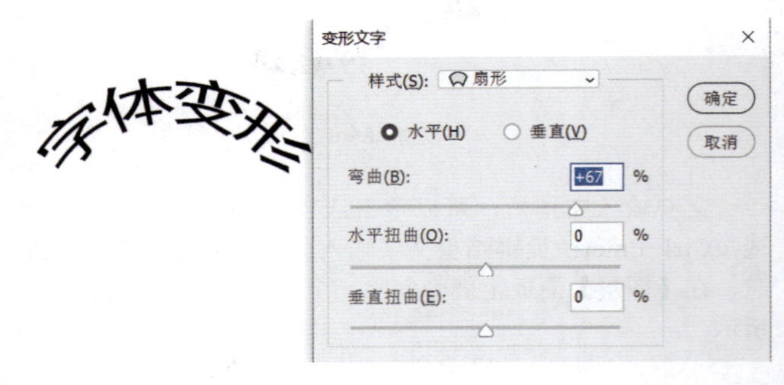


图A26-16

## 3. 字距行距

在【字符】面板中可以设定行距和字距，如图A26-17所示。

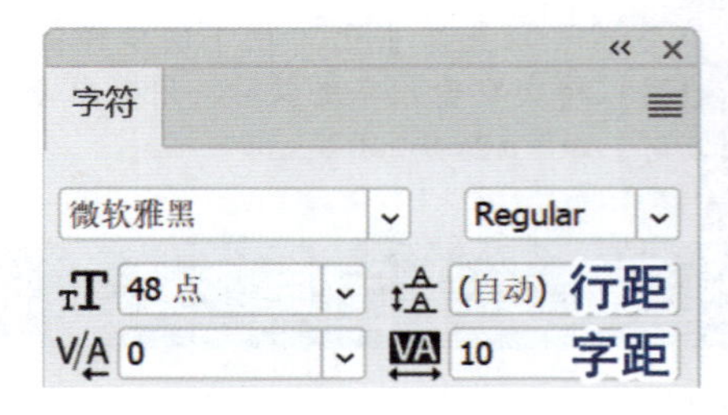


图A26-17

### 快捷键

- 细微调节字距的快捷键：Alt+左右方向键。
- 细微调节行距的快捷键：Alt+上下方向键。

## 4. 字体平滑

在选项栏中可以设定字体的平滑效果，如果选择【无】，会变成普通的计算机纯文本字体，如图A26-18所示。

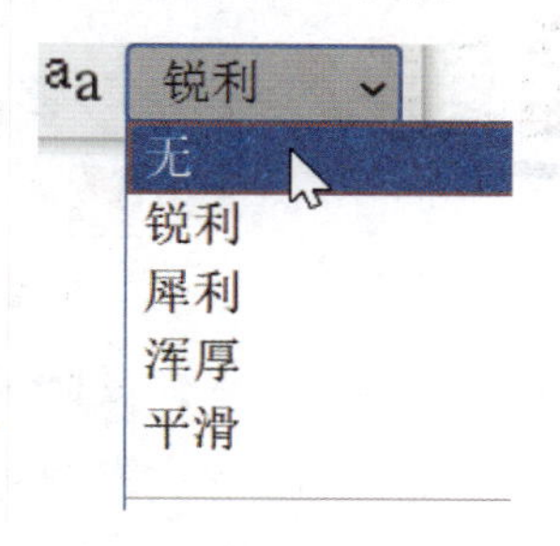


图A26-18

## 5. 字体颜色

对于字体颜色，可以直接使用填充快捷键来填充。在A18课中介绍过多种填充快捷键。

## 6. 查找和替换

Photoshop也可以像Word软件一样查找和替换文本，用文字工具在输入的文字上右击，在右键菜单中可以找到该命令，如图A26-19所示。

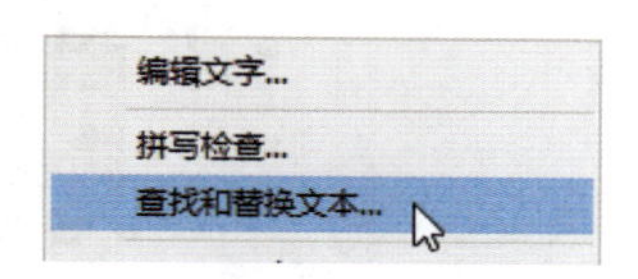


图A26-19

# A26.4 综合案例——变形渐变文字

接下来我们结合前面学到的图层、选区、画笔、蒙版、填充、调色等知识，并进行综合运用，对文字进行设计美化。另外，在B03课将学习图层样式，从而可以制作更多的字体特效。

本案例的最终效果如图A26-20所示。

图A26-20

### 操作步骤

01 输入横排文字，选择合适的字体，如图A26-21所示。

图A26-21

02 对文字进行变形，使其看起来更加活泼，如图A26-22所示。

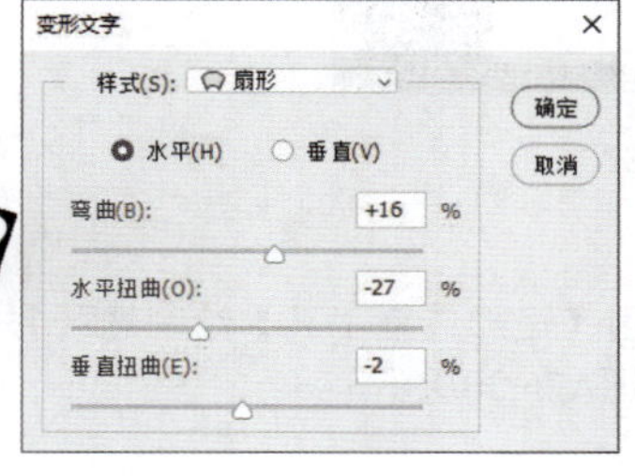


图A26-22

03 在文字图层上方创建渐变填充图层，可以使渐变效果丰富一些，如图A26-23所示。

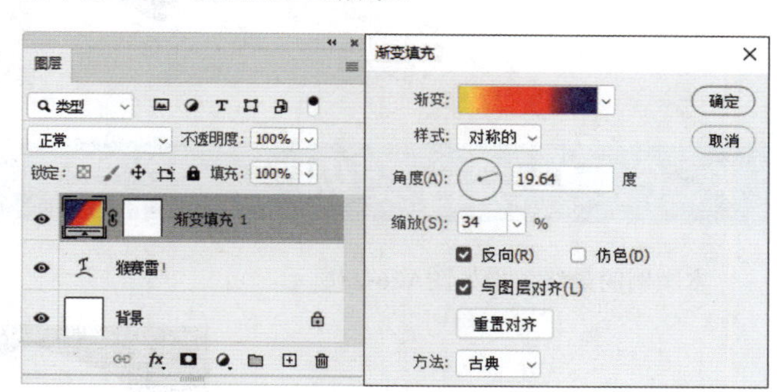


图A26-23

04 按Alt+Ctrl+G快捷键为渐变填充图层创建剪贴蒙版，只覆盖文字区域，如图A26-24所示。

图A26-24

05 复制文字图层到下方，在图像中对复制出来的文字稍微移动一下位置，增加投影空间感，如图A26-25所示。

06 使用钢笔工具绘制形状，添加装饰性元素，如图A26-26所示。

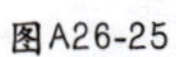

图A26-25

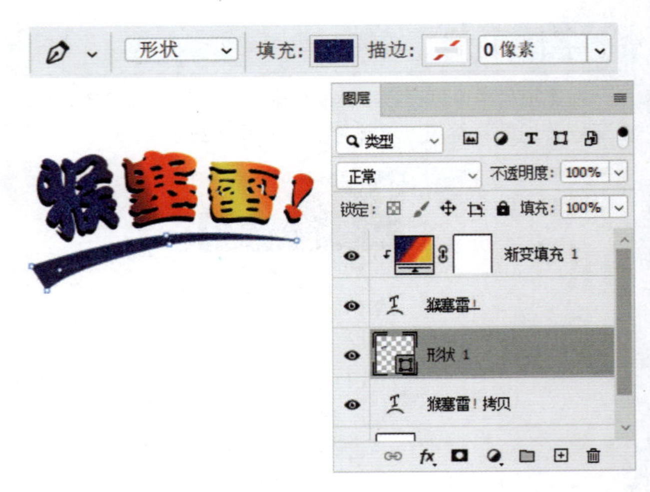


图A26-26

07 最终的完成效果如图A26-27所示。这类效果用图层样式制作会更加便捷，感兴趣的话，可以翻到B03课进行学习。

图A26-27

## A26.5 综合案例——文字T恤衫

本案例的最终效果如图A26-28所示。

图A26-28

### 操作步骤

01 打开本课白色T恤素材文件（见图A26-29），按M键使用【矩形选框工具】绘制选区并填充色块（或使用【矩形工具】的【形状】模式，并设定背景色），用作文字背景颜色，如图A26-30所示。

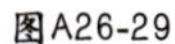

图A26-29

图A26-30

02 新建图层，使用【矩形选框工具】绘制线状的矩形并填充颜色。然后在下方新建多个图层，使用【椭圆选框工具】并按住Shift键绘制正圆形状，填充不同的颜色（见图A26-31），设定不同的图层不透明度，实现透叠的效果，作为装饰性的元素，如图A26-32所示。

图A26-31

图A26-32

03 使用【文字工具】，设定文字颜色为白色，在矩形背景上输入文字（见图A26-33），然后选择合适的字体和字号，也可以调节更多的参数，让字体看起来舒适得体，如图A26-34所示。

图A26-33

图A26-34

## 总结

Photoshop的文字编辑功能与办公软件的文字编辑功能有很多类似之处，输入文字并将字形、颜色、版式等设置恰当，就可以进行下一步效果方面的设计。尤其学完B03课图层样式之后，可以创作更加丰富的文字效果。

# A27课

# 画布相关

## 裁剪手艺还不错

本课将学习与画板、画布相关的基础操作，主要了解画板设置，学会修改画布大小和裁剪尺寸，以及切片操作等。

## A27.1 画板

在【新建文档】的对话框中可以选中【画板】复选框，新的文档即可建立在画板上，如图A27-1所示。

图A27-1

此时【图层】面板中会增加一个主层级【画板1】，如图A27-2所示。

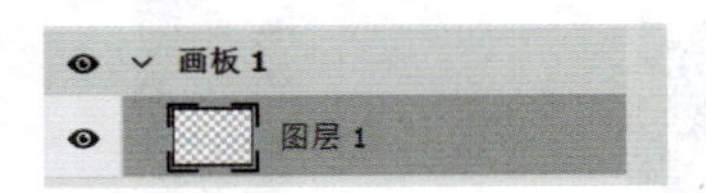


图A27-2

目前只有一个画板，所有的图层内容都显示在此画板上，单画板下正常操作就可以。

执行【图层】菜单中的【复制画板】命令（见图A27-3）可以复制画板，甚至可以复制出很多个画板，如图A27-4和图A27-5所示。

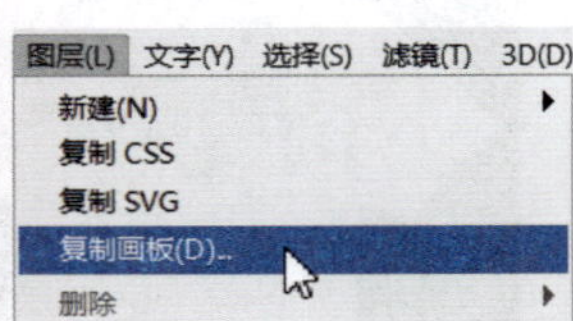


图A27-3

图A27-4

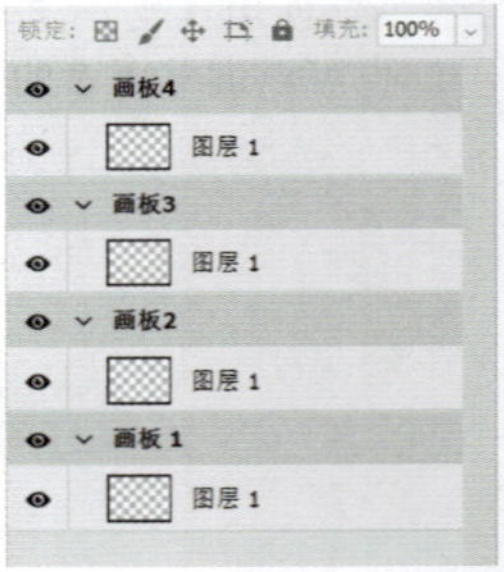

图A27-5

每个画板可以独立操作，图层也可以在多个画板间移动或复制。多个画板适合于有很多页的设计项目，如宣传册、写真集、PPT演示图片等，多个页面存在于同一个PSD文档中，可以很方便地对比查看，也容易进行资源复制和调用，如图A27-6所示。

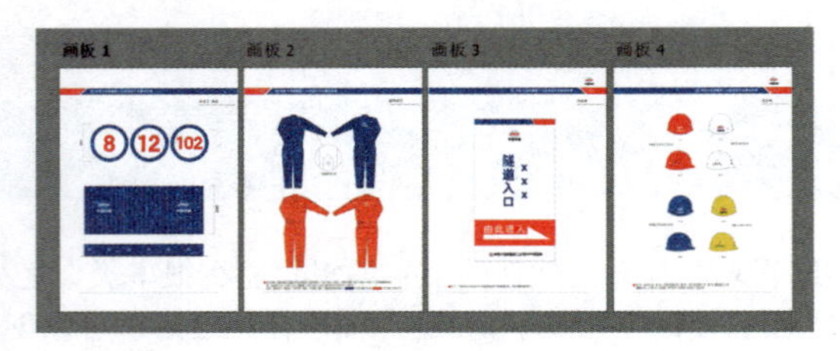

图A27-6

**SPECIAL 扩展知识**

在【窗口】菜单中打开【库】面板，可以把经常使用的元素拖曳到【库】面板上，方便下次调用。

多画板文件一般要先保存为PSD原始文件，如果要将每个画板的内容分别存储为文件，则需要执行【文件】菜单下【导出】子菜单中的【画板至文件】命令，如图A27-7所示。

设定好目标位置、文件名称、导出的区域和文件类型后，单击【运行】按钮，就可以得到逐页的图片了。

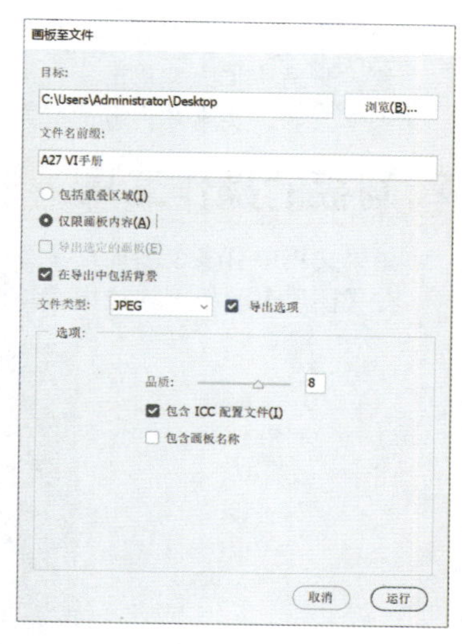


图A27-7

## A27.2 裁剪工具

### 1. 基本用法

使用工具栏中的【裁剪工具】可以重新裁剪当前画布尺寸，拖曳鼠标绘制新的尺寸（见图A27-8），或者拖曳顶端和四边的中点来修改画布大小范围，如图A27-9所示。

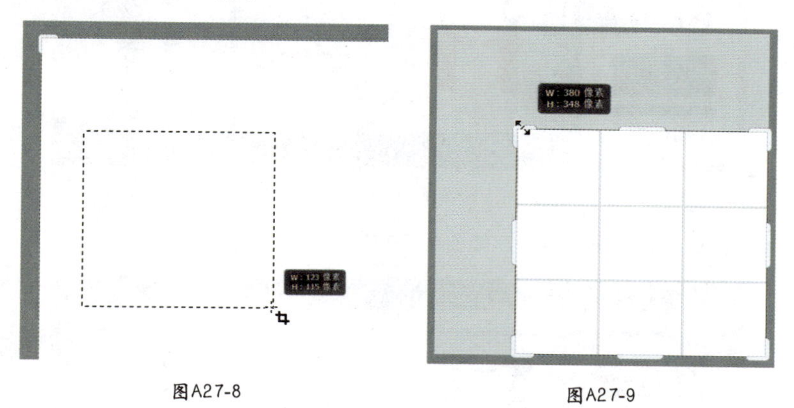


图A27-8　　图A27-9

另外，选项栏中还有一些扩展功能，如图A27-10所示。

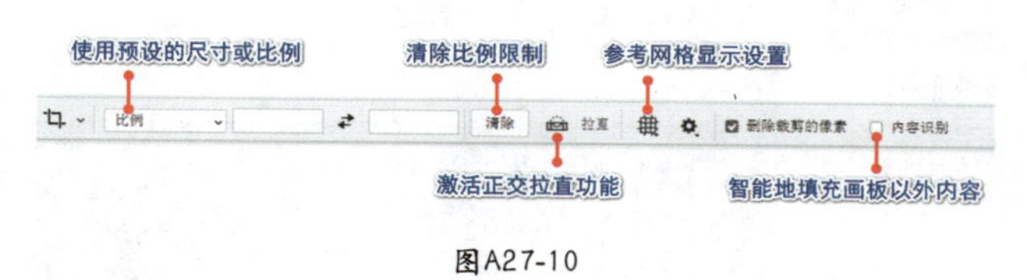


图A27-10

- 单击【比例】下拉菜单，可以选择很多Photoshop预设的尺寸和比例，还可以新建自己定义的预设。单击⇄按钮可以互换长宽比。单击【清除】按钮可以清除比例限制，自由裁剪画布。
- 单击【拉直】按钮可以将倾斜的图片矫正为水平或垂直。在画面上沿着倾斜的物体画直线，即可自动矫正。
- 选中【删除裁剪的像素】复选框，在画布裁剪完毕后，单击选项栏中的对号按钮，裁掉的像素将被删除；取消选中该复选框，将保留画布之外的像素内容，请酌情设置。

- 使用【裁剪工具】拖曳顶端和四边的中点修改画布大小，不但可以缩小画布，还可以扩大画布。选中【内容识别】复选框，当画布扩大完成时，Photoshop会智能填充扩大的新内容，一般适合不太复杂的边缘，如天空、水面等，而不适合边缘有人物、文字等内容的复杂边缘。

## 2. 画板的操作工具

如果文档中有多个画板，【裁剪工具】则可化身为画板的操作工具。

在【图层】面板上先选中【画板1】，使用【裁剪工具】可以改变该画板的大小，如图A27-11所示。

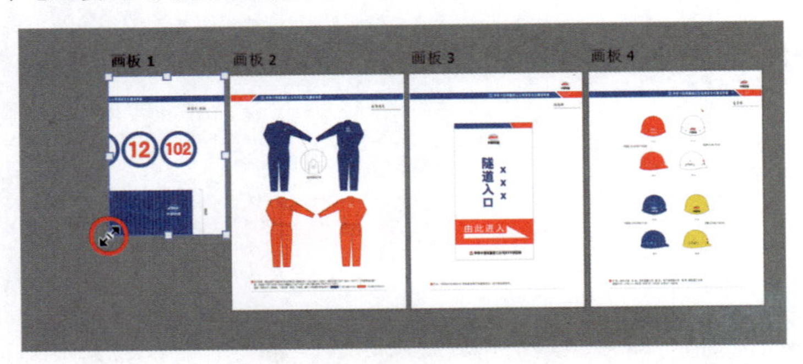


图A27-11

还可以移动【画板1】在工作区的位置，如图A27-12所示。

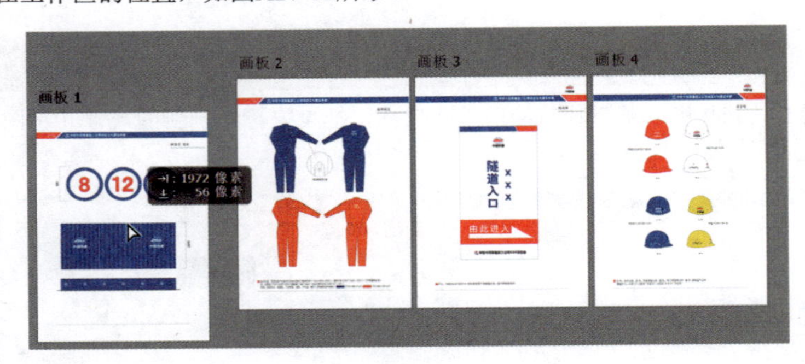


图A27-12

按住Alt键拖动画板，可以快速复制一份该画板，如图A27-13所示。

图A27-13

在工作区空闲的地方，可以快捷地新建画板，如图A27-14和图A27-15所示。

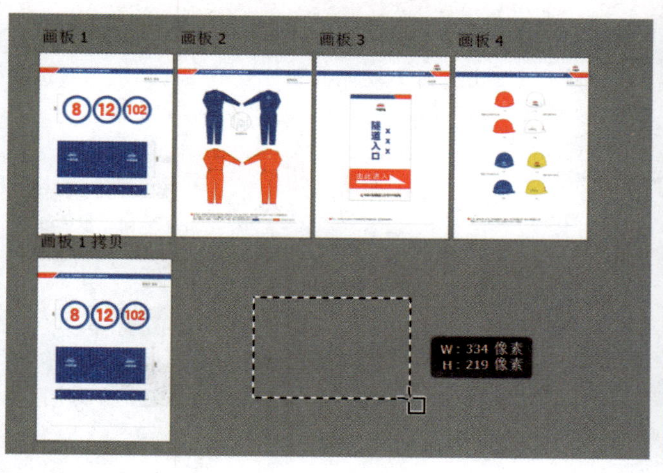


图A27-14

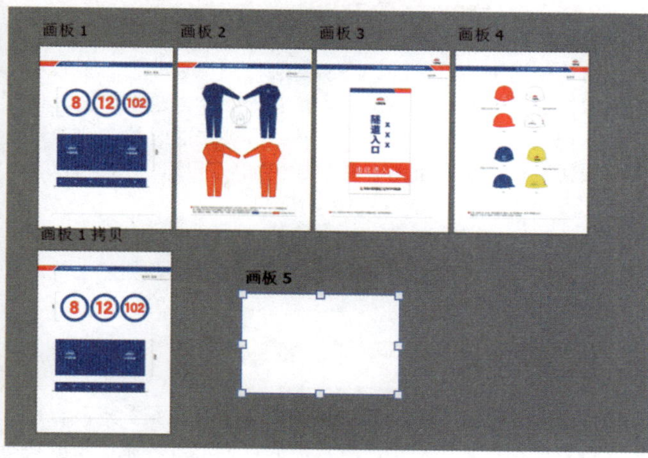


图A27-15

## A27.3 【画布大小】命令

在【图像】菜单中执行【画布大小】命令（见图A27-16），打开【画布大小】对话框，可以精确修改画布的尺寸，如图A27-17所示。

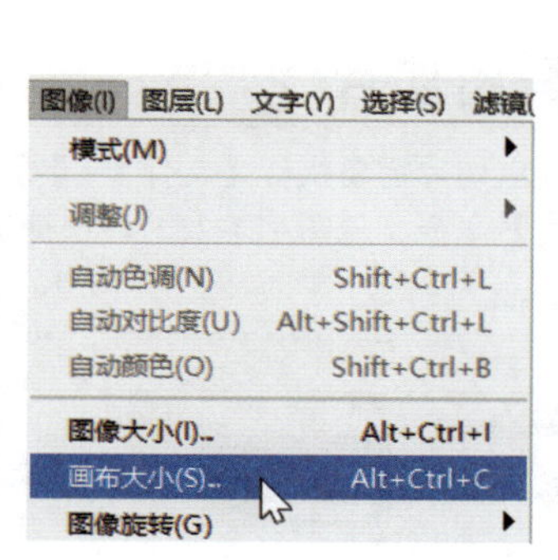


图A27-16

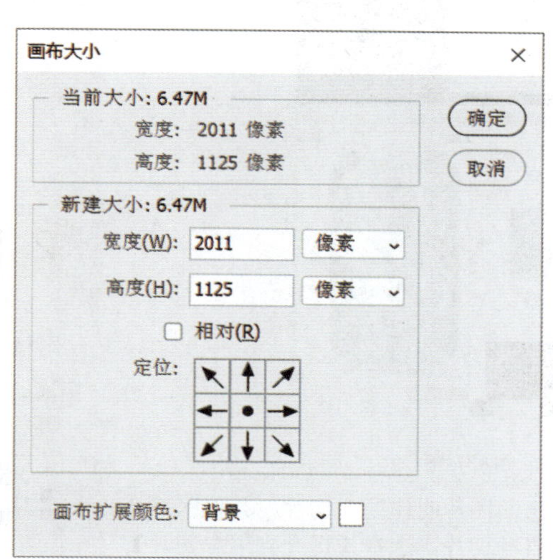


图A27-17

- 选中【相对】复选框，可以输入正负值来控制画布扩大或裁小。例如，要将宽度扩大100像素，直接在【宽度】文本框中输入100像素即可；若要缩小100像素，则输入–100。
- 【定位】功能决定了扩大或裁小的基准位置，如果选择在水平中点，设定宽度扩大100像素，则画布左右各扩50像素；如果将基准点放在左侧，则左侧不扩，右侧扩大100像素。
- 如果是一张未经解锁背景层的单层图片，画布扩大后，可以选择扩展内容的颜色，一般默认是背景色，如图A27-18所示。

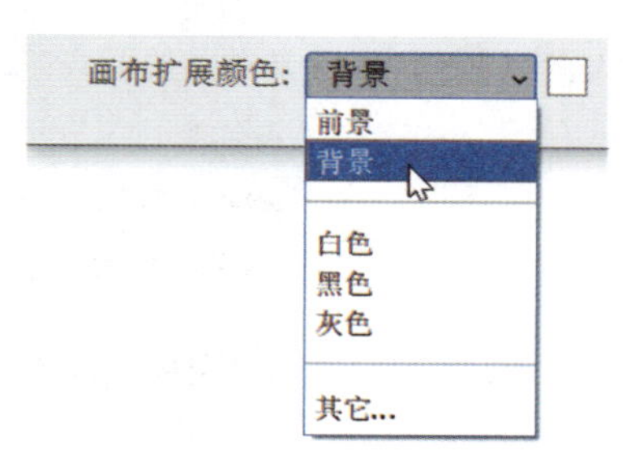


图A27-18

# A27.4 切片

切片使用 HTML 表或 CSS 图层将图像划分为若干较小的图像，这些图像可在 Web 页上重新组合。通俗来说，切片就是把大图切成若干小图，在Web页展现的时候，会通过代码重新组合。切成小图有利于加快加载速度，并且可以在小图上添加Url地址，变为链接按钮。

创建切片可以使用【切片工具】，还可以基于参考线和图层创建切片，本课讲述的是使用【切片工具】创建切片的相关操作。

## 1. 切片工具

打开素材图片，选择工具栏中的【切片工具】，直接可以将素材图片划出矩形区域。例如，框选雪碧瓶，生成切片（见图A27-19）。这是一个熟能生巧的过程，需要慢慢练习，尝试不同的切法。

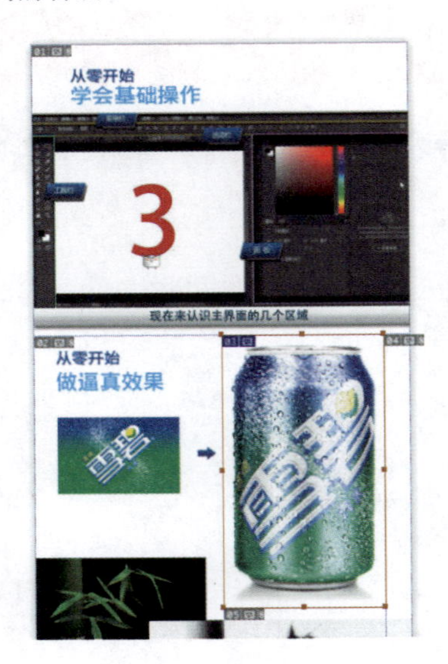


图A27-19

用【切片工具】切出的图片叫作用户切片，其他区域会分割出自动切片。右击自动切片，选择【提升到用户切片】选项，可以转换为用户切片。

除了通过手动绘制来切图之外，还可以在图像上右击，选择【划分切片】选项，如图A27-20所示。

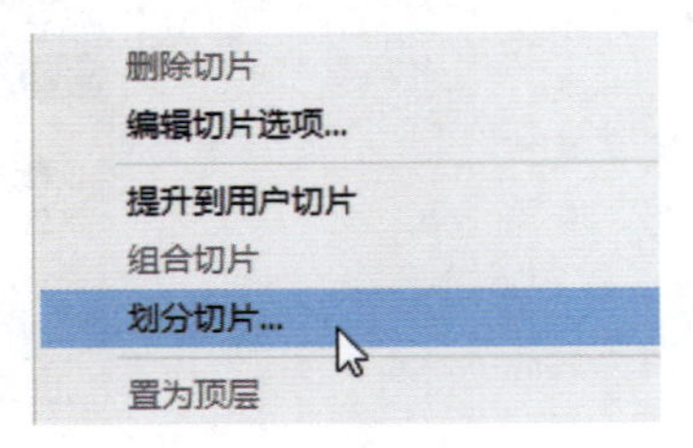


图A27-20

通过【划分切片】功能，图片被平均划分出网格状效果，如图A27-21所示。

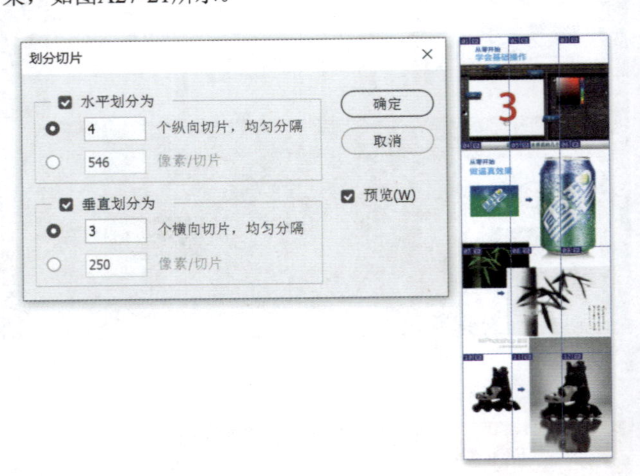


图A27-21

- 在切片上右击，选择【编辑切片选项】，可以详细设置切片属性。
- 另外，选择【切片工具】下方的【切片选择工具】，可以选择某个切片，对其进行移动、调整大小、对齐等相关操作。如果切片的图像区域有重叠，可以通过选项栏中的按钮控制上下叠加次序。

## 2. 导出切片

导出切片需要执行【文件】-【导出】-【存储为 Web 所用格式】命令（见图A27-22），快捷键为Shift+Alt+Ctrl+S。

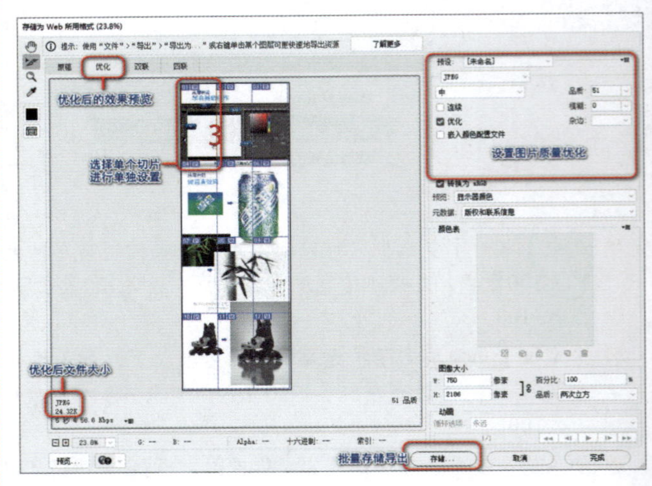


图A27-22

存储后的图片就是以切片为单位的单独图片，如图A27-23所示。

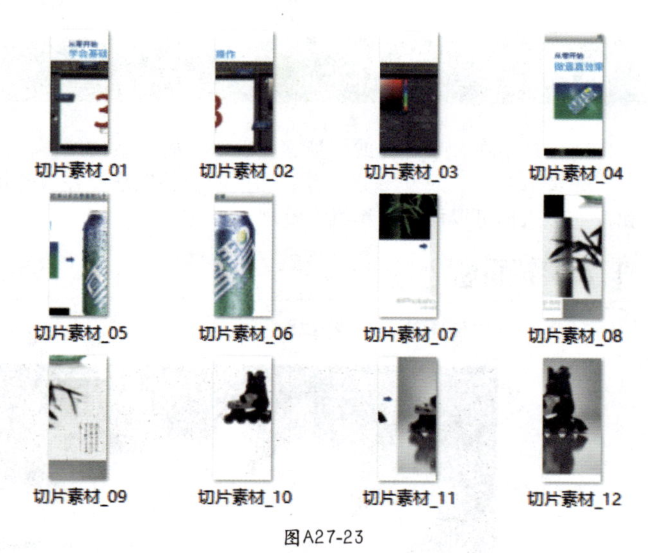


图A27-23

## 总结

使用多个画板可以提高多页内容的操作效率；【画布大小】命令是用剪刀裁剪画布或拼扩画布，而之前学习的【图像大小】命令则是对像素的重新计算，即把图像整体放大或缩小。切片就像裁纸刀一样将画布分割成若干小格子，从而将其一片一片分开导出。

# A28课

# 批量自动

## 自动化的生产力

Photoshop可以记录某些操作指令，并可以自动化地将其应用在批量的任务上。

## A28.1　动作

动作是指在单个文件或一批文件上执行的一系列任务。也就是Photoshop对文件的具体操作，如菜单命令、属性参数设置、图层面板的图层操作等。动作可以被记录、编辑、自定义和批处理，也可以使用动作组来管理各组动作。

### 1. 动作面板

打开本课素材图片，如图A28-1所示。

图A28-1

打开【窗口】菜单中的【动作】面板，快捷键为Alt+F9，可以看到面板上面有Photoshop自带的默认动作。例如，选择【木质画框- 50像素】 这个动作（如果没有找到这个动作，随意选择其他动作也可以），单击面板下方的【播放动作】按钮 ▶（见图A28-2），神奇的事情发生了，Photoshop开始自动做起图来，一眨眼，图已经做好了，为图片加上了画框效果，如图A28-3所示。

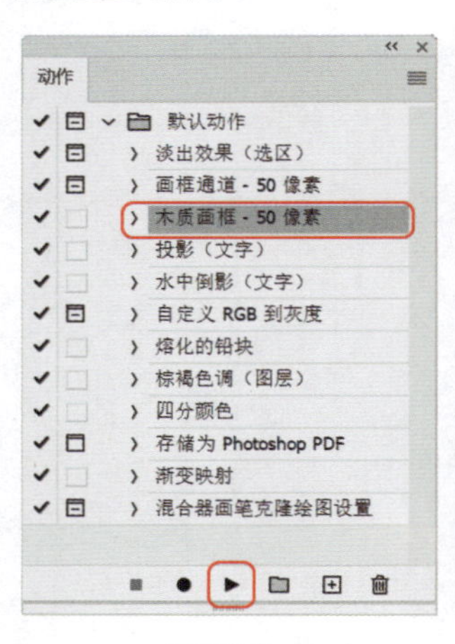


图A28-2

图A28-3

感兴趣的读者，可以再试试其他动作。在面板菜单上也可以加载更多的默认动作库，还可以通过【载入动作】命令载入外部ATN文件资源，以丰富动作库，从而一键做出很多复杂的效果，如图A28-4所示。

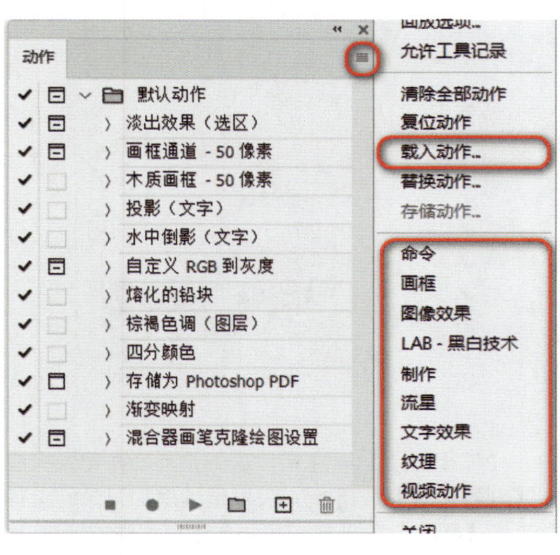


图A28-4

现在观察一下动作，展开【木质画框- 50像素】（见图A28-5），可以发现里面有很多具体的步骤，这些步骤就是一个个动作，那么这些动作是如何被记录下来的呢？

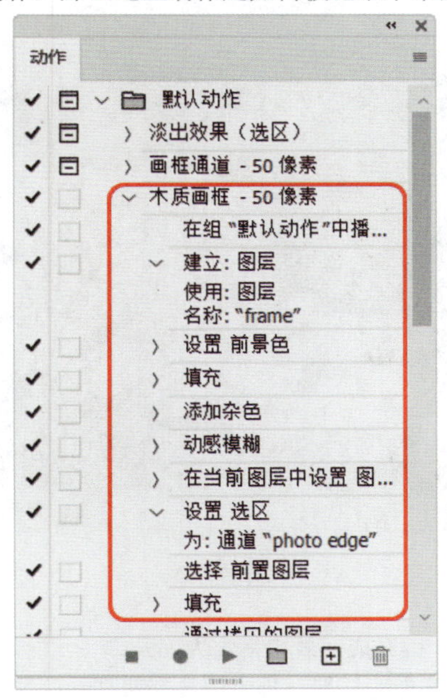


图A28-5

下面就来学习记录动作的方法。

## 2. 记录动作

首先单击【动作】面板下方的【创建新组】按钮，然后单击后面的【创建新动作】按钮，命名为【动作1】。确定后，动作面板的记录功能就开启了，【开始记录】的按钮变为了红色状态。接下来所有实质性的操作都会被记录。

例如，执行【选择】菜单中的【全部】命令，执行全选，如图A28-6所示。

图A28-6

【动作】面板中就会多出一条【设置 选区】的动作记录，如图A28-7所示。

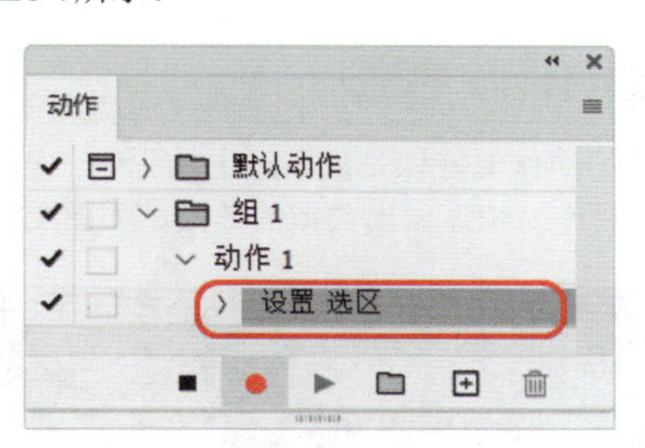


图A28-7

接下来，执行【选择】-【修改】-【边界】命令，如图A28-8所示，将边界宽度设为70像素。

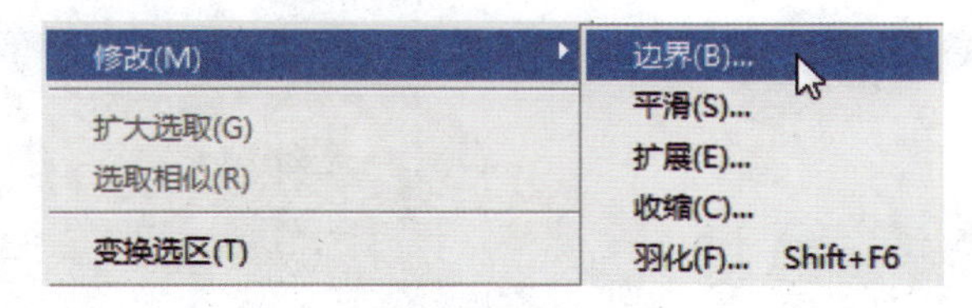


图A28-8

再执行【图像】-【调整】-【色阶】命令，将白场高光值设置为45，如图A28-9所示。

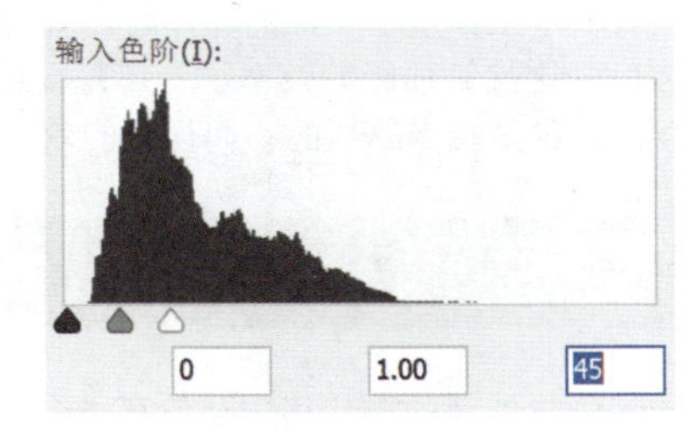


图A28-9

最后按Ctrl+D快捷键取消选择，图片效果如图A28-10所示。

图A28-10

至此，【动作】面板已将上述步骤一一记录下来，如图A28-11所示。

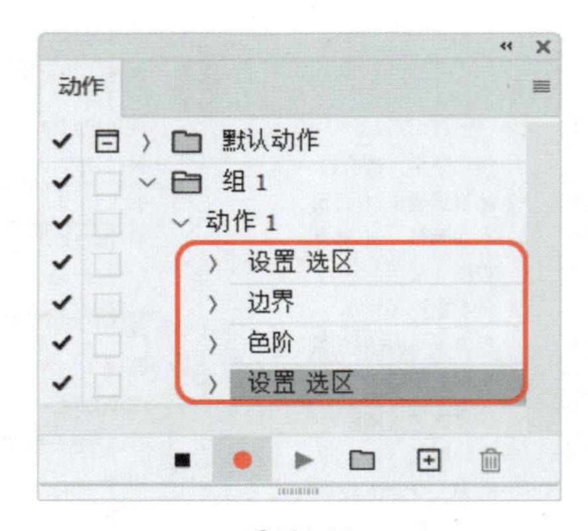


图A28-11

单击【停止记录】按钮■，这一系列动作记录完成。再次单击【开始记录】按钮●，可以继续追加记录。选择某条记录，单击【删除】按钮，可以删除该步骤的记录。

## 3. 播放动作

记录好的动作就好像是流水线上的程序一样，换一张其他的图片，选择【动作1】，单击【播放动作】按钮▶，照样可以套用这个动作，快速做出类似的效果，如图A28-12所示。

原图

执行动作后

图A28-12

因此，当有多个工作重复类似的操作时，就可以将其录制为动作，然后一键完成，效率将大大提升。

且慢！你以为这就算顶级的效率了？还差得远！如果有1000张这样的图片需要处理，每张图片都要打开，然后播放套用动作，再保存，这也是相当麻烦的。而顶级的效率就是根本不需要手动打开和保存，让处理器帮你搞定！

# A28.2 图像处理器

首先将1000张待处理的图片集中存放在一个文件夹里。当然，我们学习批处理流程，不用真的找1000张图片，有五六张代表一下就可以了。不管是几张、几十张、几万张，处理器的批量操作都是一视同仁的。

打开【文件】菜单，执行【脚本】-【图像处理器】命令，如图A28-13所示。

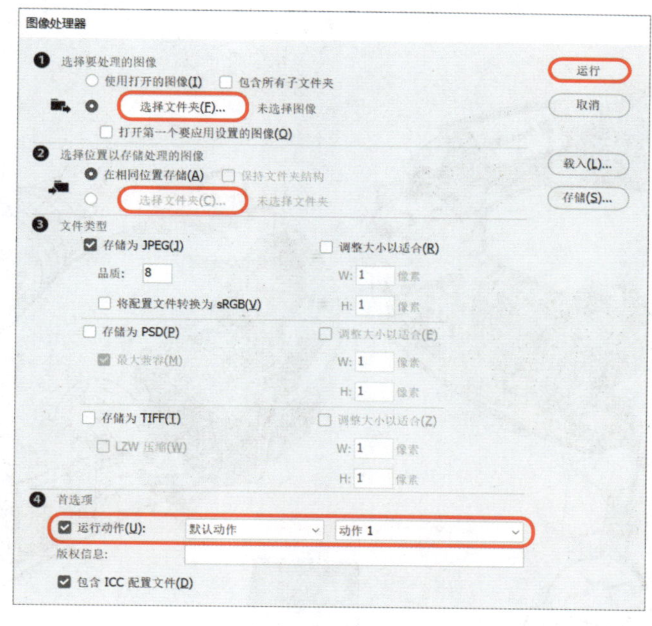


图A28-13

01 选择待处理的图片的文件夹位置。

02 设定好处理完的图片存储的文件夹位置。

03 设定图片的存储类型和品质。

04 选择要使用的动作，例如，选择刚记录的【动作1】。

05 运行。

接下来Photoshop开始完全自动工作，过一会儿直接打开第2步设定的文件夹收图就可以啦！

# 总结

当遇到大量同类性质的操作项目时，千万不要一遍又一遍、一个又一个地辛苦操作，只需要执行一次，剩下的让计算机自动完成就可以了。

扫码阅读：
A29课 三维功能——迈进三次元

扫码阅读：
A30课 视频动画——进军影视界

接 下 来 更 精 彩 …… ……

B
精通篇
进阶操作 实例讲解
本篇将带领读者深入学习Photoshop软件，包括图层样式、智能对象、混合模式、多种调色命令、抠图技巧、滤镜应用等内容，以及相关的系列案例。

B01 课

# 调整边缘

抠图简单化



使用Photoshop的重要前期工作是抠图去背景，也就是将图层按内容分离出来，以便于后期单独编辑。接下来学习抠图神器——【选择并遮住】命令。

## B01.1 【选择并遮住】命令

在A13课中我们学习过【快速选择工具】和【魔棒工具】，使用它们可以非常快速地找到色彩边缘，完成选区的选择和创建。不过，在多数情况下，得到的选区是比较粗糙的，需要进一步深入调节，要得到完美的边缘，就需要使用【选择并遮住】命令了。

创建选区后，可以在【选择】菜单中找到【选择并遮住】命令（见图B01-1），快捷键是Alt+Ctrl+R。在选区上右击也可以找到此命令，在选区类工具的选项栏中也有此功能按钮 选择并遮住… 。另外，【选择并遮住】在一些旧版本的Photoshop中，也会被翻译为【调整边缘】，功能基本相同。

选择(S) 滤镜(T) 3D(D) 视图(V)
全部(A) Ctrl+A
取消选择(D) Ctrl+D
重新选择(E) Shift+Ctrl+D
反选(I) Shift+Ctrl+I
所有图层(L) Alt+Ctrl+A
取消选择图层(S)
查找图层 Alt+Shift+Ctrl+F
隔离图层
色彩范围(C)...
焦点区域(U)...
主体
天空
选择并遮住(K)... Alt+Ctrl+R
修改(M)

图B01-1

接下来，通过实例学习使用【选择并遮住】进行抠图。

## B01.2 实例练习——抠取人物

### 操作步骤

01 打开本课的素材图片（见图B01-2），使用【多边形套索工具】将含有头发的人物上半部分区域大致选择出来，如图B01-3所示。

图B01-2

图B01-3

02 按Shift+Ctrl+J快捷键执行【通过剪切的图层】命令，将图层分为两个部分（见图B01-4）。因为身体部分有清晰的边缘，而对头发边缘需要做一些半透明处理，所以要分开操作。

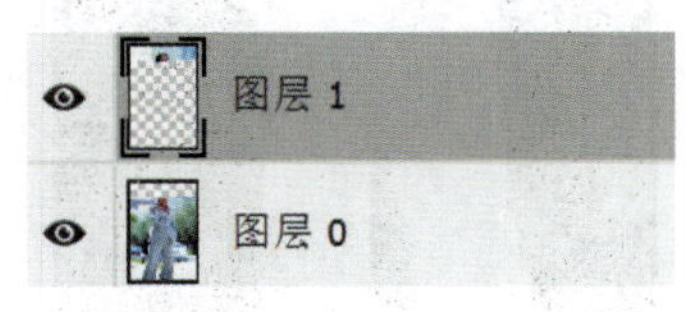


图B01-4

03 先处理身体的部分，使用【快速选择工具】，耐心地将人物身体部分选择出来，如图B01-5所示。

图B01-5

04 选区创建好以后，用鼠标右击，在弹出的菜单中执行【选择并遮住】命令（见图B01-6），弹出【属性】面板，如图B01-7所示。

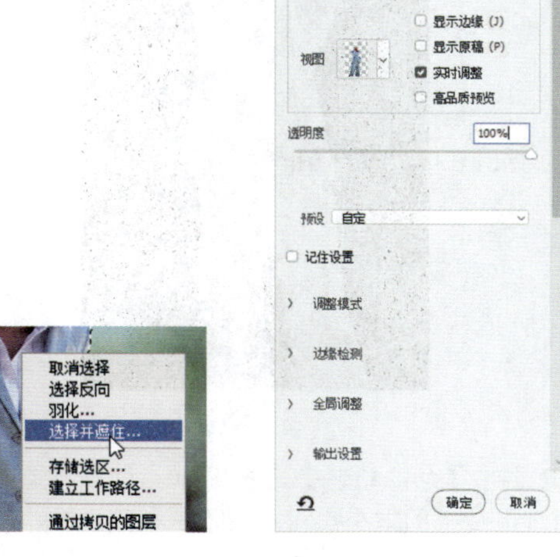


图B01-6　　图B01-7

05 可以选择不同的视图模式，观察边缘的情况（见图B01-8）。将【不透明度】设置为100%（见图B01-9），可以完全屏蔽背景来观察边缘，因为人物边缘浅色居多，所以在【黑底】上可以查看非常清晰的抠图情况。此时会发现，图B01-10所示的红框标记的几个区域的边缘不太理想，有的地方有残缺，有的地方有明显锯齿，不够平滑。

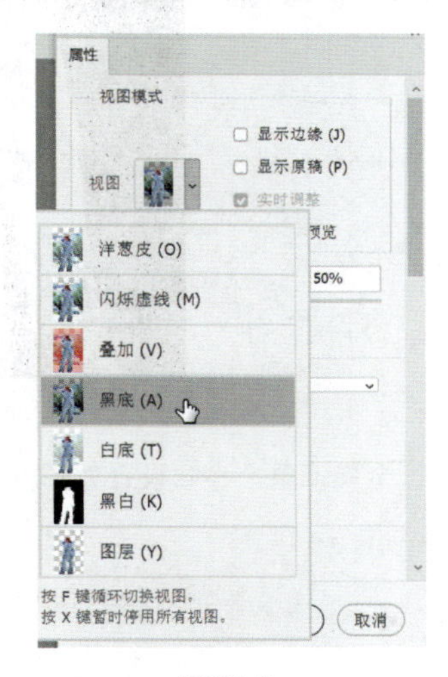


图B01-8

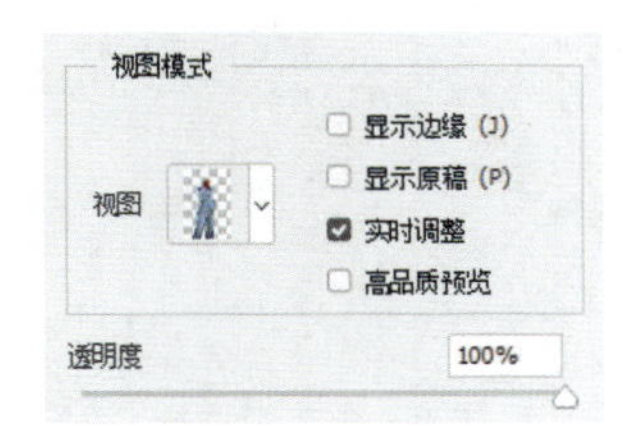


图B01-9

图B01-10

06 调节【边缘检测】（见图B01-11），【半径】值代表确定选区边框的大小。对于清晰锐利的边缘，使用较小的半径；对较柔和的边缘，使用较大的半径。所以将其设定为3像素，边缘效果有了明显的改善，如图B01-12所示。

图B01-11

图B01-12

07 继续进行全局调整，参数设置如图B01-13所示。

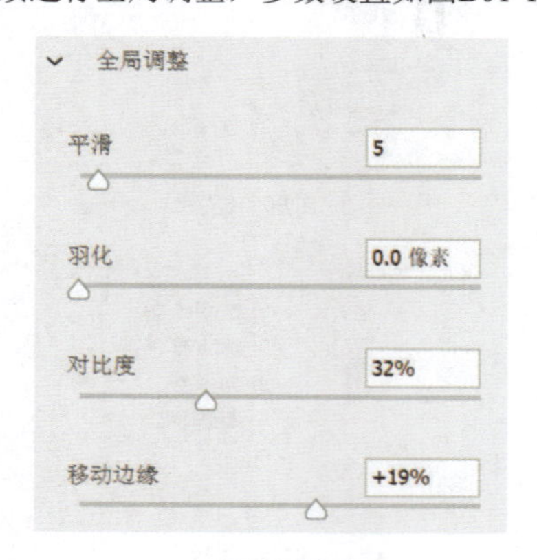


图B01-13

- 平滑：减少选区边框中的不规则区域（凸凹不平），以创建较平滑的轮廓。
- 羽化：模糊选区与周围的像素之间的过渡效果。
- 对比度：增大该值时，沿选区边框的柔和边缘的过渡会变得不连贯。通常情况下，使用【智能半径】选项和调整工具效果会更好。
- 移动边缘：使用负值向内移动柔化边缘的边框，或使用正值向外移动这些边框。向内移动有助于从选区边缘移去不想要的背景颜色。

不必局限于图中的参数，轻微地调节每个属性值，观察有什么变化，最终得到最满意的效果，如图B01-14所示。

图B01-14

调整后，边缘效果变得更好了。别急，目前只是在【黑底】下的效果，切换到【白底】再观察一下。

08 切换到【白底】进行预览，发现边缘有细微的黑边，注意图B01-15中红框里的黑边尤为明显。现在将【移动边缘】的值调小（见图B01-16），调至负值，黑边就消失了，如图B01-17所示。

图B01-15

图B01-16

图B01-17

09 输出。在【输出到】中建议选择【新建带有图层蒙版的图层】选项（见图B01-18），这样不会影响原来的图层，而且抠图结果生成了蒙版，可以在蒙版里（见图B01-19）进行更细致的手工精修。

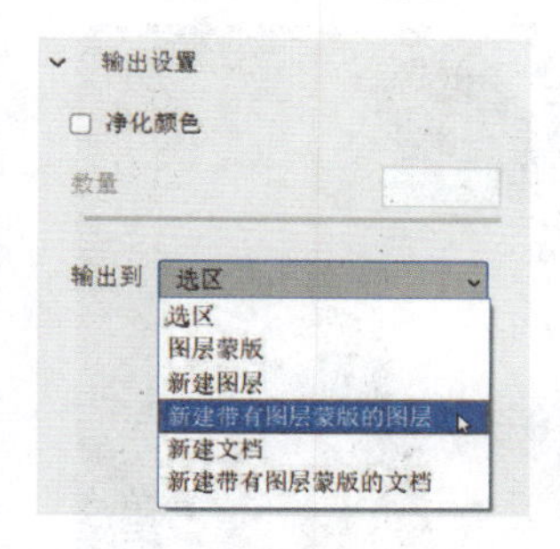


图B01-18

图B01-19

10 身体部分已抠取完成，下面处理头部（见图B01-20）。使用【调整模式】中的【对象识别】模式可以更好地识别毛发，而【颜色识别】模式则适合简单或对比鲜明的背景。一边观察边缘，一边调节参数，如图B01-21所示。

图B01-20

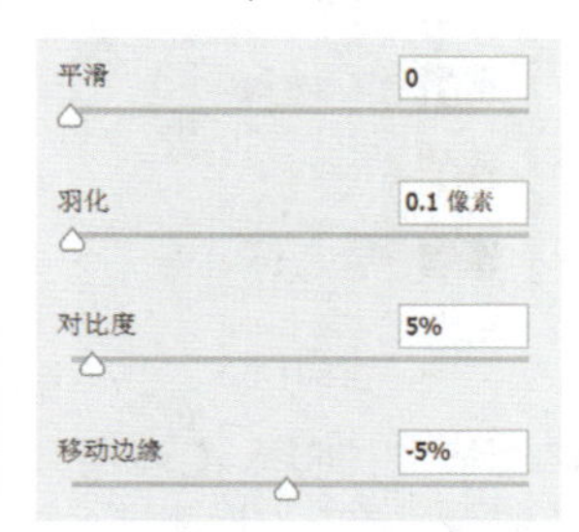


图B01-21

11 左侧工具栏中还有若干工具（见图B01-22），可以使用这些工具在【选择并遮住】模式窗口里继续绘制选区，精修边缘。此处快速选择工具、画笔类工具等涉及很多精细的手工操作，建议读者观看视频进行学习。

图B01-22

12 人物头部在【白底】（见图B01-23）和【黑底】（见图B01-24）上都能呈现令人满意的效果，表明基本上就可以适用于任何背景了。同样输出【新建带有图层蒙版的图层】（见图B01-25），然后和身体衔接在一起，脸部衔接处的断口瑕疵在各自蒙版上修复就可以了。

图B01-23

图B01-24

图B01-25

13 抠图完成，换一个背景试试看，如图B01-26所示。

图B01-26

## B01.3 实例练习——抠取头发

执行【选择并遮住】命令抠取头发，抠图前后的对比效果如图B01-27所示。

原图

抠图后效果

图B01-27

### 操作步骤

01 打开本课素材图片，如图B01-28所示。

图B01-28

选择【快速选择工具】，在选项栏上单击【选择主体】按钮，快速创建人物基本选区，如图B01-29所示。

图B01-29

02 执行【选择并遮住】命令，在【视图模式】中选择【黑底】，如图B01-30所示。

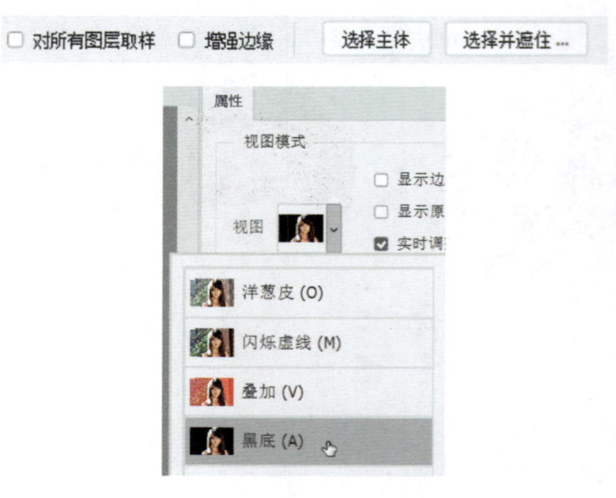


图B01-30

03 在左侧工具栏中选择【调整边缘工具】（见图B01-31），在人物头发的左右两侧进行扫画，将蓬松在外面的发丝识别出来，如图B01-32和图B01-33所示。

图B01-31

图B01-32

图B01-33

人物头发的右侧属性基本不用调整，可以将【边缘检测】的【半径】值适当调大，如图B01-34所示。

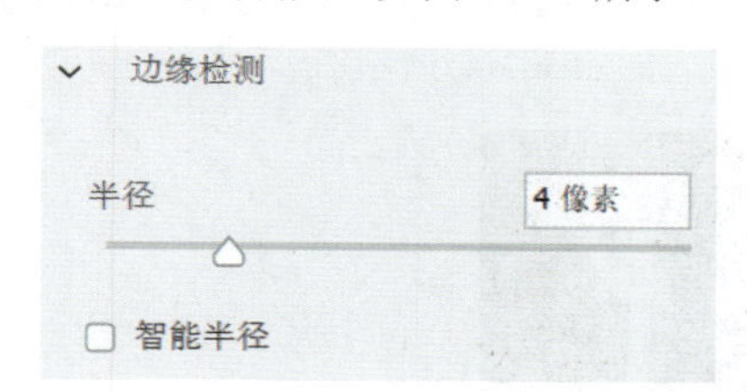


图B01-34

04 设置【输出到】为【新建带有图层蒙版的图层】，如图B01-35所示。

05 按住Alt键单击图层蒙版缩览图（见图B01-36），进入图层蒙版编辑模式。

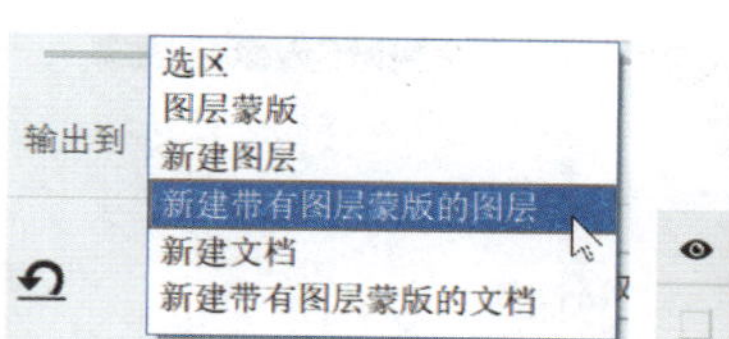


图B01-35

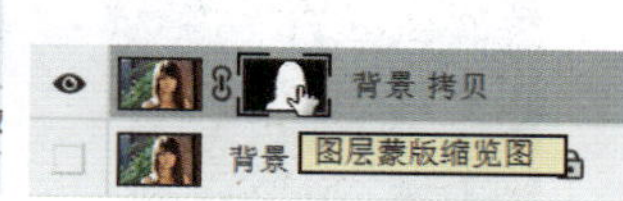


图B01-36

06 用黑色的画笔擦除周围不干净的亮色，如图B01-37和图B01-38所示。

图B01-37

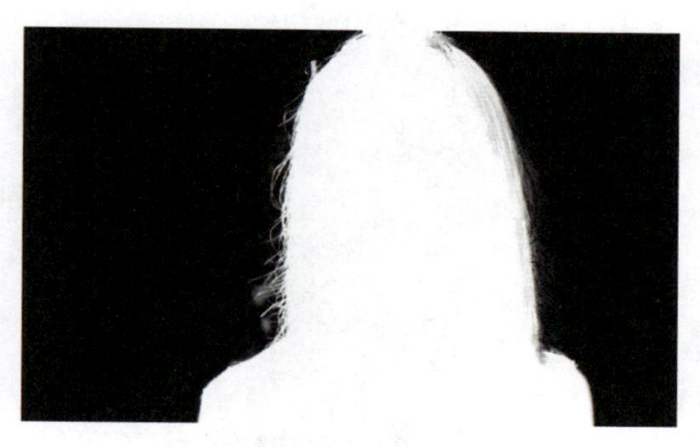

图B01-38

07 对于和发丝混在一起的部分，用【套索工具】大概绘制一个选区，将其圈住。然后右击执行【羽化】命令，将其设置为40像素，如图B01-39所示。

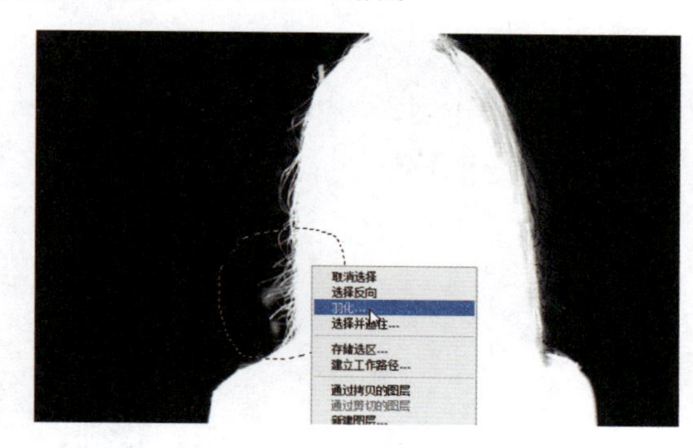

图B01-39

08 按Ctrl+L快捷键打开【色阶】对话框，增强此处的对比度，直到去掉背景灰色。其他类似区域也可以用此方法处理，如图B01-40所示。

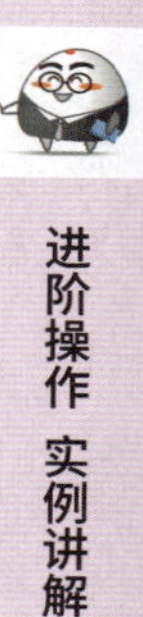

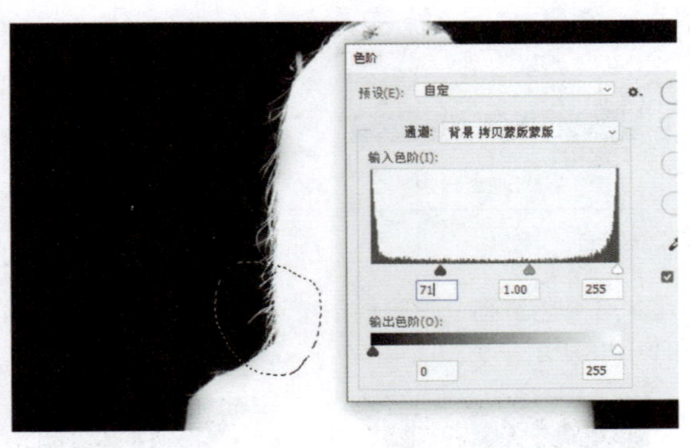


图B01-40

09 对于一些独立的发丝，可以在蒙版上用画笔逐根绘制出来。精细处理后，抠图完成，如图B01-41所示。

图B01-41

## B01.4 实例练习——烟雾抠图

### 操作步骤

01 打开本课的素材图片，选择【矩形选框工具】，在图像上右击，在弹出的菜单中选择【色彩范围】选项，如图B01-42所示。

02 此时鼠标光标变为了吸管，单击烟雾中最亮的白色区域，选中【本地化颜色簇】复选框，设定【颜色容差】为66，【范围】为100%，在下方的图像预览区可以看到烟雾基本上独立显示出来了，如图B01-43所示。

图B01-42

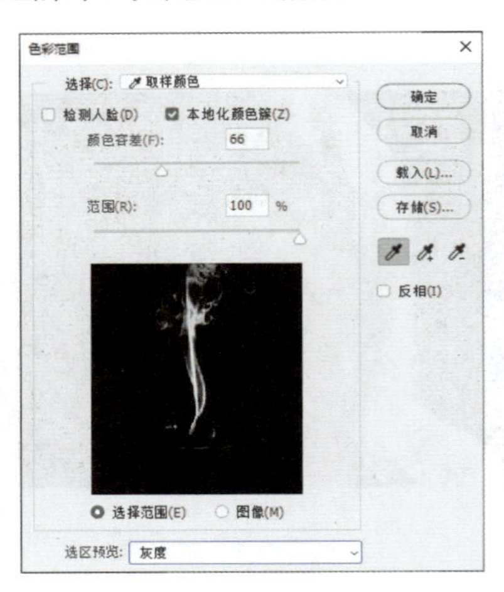


图B01-43

03 单击【确定】按钮，生成烟雾选区（见图B01-44）。在【图层】面板下方单击【添加图层蒙版】按钮，烟雾后的背景大部分被去掉了，在蒙版上用黑色画笔擦除多余的背景部分，烟雾抠图完成，如图B01-45所示。

图B01-44

图B01-45

## B01.5 发现快速操作

按Ctrl+F快捷键，可以打开【发现】面板；执行【帮助】-【Photoshop帮助】命令，也可以打开此面板。【发现】面板集合了搜索、实操教程以及快速操作等功能，其中的【快速操作】工具可以实现将复杂的工作流程一键完成，比如抠图或虚化背景，如图B01-46所示。

图B01-46

单击【快速操作】工具，选择【移除背景】选项，如图B01-47所示。接下来单击【套用】按钮，如图B01-48所示，即可一键完成抠图操作，图层会变为智能对象并带有蒙版，皆是非破坏性编辑，方便进一步的操作。除了通过抠图移除背景外，还可以试试其他的快速操作。

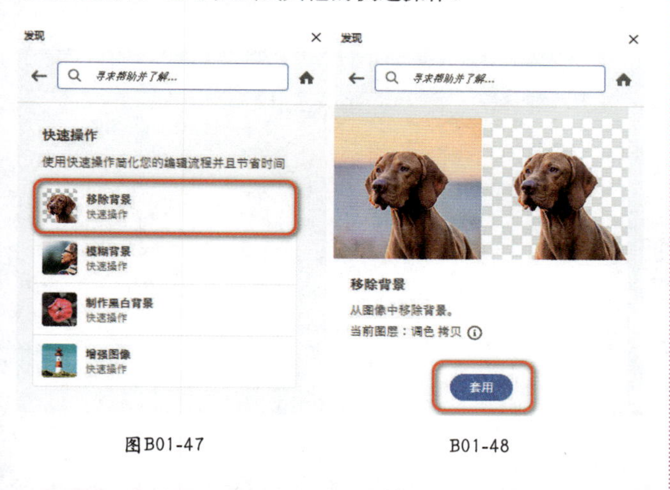


图B01-47　　B01-48

## B01.6 自动替换天空

打开本课素材图片，如图B01-49所示。

图B01-49

执行【编辑】-【天空替换】命令，此命令可以智能识别目标图像的天空区域，快速替换多种类型的天空素材。比如将【天空】设定为黄昏盛景，调整照片城堡建筑边缘，【移动边缘】滑块可以控制边缘的清晰程度，【渐隐边缘】滑块可以控制边缘颜色的不透明程度。另外还可以根据照片的环境，调节天空素材的亮度、色温和大小比例。针对照片部分，可以使用【前景调整】选项组设定光照模式的混合模式、光照的强度等，以上设定的参数如图B01-50所示。

使用左侧的【天空画笔】，结合Shift或Alt键，可以手工绘制天空边缘处的细节。最后输出图层就大功告成了，如图B01-51所示。

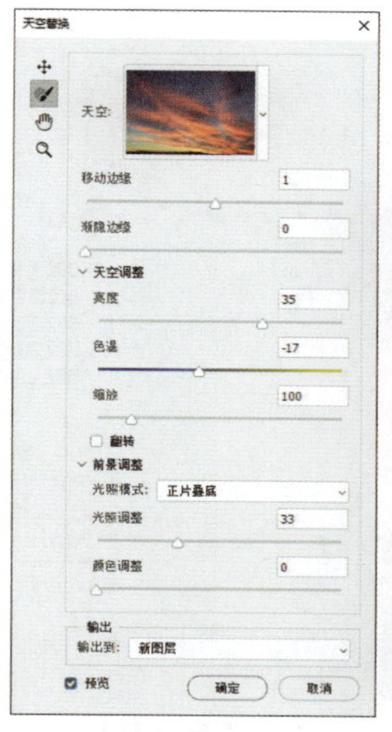


图B01-50

图B01-51

**B02课**

**照片编排**

照片缤纷秀



## B02.1 实例练习——自动生成全景照片

Photoshop有自动合成全景照片的功能，下面通过实例了解一下具体的操作方法。

### 操作步骤

01 打开【文件】菜单，执行【脚本】-【将文件载入堆栈】命令，这是一个非常好用的功能，可以快速将多张照片导入一个PSD文件中，如图B02-1所示。

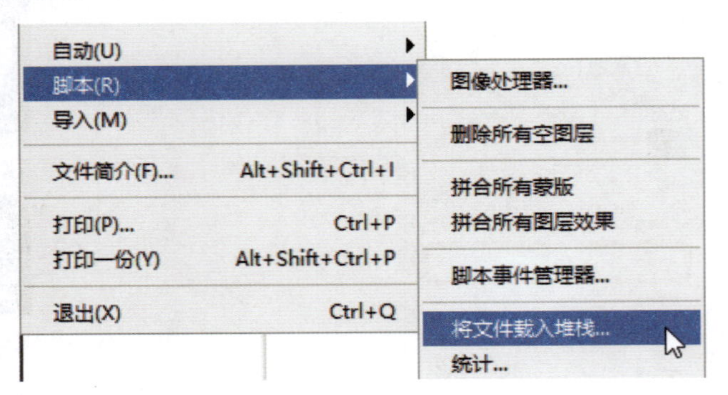


图B02-1

02 本课的素材照片共有5张，在打开的【载入图层】对话框中单击【浏览】按钮，选择这5张照片（见图B02-2）。另外，如果选中【尝试自动对齐源图像】复选框，就可以立即完成全景图的合成，不过照片光影不会自动适应，所以这里就不尝试自动对齐了，如图B02-3所示。

IMG_9789

IMG_9790

IMG_9791

IMG_9792

IMG_9793

图B02-2

载入图层

源文件

选择两个或两个以上的文件来载入到图像堆栈中。

使用：文件

B02.2 IMG_9789.jpg
B02.2 IMG_9790.jpg
B02.2 IMG_9791.jpg
B02.2 IMG_9792.jpg
B02.2 IMG_9793.jpg

浏览(B)...
移去(R)
添加打开的文件(F)
按名称排序(S)
确定
取消

尝试自动对齐源图像(A)
载入图层后创建智能对象(C)

图B02-3

单击【确定】按钮，照片被自动导入，并且上下顺序已经按文件名自动安排好了，如图B02-4所示。

图B02-4

图B02-5

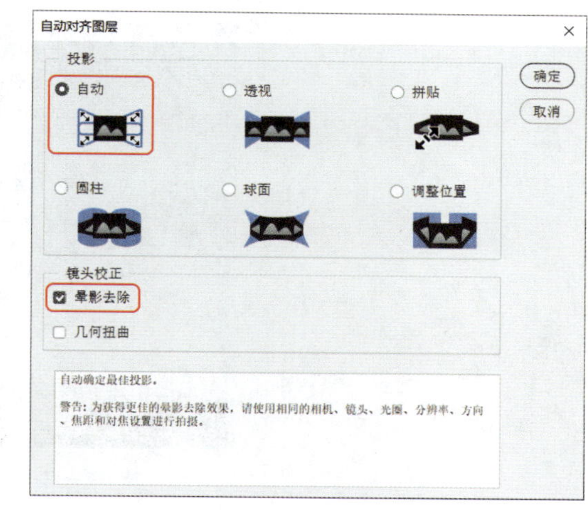


图B02-6

03 选择所有照片图层，执行【编辑】菜单中的【自动对齐图层】命令（见图B02-5），在打开的【自动对齐图层】对话框中选择【自动】选项，选中【晕影去除】复选框，如图B02-6所示。

确定以后，照片就自动拼合在了一起（见图B02-7）。使用【裁剪工具】（见图B02-8）把多余的部分裁掉，如图B02-9所示。

图B02-7

图B02-8

图B02-9

04 每个图层都有蒙版（见图B02-10），在蒙版上可以用柔软的画笔擦除或修复一些明显的直线边缘。每个图层可以通过【曲线】【色彩平衡】等功能进行调色，矫正一下，让整体颜色统一，如图B02-11所示。

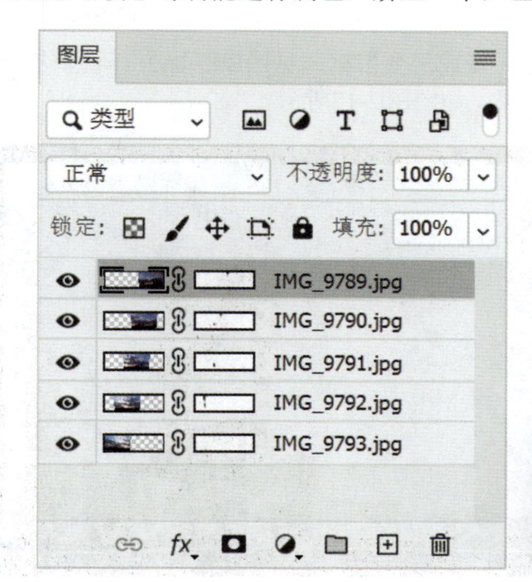


图B02-10

图B02-11

## B02.2 实例练习——照片矫正透视

### 操作步骤

01 打开本课素材图片，执行【编辑】菜单中的【透视变形】命令，先绘制一个矩形网格，如图B02-12所示。

图B02-12

02 调整网格控制点，将其透视关系与图片进行匹配（见图B02-13）。用同样的方式，在右侧也建立网格，并调整透视角度。两个网格重叠到一起，会自动合并，如图B02-14和图B02-15所示。

图B02-13

图B02-14

图B02-15

03 网格调整好以后，在选项栏中单击【变形】按钮，网格消失，变成了变形框（见图B02-16），调整控制点即可调整图像的透视变形效果。调整结束后，单击选项栏中的对号按钮提交结果，如图B02-17所示。

图B02-16

图B02-17

04 适当裁切一下画布，如图B02-18所示，处理完成的效果如图B02-19所示。

图B02-18

图B02-19

## B02.3 实例练习——排布照片拼版

本实例的最终效果如图B02-20所示。

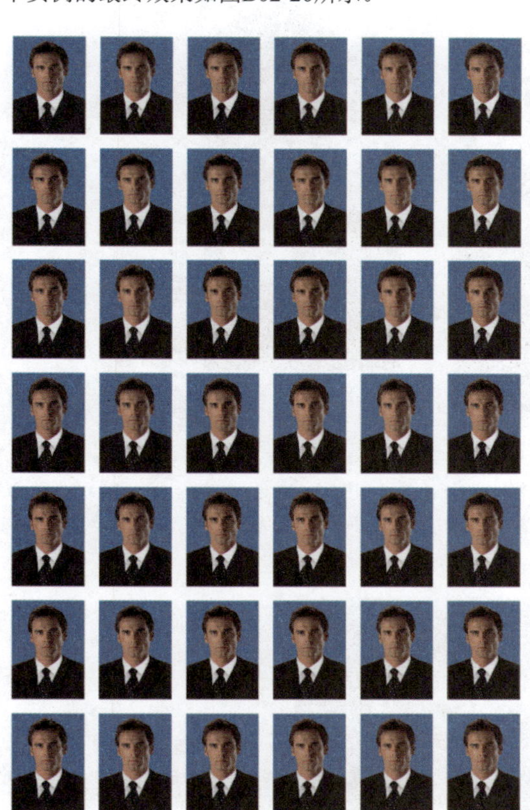

B02-20

### 操作步骤

01 打开素材图片（见图B02-21和图B02-22）。首先为人物穿上西装，显得正式一些。

图B02-21

图B02-22

02 在【图层】面板上选择服装的图层，按住Alt键双击背景图层，将其快速转换为普通图层。使用【快速选择工具】创建白色区域的选区（见图B02-23），按Delete键删掉白色的像素，如图B02-24所示。

图B02-23

图B02-24

03 打开人物照片，使用【快速选择工具】选择出人物部分（见图B02-25）。然后在图像上右击，执行【选择并遮住】命令（见图B02-26）。深入处理边缘后，将其输出为带有蒙版的图层，如图B02-27和图B02-28所示。

图B02-25

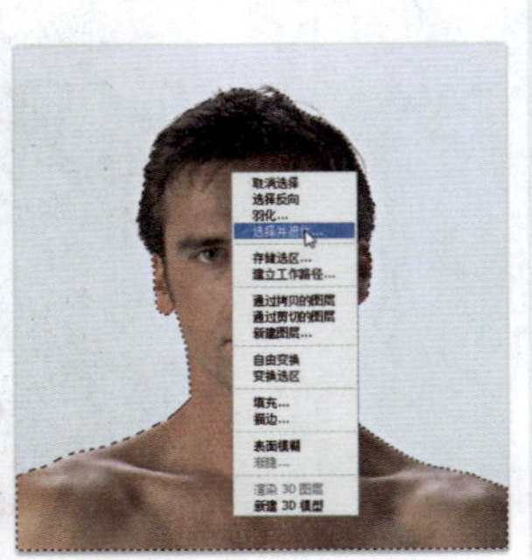
图B02-26

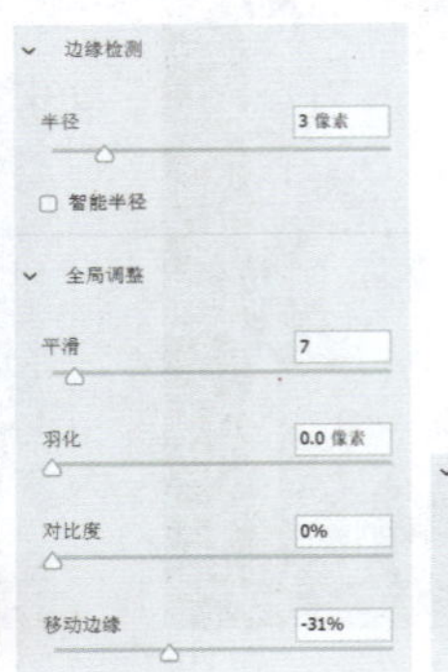

图B02-27

图B02-28

04 把抠出来的人物图层拖到服装图层下方（见图B02-29），按Ctrl+T快捷键进行自由变换，调整至合适的大小和位置（见图B02-30）。可以观察到服装和人物的朝向似乎有问题，可在自由变换的过程中对服装进行【水平翻转】，如图B02-31所示。

图B02-29

图B02-30

图B02-31

05 在人物下方新建一个图层（见图B02-32），填充蓝色，一张1英寸免冠照就初步完成了（见图B02-33）。可以执行【图像】菜单中的【图像大小】和【画布大小】命令设置单张1英寸照片的尺寸，将其宽度设置为2.5 cm，高度设置为3.5 cm，分辨率设置为300像素/英寸。

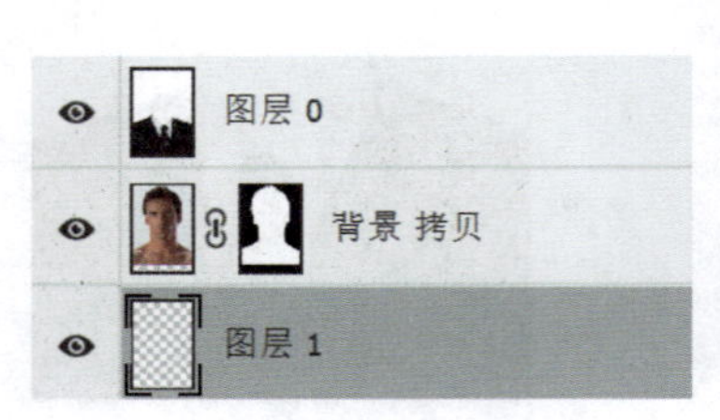

图B02-32

图B02-33

06 将照片文件放进一个独立的文件夹，复制41份图片文件，文件夹内总文件为42份，如图B02-34所示。

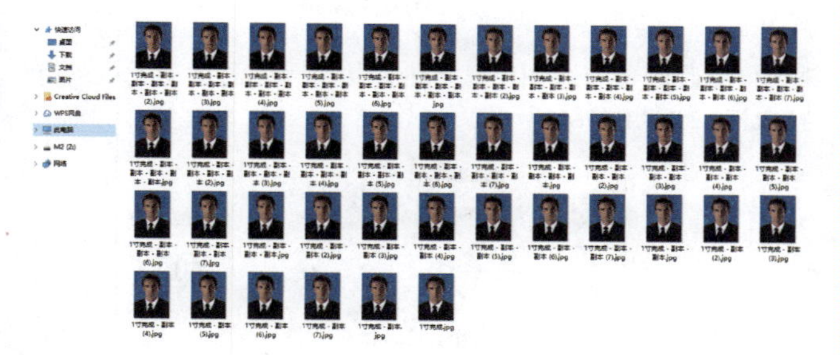

图B02-34

07 在菜单中执行【文件】-【自动】-【联系表Ⅱ】命令，如图B02-35所示。

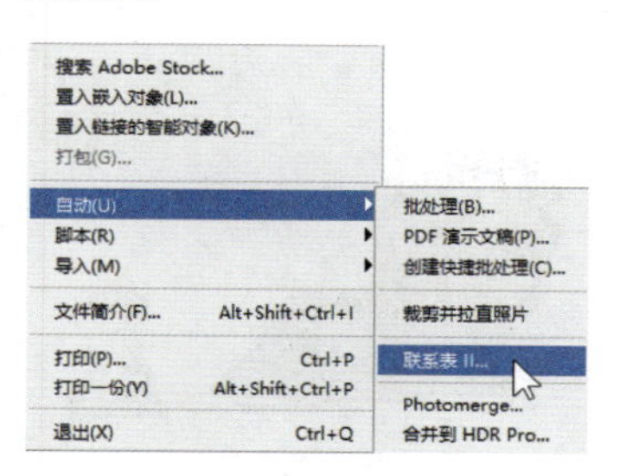


图B02-35

08 在弹出的【联系表Ⅱ】的【源图像】选项栏中选择含有这42份图像的文件夹，如图B02-36所示。

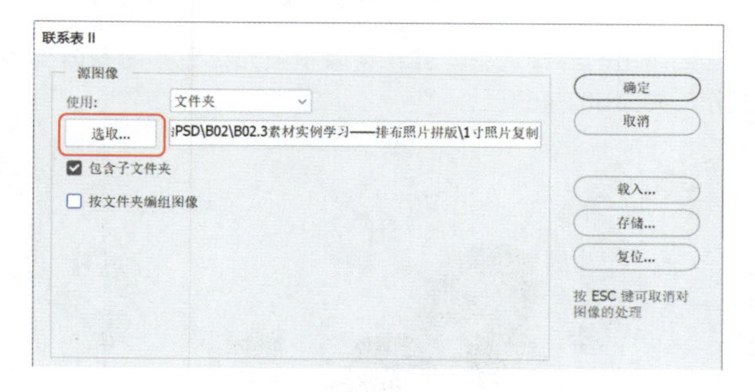


图B02-36

09 在【缩览图】参数部分，取消选中【使用自动间距】复选框，设置【垂直】和【水平】间距皆为0.5 cm，如图B02-37所示。

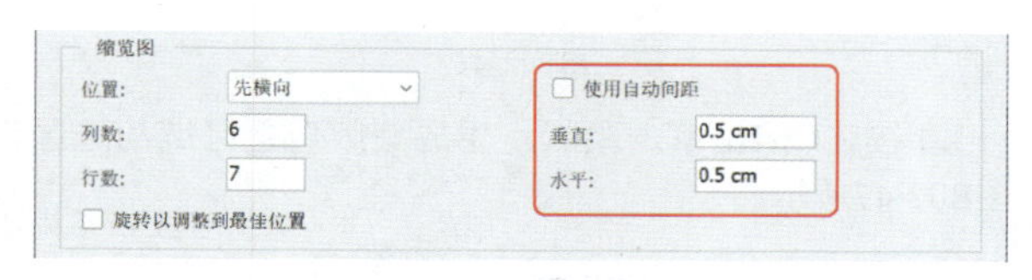


图B02-37

因为照片加上了0.5 cm的间距，所以照片实际占用的面积应为3 cm×4 cm，而A4的尺寸为21 cm×29.7 cm，所以能排布出6列×7行的照片阵列，这就是将图片复制为42份的原因。

10 所以要将【列数】设定为6，将【行数】设定为7。将【文档】中的【宽度】设定为18 cm，将【高度】设定为28 cm，将【分辨率】设定为300像素/英寸，如图B02-38所示。

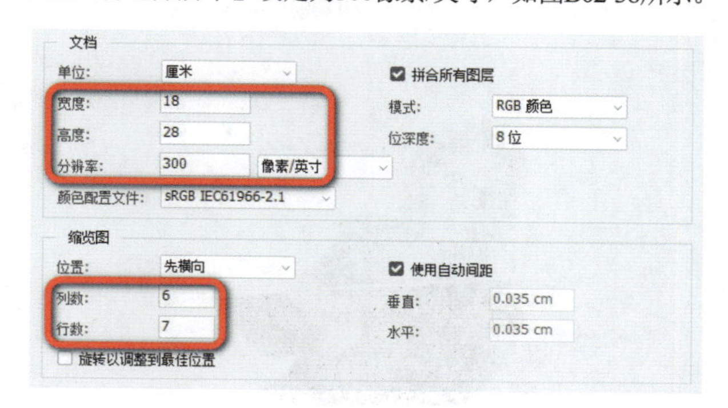


图B02-38

调整好相关参数，即可单击【确定】按钮，Photoshop则会自动开始运行处理，只要稍等片刻，照片就自动排好啦！

最后执行【图像】菜单中的【画布大小】命令，将尺寸调整为21 cm×29.7 cm，便可用于A4尺寸的打印了，如图B02-39所示。

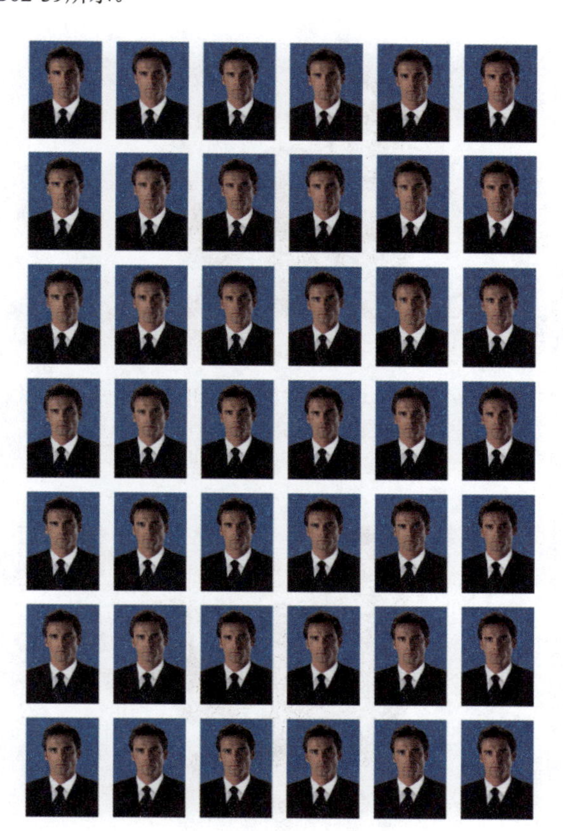

图B02-39

一张A4纸可以打印很多张1寸照片，这么多照片可以留着慢慢用了。

## B02.4 综合案例——照片和现实的融合

本案例的最终完成效果如图B02-40所示。

图B02-40

### 操作步骤

01 打开本课的素材图片（见图B02-41），复制一个图层。

图B02-41

使用【矩形选框工具】绘制如图B02-42所示的选区，然后添加图层蒙版，如图B02-43所示。

图B02-42

图B02-43

02 隐藏原背景图层，单击链接符号，将图层蒙版的链接取消，如图B02-44所示。

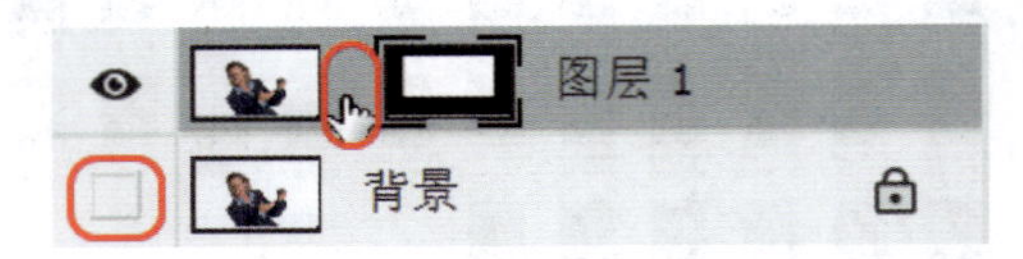


图B02-44

接着选择蒙版，按Ctrl+T快捷键进行自由变换，旋转一下蒙版，使其稍微倾斜一些，如图B02-45所示。

图B02-45

把露出的部分选中，并在蒙版中填充黑色，隐藏露出的部分，如图B02-46所示。

图B02-46

03 按住Ctrl键单击蒙版，生成蒙版白色区域的选区，如图B02-47所示。

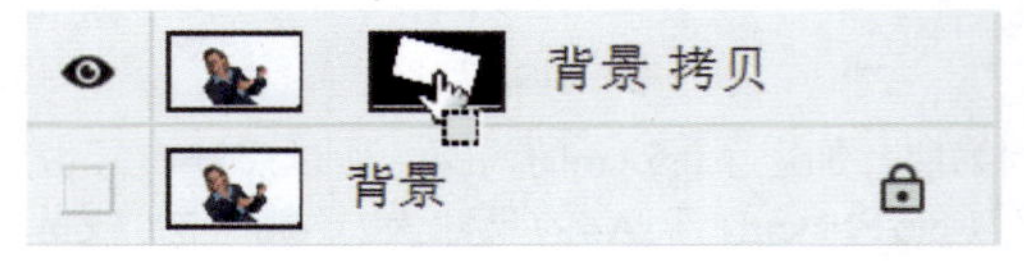


图B02-47

在【选择】菜单中执行【修改】子菜单下的【收缩】命令，将收缩值设置10像素（见图B02-48和图B02-49）。然后执行【选择】菜单下的【反选】命令，快捷键为Shift+Ctrl+I。

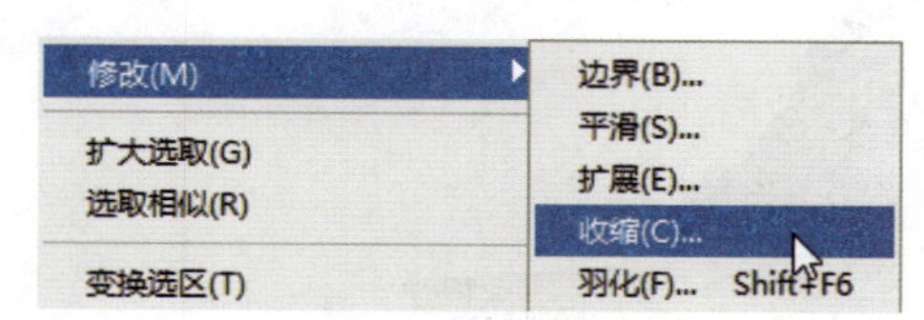


图B02-48

图B02-49

04 添加【色相/饱和度】调整图层（见图B02-50），按住Alt键单击图层缝隙，放入下方图层剪贴蒙版，如图B02-51所示。

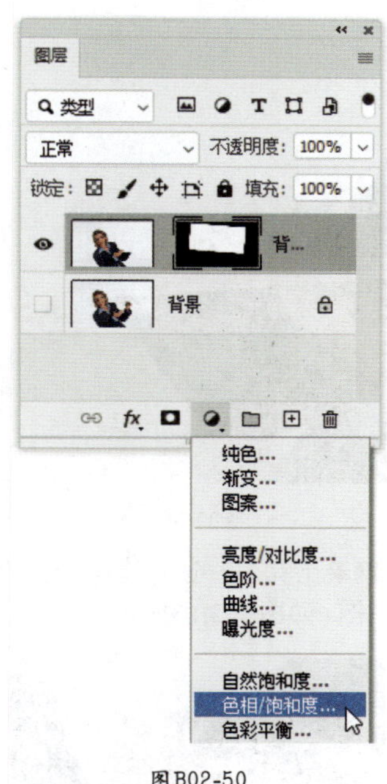


图B02-50

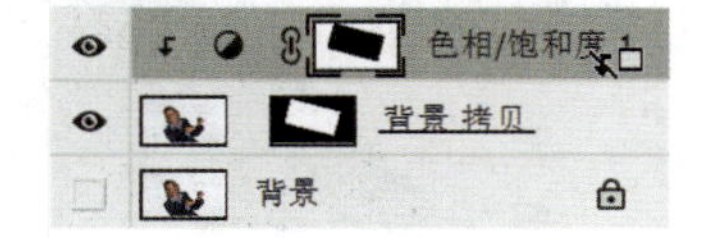


图B02-51

将【饱和度】调整为-100，将【明度】调整为100，如图B02-52所示。

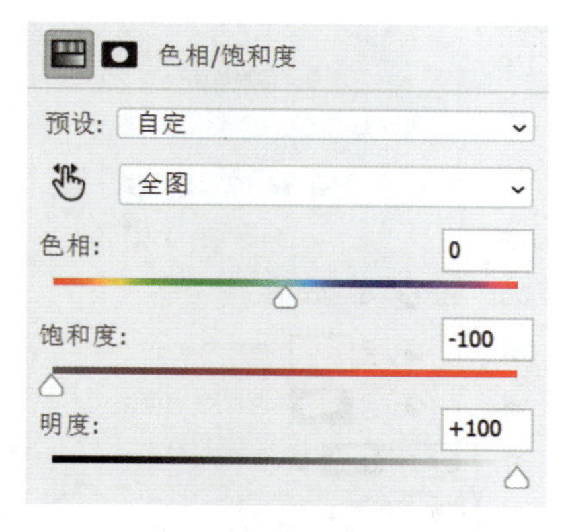


图B02-52

添加【色彩平衡】调整图层，此时已经没有选区，会变为空白的蒙版。同样把【色彩平衡】调整图层也放入下方剪贴蒙版（见图B02-53），调整参数，如图B02-54和图B02-55所示。

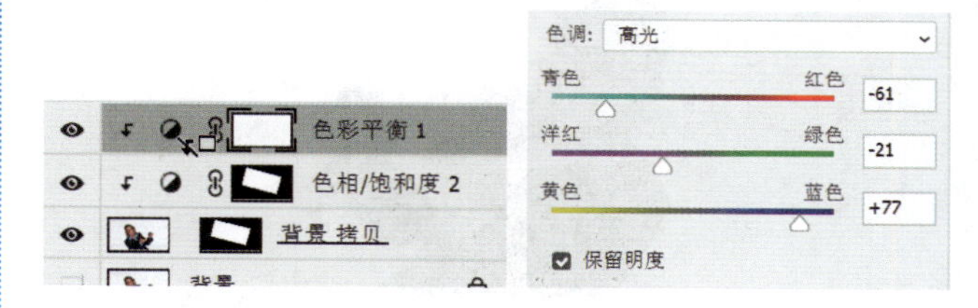


图B02-53　　图B02-54

图B02-55

05 再次按住Ctrl键并单击蒙版（见图B02-56），生成选区后，执行【选择】菜单中【修改】子菜单下的【羽化】命令，将羽化值设置为20像素。

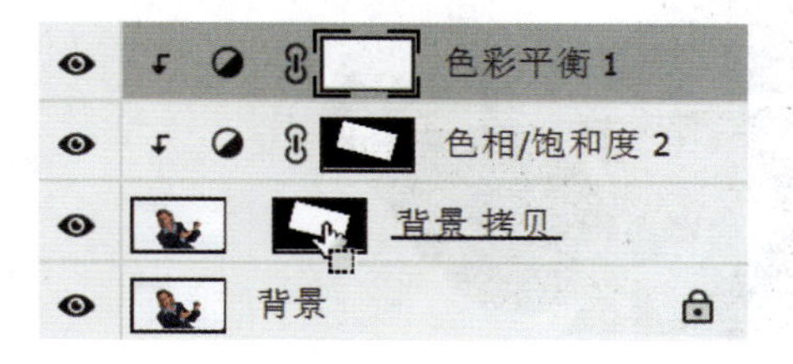


图B02-56

06 在该图层下方创建新图层，填充黑色，设定图层不透明度为35%（见图B02-57），使其成为一个浅浅的阴影（见图B02-58）。

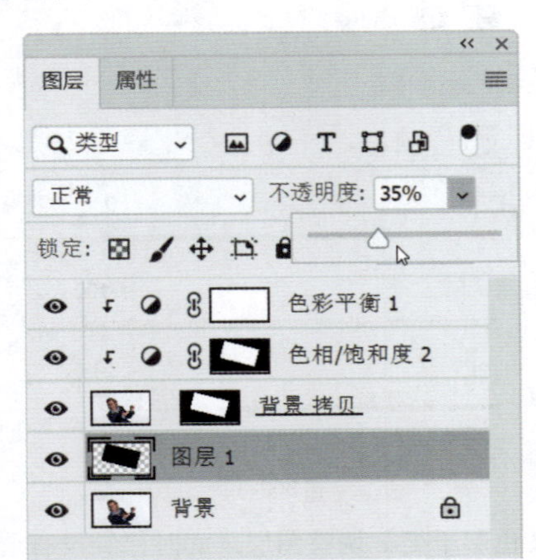


图B02-57

图B02-58

**提示**

阴影也可以用后面B03课中讲述的图层样式功能来做，更加简单高效。

07 处理细节。用画笔小心擦掉画框内的手，如图B02-59和图B02-60所示。

图B02-59

图B02-60

使用【仿制图章工具】把拇指也修掉（见图B02-61和图B02-62），此处操作比较琐碎，建议观看视频学习。

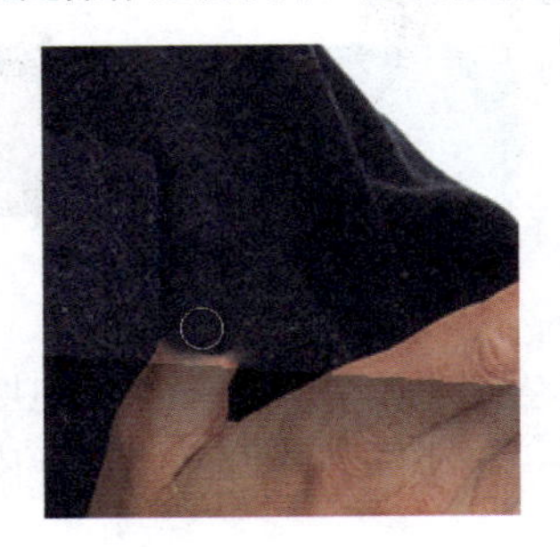

图B02-61

图B02-62

08 使用【钢笔工具】，选择【路径】模式，精准地将半个手背选取出来，如图B02-63所示。

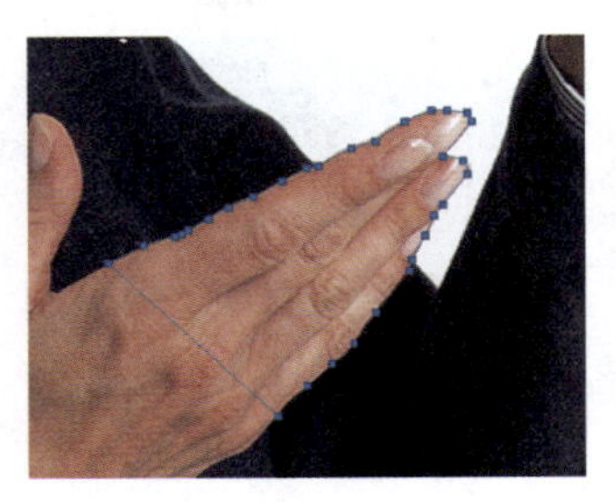

图B02-63

09 按Ctrl+Enter快捷键生成选区（见图B02-64），复制背景图层，放到顶端，然后单击【图层】面板下方的【添加蒙版】按钮（见图B02-65）。因为蒙版的作用，图层只保留显示半个手背，如图B02-66所示。

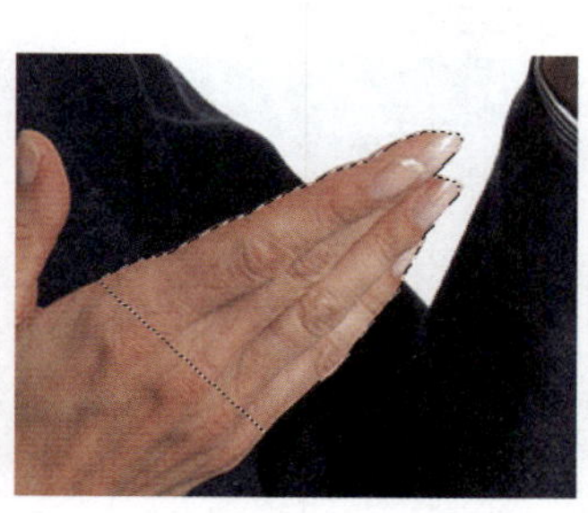

图B02-64

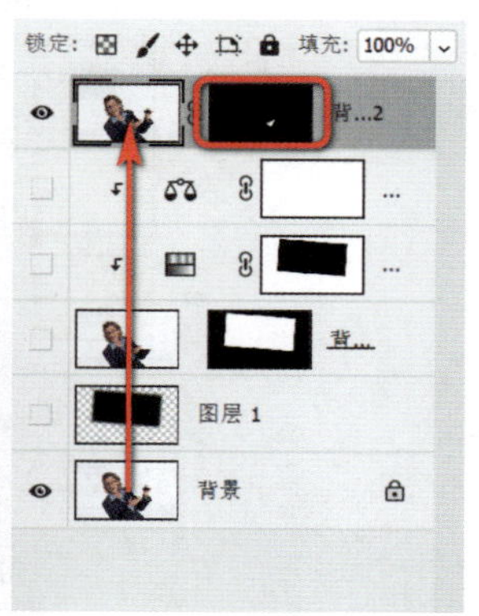

图B02-65

图B02-66

10 注意细节的处理和完善，最后在空荡的区域加上文字作为点缀，如图B02-67所示。

图B02-67

## B02.5 综合案例——飞舞的照片

本案例最终完成效果如图B02-68所示。

图B02-68

### 操作步骤

01 打开本课的背景素材图片，然后新建空白图层，命名为“照片框”，使用【矩形选框工具】绘制如图B02-69所示的矩形，按Shift+F5快捷键填充白色，如图B02-70所示。

图B02-69

图B02-70

02 使用【矩形选框工具】并按住Shift键绘制正方形选区，位置、大小如图B02-71所示。然后再次新建图层，命名为“照片剪贴蒙版”，随意填充一个颜色，如灰色，如图B02-72和图B02-73所示。

图B02-71

图B02-72

图B02-73

03 将这两个图层分别复制两份，一共3份，如图B02-74所示。

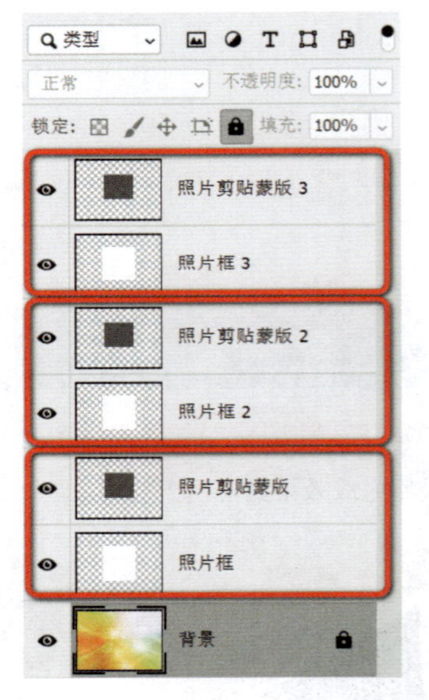

图B02-74

04 隐藏新复制的图层，然后打开照片素材，例如吃西瓜的小女孩们这张（任意照片皆可），将其拖曳到【照片剪贴蒙版】图层上方。按住Alt键并单击图层缝隙，创建剪贴蒙版，将照片放置在框内（见图B02-75）。再按Ctrl+T快捷键对其进行自由变换，调整照片到合适大小，拍立得风格的相框制作完成，如图B02-76所示。

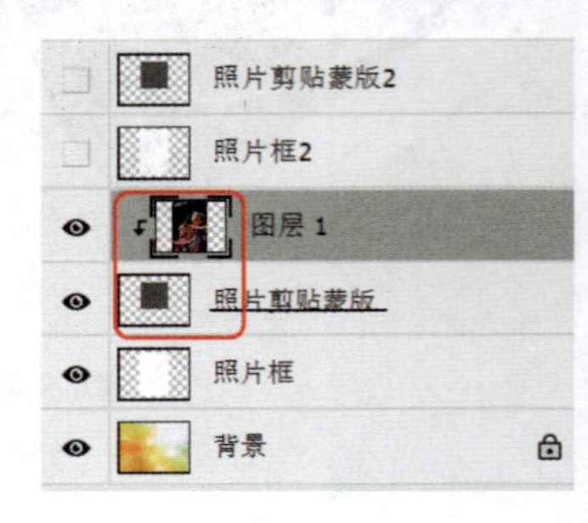

图B02-75

图B02-76

选择这3个图层，右击，在弹出的菜单中选择【合并图层】选项，如图B02-77所示。

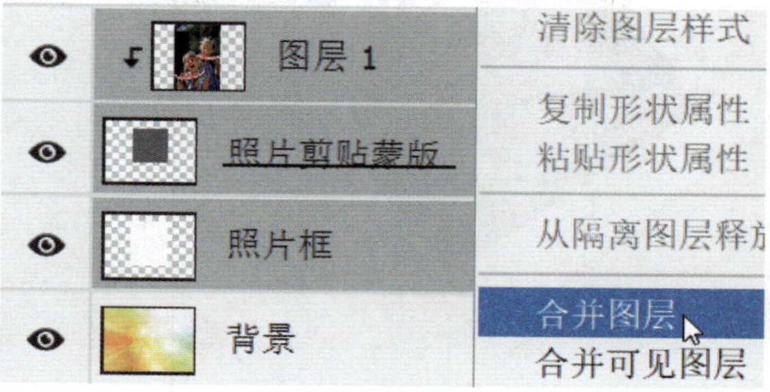

图B02-77

05 使用同样的方法，做出另外两张照片，如图B02-78所示。

图B02-78

06 先隐藏其他图层，然后使用自由变换的变形功能，把照片变形为弯曲效果，如图B02-79和图B02-80所示。

图B02-79

图B02-80

弯曲后，对其旋转并调整角度，如图B02-81所示。

图B02-81

对于其他照片，也按此类风格设计，使版式效果更加灵活生动，富有生活情趣，如图B02-82所示。

图B02-82

07 按住Ctrl键并单击图层缩览图，生成图层选区（见图B02-83）。然后右击照片，在弹出的菜单中选择【羽化】选项（见图B02-84），设置羽化值为50。在下方创建新图层，按Shift+F5快捷键填充黑色，设定【不透明度】为39%（见图B02-85）。接着为照片添加阴影效果（见图B02-86），阴影可以用B03课讲述的图层样式功能制作，更加简单高效。

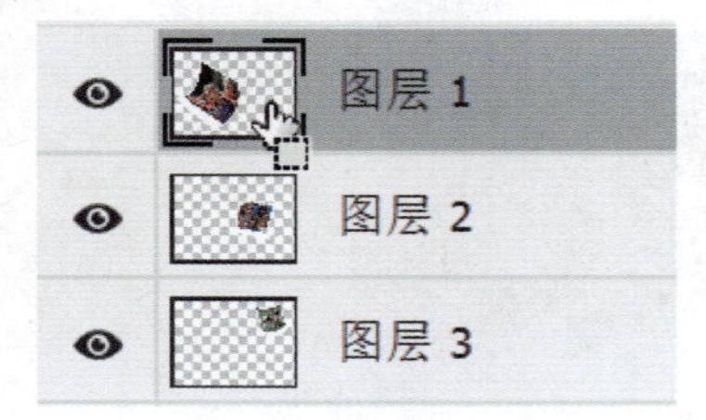


图B02-83

图B02-84

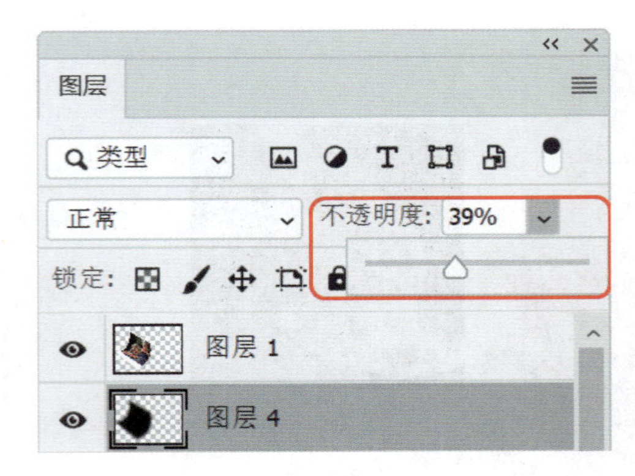


图B02-85

图B02-86

08 可以为所有的照片都加上淡淡的阴影效果，作品基本完成（见图B02-87）。如果感觉画面单调，可以添加更多照片或设计元素，让画面更加丰富。

图B02-87

## B03课

# 图层样式

让图层更炫

【图层样式】是图层的外观效果，如阴影、发光和斜面等（见图B03-1），这些效果是可通过调节参数来控制的，而不破坏图层本身的内容，属于无损操作的一种。如果说图层蒙版是图层的隐形罩衣，那么图层样式就是图层华丽的外衣，让图层更炫丽。

图B03-1

## B03.1 了解图层样式

### 1. 添加图层样式

新建空白文档，设定尺寸为1920×1280像素，使用【矩形工具】，设定【填充】为浅蓝色，无描边，设置圆角半径为50像素，绘制一个圆角矩形，如图B03-2所示。

图B03-2

在【图层】菜单的【图层样式】子菜单中，可以选择添加各种类型的样式。

在【图层】面板下方单击【添加图层样式】按钮fx，可以选择添加各种类型的样式。

在【图层】面板上直接双击图层缩览图和名称之外的激活区域，可以快速打开【图层样式】对话框（对于普通图层，双击缩览图也可以打开【图层样式】对话框）。

### 2. 图层面板上的图层样式控制

例如，选择【图层样式】中的【投影】选项，设定投影的属性，如图B03-3所示。

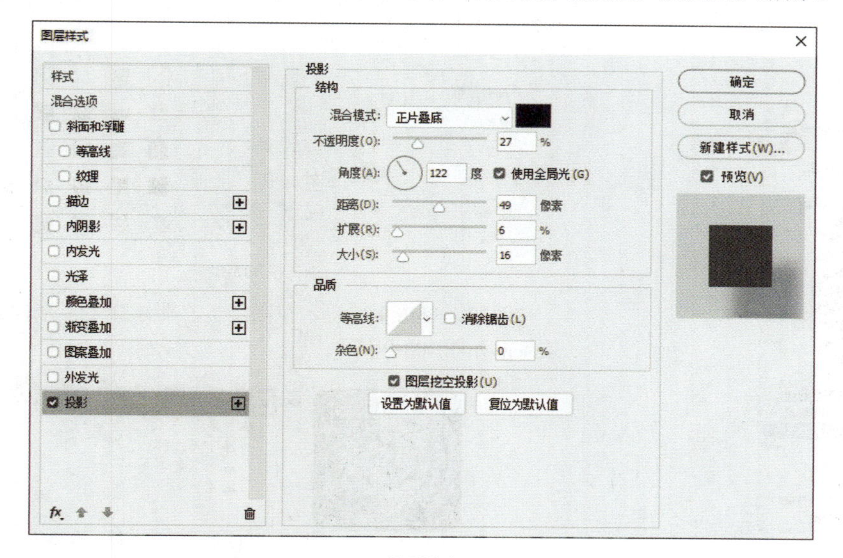


图B03-3

确定后，圆角矩形有了投影效果（见图B03-4），【图层】面板上图层的下方会显示相应样式的名称。

图B03-4

- 单击图标后的箭头可以折叠样式显示，如图B03-5所示。

图B03-5

- 双击【效果】或【投影】都可以打开【图层样式】对话框，继续调节样式属性。衣服可以换，也可以重新搭配，总之图层的外衣可以灵活调整，不会伤害图层本身。
- 小眼睛图标用于控制图层样式的停用和启用。
- 用鼠标拖曳样式名称到其他图层，可以把样式赋予目标图层，自身样式则会消失，即把外衣脱了送人了；如果按住Alt键的同时拖曳，则是复制样式给目标图层，自身样式保留不变，大家一起穿得漂漂亮亮的。
- 右击图标，可以快速选择样式类型，也可以选择复制粘贴样式，或清除样式，如图B03-6所示。

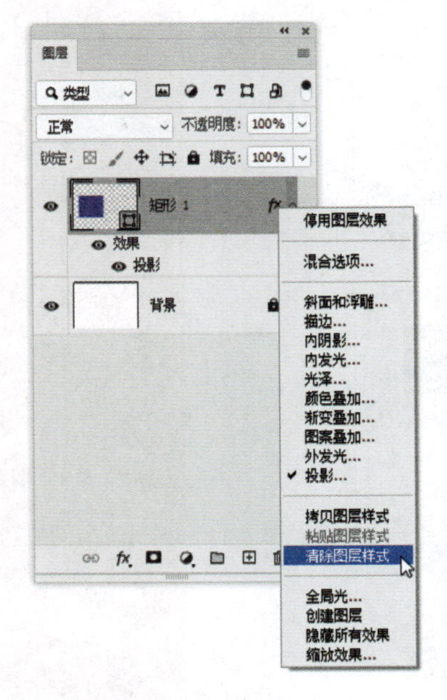


图B03-6

- 右击图标，在弹出的菜单中选择【创建图层】选项，可以把图层样式效果作为图层独立划分出来，相当于脱掉外衣，放在身前，看上去效果不变，其实两者已经分离。
- 选择【缩放效果】选项，可以控制效果的大小比例。

## 3.【图层样式】对话框

【图层样式】对话框由左侧列表和右侧调节控制区构成，如图B03-7所示。

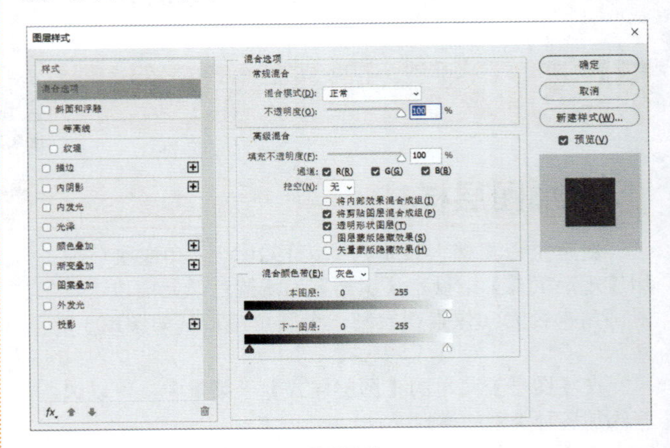


图B03-7

通过左下方的按钮可以添加新的样式，或者单击带图标的样式，在下方追加该样式效果。追加样式以后，可以通过按钮调整上下次序。

### 1）样式面板

在【图层样式】对话框中，左侧列表最上方为【样式】面板，可以直接单击添加Photoshop自带的样式效果，就好像衣柜一样，从里面选一套衣服穿上，如图B03-8所示。

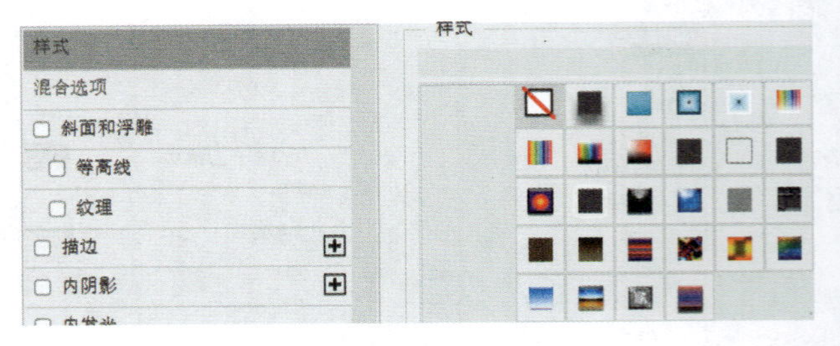


图B03-8

例如，单击按钮，在图层上立即添加了多个样式组合效果，如图B03-9所示。

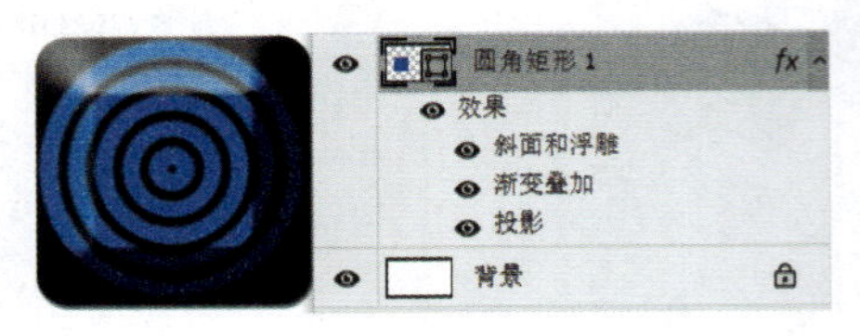


图B03-9

另外，在【窗口】菜单中也可以打开单独的【样式】面板，使用方法相同。在该面板的菜单中，还可以通过【导入样式】命令导入外部的样式素材资源，如图B03-10所示。

图B03-10

### 2）混合选项

混合选项（见图B03-11）中的参数可以针对图层混合方面的属性进行设定。关于【常规混合】中的【混合模式】，在B05课会有详细讲解；【不透明度】设置等同于【图层】面板上的图层不透明度设置；关于【高级混合】和【混合颜色带】部分，初学阶段先暂缓学习此内容，可以当作扩展知识来学习，请扫码观看关于【高级混合】和【混合颜色带】的视频讲解。

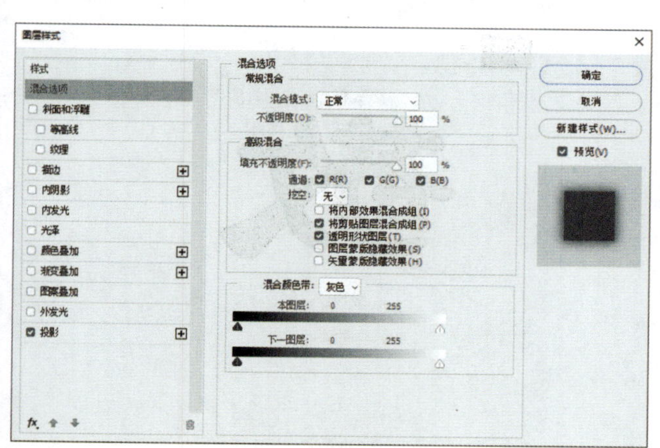

图B03-11

## 4. 斜面和浮雕

使用【斜面和浮雕】可以生成类似凸出或凹陷的浮雕样式，经常用于立体按钮、立体文字，或雕刻效果等，可以调节的参数有很多，看上去很是吓人。其实功能越多，反而更简单，每个细节都可以量化控制，不需要手工去绘制设计。熟悉对应的效果后，调节起来会愈发简单顺手。

使用文字工具随意输入文字（见图B03-12），字体风格尽量宽厚些，文档分辨率在72像素/英寸的情况下，设置文字大小为590点。

图B03-12

选中【斜面和浮雕】复选框添加样式，设置的属性和效果如图B03-13所示。

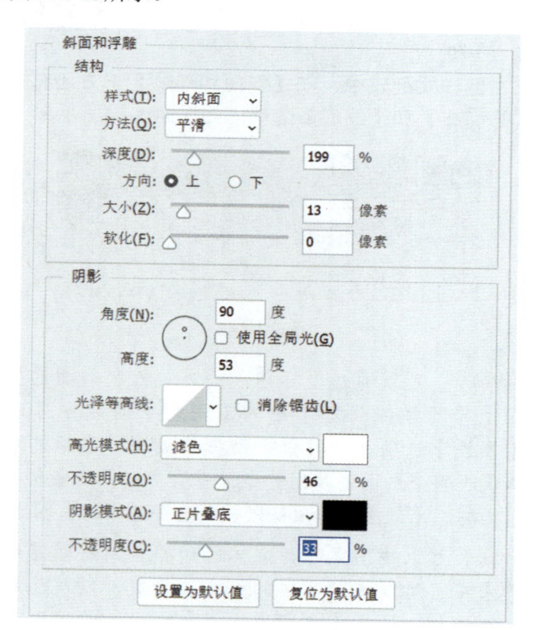

图B03-13

- 样式：用于选择浮雕效果的类型，可选择不同的样式对比尝试一下。

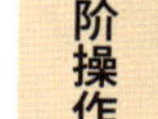

- 方法：用于选择斜面的类型，【平滑】选项是比较自然的过渡，其他两个选项则有很强的雕刻感。
- 深度：深度越大，斜面越陡，空间深度越强。
- 方向：在感官上，【上】是凸出，【下】是凹陷。
- 大小：用于控制斜面的大小，斜面越大，顶平面越小。
- 软化：用于控制斜面与顶平面交接处的软化程度。
- 角度/高度：用于控制光源的位置，即光线的照射方向和高度。
- 使用全局光：所有样式统一使用相同的光线设定。
- 光泽等高线：可以选择不同的斜面光泽样式，还可以自定义编辑曲线，如果光泽形成锯齿，可以选中后面的【消除锯齿】复选框。
- 高光模式：该模式一般默认选择【滤色】选项，即一种变亮模式，适合高光，可以通过调节不透明度控制高光的强弱。
- 阴影模式：该模式一般默认选择【正片叠底】选项，即一种变暗模式，适合阴影，可以通过调节不透明度控制阴影的深浅。

在左侧样式列表中，在【斜面和浮雕】下方还有扩展设置：【等高线】和【纹理】选项，如图B03-14所示。

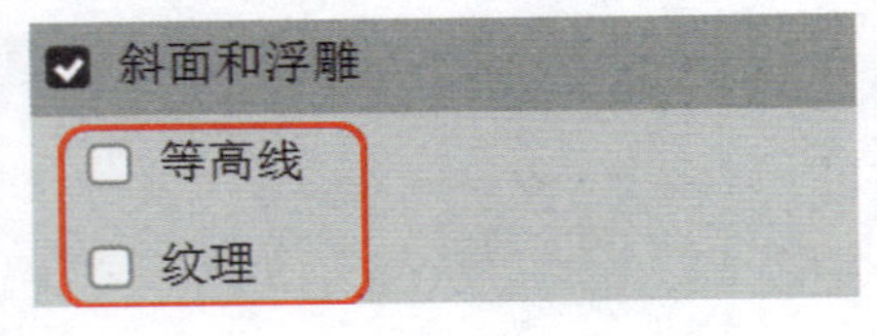


图B03-14

- 等高线：可以通过坐标曲线的方式控制斜面的样式，在【等高线编辑器】中的【映射】曲线中可以选择【预设】选项，也可以手动编辑调整。坐标的水平方向代表整个斜面的映射分布，垂直方向代表着斜面的陡峭程度。【范围】选项可以控制整个斜面的占图比例。
- 纹理：可以将图案作为立体凸起整合到斜面浮雕综合效果中，可以控制图案的大小、缩放，以及凸起的深度。例如，选择【水彩】图案，水彩纸的纹理凸起会加入到效果中，如图B03-15所示。

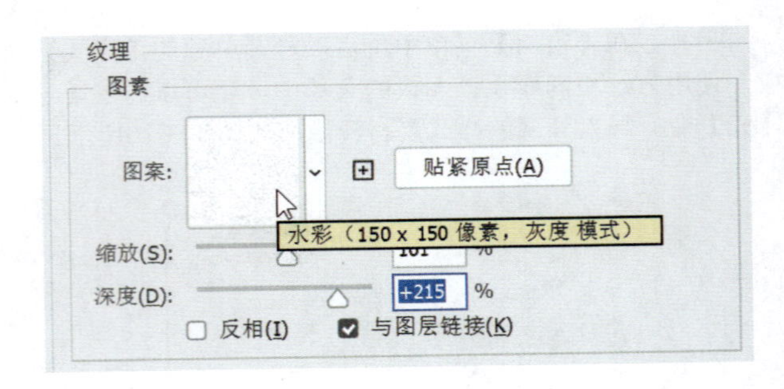

图B03-15

## 5. 描边

使用【描边】效果时可以设置其【位置】，如将描边放置在外侧、内侧，或者居中；另外，除了描实色边缘外，还可以选择【填充类型】，将渐变、图案作为描边使用，如图B03-16所示。

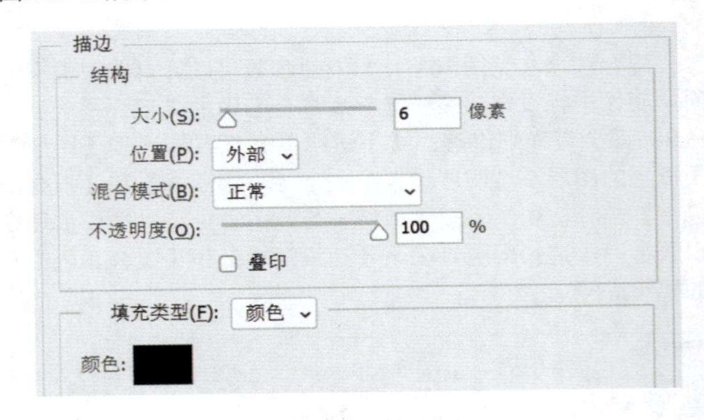

图B03-16

**扩展知识**

在【编辑】菜单中，也可以找到【描边】命令，应用的效果和图层样式的描边完全相同，但【描边】命令属于不可逆的破坏性操作，一般不建议使用。

## 6. 内阴影

内阴影，即在内部产生内刻的阴影效果。可以设置阴影的【距离】，影子越远，空间深度越大；【阻塞】用于控制阴影扩散过渡的程度；【大小】用于控制阴影的模糊柔和程度，模糊越大，影子越虚。增加【阻塞】百分比，可以在保持阴影大小的情况下，收缩阴影的模糊扩散效果，如图B03-17所示。



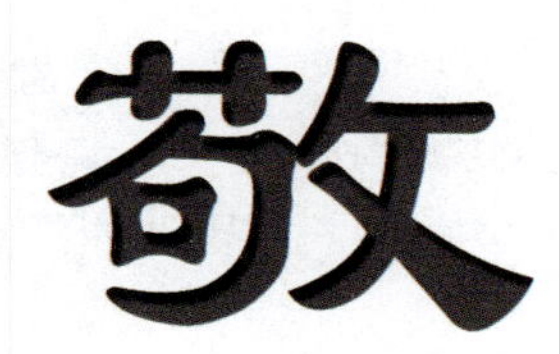

图B03-17

## 7. 内发光

使用内发光可产生内部发光的效果。增加【杂色】值会增加发光部分的颗粒效果。如果选择发光【源】为【居中】，会从中间向外发光，而不是从边缘向内发光，如图B03-18所示。



图B03-18

图B03-18（续）

## 8. 光泽

光泽效果可以模拟斑驳的光影，以及鎏金一般的柔顺光泽，有金属反光的感觉。注意选择不同的【等高线】类型，可以生成不同的光泽样式，如图B03-19所示。

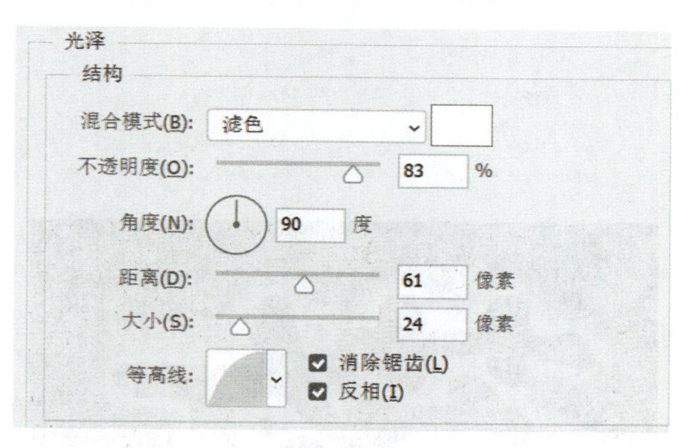

图B03-19

## 9. 颜色、渐变、图案

通过【图层样式】可以填充颜色、渐变和图案，这是无损的填充方式。推荐使用图层样式填充内容，如图B03-20所示。

图B03-20

## 10. 外发光

外发光和内发光相反，外发光可以模拟很多发光物体，如灯光效果、突出显示效果等，如图B03-21所示。

外发光
结构
混合模式(E): 滤色
不透明度(O): 89 %
杂色(N): 0 %
图素
方法(Q): 柔和
扩展(P): 13 %
大小(S): 35 像素

图B03-21

## 11. 投影

投影是常用的样式之一，投影可以烘托图层内容的空间感，增强边缘的颜色对比，有了图层样式的投影，就不用手工制作投影了；选中【图层挖空投影】复选框时，即便图层填充度为零，也会遮住下方投影的部分，如图B03-22所示。

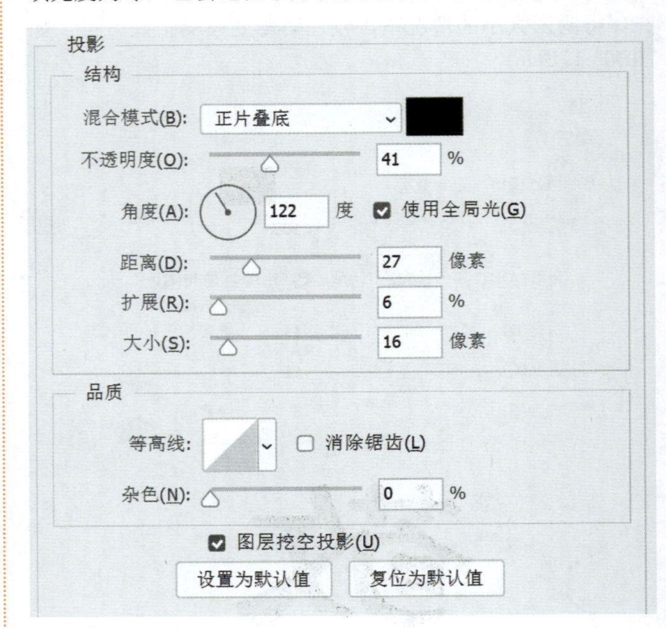

图B03-22

# B03.2 综合案例——水晶按钮

本案例的最终效果如图B03-23所示。

确定按钮

图B03-23

### 操作步骤

01 新建空白文档，设置文档大小为800×600像素，使用【圆角矩形工具】，设置一个较大的圆角半径，如50像素，设置宽度为570像素左右，填充色为浅蓝色，然后绘制如图B03-24所示的形状。

图B03-24

02 添加【斜面和浮雕】的图层样式，设定好基本的浮雕样式、光影方位、高光和阴影强度等，注意光源的角度正好是90度，高度是51度，如图B03-25所示。

03 选中【等高线】复选框，选择【高斯】类型的曲线样式（见图B03-26）。按钮的高光部分过渡自然，饱满突出，如图B03-27所示。

图B03-25

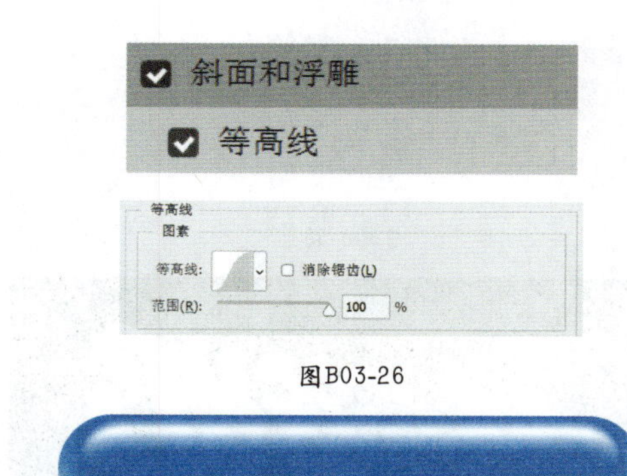


图B03-26

图B03-27

04 选中【渐变叠加】复选框添加样式，编辑渐变效果，设计微妙的冷色调蓝色的过渡变化效果，并使用【正片叠底】的混合模式，如图B03-28所示。

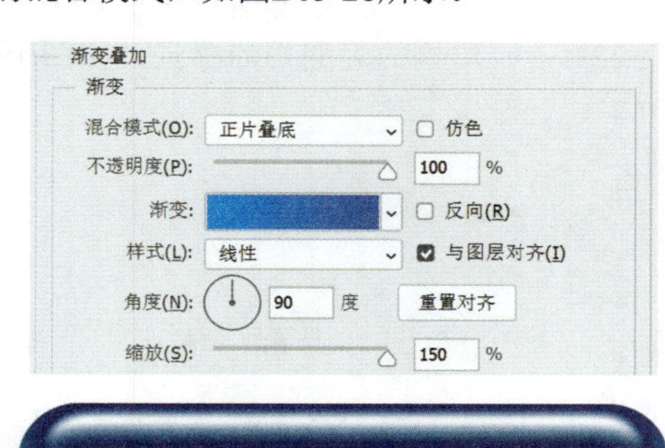


图B03-28

05 选中【图案叠加】复选框添加样式，选择【图案】中的【右对角线】，选择【正片叠底】的混合模式，设置【不透明度】为23%，这样就添加了斜线条纹效果，如图B03-29所示。

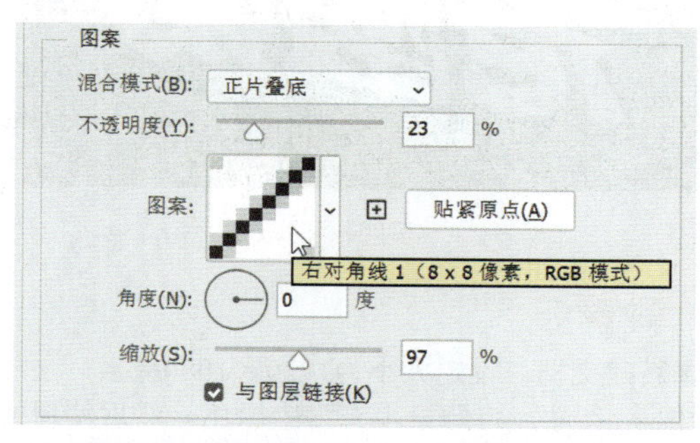


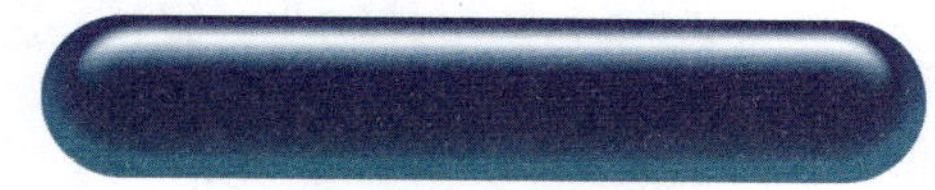

图B03-29

06 选中【投影】复选框添加投影样式，增强立体感，如图B03-30所示。

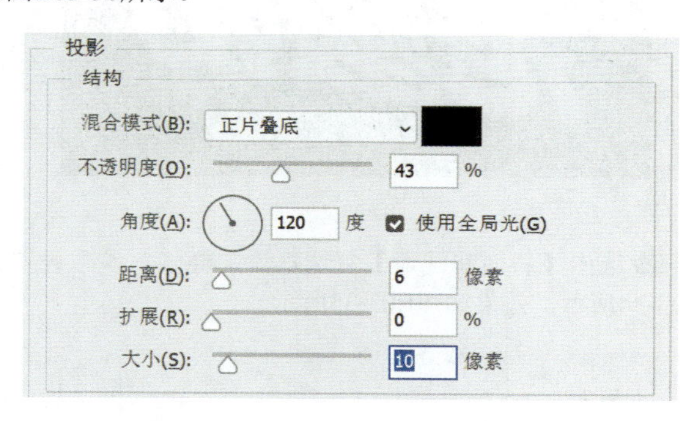

图B03-30

07 在上方添加文字图层，同样也添加【投影】样式，水晶按钮的最终完成效果如图B03-31所示。

图B03-31

## B03.3 综合案例——酸奶文字

本案例最终完成效果如图B03-32所示。

图B03-32

## 操作步骤

01 新建文档，设定大小为1920×1080像素，文档分辨率为72像素/英寸，将背景填充为中绿色。然后使用【文字工具】输入“老酸奶”3个字，选择行书类的书法字体，潇洒飘逸，切莫选择刚硬的字体，不符合流体的形象。设置字号为500点左右，字体为斜体，如图B03-33所示。

图B03-33

02 选中【斜面和浮雕】复选框添加样式，参数设置如图B03-34所示，效果如图B03-35所示。

斜面和浮雕
结构
样式(T): 内斜面
方法(Q): 平滑
深度(D): 174 %
方向: 上 下
大小(Z): 15 像素
软化(F): 4 像素
阴影
角度(N): 120 度
使用全局光(G)
高度: 30 度
光泽等高线: 消除锯齿(L)
高光模式(H): 滤色
不透明度(O): 100 %
阴影模式(A): 正片叠底
不透明度(C): 75 %

图B03-34

图B03-35

选中下方的【等高线】和【纹理】复选框，并选择【半圆】类型的等高线，如图B03-36所示，效果如图B03-37所示。

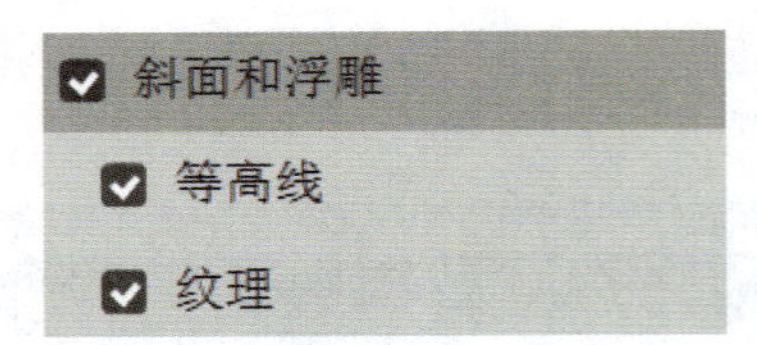


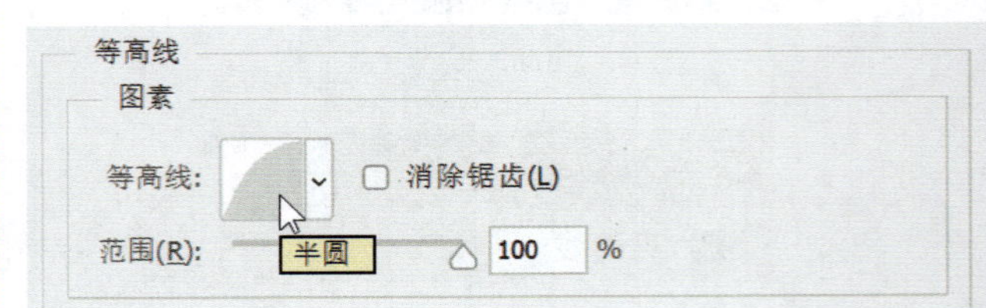


图B03-36

图B03-37

选择【水彩】纹理，设置【缩放】为450%左右，【深度】为22%，有浓稠的老酸奶的感觉，如图B03-38和图B03-39所示。

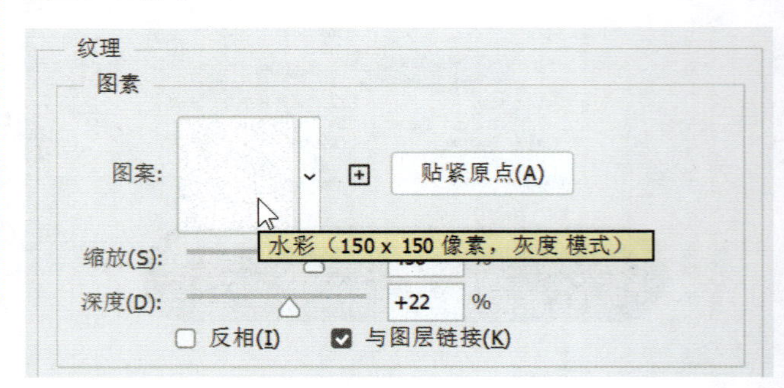


图B03-38

图B03-39

03 选中【投影】复选框添加图层样式，增强立体感和边缘对比效果，如图B03-40所示。

投影
结构
混合模式(B)：正片叠底
不透明度(O)：52 %
角度(A)：90 度 ☑ 使用全局光(G)
距离(D)：6 像素
扩展(R)：12 %
大小(S)：12 像素

图B03-40

04 在上方新建空白图层1，使用画笔工具，选择白色，调高硬度，设置不透明度和流量均为100%，绘制点缀用的奶滴。然后按住Alt键将下方文字图层的【效果】拖曳到【图层1】上，将样式复制过来（见图B03-41），老酸奶广告文字制作完成，如图B03-42所示。

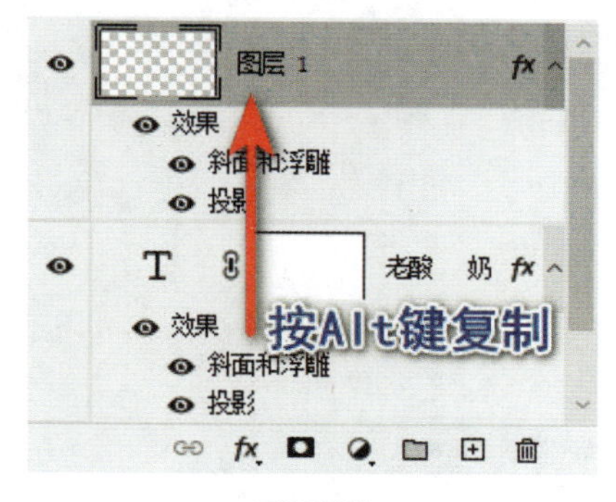


图B03-41

图B03-42

## B03.4 综合案例——金属文字

本案例的最终效果如图B03-43所示。

B03-43

### 操作步骤

01 新建文档，设定尺寸为1900×700像素，分辨率为72像素/英寸，使用【文字工具】输入“钢铁男”3个字，字体要刚硬、大气，设置字体颜色为白色，字号为440点。在下方设置深沉质感的背景，以烘托气氛，如图B03-44所示。

图B03-44

02 选中【斜面和浮雕】和【等高线】复选框添加图层样式，属性设置如图B03-45和图B03-46所示，效果如图B03-47所示。

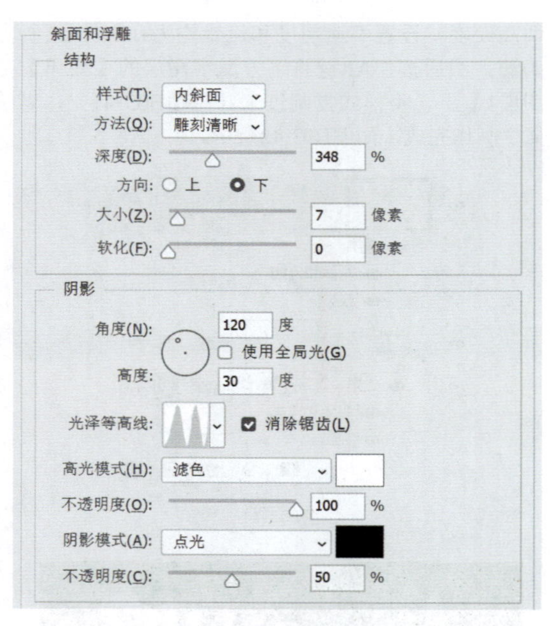


图B03-45

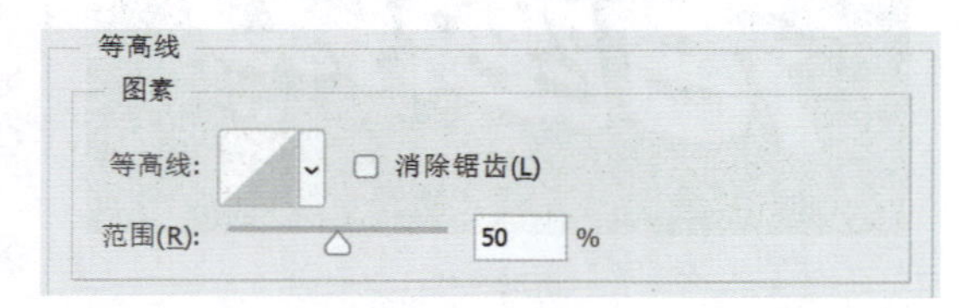


图B03-46

图B03-47

03 选中【渐变叠加】复选框添加图层样式，填充黑白渐变效果，如图B03-48所示。

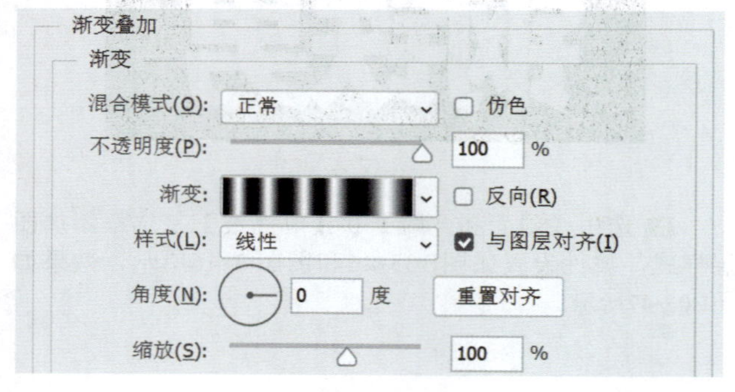


图B03-48

单击渐变条，在【渐变编辑器】中设计渐变为多个黑白间隔的光泽效果，如图B03-49所示。

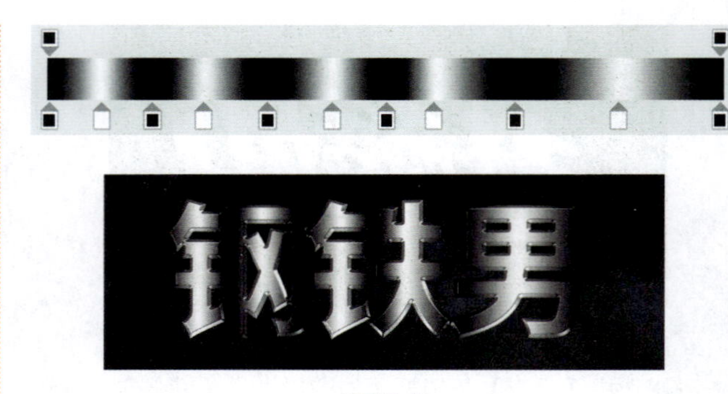


图B03-49

04 选中【内发光】复选框添加图层样式，如图B03-50所示为金属文字加上一层平面光，效果如图B03-51所示。

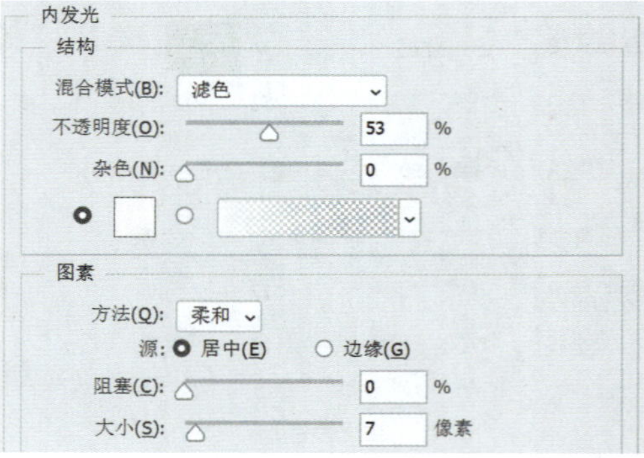

图B03-50

图B03-51

05 选中【外发光】和【投影】复选框添加图层样式，属性设置如图B03-52和图B03-53所示，烘托氛围效果如图B03-54所示。

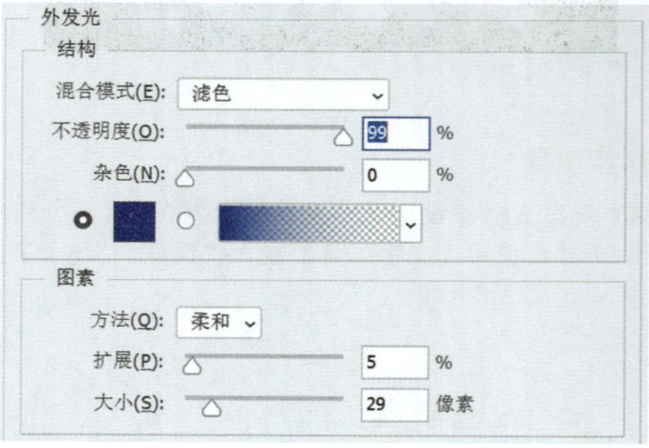

图B03-52

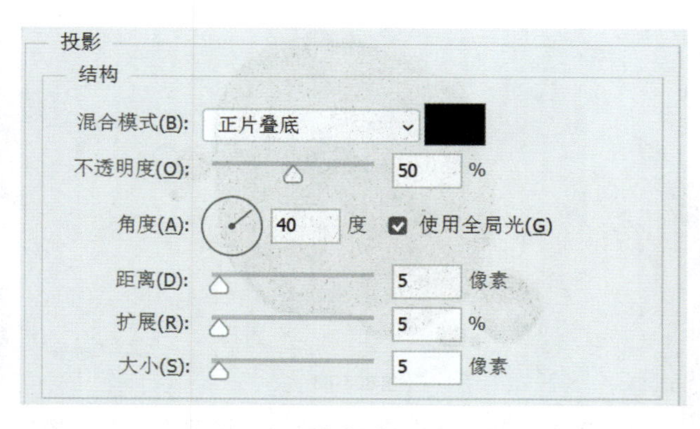


图B03-53

图B03-54

06 丰富细节，点缀更多设计元素。在文字图层上方添加光效素材（见图B03-55），使用【滤色】混合模式，添加金属表面材质纹理素材，使用【叠加】混合模式（见图B03-56），金属文字制作完成，如图B03-57所示。

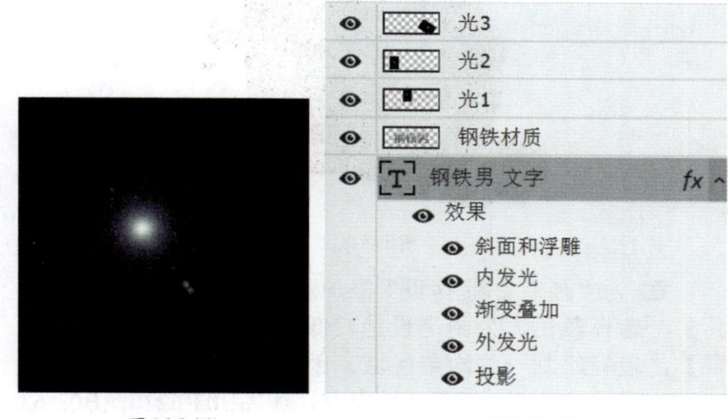


图B03-55　　图B03-56

图B03-57

## B03.5 综合案例——制作火漆效果

本案例的最终效果如图B03-58所示。

图B03-58

### 操作步骤

01 新建图层，命名为“画笔绘制”，使用画笔工具并选择深红色，绘制不规则的火漆的外轮廓，造型如图B03-59所示。

图B03-59

02 复制一份“画笔绘制”图层放到上方，添加【斜面和浮雕】图层样式，如图B03-60和图B03-61所示。

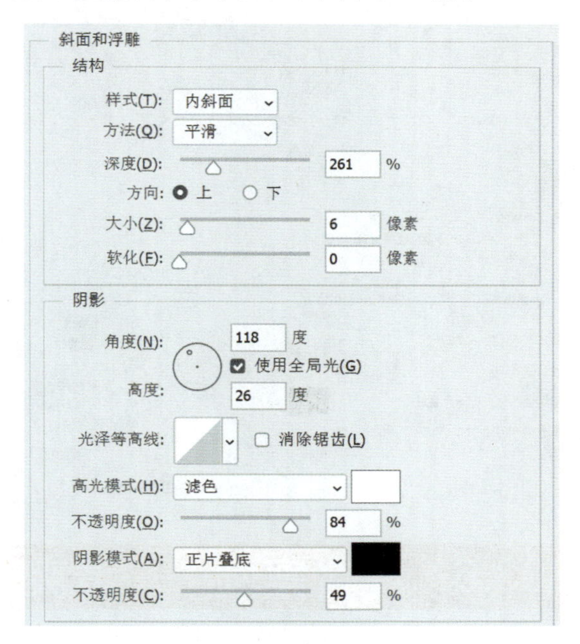


图B03-60

图B03-61

03 为“画笔绘制 拷贝”添加图层蒙版，使用【画笔工具】，选择黑色，为画笔设定较低的【不透明度】和【流量】，轻轻绘制一些沟壑区域，因为下方有“画笔绘制”图层，所以不用担心颜色会被挖空，如图B03-62和图B03-63所示。

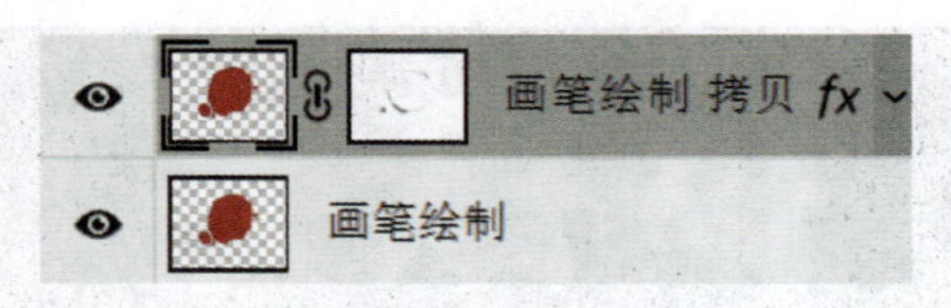


图B03-62

图B03-63

04 继续向上方新建图层，使用【椭圆工具】，按住Shift键，绘制正圆形状（见图B03-64）。然后添加【斜面和浮雕】以及【等高线】图层样式（见图B03-65），将【填充】和【不透明度】设置为0，火漆印章效果制作完成，如图B03-66所示。

图B03-64

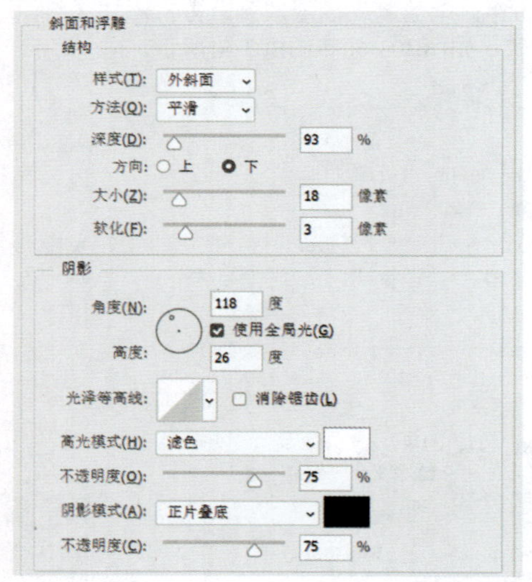


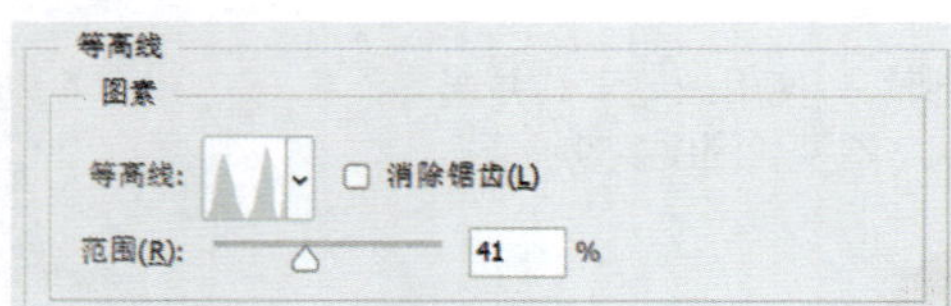


图B03-65

图B03-66

## B03.6 综合案例——清爽透明文字效果

本案例最终效果如图B03-67所示。

图B03-67

## 操作步骤

01 打开本课背景素材，使用【文字工具】输入文字，添加【斜面和浮雕】和【投影】图层样式，将图层【填充】度设为0，如图B03-68和图B03-69所示。

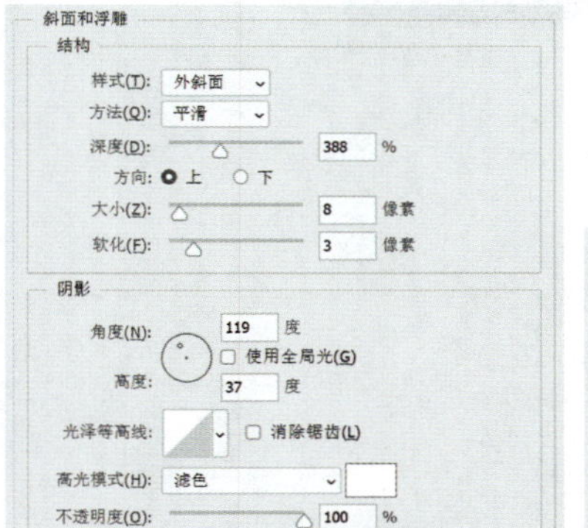


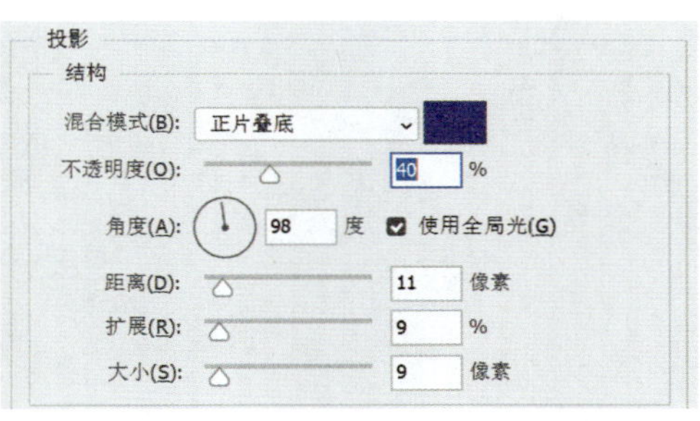


图B03-68

图B03-69

02 将文字图层复制1份，放至上方，将【图层样式】中【斜面和浮雕】的阴影颜色改为亮绿色（见图B03-70和图B03-71）。取消选中【投影】图层样式复选框，在图层列表上右击图层，在弹出的菜单中选择【删格化图层样式】选项。

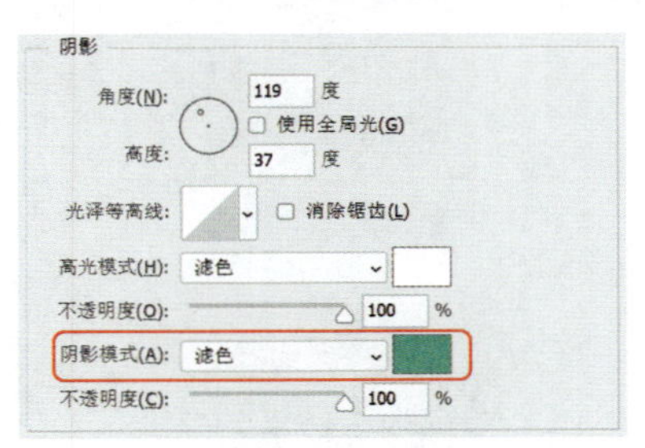


图B03-70

图B03-71

03 为复制的图层添加蒙版，擦除大部分亮部的区域，只留下亮绿色的反光，如图B03-72所示。

图B03-72

04 在最上方新建图层，使用【钢笔工具】绘制曲线路径，作为高光反射面区域，将路径转化为选区（见图B03-73），填充浅浅的白色到透明的渐变作为高光效果，按住Ctrl键单击文字图层缩览图，生成文字选区。为高光加上图层蒙版（见图B03-74），使高光只在文字范围内显示，透明感的文字制作完成，如图B03-75所示。

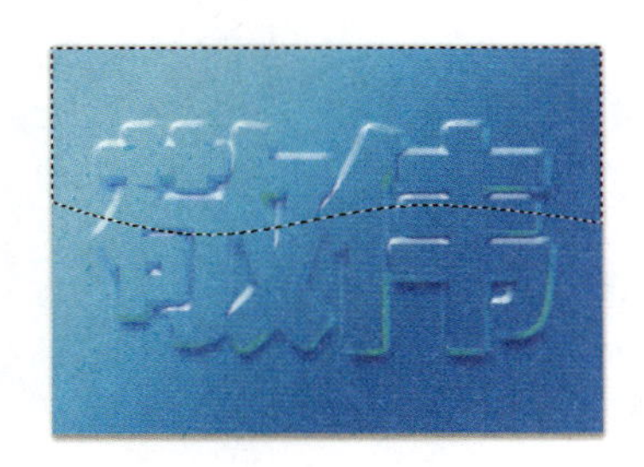

图B03-73

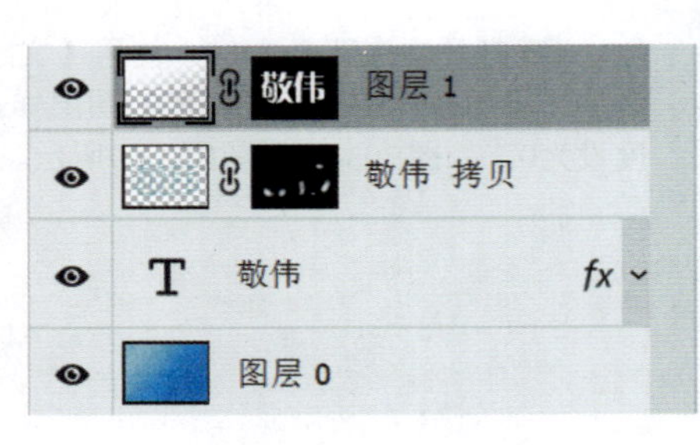


图B03-74

图B03-75

## 读书笔记

智能对象是包含像素图或矢量图（如 Photoshop 或 Illustrator 文件）的图像数据的图层。智能对象能保留图像的源内容及其所有原始特性，从而能够对图层执行非破坏性编辑。智能对象就好像将一张画或几张画封装了一层透明保护膜，可以在膜上继续编辑处理，而里面的图画不发生实质变化。

# B04课

# 智能对象

智能对象内涵多

## B04.1 创建智能对象

创建智能对象的方法如下。

01 在【文件】菜单中执行【打开为智能对象】命令（见图B04-1），选择文件并打开后，该文件可以直接变成智能对象。

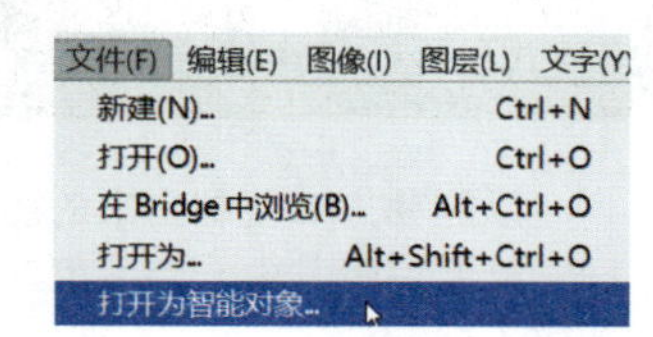


图B04-1

02 在【文件】菜单中执行【置入嵌入对象】或【置入链接的智能对象】命令，将外部文件作为智能对象置入已经打开的Photoshop文档中。

另外，拖曳图片文件到已经打开的文档的工作界面上，也可以将其作为智能对象置入文档中。在其他软件（如Illustrator）中按Ctrl+C快捷键复制选中的图形，在Photoshop文档中按Ctrl+V快捷键粘贴，也可以将其作为智能对象置入。

03 使用【自定形状工具】绘制一个形状（或者创建任意一个图层），在形状或图层上右击，在弹出的菜单中执行【转换为智能对象】命令（见图B04-2），即可将形状或图层转换为智能对象；在【图层】菜单中的【智能对象】子菜单中，也有全面的针对智能对象的命令；对于已经是智能对象的图层，可以继续右击，在弹出的菜单中选择【转换为智能对象】选项，进行多层嵌套，像俄罗斯套娃一样一层套一层。

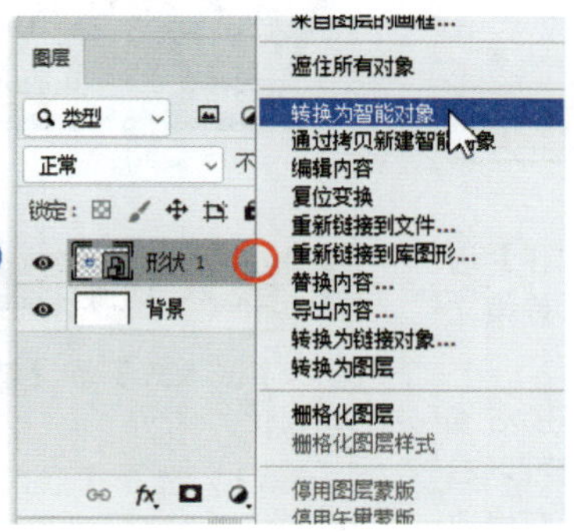


图B04-2

## B04.2 智能对象特性

### 1. 智能对象类型

智能对象一般分为【嵌入式】和【链接式】两种，【嵌入式】智能对象内的图像在自身PSD文件内部，而【链接式】智能对象内的图像在PSD文件外部，以引用的形式显示图像。另外，还有一种是【库链接智能对象】，是从【库】里调用的链接对象。

## 2. 智能对象特点

智能对象具有如下特点。

（1）可以执行非破坏性变换。可以对图层进行缩放、旋转、斜切、扭曲、透视变换或使图层变形，而不会丢失原始图像数据，也不会降低品质，因为变换不会影响原始数据。在【属性】面板中单击【重置变换】按钮，可以将智能对象恢复到原始状态。

（2）可以处理矢量数据（如Illustrator中的矢量图片），放大或缩小矢量图片不会有像素被破坏，完全进行矢量数据处理。

（3）为智能对象施加滤镜效果可以直接将其变为智能滤镜，可以多重反复应用调节。

（4）编辑一个智能对象即可自动更新其所有的关联性副本，避免重复大量同类操作。

（5）对智能对象图层可以正常添加图层蒙版。

（6）不能对智能对象图层直接执行会改变像素数据的操作（如绘画、减淡、加深或仿制），但可以使用颜色调整相关命令（如色阶、曲线等），调整命令会整合到智能对象下方，并且可以反复修改调整。

# B04.3　智能对象操作

## 1. 编辑智能对象

选择智能对象图层，右击，选择【编辑内容】选项，或直接双击缩览图，进入智能对象内部，实际上是打开了一个文档，进行正常的编辑操作即可，编辑后保存或关闭，原始文档的智能对象则更新为修改后的内容。如果想在本文档窗口编辑智能对象内容，可以将智能对象转换为本文档的图层，选择【转换为图层】选项即可（见图B04-3）。

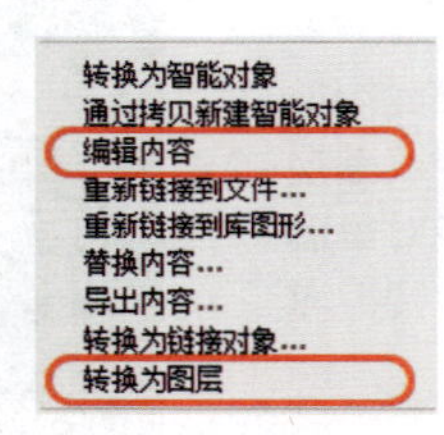


图B04-3

## 2. 替换智能对象

替换智能对象有以下两种方法。

（1）选择智能对象图层，右击，选择【替换内容】选项（见图B04-3），则会打开【置入】对话框，选择替换文件即可。

（2）对于【链接式】智能对象，如果外部的链接对象发生了修改，而文档内的智能对象没有显示更新，则可以右击智能对象图层，选择【更新修改内容】或【更新所有修改内容】选项，更新外部文件修改后的最新状态。

## 3. 复制和复制新建

复制智能对象图层和复制普通图层的操作方法相同，如图B04-4所示。

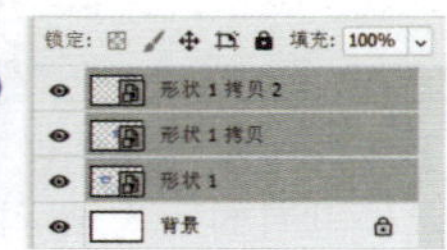

图B04-4

以这种方法复制出来的图层副本和源图层的内容完全相同，只要编辑其中一个智能对象，其他的也会随之更新，如图B04-5所示。

图B04-5

如果右击原智能对象图层，选择【通过拷贝新建智能对象】选项，则会复制出全新的智能对象，不再和原智能对象关联，每个智能对象都需要单独修改，各自独立，如图B04-6所示。

图B04-6

## 4. 嵌入式和链接式互相转换

【嵌入式】和【链接式】的智能对象可以互相转换，方法如下。

（1）选择【嵌入式】智能对象，右击，在弹出的菜单中选择【转换为链接对象】选项，接下来会弹出存储文件对话框，需要把嵌入在PSD文件里的智能对象内容存储为外部PSD图像文件。

（2）选择【链接式】智能对象，右击，在弹出的菜单中选择【嵌入链接的智能对象】选项，直接完成转换。

## 5. 打包

在【文件】菜单中执行【打包】命令，弹出打包存储位置的对话框，选择已建好的文件夹并单击【确定】按钮，Photoshop会把PSD文件和外部的链接文件整理打包，方便文件管理。

# B04.4 库和库链接对象

## 1. 库面板

在【窗口】菜单中执行【库】命令，打开【库】面板，如图B04-7所示。

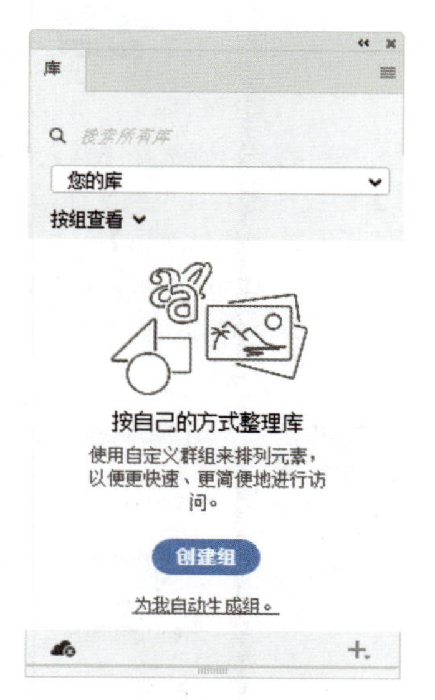


图B04-7

通过库（Creative Cloud Libraries）既可以把常用资源整合起来，也可以联机获得更多资源，这些资源可以在Adobe众多软件中共享。在Photoshop中，可以把图形、颜色、文本样式、画笔和图层样式添加到库，然后在多个Adobe Creative Cloud 程序里使用这些元素。

## 2. 创建库

打开A08课的“约惠百店”PSD素材文件。

在面板菜单中选择【从文档创建新库】选项（见图B04-8）或单击面板下方的按钮，即可创建库。

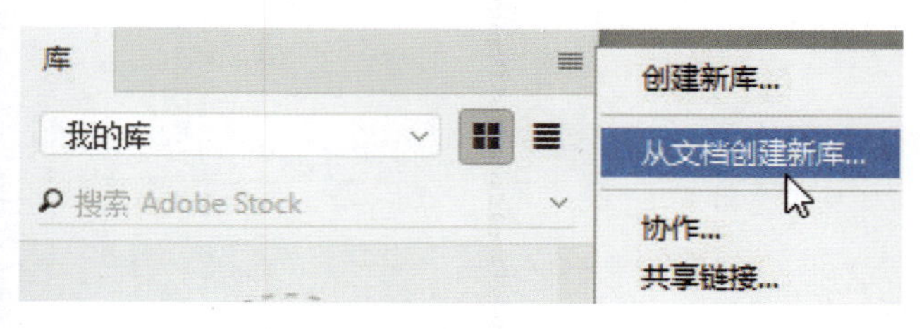


图B04-8

如果文档中有智能对象，还可以选中【将智能对象移动到库并替换为链接】复选框，如图B04-9所示。

单击【创建新库】按钮，文档里的诸多资源便导入库里了（见图B04-10）。另外，在面板菜单中还可以选择删除该库，如图B04-11所示。

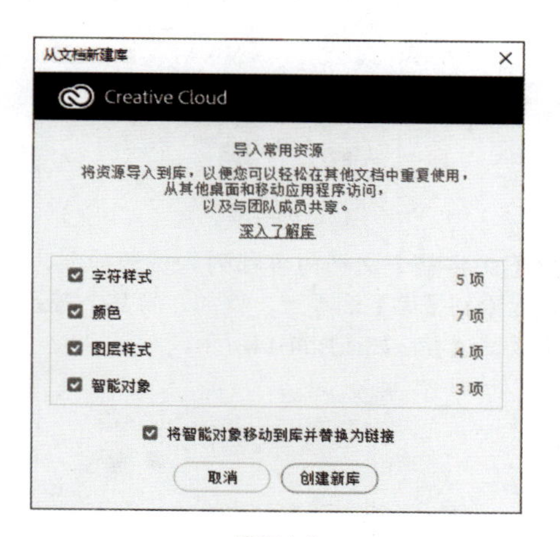


图B04-9

图B04-10

图B04-11

现在观察文档中的智能对象图层，缩览图的右下角变成一朵“云”的图标，如图B04-12所示。

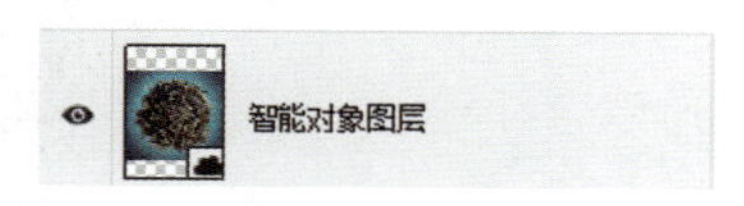


图B04-12

智能对象变成了【库链接智能对象】，在库面板上右击，在弹出的菜单中选择【编辑】选项（见图B04-13）。修改图形后，文档里的【库链接智能对象】则会自动更新修改结果，和库时刻保持着链接关系。

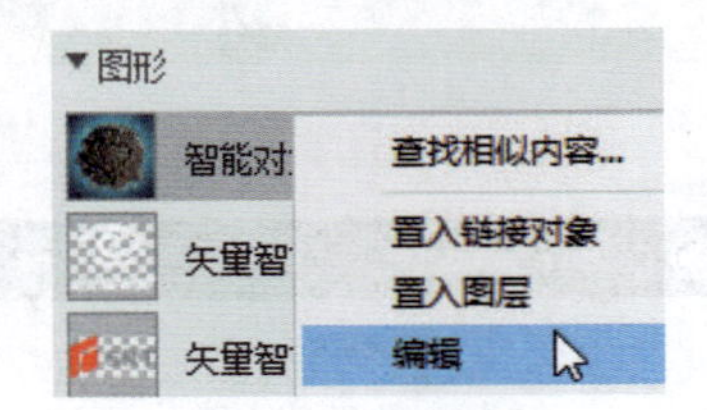


图B04-13

如果不想将整个文档内容都列为资源导入，可以直接拖曳个体元素到【库】面板上。例如，将某个普通图层拖进【库】面板试试看，如图B04-14所示。

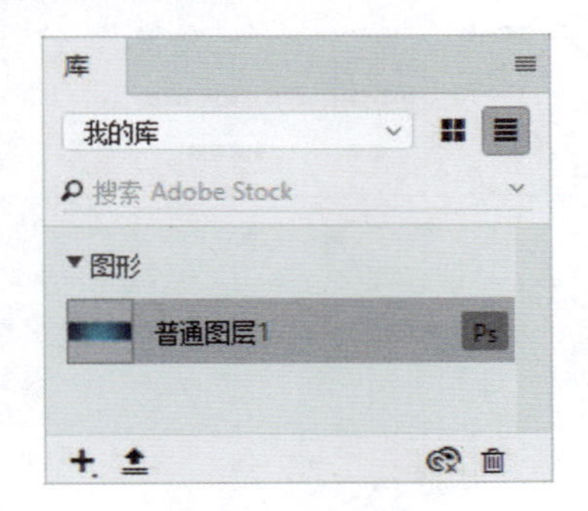


图B04-14

## 3. 置入链接对象

新建一个文档，如果想使用库里的图形元素，从库里直接将其拖曳到文档中就可以了。或者右击库资源，选择【置入链接对象】选项，则资源会以【库链接智能对象】的形式置入文档中，如图B04-15所示。

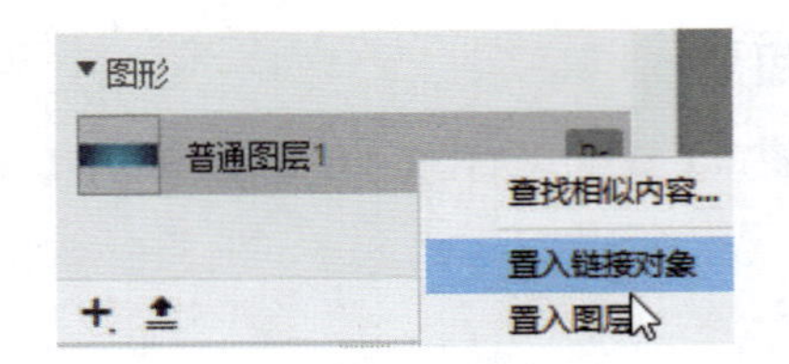


图B04-15

如果只想置入普通图层，则选择【置入图层】选项或者按住Alt键从【库】面板中将其拖曳到文档即可。

右击置入好的【库链接智能对象】，可以发现很多和智能对象相同的操作命令（见图B04-16），作为一种特殊的智能对象，可以从互联网获取资源，可以跨越多个软件平台，可以说这是最前卫的功能了。

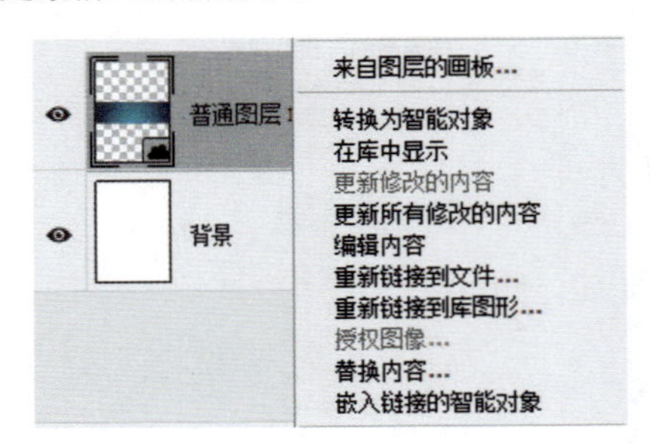


图B04-16

# B05.1 了解混合模式

## 1. 图层混合模式

在图层混合模式的下拉菜单里（见图B05-1），在画笔工具的选项栏里，在图层样式的一些选项里等，都会涉及混合模式的应用。

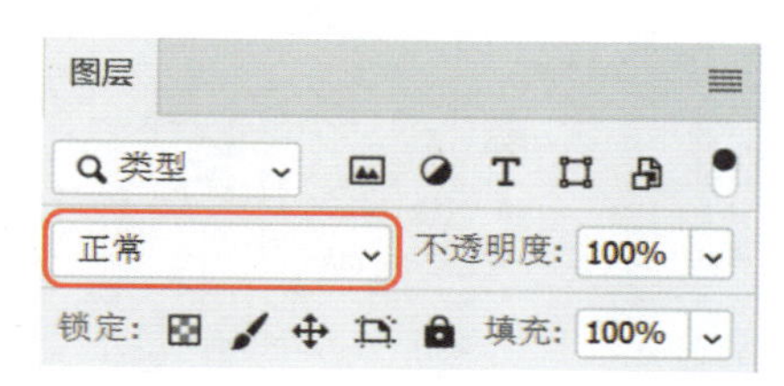


图B05-1

在【图层】面板上，对于图层混合模式来说，上层的图像是混合色，如图B05-2所示。

图B05-2

下层的图像是基色，如图B05-3所示。

图B05-3

B05课

混合模式

混合起来出奇迹

【混合色】应用混合模式的效果到【基色】上（见图B05-4），混合后的效果是结果色，如图B05-5所示。

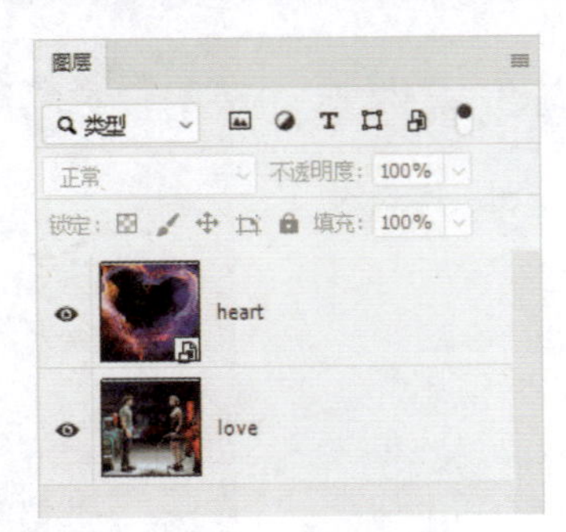


图B05-4

图B05-5

## 2. 图层混合模式分类

如图B05-6所示，混合模式分为基础型、变暗型、变亮型、融合型、色差型和调色型6种。

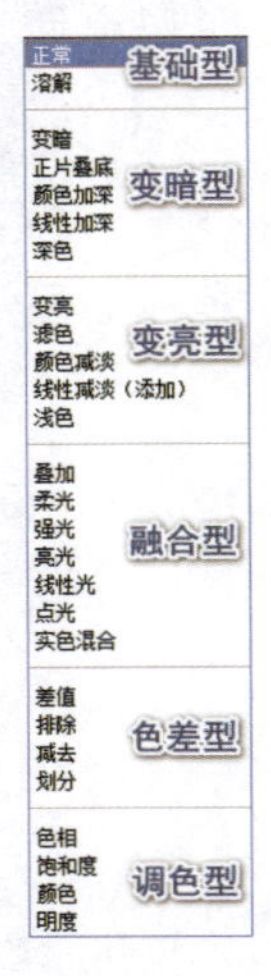


图B05-6

## 3. 应用图像命令

选择一个图层，作为基色，执行【图像】菜单中的【应用图像】命令，打开【应用图像】对话框（见图B05-7），在【源】中可以选择本文档的某个图层或通道（或者其他文档的某个图层或通道）作为混合色，然后选择混合模式产生新的结果。

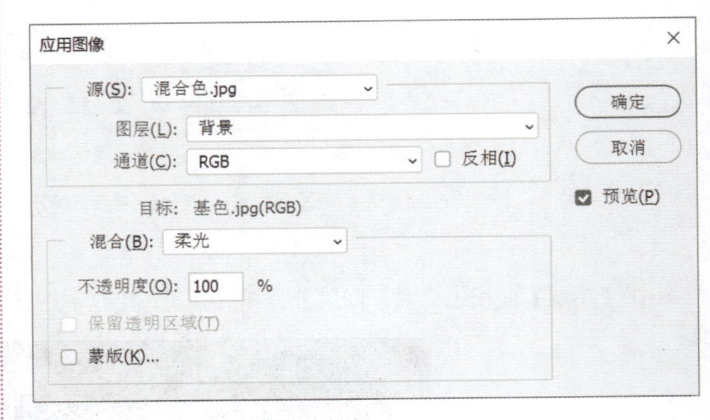


图B05-7

为了便于编辑，建议在图层面板上选择混合模式来混合，虽然涉及跨文档的操作过程会烦琐一些，但更方便于进行深入调节。

## 4. 计算

【图像】菜单中的【计算】命令和【应用图像】命令使用方法非常相似，同样也可以在不同文档、图层、通道之间选择不同的混合模式（见图B05-8）。【计算】命令不能选择RGB复合通道，只能选择单个通道（或整体灰度级别）来计算，计算的结果是创建Alpha通道或选区（或新文档的灰度图像）。对通过计算得到的新Alpha通道，可以继续进行深入编辑，用来创建特殊选区范围。

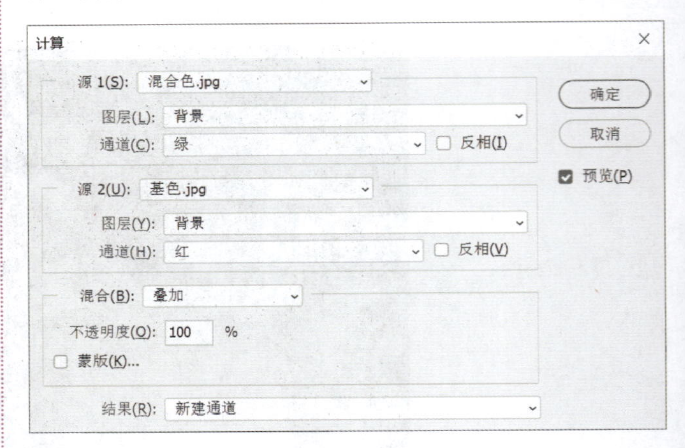


图B05-8

## B05.2 基础型混合模式

基础型混合通道包括【正常】模式和【溶解】模式。

【正常】模式：不能与下方图层产生高级混合，只能通过调整【不透明度】或【填充】值，通透图层颜色，和下方图层产生透明度的透叠，如图B05-9所示。

图B05-9

【溶解】模式：根据任何像素位置的不透明度，结果色由基色或混合色的像素随机替换，形成颗粒状过渡效果，如图B05-10所示。

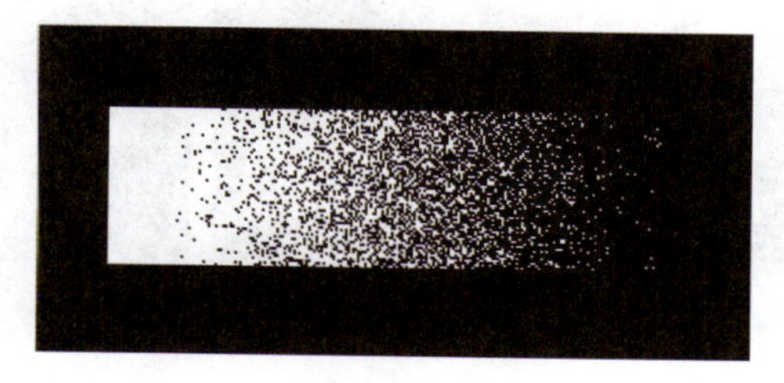

图B05-10

通过【溶解】模式，可以做出很多以颗粒状元素为基础的作品。

## B05.3 变暗型混合模式

变暗型混合模式包括变暗、正片叠底、颜色加深、线性加深和深色5种类型。

### 1. 变暗

选择基色或混合色中较暗的颜色作为结果色。将替换比混合色亮的像素，而比混合色暗的像素保持不变。

例如，有两条鱼，一条是比较亮的白鱼，一条是比较暗的黑鱼，两条鱼在同一个“咸鱼”图层中，是混合色，下方的海底世界作为背景层，是基色，如图B05-11和图B05-12所示。

图B05-11

图B05-12

把鱼图层设定为【变暗】混合模式，白鱼和黑鱼都会有不同程度的变暗，如图B05-13所示。

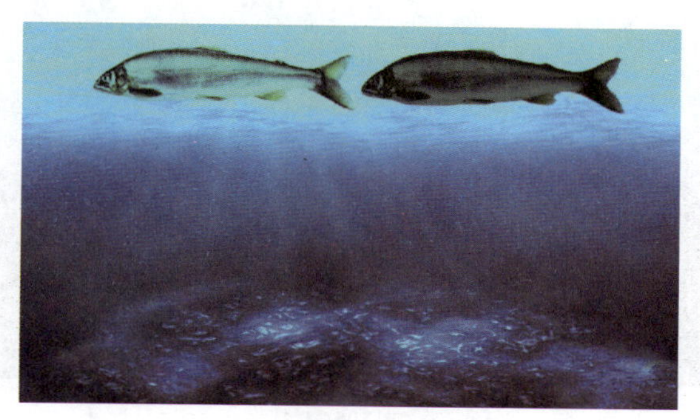

图B05-13

将鱼放到下方深色区后，鱼身的很多颜色都没有深色区的颜色暗，所以被替换掉，尤其白鱼几乎完全被基色淹没，如图B05-14所示。

图B05-14

对于RGB图像，就好比两个图像的RGB值分别对阵开战，最终结合出一组RGB值，也就是结果色，那么长得比较黑的（暗色）豆包得到胜利，一起组合出了新的RGB值，这就是【变暗】模式，如图B05-15所示。

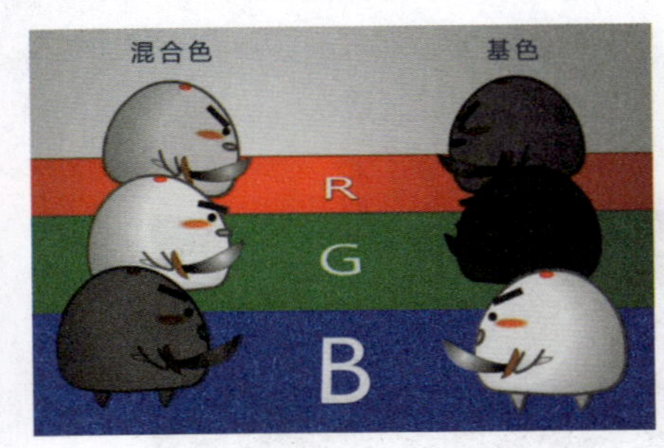


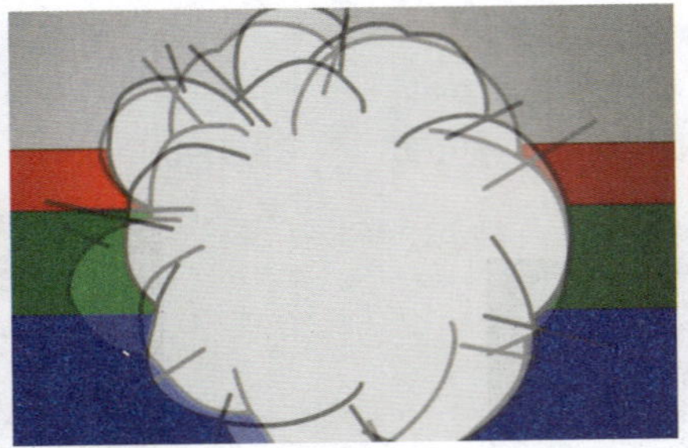

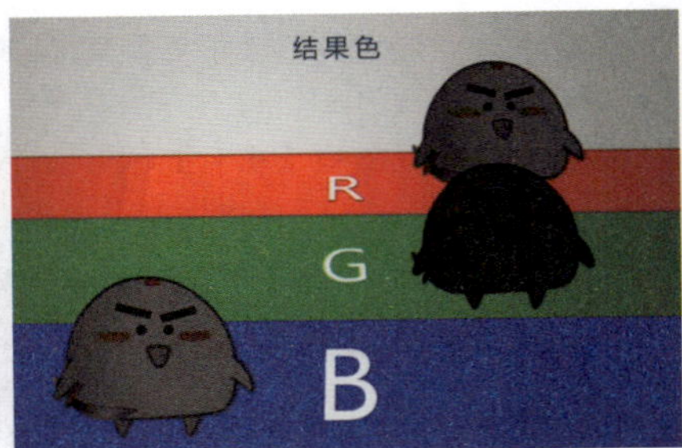


图B05-15

## 2. 正片叠底

【正片叠底】混合模式将基色与混合色进行正片叠底，结果色总是较暗的颜色，RGB每个单个通道的计算方法是：混合色×基色/255，分别得到的RGB值就是最终结果色。任何颜色与黑色正片叠底产生黑色，任何颜色与白色正片叠底保持不变。

正片叠底因为算法比较平均，所以能呈现非常自然完整的加深效果，如图B05-16所示。

图B05-16

所以，【正片叠底】混合模式经常用于暗部或阴影部分，例如，在图层样式的【投影】样式中，其混合模式一般都默认为【正片叠底】，如图B05-17和图B05-18所示。

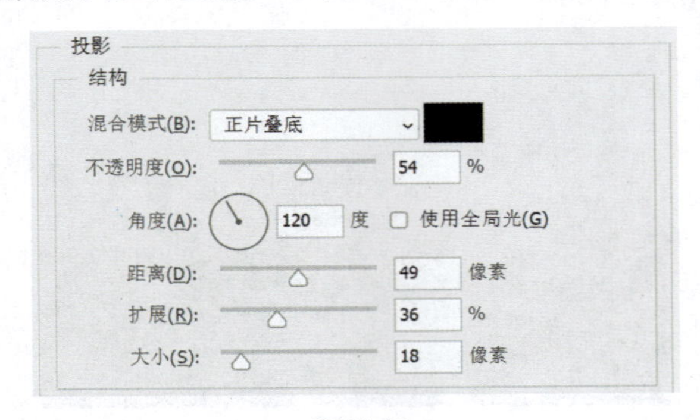


图B05-17

图B05-18

## 3. 颜色加深

基于每个通道中的颜色信息，并通过增加二者之间的对比度使基色变暗，以产生混合色，与白色混合后不产生变化，如图B05-19所示。

图B05-19

## 4. 线性加深

基于每个通道中的颜色信息，并通过减小亮度使基色变暗，以产生混合色，与白色混合后不产生变化，如图B05-20所示。

图B05-20

## 5. 深色

比较混合色和基色的所有通道值的总和并显示值较小的颜色。【深色】不会生成第三种颜色（可以通过【变暗】模式获得），因为它将从基色和混合色中选取最小的通道值来创建结果色，如图B05-21所示。

图B05-21

对于RGB图像，就好比两个图像对阵开战，最终只能留下混合色或基色作为最后的结果色。谁的RGB总和数值小（暗），就保留谁作为结果色，如图B05-22所示。

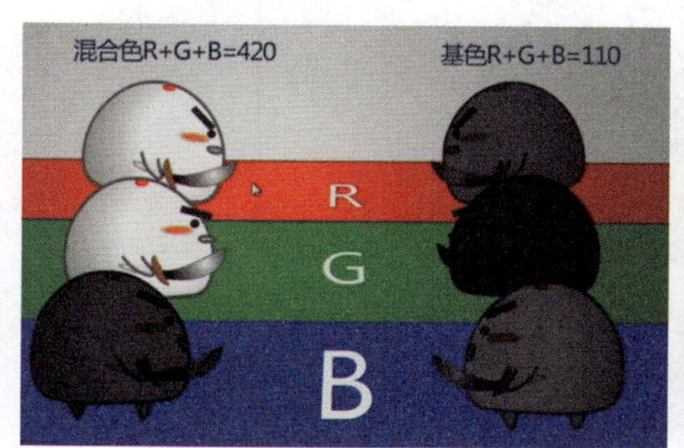

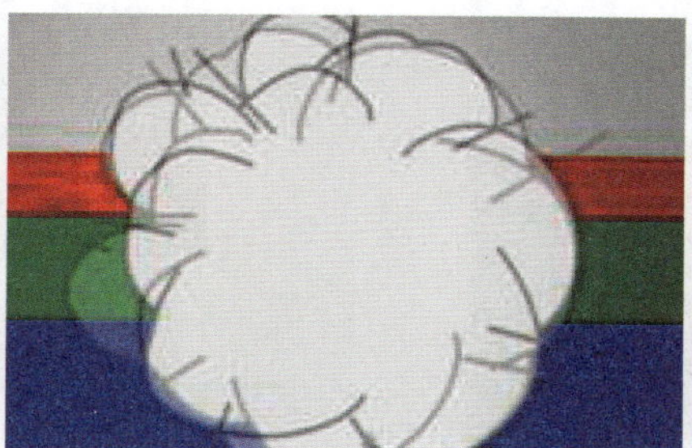

图B05-22

# B05.4 变亮型混合模式

变亮型混合模式包括变亮、滤色、颜色减淡、线性减淡（添加）和浅色5种类型。

## 1. 变亮

基于每个通道中的颜色信息，并选择基色或混合色中较亮的颜色作为结果色。比混合色暗的像素被替换，比混合色亮的像素保持不变。与【变暗】混合模式效果相反，如图B05-23所示。

图B05-23

对于RGB图像，就好比两个图像的RGB值分别对阵开战，最终结合出一组RGB值，也就是结果色，那么长得比较白的（亮色）豆包得到胜利，一起组合出了新的RGB值，这就是【变亮】模式，如图B05-24所示。

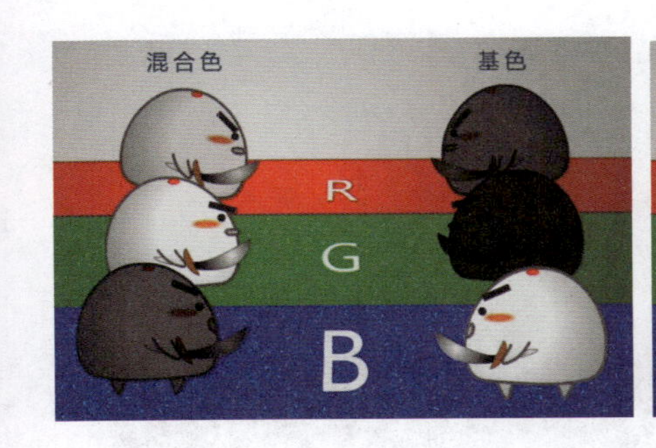

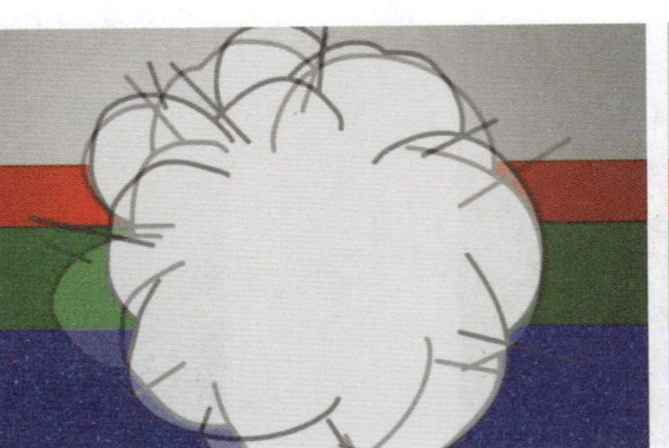

图B05-24

## 2. 滤色

基于每个通道的颜色信息，并将混合色的互补色与基色进行正片叠底，结果色总是较亮的颜色。用黑色过滤时颜色保持不变，用白色过滤将产生白色，如图B05-25所示。

图B05-25

【滤色】混合模式是一种典型的RGB加色混合模式，就好像通道中的颜色混合一样。

在RGB颜色模式下，创建3个图层，设定为【滤色】混合模式。然后绘制圆形选区，分别填充【红】【绿】【蓝】三原色光，3个图层叠加的部分会产生洋红、黄色和青色，以及三色叠加的最亮色——白色，如图B05-26所示。

图B05-26

因为加色变亮这个特性，【滤色】混合模式经常用于光晕、光线、发光体等效果（见图B05-27）。例如，图层样式中的【外发光】，其【混合模式】一般默认为【滤色】，如图B05-28所示。

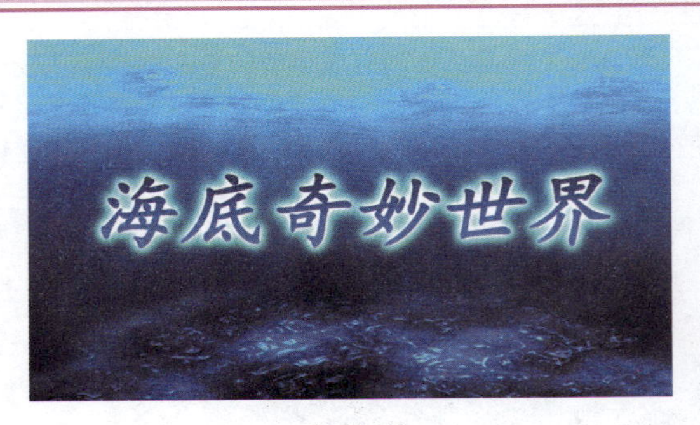


图B05-27

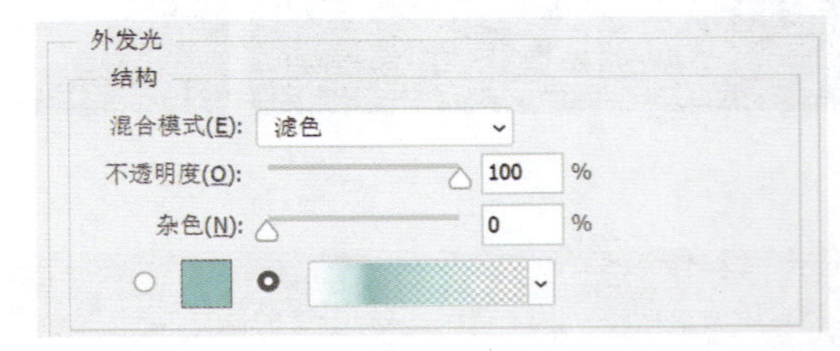


图B05-28

## 3. 颜色减淡

基于每个通道中的颜色信息，并通过减小二者之间的对比度使基色变亮，以反映出混合色，与黑色混合则不发生变化。与【颜色加深】混合模式效果相反，如图B05-29所示。

图B05-29

## 4. 线性减淡（添加）

基于每个通道中的颜色信息，并通过增加亮度使基色变亮，以反映混合色，与黑色混合则不发生变化。与【线性加深】混合模式效果相反，如图B05-30所示。

图B05-30

## 5. 浅色

比较混合色和基色的所有通道值的总和并显示值较小的颜色。不会生成第三种颜色，因为它将从基色和混合色中选取最小的通道值来创建结果色。与【深色】混合模式效果相反，如图B05-31所示。

图B05-31

对于RGB图像，就好比两个图像对阵开战，最终只能留下混合色或基色作为最后的结果色。谁的RGB总和数值大（亮），就保留谁作为结果色，如图B05-32所示。

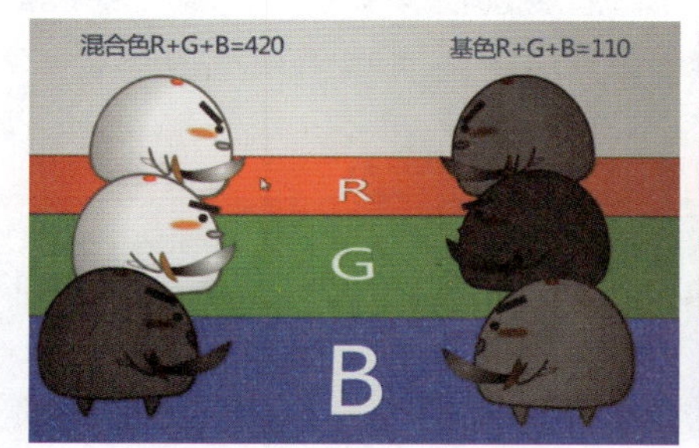


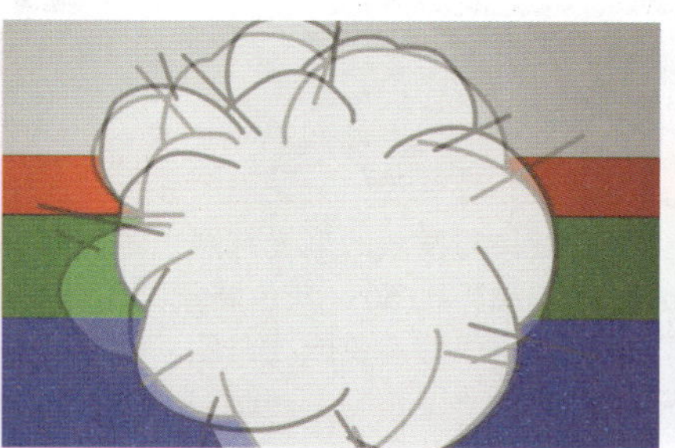

图B05-32

# B05.5 融合型混合模式

融合型混合模式同时结合了【变暗】模式和【变亮】模式的特性，可以混合出更丰富的效果，如图B05-33和图B05-34所示。

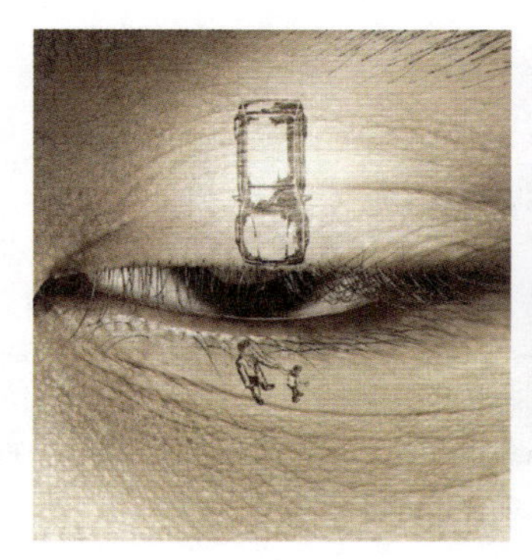

图B05-33

图B05-34

## 1. 叠加

对颜色进行正片叠底或过滤，具体取决于基色。图案或颜色在现有像素上叠加，同时保留基色的明暗对比。不替换基色，但基色与混合色相混合，以反映原色的亮度或暗度。

例如，将一张斑驳的图片素材经过自由变换后调整好角度覆盖到旧篮板上，可以使用【叠加】的混合模式进行融合，如图B05-35和图B05-36所示。

图B05-35

图B05-36

## 2. 柔光

使颜色变暗或变亮，具体取决于混合色。此效果与发散的聚光灯照在图像上相似。如果混合色（光源）比 50% 灰色亮，则图像变亮，就像被减淡了一样；如果混合色（光源）比 50% 灰色暗，则图像变暗，就像被加深了一样。使用纯黑色或纯白色上色，可以产生明显变暗或变亮的区域，但不能生成纯黑色或纯白色。

## 3. 强光

对颜色进行正片叠底或过滤，具体取决于混合色。此效果与耀眼的聚光灯照在图像上相似。如果混合色（光源）比 50% 灰色亮，则图像变亮，就像过滤后的效果，这对于向图像中添加高光非常有用；如果混合色（光源）比 50% 灰色暗，则图像变暗，就像正片叠底后的效果。这对于向图像中添加阴影非常有用。用纯黑色或纯白色上色会产生纯黑色或纯白色。

## 4. 亮光

通过增大或减小对比度来加深或减淡颜色，具体取决于混合色。如果混合色（光源）比 50% 灰色亮，则通过减小对比度使图像变亮；如果混合色比 50% 灰色暗，则通过增加对比度使图像变暗。

## 5. 线性光

通过减小或增大亮度来加深或减淡颜色，具体取决于混合色。如果混合色（光源）比 50% 灰色亮，则通过增加亮度使图像变亮；如果混合色比 50% 灰色暗，则通过减小亮度使图像变暗。

## 6. 点光

根据混合色替换颜色。如果混合色（光源）比 50% 灰色亮，则替换比混合色暗的像素，而不改变比混合色亮的像素；如果混合色比 50% 灰色暗，则替换比混合色亮的像素，而比混合色暗的像素保持不变。这对于向图像添加特殊效果非常有用。

## 7. 实色混合

将混合颜色的红色、绿色和蓝色通道值添加到基色的 RGB 值。如果通道的结果总和大于或等于 255，则值为 255；如果小于 255，则值为 0。因此，所有混合像素的红色、绿色和蓝色通道值要么是 0，要么是 255。此模式会将所有像素更改为主要的加色（红色、绿色或蓝色）、白色或黑色。

## 8. 融合型模式对比

在浅色的基色背景下的融合型模式如图B05-37所示；在深色的基色背景下的融合型模式如图B05-38所示。

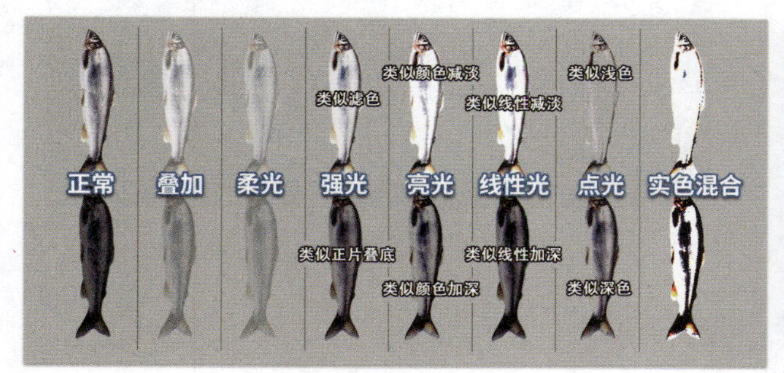


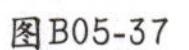
图B05-37

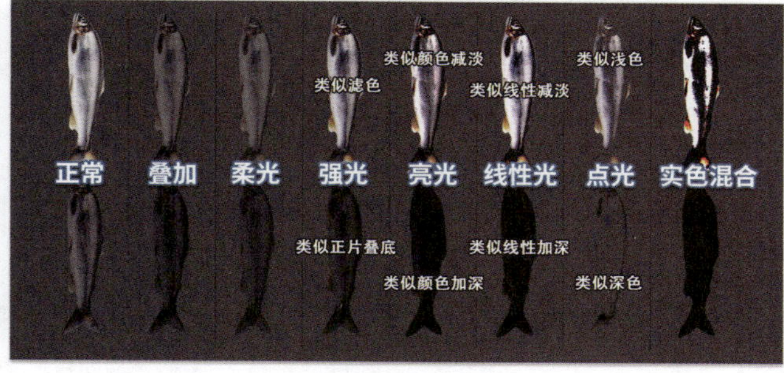


图B05-38

# B05.6 色差型混合模式

将火焰素材图片作为混合色放置在海底图片上方，【正常】模式下如图B05-39所示。

图B05-39

下面分别讲解色差型混合模式中的差值、排除、减去和划分。

## 1. 差值

查看每个通道中的颜色信息，并从基色中减去混合色，或从混合色中减去基色，具体取决于哪一个颜色的亮度值更大。与白色混合将反转基色值，与黑色混合则不产生变化，如图B05-40所示。

## 2. 排除

创建一种与【差值】模式相似但对比度更低的效果。与白色混合将反转基色值，与黑色混合则不发生变化，如图B05-41所示。

图B05-40

图B05-41

### 3. 减去

查看每个通道中的颜色信息，并从基色中减去混合色。在 8 位和 16 位图像中，任何生成的负片值都会剪切为0，如图B05-42所示。

图B05-42

### 4. 划分

查看每个通道中的颜色信息，并从基色中划分混合色，如图B05-43所示。

图B05-43

## B05.7 调色型混合模式

打开本课的吊灯素材图片，如图B05-44所示。

图B05-44

下面分别讲解调色型混合模式中的色相、饱和度、颜色和明度。

### 1. 色相

用基色的明亮度和饱和度以及混合色的色相创建结果色。新建图层，在灯罩上方填充一个蓝紫色，如图B05-45所示。

图B05-45

设定【色相】混合模式后，灯罩变为蓝色，色相发生了变化，如图B05-46所示。

图B05-46

### 2. 饱和度

用基色的明亮度和色相以及混合色的饱和度创建结果色。在无（0）饱和度（灰度）区域上用此模式绘画不会产生任何变化。灯罩上方的混合色是纯灰色，饱和度为0，如图B05-47所示。

图B05-47

结果色也是饱和度为0的灰色，基色明度信息也作为结果色保留，如图B05-48所示。

图B05-48

## 3. 颜色

用基色的明亮度以及混合色的色相和饱和度创建结果色。这样可以保留图像中的灰阶，为单色图像上色和为彩色图像上色都会非常有用。为灯罩上方图层填充彩虹色，如图B05-49所示。

混合色变成彩虹色，基色明度信息也作为结果色保留。所以【颜色】混合模式经常用于黑白图像的着色绘制，如图B05-50所示。

图B05-49

图B05-50

## 4. 明度

用基色的色相和饱和度以及混合色的明亮度创建结果色。此模式创建与【颜色】模式相反的效果。为灯罩上方图层填充深灰色，如图B05-51所示。

结果色是将灯罩的色相和饱和度保留，明度信息根据混合色的深灰来重新创建，灯罩十分灰暗，白色灯光也变为混合色的深灰，如图B05-52所示。

图B05-51

图B05-52

# B05.8 综合案例——车灯光效

### 操作步骤

01 打开本课的汽车素材图片（见图B05-53），在上方新建空白图层“图层1”。选择【画笔工具】，选择柔边圆笔刷，设置颜色为白色，画笔大小为500，不透明度和流量均为100%。

图B05-53

02 使用【画笔工具】在画布的中间单击一下，绘制一个柔和的大白点，如图B05-54所示。

图B05-54

03 同时选择这两个图层，选取【移动工具】，在选项栏的对齐功能中，分别单击水平居中和垂直居中按钮，使“图层1”在画面中绝对居中，如图B05-55所示。

图B05-55

04 把“图层1”的混合模式改为【溶解】，使画笔白点变成颗粒状过渡效果，如图B05-56所示。

图B05-56

05 在“图层1”下方新建空白图层“图层2”，然后选择“图层1”，按Ctrl+E快捷键合并“图层1”和“图层2”，如图B05-57所示。

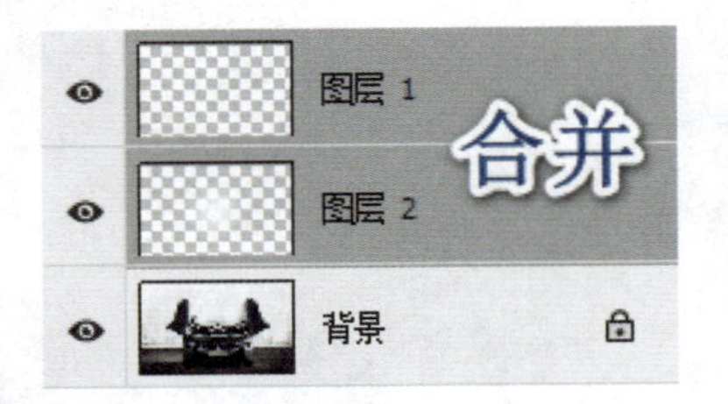


图B05-57

合并后的图层名称仍然叫“图层2”，混合模式为【正常】，包含了“图层1”的内容和颗粒效果，如图B05-58所示。

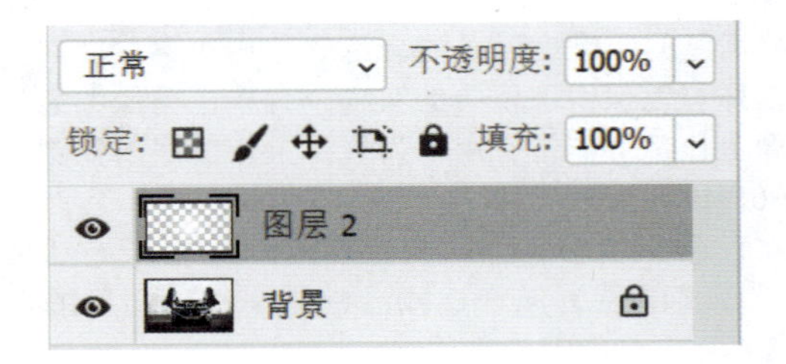


图B05-58

06 选择“图层2”，打开【滤镜】菜单，选择【模糊】子菜单中的【径向模糊】命令，将【数量】值设定为100，在【模糊方法】中选择【缩放】，在【品质】中选择【最好】（见图B05-59）。通过此滤镜可以把颗粒变为中心放射状，有灯光射出的效果（B08课将详细学习滤镜功能），如图B05-60所示。

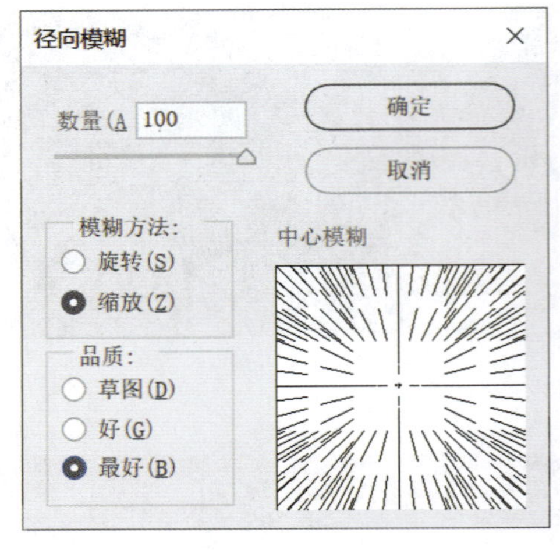


图B05-59

07 将该效果复制1份，并分别放到两边车灯上，最终效果如图B05-61所示。

图B05-60

图B05-61

## B05.9　综合案例——点亮路灯

本案例的原图和最终效果如图B05-62所示。

原图

最终效果

图B05-62

### 操作步骤

01 打开本课的素材图片（见图B05-63），在背景层上方新建图层，填充深蓝色，RGB色值为28、78、164，然后将图层混合模式设置为【正片叠底】，场景变成了幽暗的夜晚，如图B05-64所示。

图B05-63

图B05-64

02 使用【多边形套索工具】或【钢笔工具】的路径模式，绘制路灯灯片的选区（见图B05-65）。在上方添加【曲线】，调整图层，将灯片调亮，将曲线调整图层的不透明度设为16%（见图B05-66和图B05-67）；按住Ctrl键单击【曲线】调整图层后面的蒙版，重新激活该选区，再添加一个【色相/饱和度】调整图层（见图B05-68和图B05-69），将【色相】调得偏暖一些，增强与环境的冷暖对比。

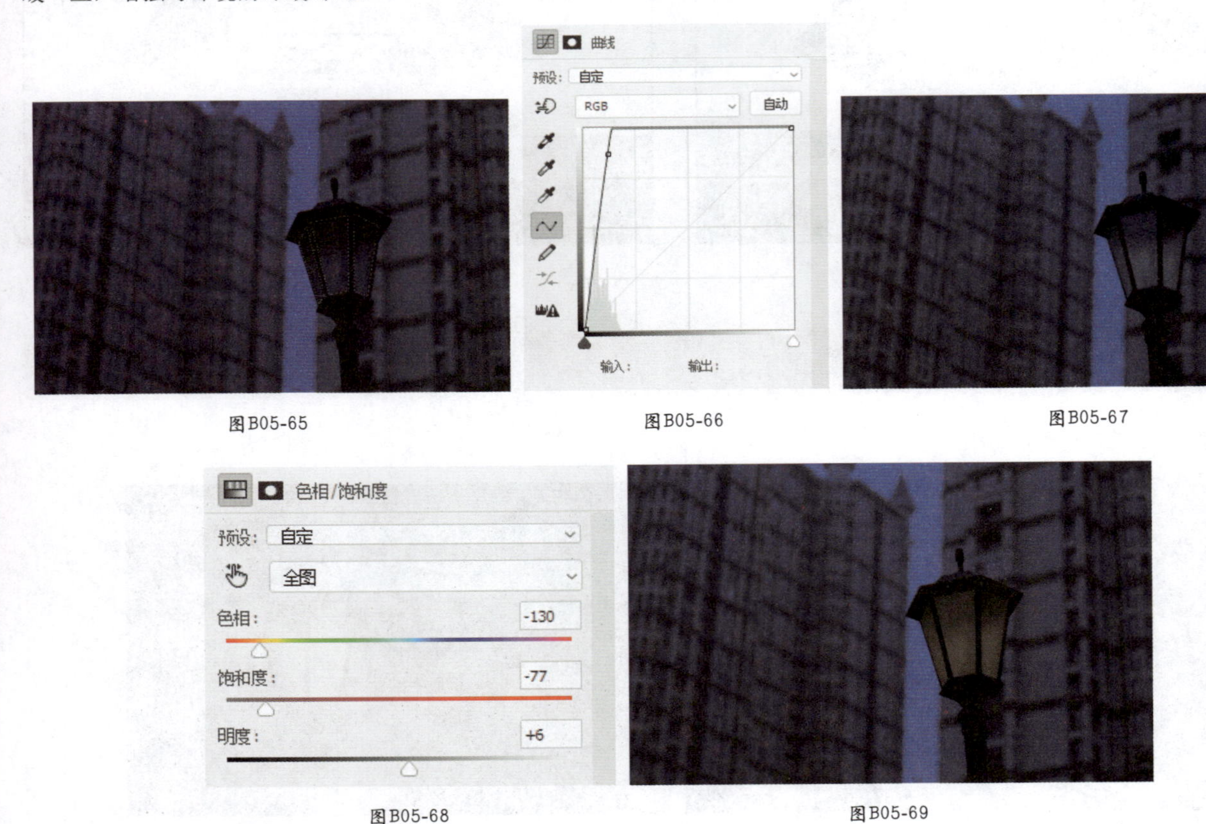


图B05-65

图B05-66

图B05-67

图B05-68

图B05-69

03 选择灯的灯沿部分，新建图层，用画笔大概绘制一下被灯光照亮的区域，如图B05-70所示。

04 再往上方新建图层，使用柔软的画笔，选择淡黄色，将不透明度和流量调低一些，点画出灯光散射出来的光晕，然后将该图层混合模式设置为【实色混合】，将图层不透明度设为80%；双击图层，进入该图层的【图层样式】对话框，在左侧的【混合选项】中，取消选中【高级混合】中的【透明形状图层】选项，灯光就会亮起来了，效果如图B05-71所示。

图B05-70

图B05-71

## B05.10 综合案例——霓虹灯变色

本案例原图和最终效果如图B05-72所示。

原图

最终效果

图B05-72

### 操作步骤

01 打开本课的素材图片（见图B05-73），墙面上的霓虹灯是白色的。使用【魔棒工具】，设定【容差】为32，取消选中【连续】复选框，在最亮的灯光区域单击一下，选择灯光最亮的部分，如图B05-74所示。

图B05-73

图B05-74

02 在【选择】菜单中执行【修改】子菜单中的【羽化】命令，设定【羽化半径】为80像素，如图B05-75和图B05-76所示。

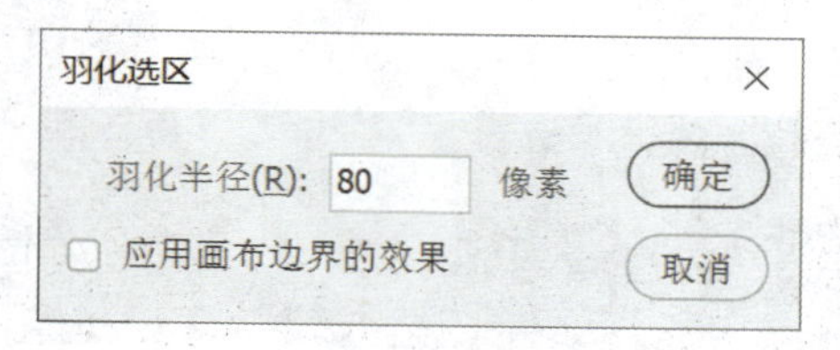


图B05-75

图B05-76

03 设置前景色为亮绿色（见图B05-77）。然后新建图层，打开【编辑】菜单，执行【填充】命令，填充前景色到选区，如图B05-78所示。

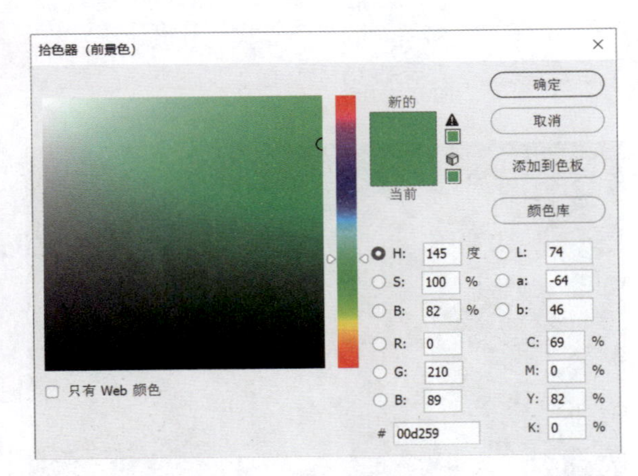


图B05-77

图B05-78

04 将图层的混合模式设为【叠加】（见图B05-79），使绿色和白色灯光融合，最终效果如图B05-80所示。

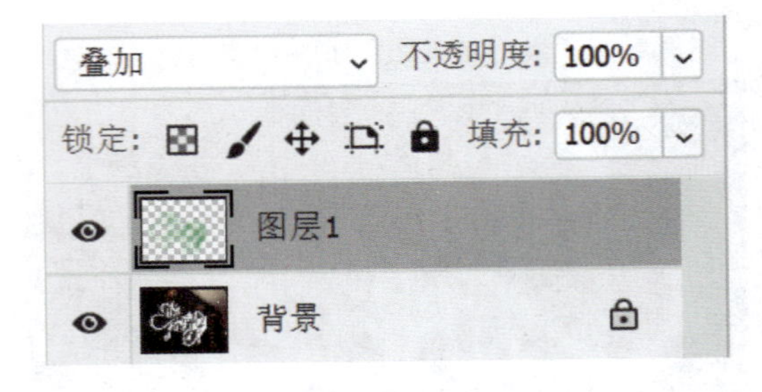


图B05-79

图B05-80

## B05.11 综合案例——皮肤处理

本案例原图和最终效果如图B05-81所示。

原图

最终效果

图B05-81

## 操作步骤

01 打开本课素材图片（见图B05-82），在背景图层上方新建图层，设定混合模式为【柔光】，设置前景色为白色。使用【画笔工具】，设定非常小的硬度，将【不透明度】和【流量】也适当调小，在人物皮肤上开始逐步绘制，皮肤逐步变白，如图B05-83所示。

02 再次新建图层，设定混合模式为【柔光】，设置前景色为黑色，使用【画笔工具】，设定非常小的硬度，将【不透明度】和【流量】也适当调小，绘制人物暗部，如头发、眉毛、眼睛等，强化明暗的对比，如图B05-84所示。

图B05-82

图B05-83

图B05-84

# B05.12 实例练习——墨滴入水

本实例最终完成效果如图B05-85所示。

## 操作步骤

01 打开水杯和毛笔素材图片，把毛笔放置在水杯水面之上（见图B05-86）。注意要去掉画笔白色背景，还要为水杯添加图层蒙版，同时擦除毛笔遮挡的后杯沿部分，如图B05-87所示。

图B05-85　图B05-86

毛笔
水杯

图B05-87

02 打开火焰素材图片，按Ctrl+T快捷键进行自由变换，调节到合适大小，放在水杯水面之下，并选择【差值】的混合模式，如图B05-88所示。

03 火焰素材黑色背景消失，火焰变成了蓝色墨水般的形态。可以添加【色相/饱和度】调整图层，把饱和度降为0。加入下方图层剪贴蒙版，蓝色墨水变成灰度的水墨，如图B05-89和图B05-90所示。

图B05-88

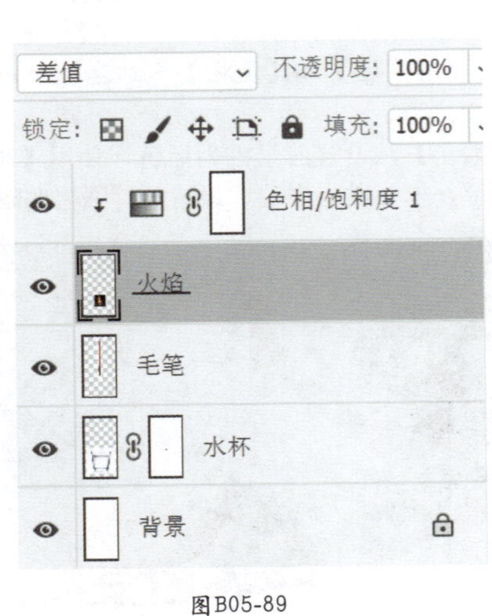


图B05-89

图B05-90

## B05.13 综合案例——为黑白照片上色

本案例原图和最终效果如图B05-91所示。

原图

最终效果

图B05-91

### 操作步骤

01 打开本课的老虎黑白照片素材（见图B05-92），在背景图层上方新建图层，将图层混合模式设定为【颜色】。选择【画笔工具】，将硬度设置得小一些，根据场景中的固有色特征开始涂色。

02 先画老虎和背景的基本色，再新建几个图层，仍然设定为【颜色】的混合模式，深入刻画白色绒毛、眼睛、鼻尖、环境等细节，如图B05-93～图B05-97所示。

图B05-92

图B05-93

图B05-94

图B05-95

图B05-96

图B05-97

读书笔记

**B06** 课

# 色彩调整

论调色师的自我修养



在A基础篇中已经学习了几种基础的调色命令，本课继续学习更多的色彩调整命令，丰富调色手段，并且学会将多种调整命令和混合模式相结合，使图像色彩的一切调整尽在掌控之中。

## B06.1 可选颜色

### 1. 可选颜色基本用法

通过【可选颜色】可以调节图像中每个主要原色成分中的印刷色（CMYK）的数量。可以有选择地修改主要颜色中的CMYK占比，而不会影响其他主要颜色。通过可选颜色可以细腻地调节每一个色相范围区域，是最常用的调整命令之一。

打开本课素材图片（见图B06-1），执行【图像】-【调整】-【可选颜色】命令，或在【图层】面板中添加【可选颜色】调整图层。

图B06-1

选择【颜色】为青色，将【青色】占比设定为-100%，将【洋红】占比设定为68%，将【黄色】占比设定为58%，调节方式为【绝对】（见图B06-2）。因为青色比例骤降，而洋红和黄色的比例增加，所以蓝色的天空和水面变成了红色。因为选择的主色是【青色】，天空和水面的青色最多，所以受影响最大，而黄色的建筑、绿色的树木几乎不受影响，如图B06-3所示。



图B06-2

图B06-3

- 相对：按照总量的百分比更改现有的青色、洋红、黄色或黑色的量。例如，如果从30%青色开始添加10%，则3%将添加到青色，结果为33%（30% × 10% = 3%）。
- 绝对：采用绝对值调整颜色。例如，如果从30%的青色开始添加10%，青色结果为总共40%。

所以从效果上看，【绝对】模式更加明显，【相对】模式比较柔和。

## 2. 判断主色

作为新手，使用可选颜色命令时，首先要准确判断主色。可以在【窗口】菜单中打开【信息】面板，观察鼠标光标位置的CMYK色值，或者使用【颜色取样器工具】，选择一个固定样本。例如，将取样#1放在天空上，可以发现C青色值是75，占比最高，添加【可选颜色】调整图层，可选颜色的主色自然就选择【青色】（见图B06-4）；将【青色】占比降为-100%（绝对），其他不变，如图B06-5所示，会发现C值降为了50（“/”后是调整后的色值）。

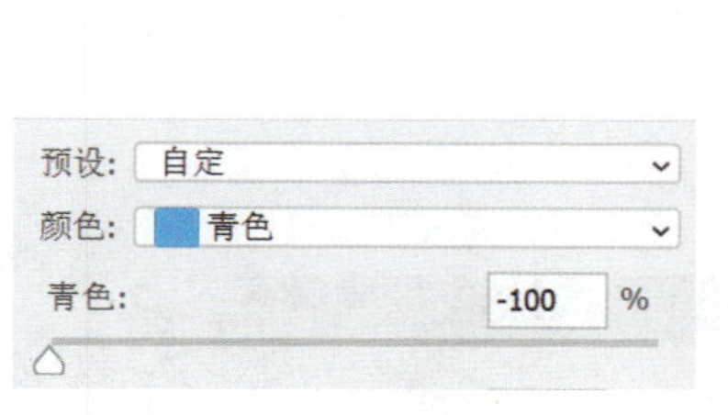


图B06-4

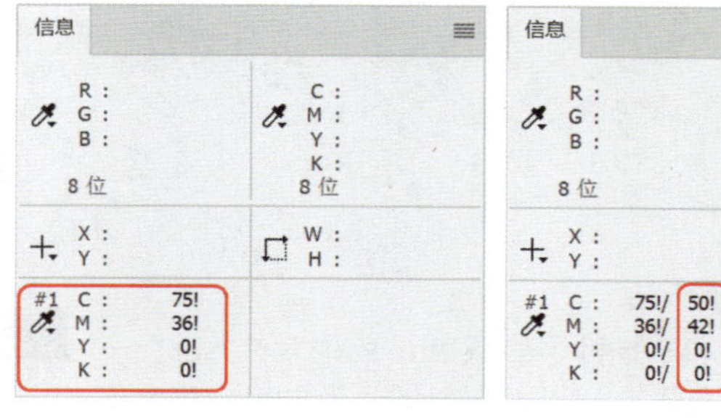


图B06-5

再在绿色的树木上放置一个取样点#2，可以看到其C值没有任何变化，其他色值更不会变。因为#2的主色是Y值，高达97（虽然看上去是绿色，其实是黄色占主导），因为此时【可选颜色】主色选择的是【青色】，所以对#2黄绿色毫无影响，天空即便变成紫红色，树木照样翠绿，如图B06-6所示。

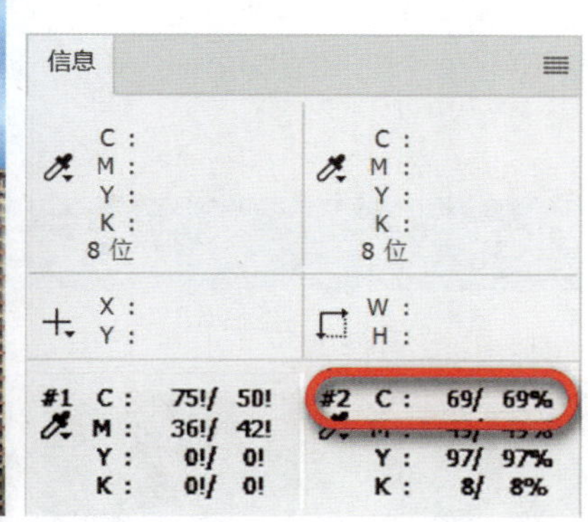


图B06-6

豆包：“主色除了CMY，还有RGB啊？什么时候用红、绿、蓝作为主色呢？”（见图B06-7）

下面揭晓设定主色为RGB的条件。

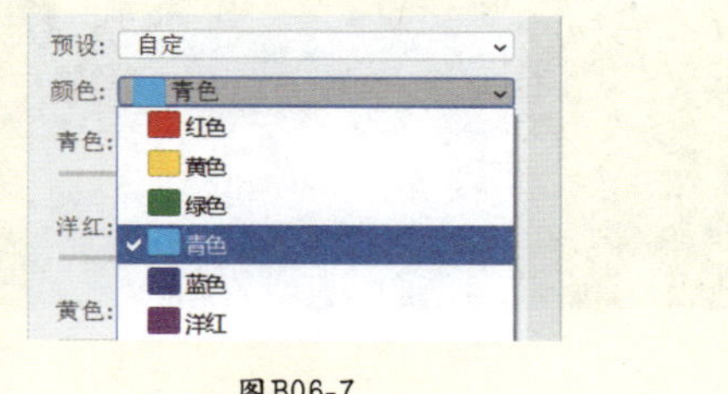


图B06-7

### 3. 主色【红、绿、蓝】设定条件

M和Y值越接近，并且C值越小，色相就越接近纯红色，所以自然就选择【红色】作为主色，如图B06-8所示。

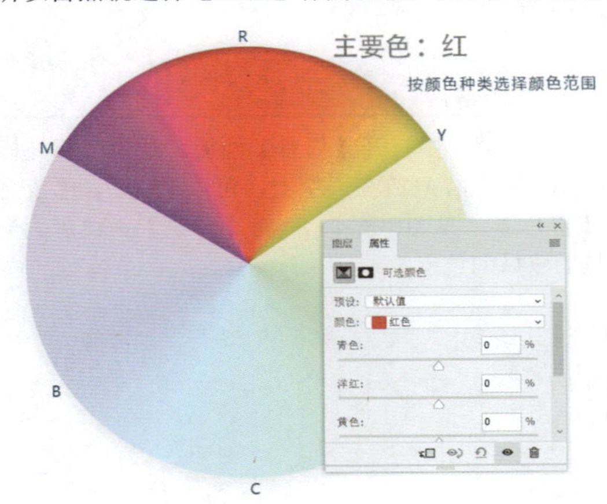


图B06-8

色相环中间R部分是M和Y值相等的颜色，色值是C（0）M（100）Y（100）K（0），M和Y都是100。当设定主色为【红色】，把【洋红】和【黄色】都降为-100%，红色就彻底变为白色了，如图B06-9所示。

同理，M和C值越接近，并且Y值越小，色相就越接近蓝色，就选择【蓝色】做主色；Y和C值越接近，并且M值越小，色相就越接近绿色，选择【绿色】做主色。这样便可以保证最大的颜色调整影响力。

另外，主色选项中还有【白色】【中性色】和【黑色】，用于针对不同明度的范围进行调色，如图B06-10所示。

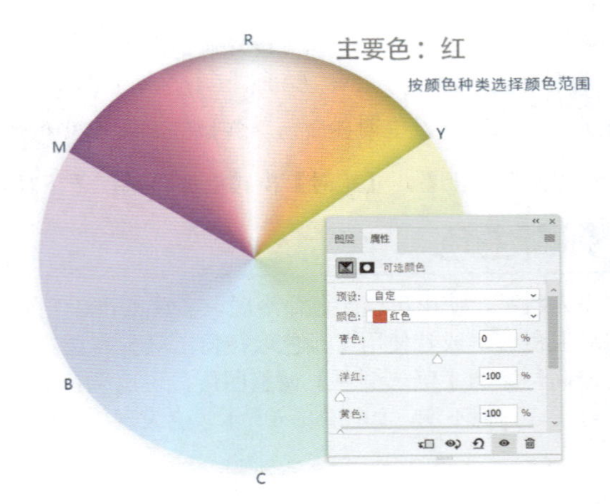


图B06-9

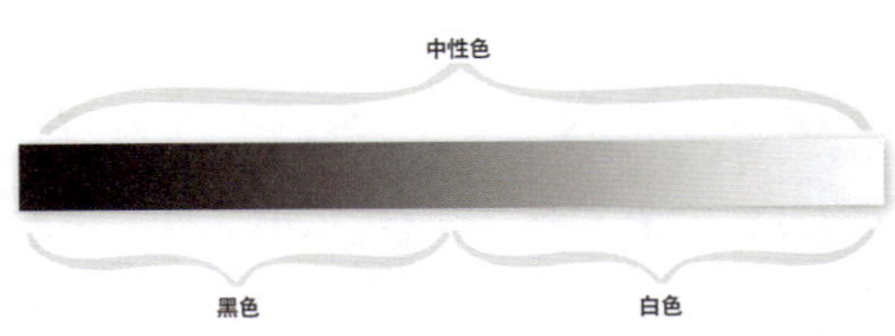


黑色：RGB值平均低于128，或CMY平均高于50的颜色
白色：RGB值平均高于128，或CMY平均低于50的颜色
中性色：除了绝对黑和绝对白的所有颜色

图B06-10

当调色训练累积到一定程度，对颜色就会有较强的分辨能力了，一眼即可判断主色，到那个时候就不用对比CMY数值了。

## B06.2 实例练习——可选颜色调色

本实例原图和最终效果如图B06-11所示。

原图

最终效果

图B06-11

## 操作步骤

01 打开本课素材图片，在【图层】面板中添加【可选颜色】调整图层，调整主色【绿色】，增加【青色】和【洋红】的比例，降低【黄色】的比例，使植物叶子颜色偏蓝。然后调整主色【黄色】，将植物中的少量【黄色】比例也适当降低，再降低【青色】的比例，只增加【洋红】的比例，让植物的茎秆偏紫色，如图B06-12和图B06-13所示。

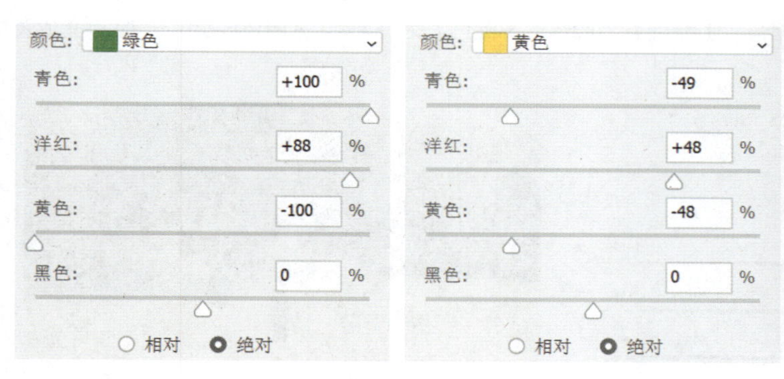


图B06-12

图B06-13

02 现在植物的颜色饱和度有些低，可以在图层列表最上方再添加一个【可选颜色】调整图层，在第1步效果的基础上，再次调整。因为现在植物的颜色已经偏青色，所以在新的【可选颜色】调整图层中，选择主色【青色】进行调节，增加【青色】的比例，进一步减少【黄色】的比例，如图B06-14和图B06-15所示。

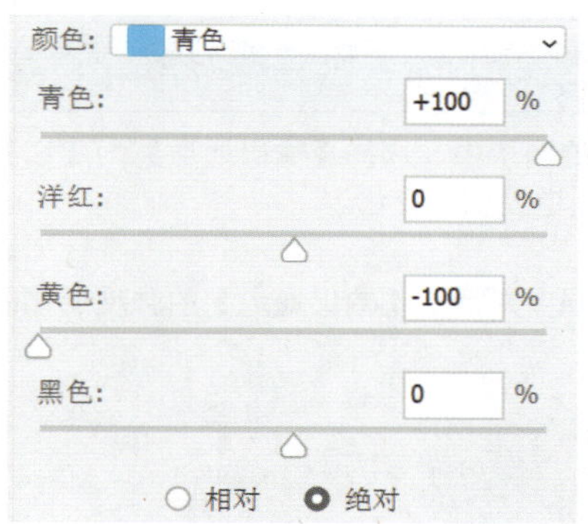


图B06-14

图B06-15

03 此时植物颜色还是不够强烈。复制第2步添加的新的【可选颜色】调整图层（见图B06-16），放在上方（见图B06-17），青色在现有基础上再增加【青色】的比例，最终效果如图B06-18所示。

图B06-16

图B06-17

图B06-18

# B06.3 通道混合器

打开本课素材图片（见图B06-19），执行【图像】-【调整】-【通道混合器】命令，或在【图层】面板中添加【通道混合器】调整图层。

在【输出通道】中选择【红】，设置【红色】为95%，【绿色】为82%，【蓝色】为-64%（见图B06-20），照片变成黄色的秋季景象，如图B06-21所示。

图B06-19

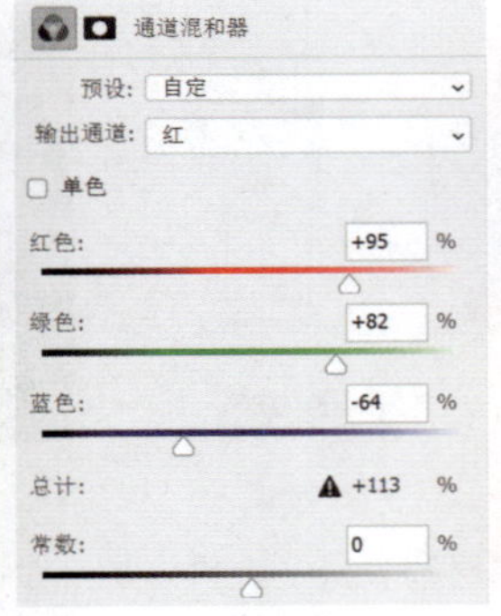


图B06-20

图B06-21

## 1.【通道混合器】属性

【输出通道】即实际产生调整色光强度变化的通道。例如，在刚才的例子中，选择【输出通道】为【红】，即调整红通道，调整前后的对比效果如图B06-22所示。观察通道面板，发现只有红通道发生了变化。

若选中【单色】复选框，则生成的是灰度图像。

而下方的【红色】【绿色】【蓝色】是根据红、绿、蓝通道的发光强度来调节【输出通道】的强度变化的，如图B06-23所示。

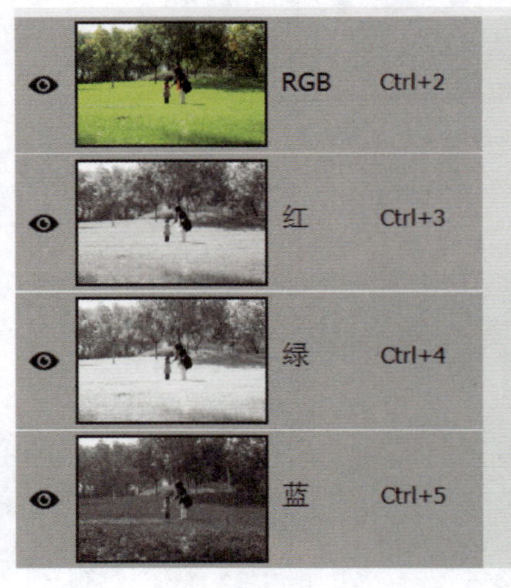


调整前

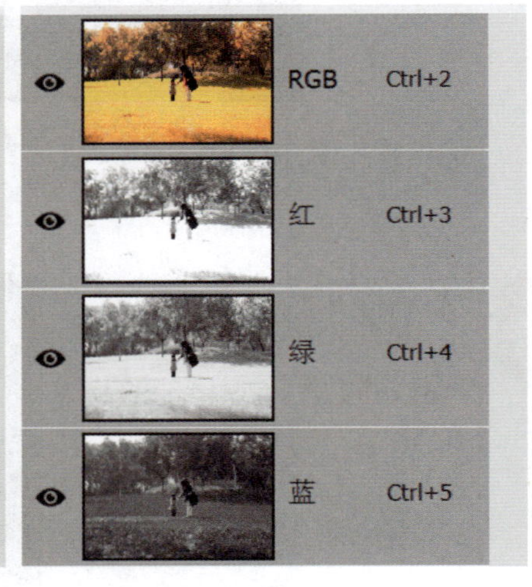


调整后

图B06-22

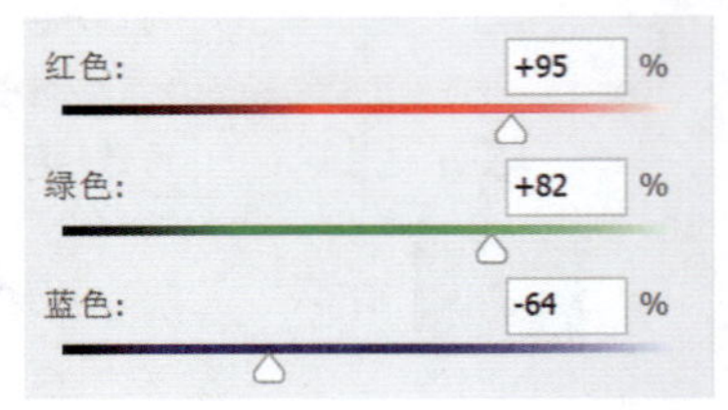


图B06-23

## 2. 观察通道变化

下面通过一个实验来了解一下【通道混合器】的工作原理。如图B06-24所示，其中有3个颜色：暗红、暗绿、暗蓝，在通道中显示为3个灰块，如图B06-25所示。

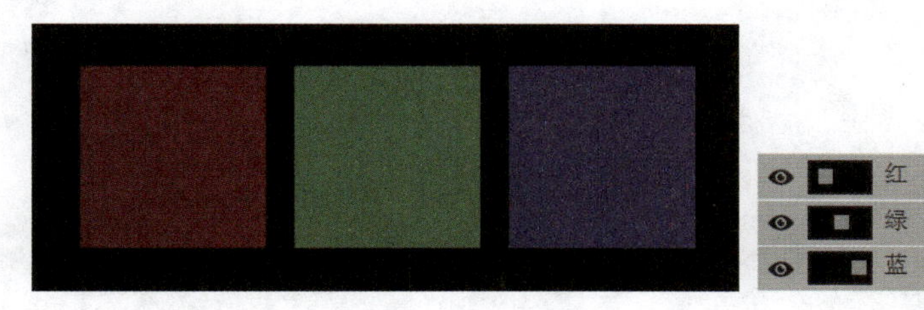


图B06-24　　图B06-25

在它们上方添加一个【通道混合器】调整图层。选择【输出通道】为【红】（见图B06-26），把【绿色】调整为200%，结果绿色变成了橙色，如图B06-27所示。

图B06-26

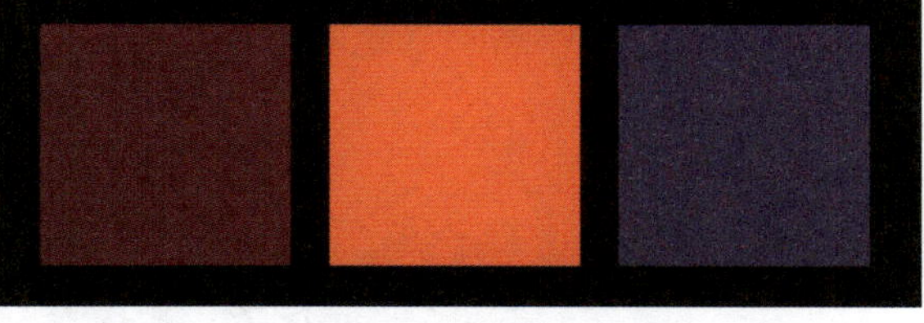

图B06-27

【输出通道】是【红】，为什么红色不变呢？观察一下调整后的通道就明白了。红通道作为【输出通道】，意味着只有红通道会发生变化，绿和蓝通道不会有任何变化。而调节【绿色】是将绿通道的发光范围应用到红通道的色光调节上。所以，红通道上的绿色块的区域原本是没有色光的，调整后，红色光增强了200%，在这个区域上产生了新的色光混合，所以绿色+红色=橙色。

调整前后的对比效果如图B06-28所示。所以此处红绿混合变成了橙色，如图B06-29所示。

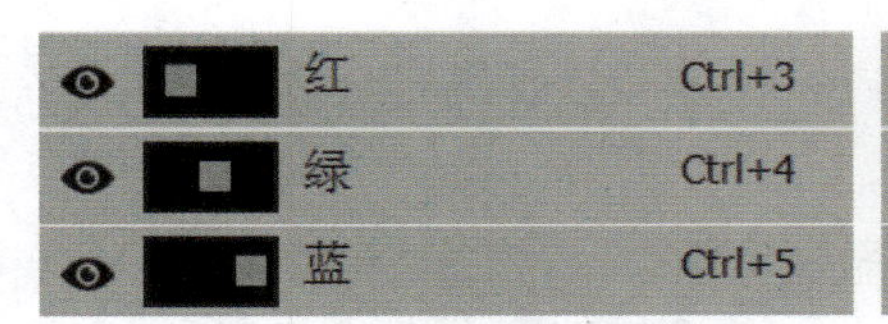


调整前

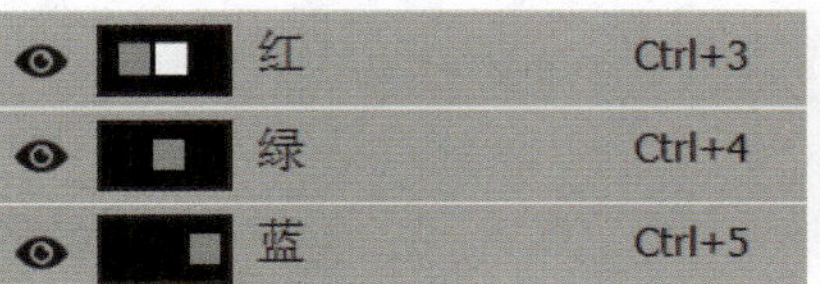


调整后

图B06-28

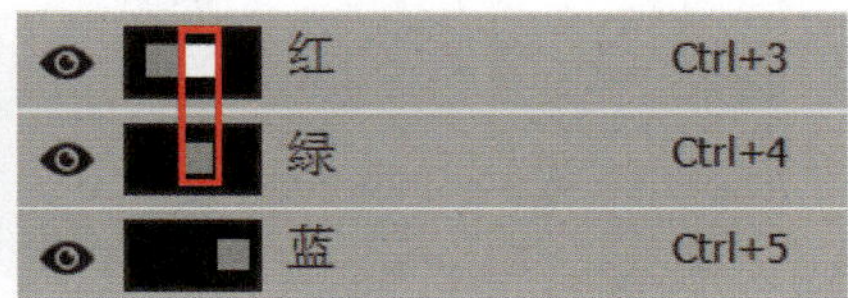


图B06-29

# B06.4　实例练习——通道混合器调色

本实例原图和最终效果如图B06-30所示。

原图

最终效果

图B06-30

## 操作步骤

01 打开本课素材图片，添加【通道混合器】调整图层，命名为“变紫色”。在【输出通道】中选择【绿】，设置红色为74%，绿色为-83%，蓝色为89%，绿色变为紫色，如图B06-31和图B06-32所示。

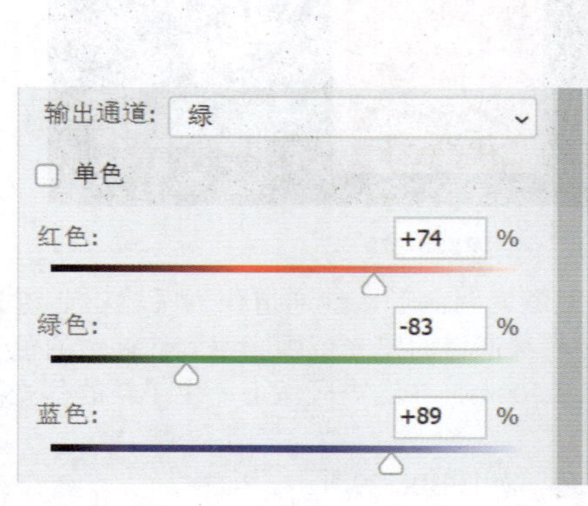


图B06-31

图B06-32

02 在“变紫色”调整图层上添加图层蒙版，用黑色画笔绘制，小心翼翼地把蝴蝶擦出原图颜色，如图B06-33和图B06-34所示。

变紫色

图B06-33

图B06-34

03 继续在上方添加【可选颜色】调整图层。选择主色为【青色】，设置青色为-100%；再选择主色为【洋红】，设置【青色】为-100%，【洋红】为76%，【黄色】为-50%。这样紫色更加鲜明，画面中的青色减少，如图B06-35所示。

04 再往上添加一个【可选颜色】调整图层，选择主色为【青色】，设置【青色】为-100%。复制一份该图层，逐步去除花瓣上大量的泛青色，最终完成效果如图B06-36所示。

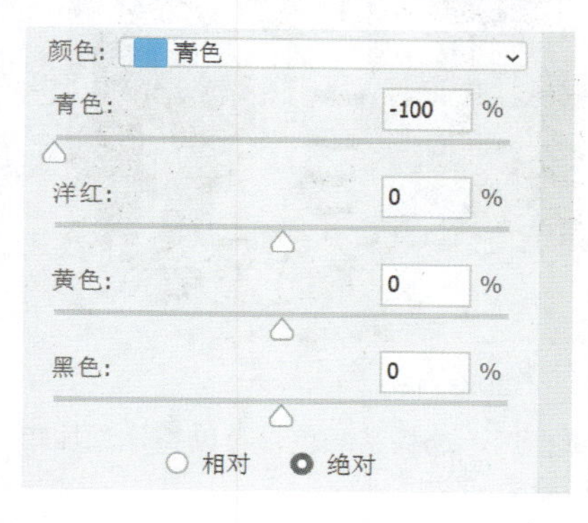


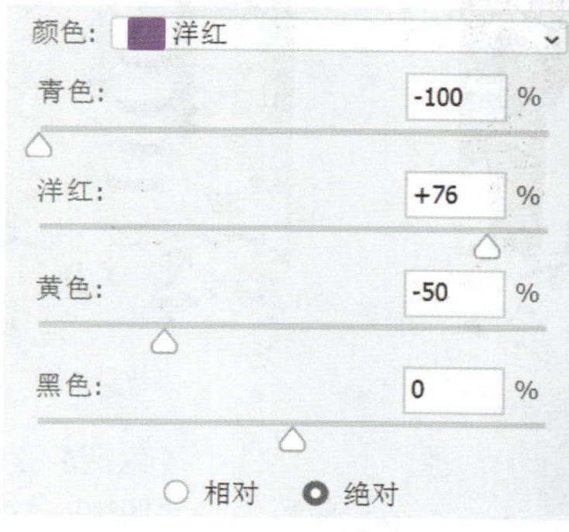


图B06-35

图B06-36

## B06.5 去色、阈值和黑白命令

打开本课素材图片，如图B06-37所示。

图B06-37

下面分别讲解【去色】【阈值】和【黑白】命令。

### 1.【去色】命令

在菜单栏中执行【图像】-【调整】-【去色】命令，快捷键是Shift+Ctrl+U，如图B06-38所示。

图B06-38

使用该命令可以快速将彩色图像转换为灰度图像，但图像的颜色模式保持不变，如图B06-39所示。

图B06-39

### 2.【阈值】命令

在菜单栏中执行【图像】-【调整】-【阈值】命令，可以将灰度或彩色图像转换为高对比度的黑白图像，可以指定某个色阶作为阈值。所有比阈值亮的像素都转换为白色，而所有比阈值暗的像素都转换为黑色，如图B06-40所示。在【图层】面板中可以添加【阈值】调整图层。

图B06-40

## 3.【黑白】命令

在菜单栏中执行【图像】-【调整】-【黑白】命令，可以将彩色图像转换为灰度图像，同时保持对各颜色的转换方式的完全控制。在【图层】面板中可以添加【黑白】调整图层，分别调整不同颜色的强度：数值越大，颜色越白；数值越小，颜色越黑，如图B06-41和图B06-42所示。

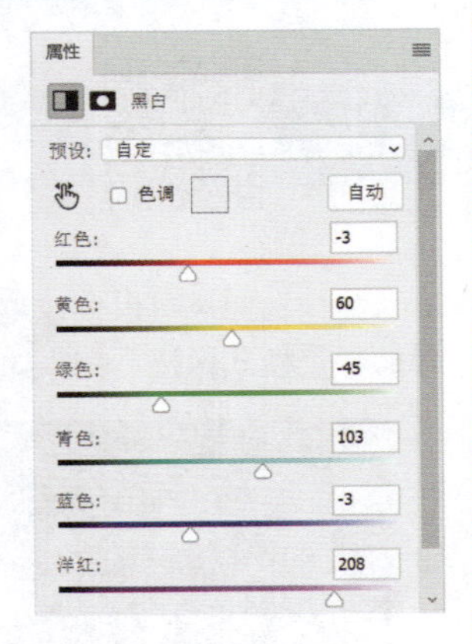


图B06-41

图B06-42

选中【色调】复选框后，选择某颜色，可以整体添加相应色调，如图B06-43所示。

图B06-43

# B06.6 反相

在菜单栏中执行【图像】-【调整】-【反相】命令，可以将颜色反转（见图B06-44），每个通道的像素亮度值都会在256个级别内转换为相反的数值，最亮的255会变成0，比较暗的10会变成245。该命令的快捷键为Ctrl+I。在【图层】面板中可以添加【反相】调整图层。

图B06-44

# B06.7　色调分离和渐变映射

## 1. 色调分离

在菜单栏中执行【图像】-【调整】-【色调分离】命令，可以指定图像中每个通道的色调级数目（或亮度值），然后将像素映射到图像里最接近的匹配级别。在【图层】面板中可以添加【色调分离】调整图层，如图B06-45所示。

图B06-45

## 2. 渐变映射

在菜单栏中执行【图像】-【调整】-【渐变映射】命令（见图B06-46），可将相等的图像灰度范围映射到指定的渐变填充色。在【图层】面板中可以添加【渐变映射】调整图层。

图B06-46

- 仿色：添加随机杂色以平滑渐变填充的外观，并减少带宽效应。
- 反向：切换渐变填充的方向，从而反向渐变映射。

# B06.8　实例练习——分离映射

### 操作步骤

01 打开本课素材图片（见图B06-47），添加【色调分离】调整图层，设定【色阶】值为6，如图B06-48所示。

图B06-47

图B06-48

02 继续向上一层添加【渐变映射】调整图层，单击渐变条，进入【渐变编辑器】对话框，制作如图B06-49所示的渐变色。

渐变条最左边映射的是最暗的颜色，最右边映射的是最亮的颜色，最终完成的效果如图B06-50所示。

图B06-49

图B06-50

## B06.9 阴影/高光和HDR色调

### 1. 阴影/高光

在菜单栏中执行【图像】-【调整】-【阴影/高光】命令，即可打开该命令参数对话框，该命令不是简单地使图像变亮或变暗，它基于阴影或高光中周围的像素（局部相邻像素）变亮或变暗。打开本课素材图片（见图B06-51），打开【阴影/高光】对话框，参数设置如图B06-52所示。可以营造出沧桑的皮肤质感，如图B06-53所示。

图B06-51

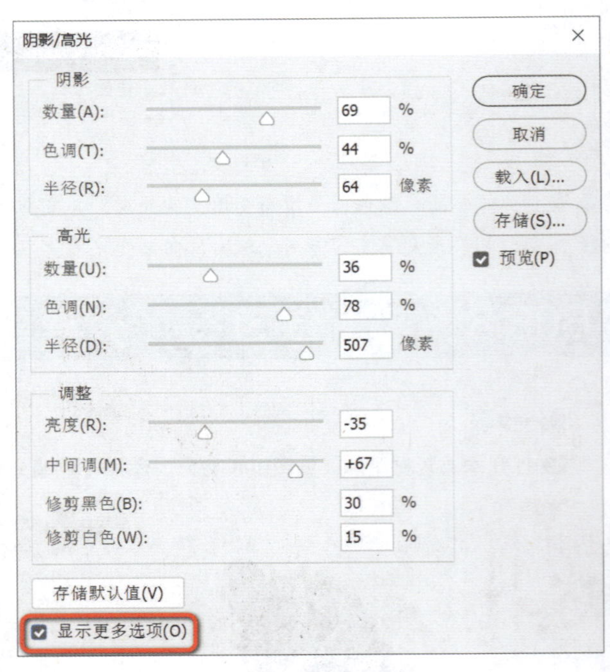


图B06-52

- 数量：值越大，为阴影提供的增亮程度或者为高光提供的变暗程度越大。
- 色调：调节校正的色调范围，数值越小，范围越窄；数值越大，影响中间调的作用越大。
- 半径：即局部相邻的像素范围，范围越大，越偏向于整体调节。

- 亮度：颜色校正，增加彩度。
- 中间调：用于调整对比度，增加对比，强调细节。
- 显示更多选项：选中该选项可以更加细致地调节色调、半径、颜色彩度和中间调对比度等。

图B06-53

## 2. HDR色调

在菜单栏中执行【图像】-【调整】-【HDR色调】命令，可将全范围的HDR对比度和曝光度设置应用于各种图像。打开本课素材图片（见图B06-54），这是一幅普通的风景照片，看上去非常平淡，毫无亮点。

图B06-54

打开【HDR色调】参数对话框，设置参数，如图B06-55所示。

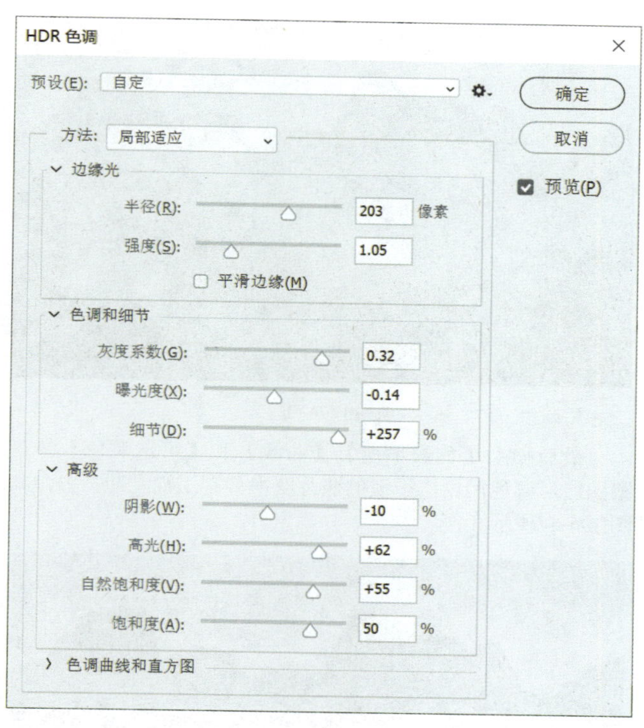


图B06-55

- 方法：下拉菜单中的【局部适应】选项是通过调整图像中的局部亮度区域来调整HDR色调；若选择【曝光度和灰度系数】选项，则可以直接简单地调节整体的曝光度和灰度系数；选择【高光压缩】选项，可以直接得到减少高光的效果；选择【色调均化直方图】选项，可以获得直方图均匀化以后的高对比效果。
- 边缘光：其中【半径】指定局部亮度区域的大小；【强度】指定两个像素的色调值相差多大时，它们属于不同的亮度区域。
- 色调和细节：其中【灰度系数】为1.0时动态范围最大，较低的设置会加重中间调，而较高的设置会加重高光和阴影；【曝光度】值用于反映光圈大小；拖动【细节】滑块可以调整锐化程度。

可以扫码观看视频中的实际操作，加深对概念的理解。

调整后的照片全方位提升了高动态范围的对比度，图片的层次感也得到了加强，如图B06-56所示。

- 高级：拖动【阴影】和【高光】滑块可以使局部区域变亮或变暗。通过【自然饱和度】可细微调整颜色强度，同时尽量不剪切高度饱和的颜色。【饱和度】用于调整-100（单色）～100（双饱和度）的所有颜色的强度。

图B06-56

最后加上【色彩平衡】【曲线】和【可选颜色】等调整图层，调色润色，平淡的照片变得具有了视觉冲击力，如图B06-57所示。

图B06-57

## B06.10　照片滤镜和颜色查找

### 1. 照片滤镜

在菜单栏中执行【图像】-【调整】-【照片滤镜】命令，可模拟在相机镜头前面加彩色滤镜的效果，以便调整色彩平衡和色温。在【图层】面板中可以添加【照片滤镜】调整图层。

图B06-58所示的照片明显偏黄，可在图层上方添加【照片滤镜】调整图层。

图B06-58

选择【Cooling Filter（82）[冷却滤镜（82）]】选项，将【密度】设定为50%（见图B06-59），照片呈现冷色调，如图B06-60所示。

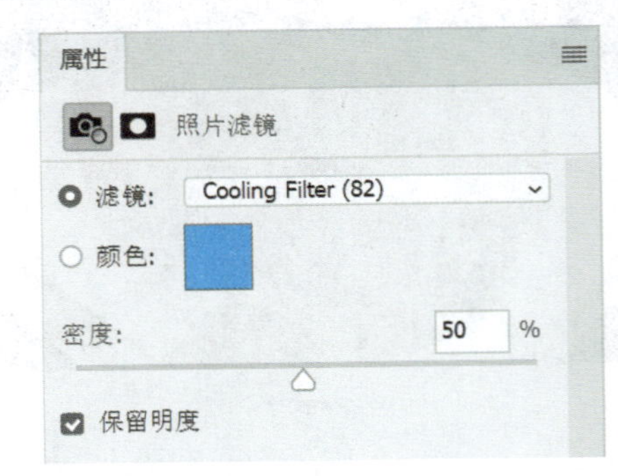


图B06-59

图B06-60

**提示**

可以选中【颜色】复选框，使用任意颜色，为照片加上任意色调。

## 2. 颜色查找

在菜单栏中执行【图像】-【调整】-【颜色查找】命令，可以将影视行业的LUT调色预设应用到图片上（见图B06-61），直接获得调色效果。在【图层】面板上可以添加【颜色查找】调整图层。

如图B06-62所示，在红框处可以选择PS默认的LUT预设，如【TealOrangePlusContrast.3DL】，便可直接完成调色（见图B06-63），或将图片用于同预设的影视工程文件中。

图B06-61

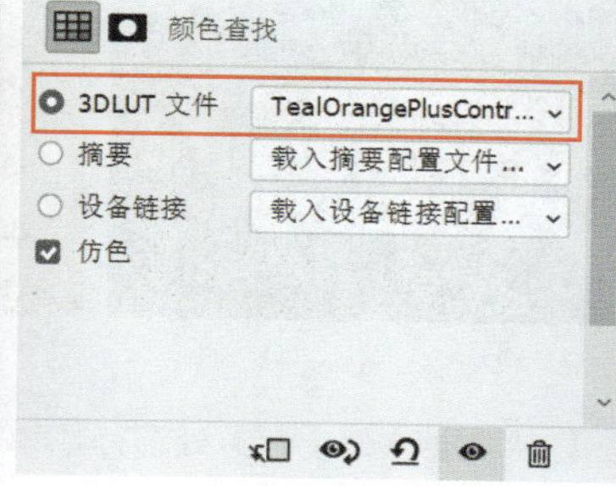


图B06-62

图B06-63

**提示**

可以单击【摘要】或【设备链接】按钮加载外部资源。

# B06.11 替换颜色和匹配颜色

## 1. 替换颜色

在菜单栏中执行【图像】-【调整】-【替换颜色】命令，可以快捷地替换图像上的同类色。在该命令对话框的左上角选择【吸管工具】，在图像上吸取要替换的颜色（见图B06-64），然后设定替换后的颜色，可以通过调整【颜色容差】调节颜色取样范围。选中【本地化颜色簇】复选框可在取样点范围构建更加精确的选区（见图B06-65），替换颜色后的效果如图B06-66所示。

图B06-64

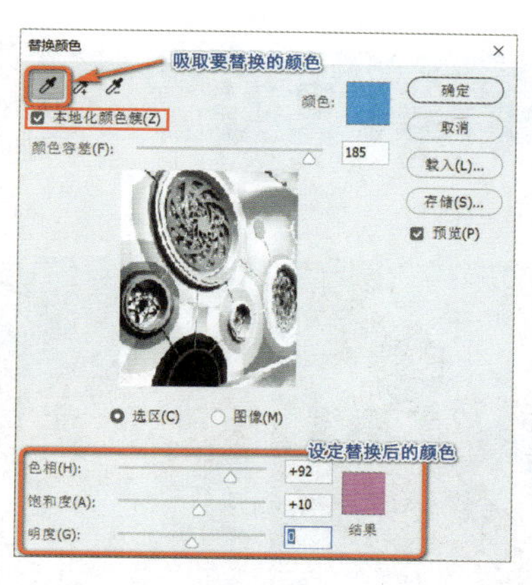


图B06-65

图B06-66

## 2. 匹配颜色

在菜单栏中执行【图像】-【调整】-【匹配颜色】命令，可以匹配多个图像之间、多个图层之间或者多个选区之间的颜色。还可以通过更改亮度和色彩范围以及中和色调来调整图像颜色。简单来说，就是可以将一张图片的色调替换应用在另一张图片上。

打开本课的两张素材图片，如图B06-67所示。

图B06-67

选择“山峰”图片文档，打开【匹配颜色】对话框，在【源】处选择“B06.11银杏.JPG”图片文档，从预览图中可以发现山峰的图片变成了银杏的黄色调，适当调节【明亮度】【颜色强度】和【渐隐】的参数，直到调出满意的色调，如图B06-68和图B06-69所示。

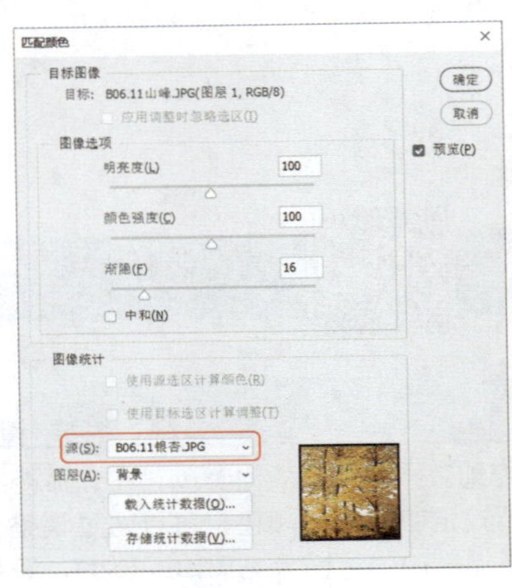


图B06-68

图B06-69

## B06.12 综合案例——细腻调色

本案例的原图和最终效果如图B06-70所示。

原图

最终效果

图B06-70

## 操作步骤

01 打开本课写真素材（见图B06-71），在背景图层上方添加【可选颜色】调整图层1，并对可选颜色进行设置（见图B06-72），可选颜色经常用于特定颜色范围的微调。这一步的调整，主要是营造弱对比度的高级灰效果，如图B06-73所示。

图B06-71

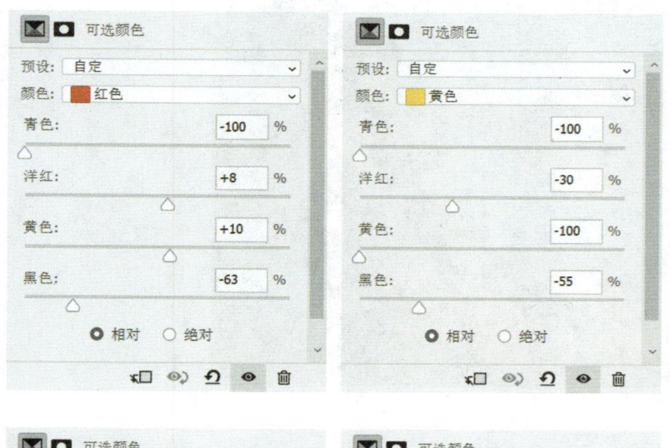


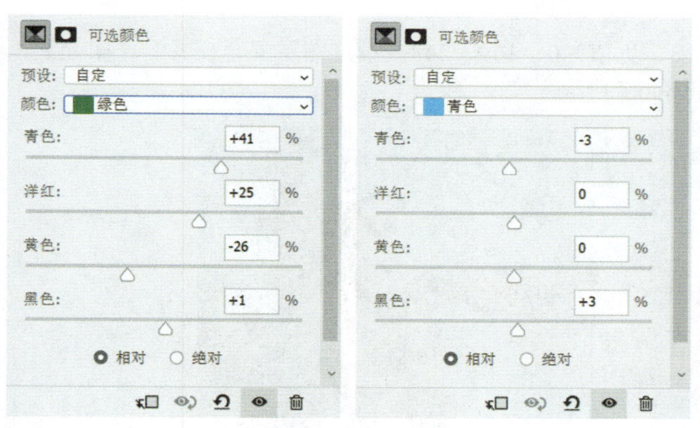


图B06-72

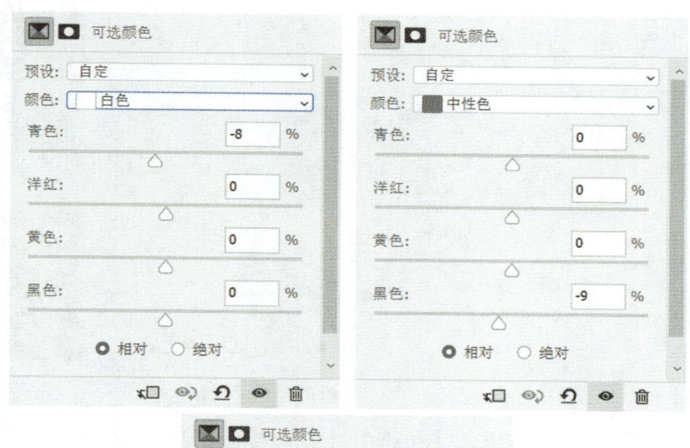


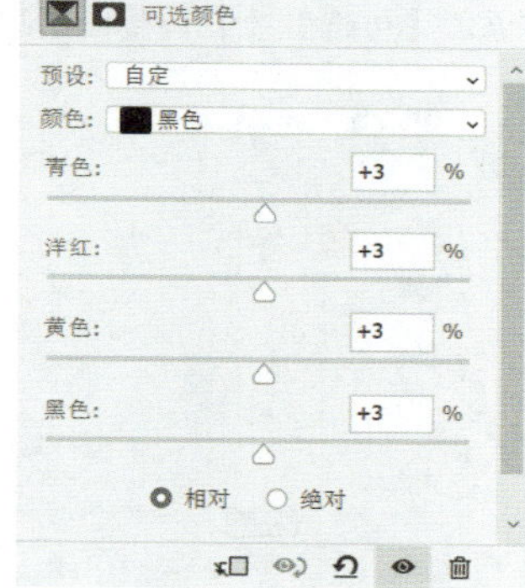


图B06-72（续）

图B06-73

02 继续往上方添加【可选颜色】调整图层2（见图B06-74），这次主要增强红色部分，对嘴唇和衣服影响比较大，如图B06-75所示。

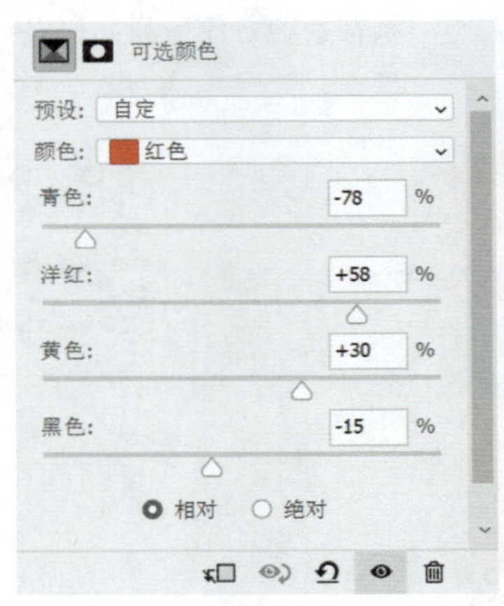


图B06-74

图B06-75

继续往上方添加【可选颜色】调整图层3（见图B06-76），继续增强红色部分，如图B06-77所示。

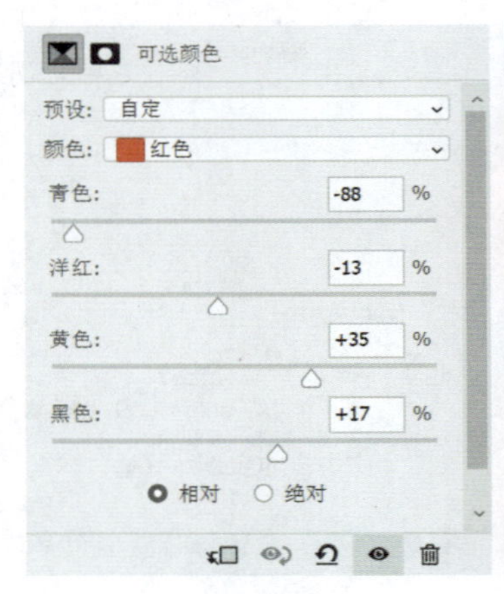


图B06-76

图B06-77

03 继续向上添加图层，创建一个填充图层，填充颜色为RGB，色值为0、169、248，设定图层混合模式为【柔光】，【不透明度】为35%（见图B06-78），色调变得偏冷了一些，如图B06-79所示。

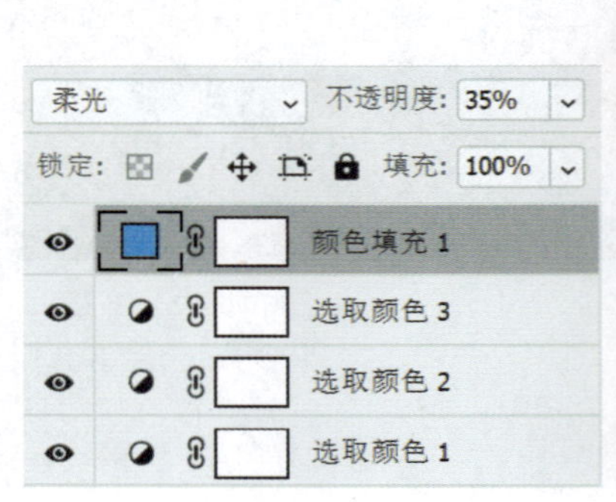


图B06-78

图B06-79

04 继续向上添加【曲线】调整图层（见图B06-80），将暗部适当增强，如图B06-81所示。

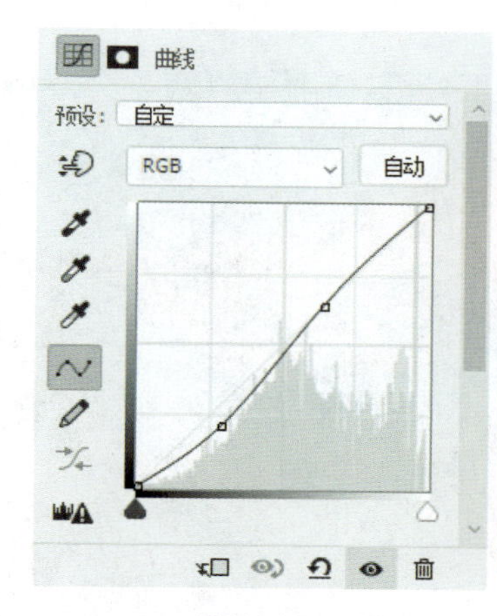


图B06-80

图B06-81

05 继续向上添加【色阶】调整图层，进行比较复杂的色阶调整（见图B06-82），观察到色调有了微妙的变化，如图B06-83所示。

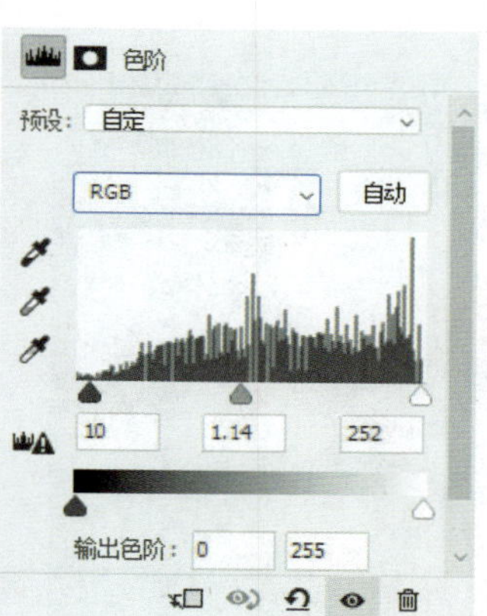


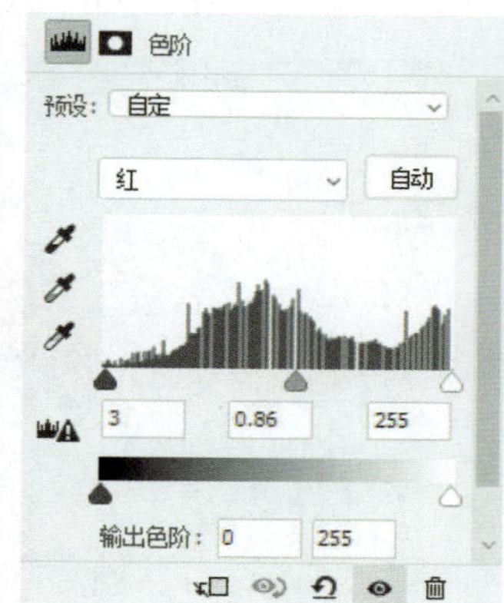


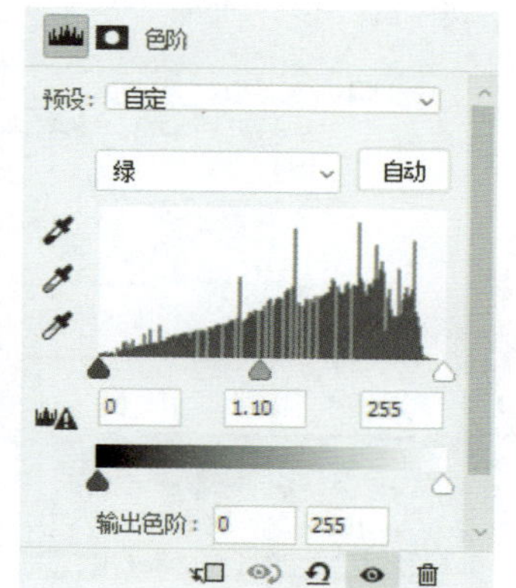


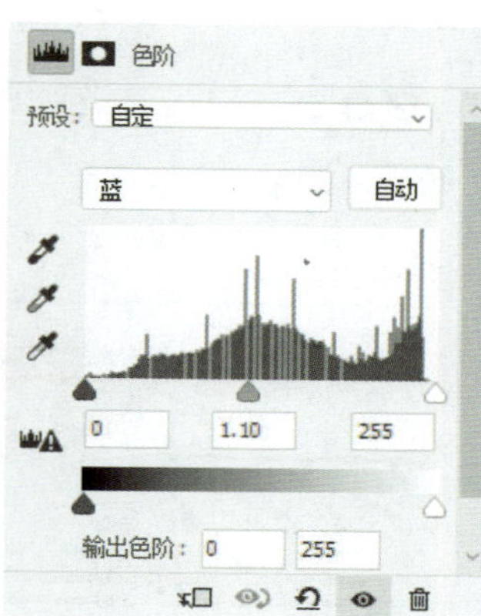


图B06-82

图B06-83

06 继续向上添加【色彩平衡】调整图层（见图B06-84），【中间调】主要偏向于青色，【阴影】部分增加补色的对比，稍微偏红一些，如图B06-85所示。

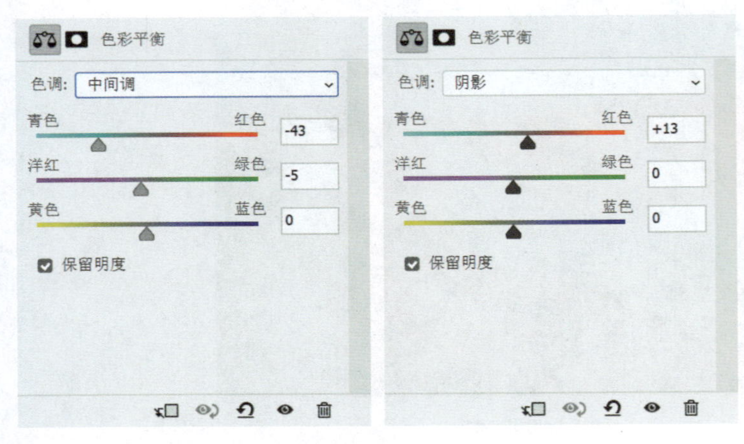


图B06-84

图B06-85

07 继续向上添加【色相/饱和度】调整图层（见图B06-86），增强【红色】的饱和度，让嘴唇更红，和整体的青色调形成强烈补色对比；降低【黄色】饱和度，让皮肤颜色不要太焦，增加明度可以将皮肤变白，如图B06-87所示。

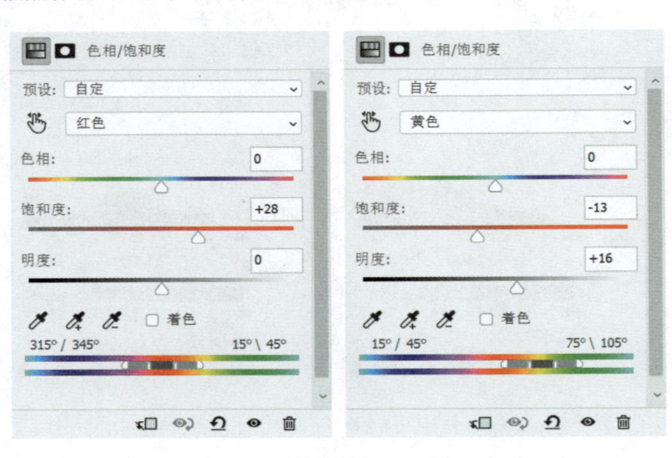


图B06-86

图B06-87

本课的练习运用了多种调色命令，并结合混合模式进行综合的调色处理，对于熟悉颜色非常有用。在实际工作中，不需要太复杂的步骤也能调出漂亮的色彩变化，要根据自己的色彩感觉来把握。熟悉调色命令的用法后，就可以自由灵活地处理了。

## B06.13　综合案例——Lab模式调色

在A22.7课中初步讲解过关于Lab颜色模式的知识，Lab颜色模式有3个通道，L是明度通道，a通道是从绿色到红色，b通道是从蓝色到黄色。将图像转换为Lab模式，使用曲线命令可以灵活控制a通道和b通道，产生非常多的色彩变化。

打开本课的照片素材（见图B06-88），在菜单栏中执行【图像】-【模式】-【Lab颜色】命令，将图像转换为Lab颜色模式，然后在背景图层上方添加【曲线】调整图层。

图B06-88

## 1. 灰绿

选择a通道，直方图中最左侧黑场代表绿色，右侧白场代表红色，所以只需要把原来曲线直方图两端代表的暗和明换一个角度理解为绿和红就可以了；选择b通道，直方图中最左侧黑场代表黄色，右侧白场代表蓝色，把原来曲线直方图两端代表的暗和明换一个角度理解为黄和蓝即可。因此，设置的曲线如图B06-89所示。在a通道中，黑场部分曲线上抬，即为绿色减弱；在b通道中，黑场部分曲线下压，黄色增强，白场部分曲线下压，蓝色减弱。a和b通道共同起作用，原图中绿色的草地变成了枯黄色，如图B06-90所示。

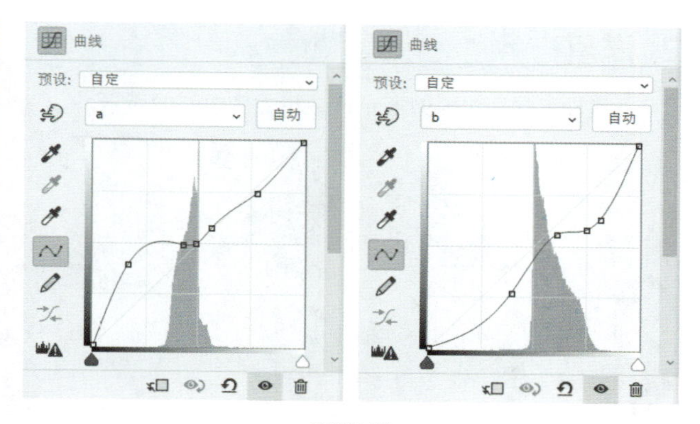


图B06-89

图B06-90

### 扩展知识

调色的时候要保持皮肤的颜色始终是健康的状态，可以使用手指拖动功能，在图像上单击要细微调整的区域，上下拖动鼠标，细致地调节肤色。

## 2. 洋红

曲线设置如图B06-91所示，效果如图B06-92所示。

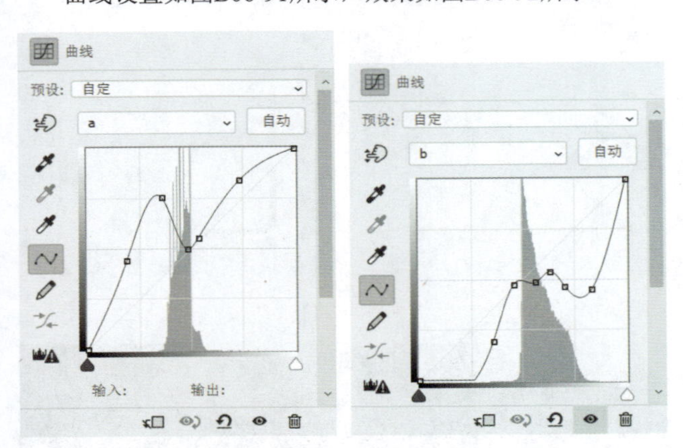


图B06-91

图B06-92

## 3. 黄色

曲线设置如图B06-93所示，效果如图B06-94所示。

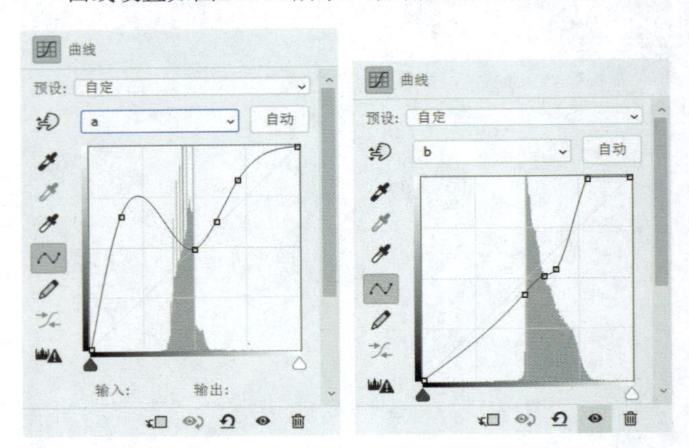


图B06-93

图B06-94

## 4. 青色

曲线设置如图B06-95所示，效果如图B06-96所示。

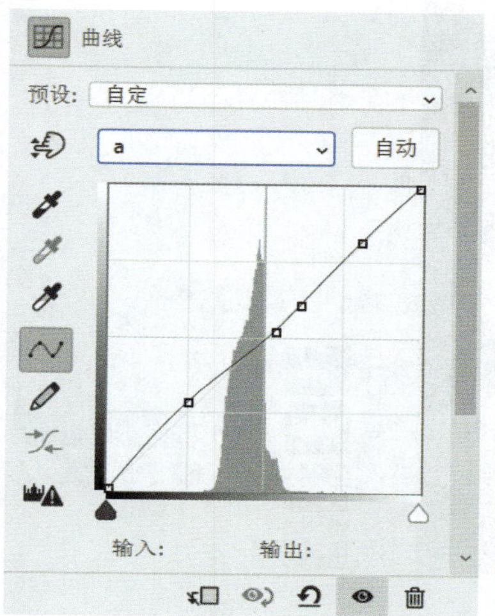


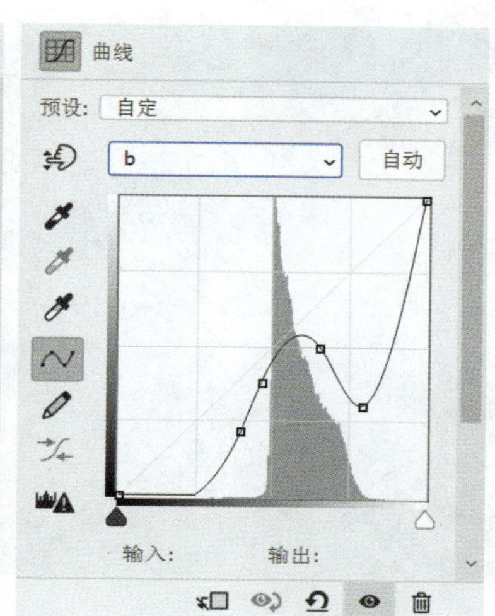


图B06-95

图B06-96

读书笔记

# B07.1 综合案例——云彩抠图合成

## 操作步骤

01 打开本课的云彩图片素材（见图B07-1），观察【通道】面板，选择对比最强的红通道，右击，选择【复制通道】选项，如图B07-2所示。

图B07-1

图B07-2

02 选择复制后的“红拷贝”通道，按Ctrl+L快捷键打开【色阶】命令对话框，调节【输入色阶】两侧黑场和白场的滑块，增强对比度，把云彩之外的颜色加深至黑色，如图B07-3和图B07-4所示。

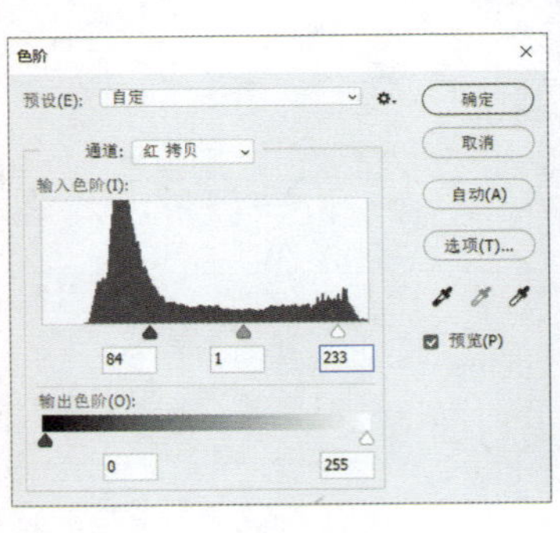


图B07-3

图B07-4

03 按住Ctrl键单击“红拷贝”图层的缩览图，将通道作为选区载入，如图B07-5和图B07-6所示。

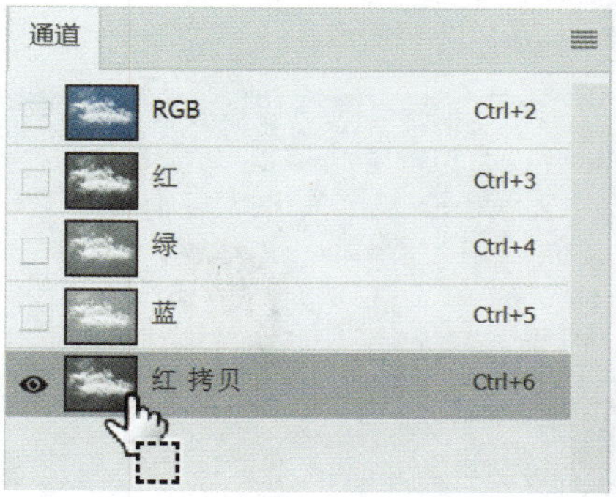

图B07-5

图B07-6

04 激活【复合通道】，回到【图层】面板（见图B07-7），为图层添加图层蒙版（见图B07-8），云彩素材就抠出来了（见图B07-9）。如果云彩边缘泛蓝严重，或者背景有不干净的地方，可以选择图层蒙版，按Ctrl+L快捷键打开【色阶】对话框，继续调整参数。

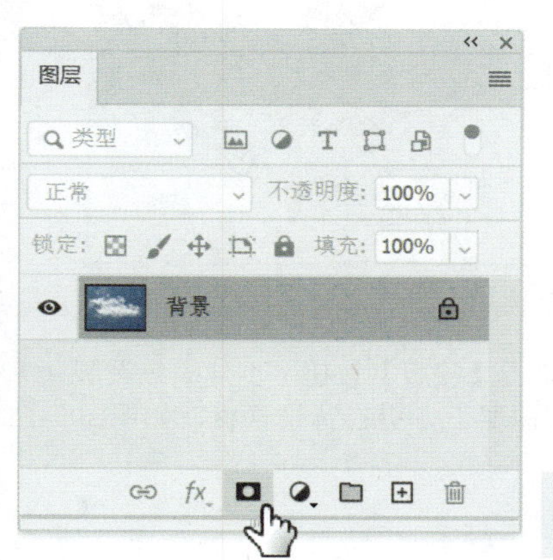


图B07-7

图B07-8

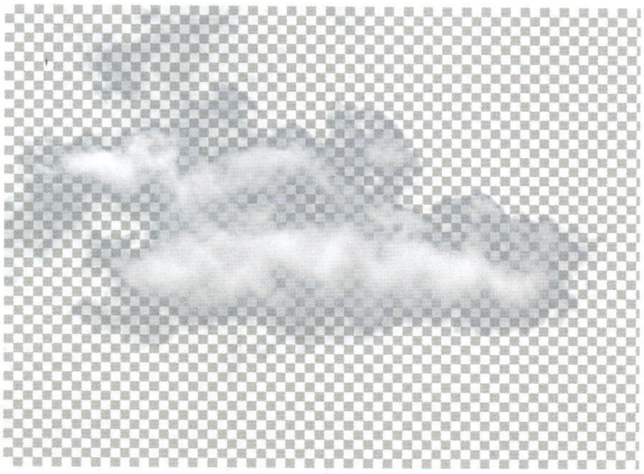

图B07-9

05 打开背景素材图片（见图B07-10），把云彩放到上面，调整好大小、位置就可以了，最终效果如图B07-11所示。

图B07-10

图B07-11

## B07.2 综合案例——婚纱抠图合成

本案例原图和最终效果如图B07-12所示。

原图

最终效果

图B07-12

### 操作步骤

01 使用【钢笔工具】的【路径】模式，把整个模特的轮廓绘制出来，如图B07-13所示。

图B07-13

02 在选项栏上单击【蒙版】按钮，创建矢量蒙版（见图B07-14），然后在图层下方更换背景素材，如图B07-15所示。

图B07-14

03 将“婚纱”图层复制一份，重命名为“只有人”图层。继续使用【钢笔工具】的【路径】模式，并在选项栏中设置【路径操作】方式为【减去顶层形状】，如图B07-16所示。

将人物后背精确绘制出来，同时包括图片左部的头纱部分，如图B07-17所示。绘制完成后，执行【合并形状组件】命令，这一层只有人物部分，没有头纱，如图B07-18所示。

图B07-15

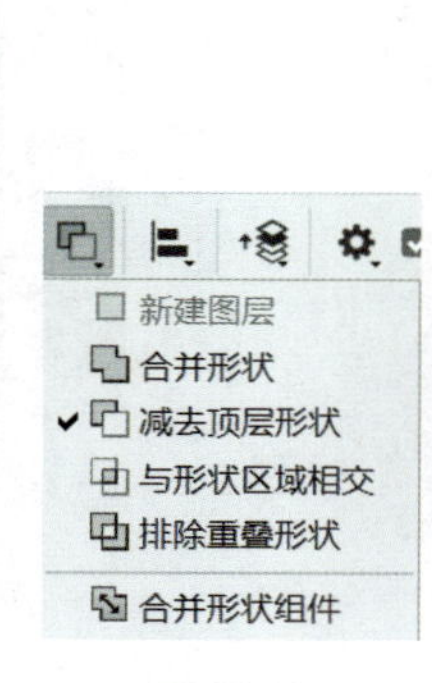


图B07-16

图B07-17

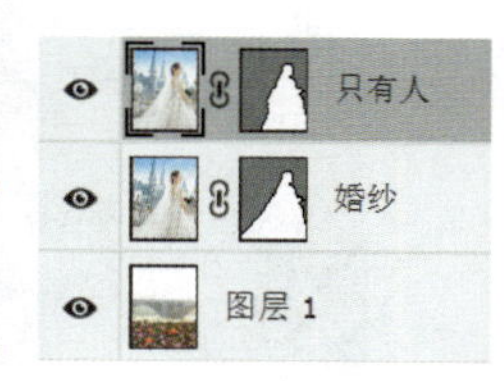


图B07-18

04 选择“婚纱”图层，使用【修补工具】或与【修复画笔工具】相结合，对头纱透光显示的后面的内容进行仿制或修补，进行模糊化处理，但要注意保留头纱的花边和褶皱，如图B07-19所示。

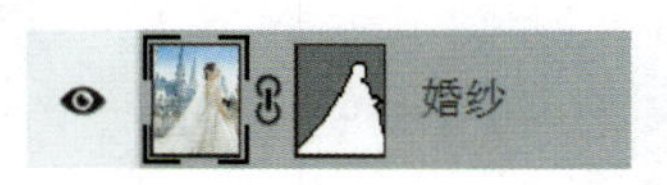


污点修复画笔工具 J
修补工具 J

图B07-19

大概修成如图B07-20所示的这种程度就可以了。

图B07-20

05 在“婚纱”图层下方临时新建一个图层，填充黑色（见图B07-21）。在【通道】面板中选择【绿】通道，单击【将通道作为选区载入】按钮，生成带有深度的选区，如图B07-22和图B07-23所示。

图B07-21

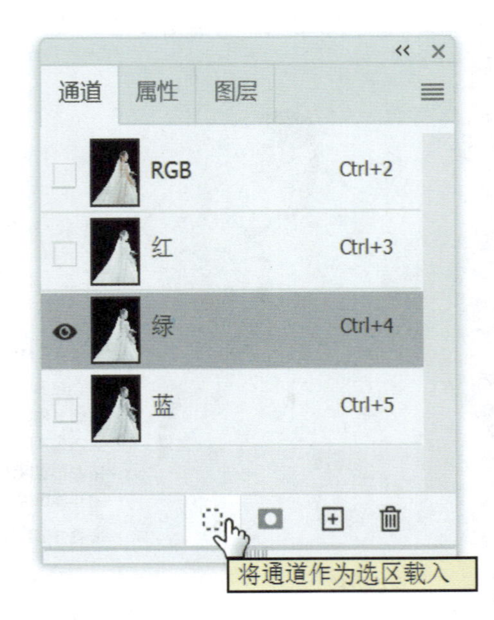


图B07-22

图B07-23

06 单击【图层】面板中的【添加图层蒙版】按钮，这个图层变成了既有图层蒙版，又有矢量蒙版的图层（见图B07-24）。添加图层蒙版后，头纱变得通透了。删除黑图层，可以透出背景。

07 为了让婚纱显得更轻薄，可以把图层的【不透明度】适当调低一些，如设置为94%。最后对边边角角进行修饰处理，最终完成的效果如图B07-25所示。

图B07-24

图B07-25

## B07.3 综合案例——玻璃茶几抠图合成

本案例原图和最终效果如图B07-26所示。

原图

最终效果

图B07-26

### 操作步骤

01 打开玻璃茶几素材图片（见图B07-27），使用【钢笔工具】以【路径】模式把茶几轮廓精确地绘制出来。然后按Ctrl+Enter快捷键，将路径生成选区，反选后，删除背景，如图B07-28所示。

图B07-27

图B07-28

02 再次用【钢笔工具】以【路径】模式把玻璃面上的部分选出来（见图B07-29），并且把玻璃面下面的金属架也单独选择出来（见图B07-30），也就是说，把原来透明的玻璃面部分全部删除，如图B07-31所示。

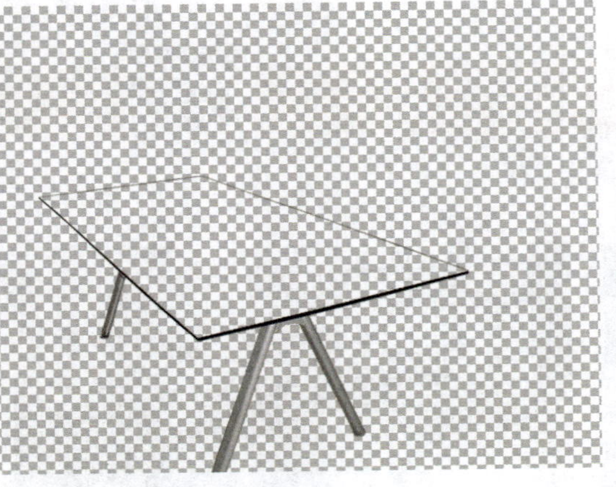
图B07-29

图B07-30

图B07-31

03 在顶部新建图层，在整个玻璃面的选区内填充一个从浅到深的绿色的渐变，因为原来的玻璃都被删掉了，现在给它“装上”新的玻璃，如图B07-32所示。

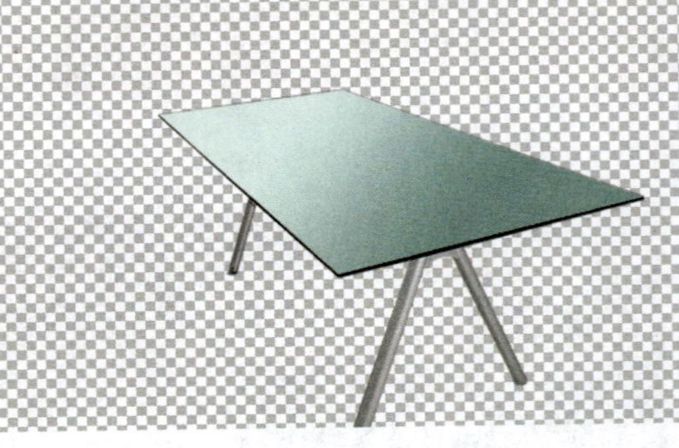
图B07-32

04 将新的玻璃图层设为【正片叠底】模式（见图B07-33）。将其放置到场景素材中，玻璃可以透出后面的场景，如图B07-34所示。

图B07-33

图B07-34

05 现在的玻璃看起来太通透了，为了增加真实感，可以将玻璃面图层复制一份，放在上方，设定为【滤色】模式，将【填充度】设置为10%，如图B07-35所示。

图B07-35

06 茶几的桌腿金属架在场景里显得有点亮，可使用【曲线】和【色彩平衡】命令把桌腿金属架部分调整一下，使其和环境色调匹配，如图B07-36所示。

图B07-36

07 添加桌面反光和下面的阴影细节，玻璃茶几合成制作完成（见图B07-37）。本例的细节操作稍微有些复杂，建议扫码观看完整视频演示。

图B07-37

读书笔记

# B08课

## 滤镜应用

### 神奇滤镜特效



滤镜的本意是在相机镜头前加上特殊的镜片，即可直接拍摄出带有特殊效果的照片。而Photoshop的滤镜命令更像是各种魔法，把现有的图像变成带有各种特殊效果的样子。滤镜命令可以应用于普通图层，也可以应用在智能对象上，在智能对象上添加的滤镜是智能滤镜，可以随时停用或删除智能滤镜。可以反复调节滤镜参数，自由调整滤镜上下次序，这是一种非破坏性的编辑方式。

在智能对象上，每执行一次滤镜命令，就可以在智能滤镜列表中添加一列，由下到上，按先后顺序排列（见图B08-1）。单击小眼睛图标可以临时隐藏该滤镜效果，双击滤镜名称可以调节该滤镜的参数。智能滤镜自带蒙版，可以通过蒙版显示或隐藏施加滤镜效果的部分。

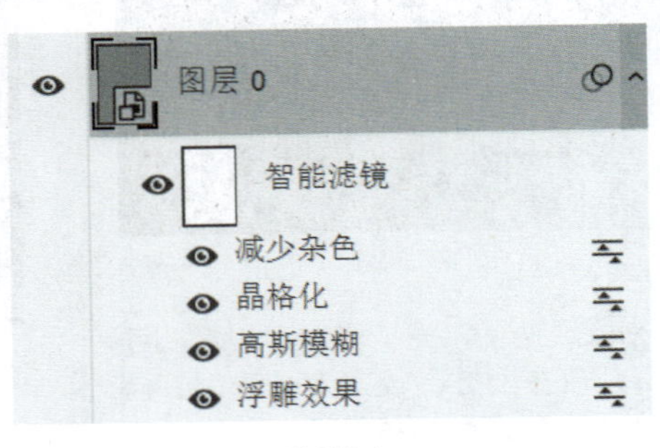


图B08-1

快捷键：执行一次滤镜命令后，若需再次执行同样的命令，可以按Alt+Ctrl+F快捷键（在一些旧版PS软件中，其快捷键是Ctrl+F）。

学习滤镜的方法就是每种都尝试一下（见图B08-2），直观地了解该滤镜对图像造成了什么样的变化，联想这些效果可以应用在哪些领域，有极个别滤镜操作比较烦琐或者效果不直观，则需要查阅本书教程，或者观看视频中的详细操作进行学习。配合本课后半部分的综合案例学习效果更佳。

滤镜(T) 3D(D) 视图(V) 增效工具 窗口(W

上次滤镜操作(F) Alt+Ctrl+F
转换为智能滤镜(S)
Neural Filters...
滤镜库(G)...
自适应广角(A)... Alt+Shift+Ctrl+A
Camera Raw 滤镜(C)... Shift+Ctrl+A
镜头校正(R)... Shift+Ctrl+R
液化(L)... Shift+Ctrl+X
消失点(V)... Alt+Ctrl+V
3D
风格化
模糊
模糊画廊
扭曲
锐化
视频
像素化
渲染
杂色
其它

图B8-2

## B08.1 滤镜库滤镜

打开本课素材图片（见图B08-3），然后打开【滤镜】菜单，执行【滤镜库】命令，这是一个六组滤镜效果合集，如图B08-4所示。单击某个滤镜，如【画笔描边】组中的【喷色描边】，便可以在命令对话框的左侧预览。在命令对话框的右下侧有滤镜列表，单击下方的【新建效果图层】按钮，可以复制一份【喷色描边】叠加在上方，再次选择其他滤镜，如【纹理化】，效果图层则会相应地变成【纹理化】，而当前预览的效果就是纹理化和喷色描边结合的效果。此处可以叠加多个滤镜库内的滤镜效果，调整上下次序，效果也不尽相同。本课后半部分的综合案例有相关案例练习。

图B08-3

图B08-4

## B08.2 液化滤镜

如果问起Photoshop里面最好玩的功能是什么，那就当属“液化”滤镜了。

液化可以使图像变成类似浓稠液体的状态，可以使用推、拉、旋转、反射、折叠和膨胀等手段改变图像的任意区域。如图B08-5和图B08-6所示，照片上的一些膀大腰圆肌肉男、浓眉大眼小尖脸，好多都是液化的功劳。

图B08-5

图B08-6

## 1. 液化滤镜工具

液化的操作主要在于手工绘制，学习液化滤镜的重点就是学习其内置工具的使用方法。打开本课的素材图片，这是一幅网格图片，执行【滤镜】菜单下的【液化】命令，打开【液化】对话框，快捷键为Shift+Ctrl+X，在该对话框左侧有一个工具栏，如图B08-7所示。

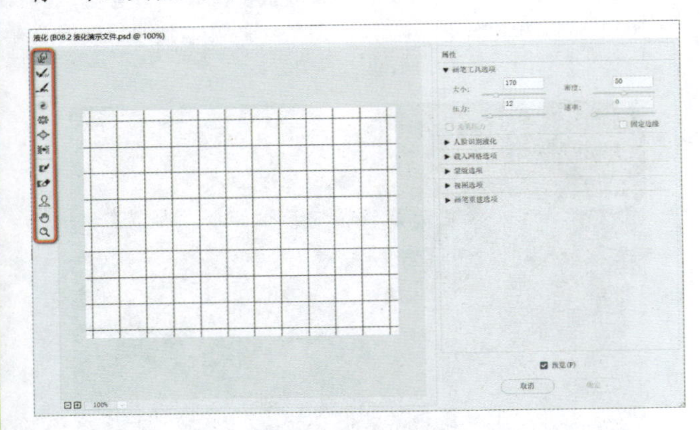

图B08-7

- 向前变形工具：根据鼠标拖动的方向，向前推进像素进行变形，如图B08-8所示。

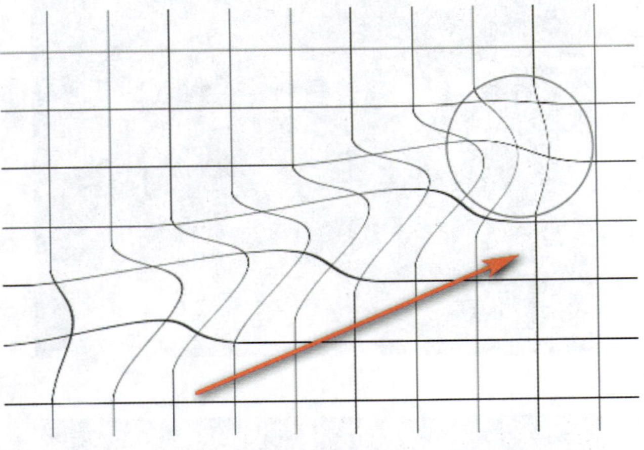

图B08-8

- 重建工具：拖动鼠标绘制已经产生液化变形的区域，可以逐步逆向恢复原形。
- 平滑工具：拖动鼠标可以使已变形区域的变形效果变平滑。
- 顺时针旋转扭曲工具：在按住鼠标左键或拖动时可以顺时针旋转变形，按住 Alt 键可以逆时针旋转变形，如图B08-9所示。

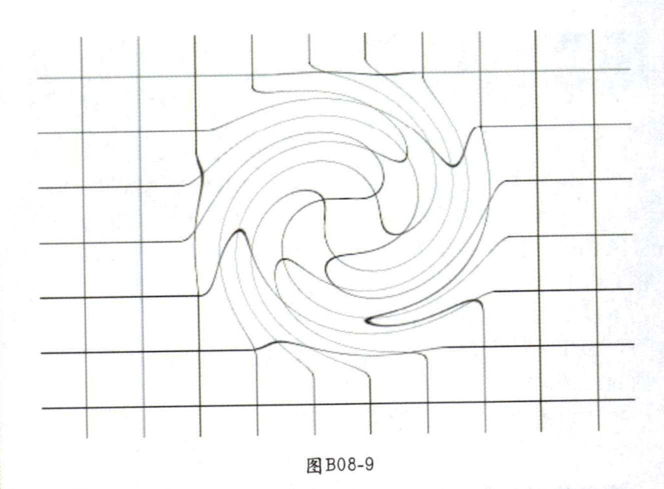

图B08-9

- 褶皱工具：在按住鼠标左键或拖动时，使像素朝着笔刷区域的中心移动，适合用于缩小变形，如图B08-10所示。

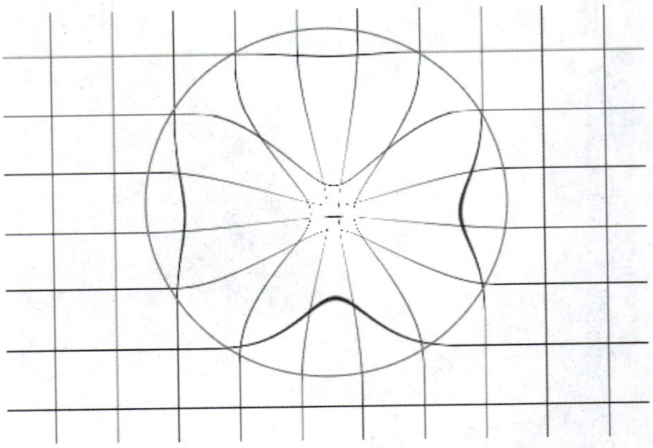

图B08-10

- 膨胀工具：在按住鼠标左键或拖动时，使像素背着笔刷区域的中心移动，适合用于放大变形，如图B08-11所示。

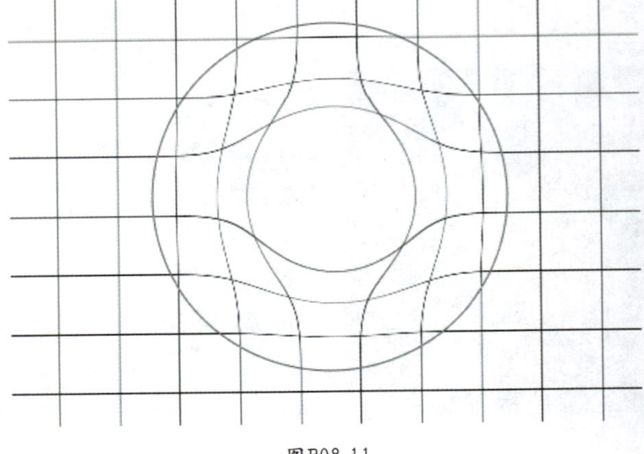

图B08-11

- 左推工具：当垂直向上拖动该工具时，像素向左移动；向下拖动该工具时，像素向右移动，也可以围绕对象顺时针拖动以增加其大小，或逆时针拖动以减小其大小。按住Alt键可以反向操作。
- 冻结蒙版工具：用该工具绘制的区域，以透明淡红色显示，此区域不会受到液化影响，如图B08-12所示。

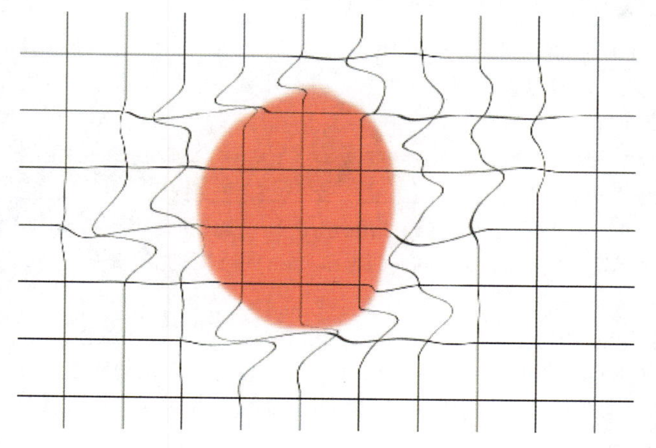

图B08-12

- 解冻蒙版工具：利用此工具绘制，可将冻结的区域擦除。
- 脸部工具：开启人脸识别状态后，用于对面部进行手动调整。

## 2. 画笔工具选项

画笔工具选项如图B08-13所示。

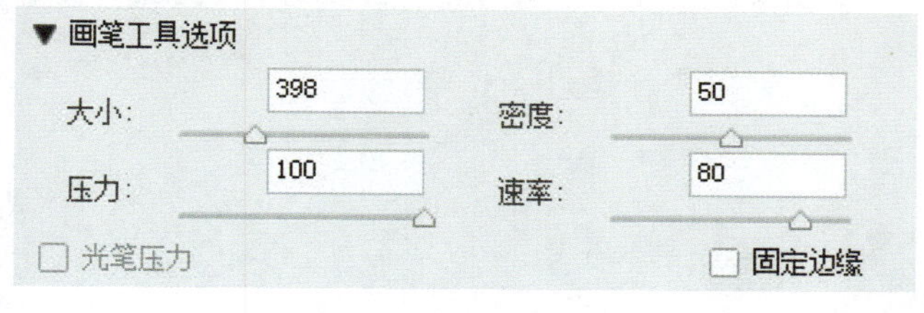


图B08-13

- 大小：用于调节画笔大小。
- 浓度：用于更改画笔边缘强度。
- 压力：用于更改画笔扭曲强度。
- 速率：用于更改固定画笔的画笔速率，按住鼠标左键，可控制效果扩散的速度。

## 3. 人脸识别液化

打开带有人物的照片，只要人物面部足够清晰，即便是多人合影，通过液化命令也可以自动识别出人脸。选择人脸，可以通过调节【人脸识别液化】对人的面部进行精细调节。如可以调节眼睛、鼻子、嘴唇、脸部形状等，如图B08-14和图B08-15所示。

图B08-14

图B08-15

## 4. 视图选项

选中【视图选项】中的【显示背景】复选框，在【使用】中可以选择将其他图层显示出来，作为参考对比，也可以调整显示的不透明度，如图B08-16所示。

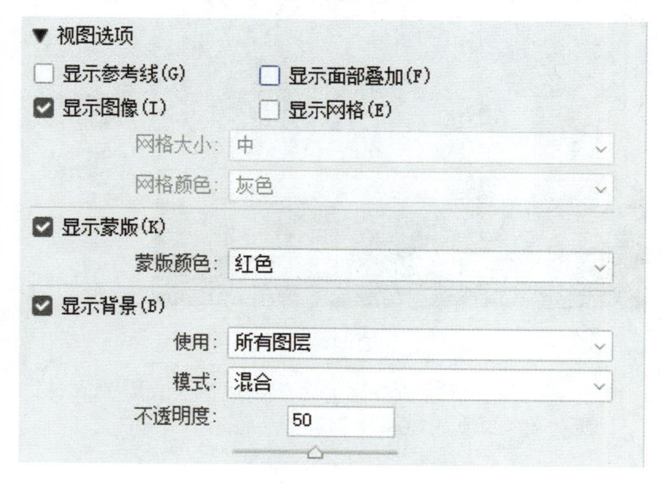


图B08-16

## B08.3 摄影校正类滤镜

本课介绍的几种滤镜，主要偏重摄影后期方面的校正处理，尤其适合摄影发烧友、镜头硬核玩家等。因篇幅有限，不再具体进行图文讲解，可以扫码观看教学视频。

### 1. 自适应广角

执行【滤镜】菜单中的【自适应广角】命令，可以校正用广角镜头拍摄的照片造成的镜头扭曲，快捷键是Shift+Alt+Ctrl+A。通过该命令可以快速拉直照片中弯曲的线条。还可以检测相机和镜头型号，并使用镜头特性拉直图像。通过添加多个约束，可指示图片中不同部分的直线，从而消除扭曲。

### 2. Camera Raw滤镜

执行【滤镜】菜单中的【Camera Raw滤镜】命令，可打开其参数对话框，快捷键为Shift+Ctrl+A。该滤镜命令包括Adobe Camera Raw组件的大部分功能，这样一来，非Raw格式的普通图像图层也可以享受Adobe Camera Raw的强大功能了。

### 3. 镜头校正

执行【滤镜】菜单中的【镜头校正】命令，可打开其参数对话框，快捷键为Shift+Ctrl+R。该滤镜可以使用镜头配置文件。在【自动校正】选项中，可以快速准确修复照片失真的现象。另外，还可以自定义【几何扭曲】【色差】【晕影】【变换】的参数值。

### 4. 消失点

执行【滤镜】菜单中的【消失点】命令，可打开其参数对话框，快捷键为Alt+Ctrl+V，使用内置的【创建平面工具】，根据图像的透视关系，可绘制透视网格。使用内置的【仿制图章工具】，在网格内按住Alt键，选择仿制源，在仿制图像的同时，可以保持正确的透视关系。

## B08.4 风格化滤镜

执行【滤镜】-【风格化】命令，可以看到一系列风格化滤镜，打开本课素材原图，如图B08-17所示。

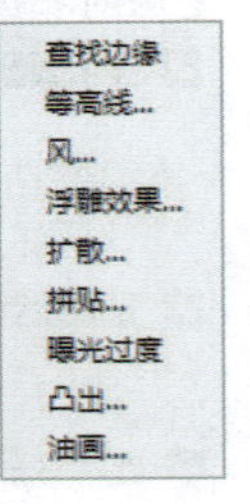


图B08-17

图B08-18

- 查找边缘：根据强对比的边缘区域，生成类似线稿描边的效果，如图B08-18所示。
- 等高线：根据设定颜色的色阶，在明暗对比的边界生成类似等高线的效果，如图B08-19所示。

图B08-19

- 风：在水平方向创建像素位移的线条，产生类似细砂被风吹动的效果，如图B08-20所示。

图B08-20

- 浮雕效果：使背景色变成灰色，在边缘部分，用原始色彩使其凸起或凹陷，产生浮雕效果，如图B08-21所示。

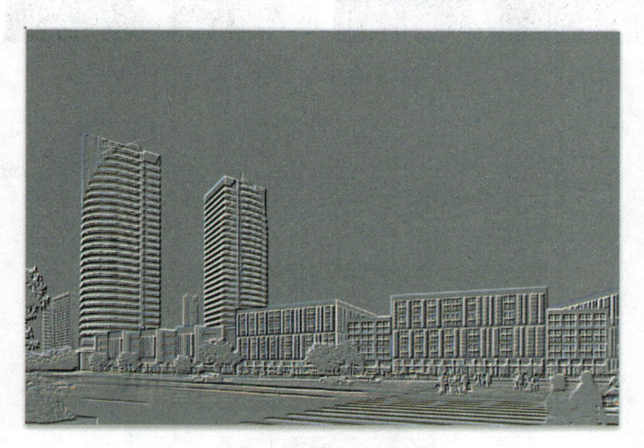

图B08-21

- 扩散：像素在一定区域内发生混乱，产生特殊的模糊柔化效果（见图B08-22）。选择【正常】时，将随机移动像素，忽略颜色值；选择【变暗优先】时，暗像素将替换亮像素；选择【变亮优先】时，亮像素将替换暗像素；选择【各向异性】时，将柔化所有像素。

图B08-22

- 拼贴：产生方块状的拼砖效果。设定【最大位移】数为1%，是规则的整齐网格，超过1%，则变得参差不齐。网格的缝隙为背景色，如图B08-23所示。

图B08-23

- 曝光过度：产生正片图像和负片图像混合的效果，如图B08-24所示。

图B08-24

- 凸出：将图像解构为带有空间深度的突出的立体块状，如图B08-25所示。

图B08-25

- 油画：将图像模拟为油画风格，如图B08-26所示。

图B08-26

## B08.5 模糊类滤镜

### 1.【滤镜】中的【模糊】菜单

- 表面模糊：模糊图像并尽可能地保留边缘的清晰度。
- 动感模糊：为模糊添加具体的方向，产生极强的速度感，如图B08-27所示。

图B08-27

- 方框模糊：产生方块化的模糊效果。
- 高斯模糊：常用的标准的模糊效果滤镜，可以设定不同的模糊强度。
- 径向模糊：产生缩放或旋转模糊效果，如图B08-28所示。

图B08-28

- 镜头模糊：可以根据选区进行模糊处理（见图B08-29），也可以反相模糊，可以设定模糊“源”，也可以根据Alpha通道生成逐步模糊的效果。可以选择模拟光圈形状，来设定模糊的形状、强度和高光等，如图B08-30所示。

图B08-29

图B08-30

- 模糊、进一步模糊：用于模糊和进一步模糊图像。
- 平均：用于找出图像中的平均颜色，并填充该颜色。
- 特殊模糊：用于精确地模糊图像。
- 形状模糊：用于根据自定义形状产生不同形状的模糊效果。

### 2.【滤镜】中的【模糊画廊】菜单

使用模糊画廊不但可以生成丰富的模糊效果，还可以通过图钉创建焦点或路径，使模糊的操控性更强。另外还可以调节【效果】【动感效果】【杂色】等高级选项。

- 场景模糊：可以将多个图钉插入图像，设定每个图钉的模糊量，从而创建场景空间中逐步模糊渐变的效果。
- 光圈模糊：创建焦点模糊，并且可以插入多个焦点。
- 倾斜偏移：模拟移轴镜头的模糊效果，如图B08-31所示。

图B08-31

- 路径模糊：可以沿路径创建运动模糊，路径可以是直的，也可以是弯的，还可以创建多条路径，产生复杂的模糊效果。
- 旋转模糊：在焦点的区域内产生旋转模糊效果，可以定义多个焦点。例如，模拟汽车车轮的转动。

## B08.6 扭曲类滤镜

- 波浪：用于创建波浪扭曲效果，可以选择【正弦】【三角形】和【方形】的类型。【生成器数】用于控制扭曲的严重程度，【波长】用于控制一个浪尖到下一个浪尖的距离，【波幅】用于控制扭曲的波峰波谷大小，【比例】用于设置波浪效果的高度和宽度。对如图B08-32所示的图像使用【波浪】滤镜（见图B08-33），生成的扭曲效果如图B08-34所示。

图B08-32

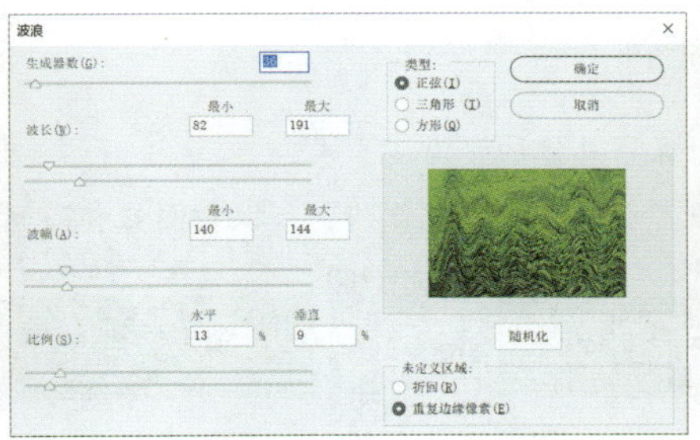


图B08-33

图B08-34

- 波纹：可创建简单易用的水面波纹效果。

- 极坐标：从平面坐标转换到极坐标，或从极坐标转换到平面坐标。极坐标可以使直线变弯曲，再变回直线。通过【极坐标】制作的螺旋效果如图B08-35所示。

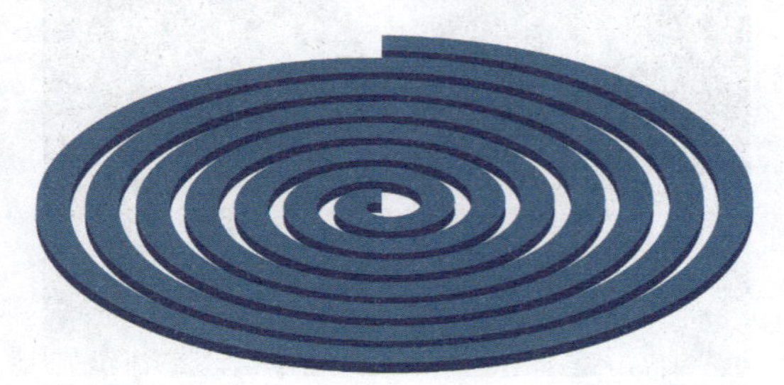

图B08-35

- 挤压：向中心或者向外挤压图像。
- 切变：基于曲线扭曲图像。
- 球面化：将图像进行球状（或柱状）的凸出（或凹陷）的扭曲变形。
- 水波：创建从中心发起的荡漾的水波效果，如图B08-36所示。
- 旋转扭曲：创建螺旋状扭曲的变形效果，如图B8-37所示。
- 置换：使用PSD格式的置换图创建扭曲，置换图的红色通道（第一个通道）控制像素的水平移动，绿色通道（第二个通道）控制像素的垂直移动。对于不想被影响的通道，用RGB色值均为128的中性灰填充。

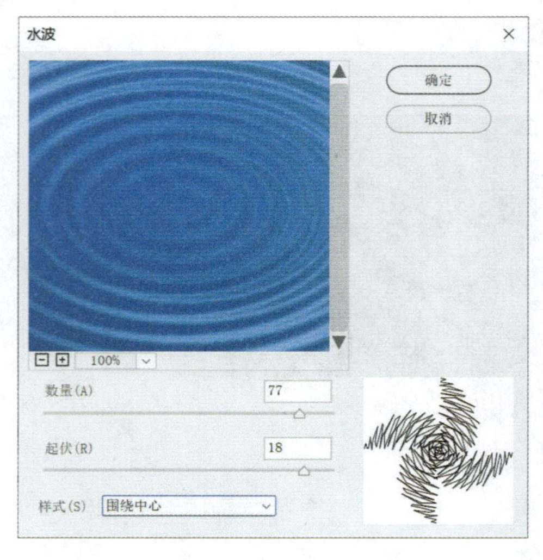


图B08-36

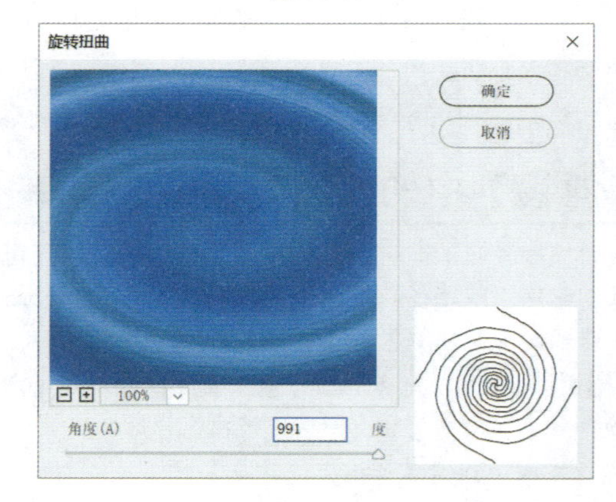


图B08-37

## B08.7 锐化类滤镜

- USM锐化：通过增加图像边缘的对比度来锐化图像。
- 防抖：尽可能地缓解相机抖动拍摄的照片的模糊程度。
- 锐化：聚焦图像并提高清晰度。
- 进一步锐化：应用更强的锐化效果。
- 锐化边缘：只锐化图像的边缘，同时保留总体的平滑度。
- 智能锐化：提供更为细致的锐化选项，可以选择锐化算法，可以对阴影和高光单独控制。

## B08.8 像素化滤镜

打开本课素材图片，如图B08-38所示。

图B08-38

- 彩块化：使颜色相近的像素结成块，类似手绘的效果。
- 彩色半调：将图像转换为网点印刷的效果（见图B08-39）。可以设置网点大小和不同通道网点的角度，如图B08-40所示。

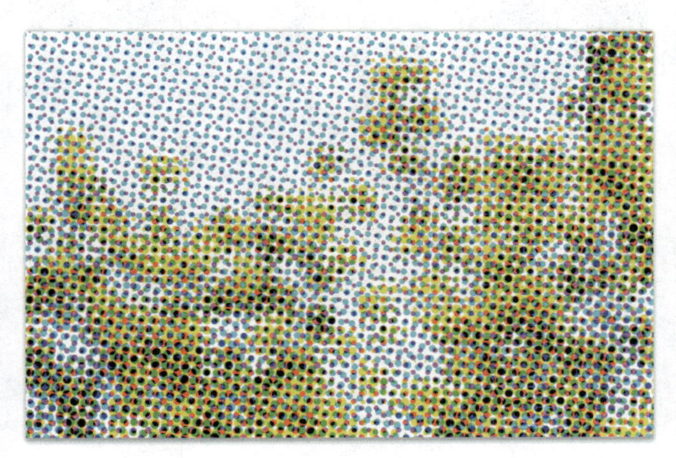

图B08-39

彩色半调

最大半径(R)：15 （像素） 确定

网角(度)： 取消

通道 1(1)：10

通道 2(2)：45

通道 3(3)：90

通道 4(4)：45

图B08-40

- 点状化：将图像转换为随机分布的网点，在网点之间的区域填充背景色，如图B08-41所示。

图B08-41

- 晶格化：将图像转换为纯色多边形拼贴效果，如图B08-42所示。

图B08-42

- 马赛克：将图像转换为方形马赛克拼贴效果。
- 碎片：创建4个像素的副本，并将其平均互相偏移，图像模糊失真。
- 铜版雕刻：将图像转换为高饱和度的点状或线状的风格。

## B08.9 渲染类滤镜

- 【火焰】和【树】：绘制路径，根据路径可以创建各种形态的火焰图片框和树木，当作素材资源使用，如图B08-43和图B08-44所示。

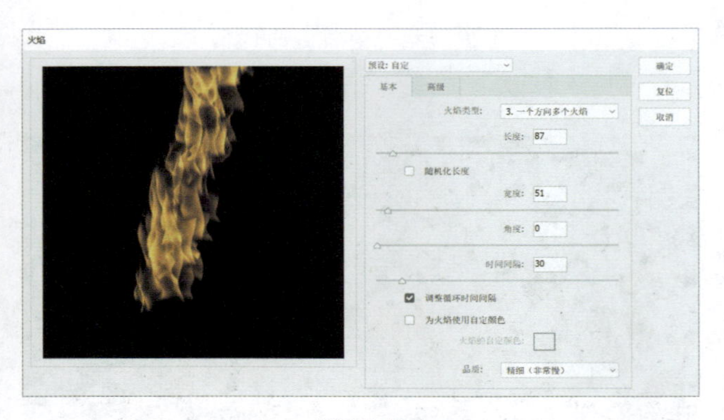

图B08-43

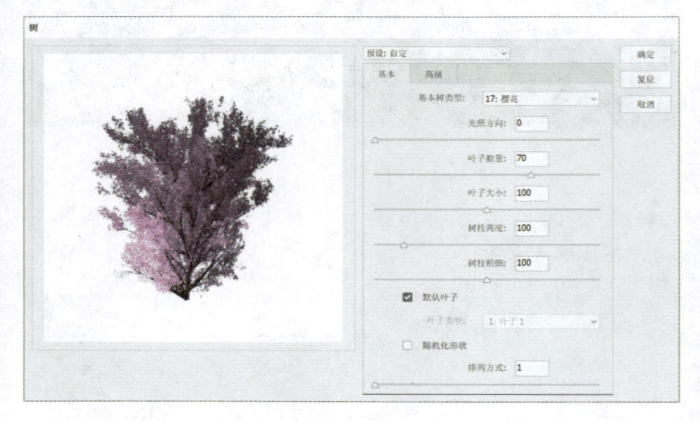

图B08-44

- 图片框：滤镜可以直接生成各种类型的画框，如图B08-45所示。
- 分层云彩：使用前景色与背景色之间的随机值，生成云彩图案，该图案可以以差值的混合模式与图像进行混合。
- 光照效果：模拟多种类型的灯光照射效果，如图B08-46所示。

图B08-45

图B08-46

- 镜头光晕：模拟镜头拍摄逆光照片时的光晕。可以新建图层，填充黑色，在黑色图层上创建光晕效果，然后使用【滤色】混合模式。
- 纤维：根据前景色和背景色创建纤维状图案。
- 云彩：使用前景色与背景色之间的随机值生成云彩图案，该图案会直接替换图像。

## B08.10 杂色类滤镜

- 减少杂色：尽可能保留边缘，减少杂色。
- 蒙尘与划痕：减少杂色，在锐化图像和隐藏瑕疵之间取得平衡。
- 去斑：检测图像边缘，模糊边缘外的图像，移去杂色，保留细节。
- 添加杂色：生成随机杂色颗粒图案，杂色点可以作为多种形态的基本元素，如图B08-47所示。
- 中间值：通过混合像素的亮度来减少图像的杂色。查找半径范围内亮度相近的像素，去掉差异大的像素，使用中间亮度值替换中心像素。

图B08-47

## B08.11　其他滤镜

### 1.【滤镜】中的【其他】菜单

- HSB/HSL：使用此滤镜前，建议先拷贝图层副本，该滤镜可以将色彩三要素（HSB或HSL）写入红、绿、蓝3个通道（或再转换回来）。红通道代表色相H，通道亮度级别从黑到白变为从红色开始到洋红（色相环）；绿通道代表饱和度S，通道亮度级别从黑到白变为从低饱和到高饱和；蓝通道代表明度或亮度B/L，通道亮度级别从黑到白，即从暗到亮。色彩三要素信息写入通道，对于选择特殊的选区进行调节控制非常有用。
- 高反差保留：在有强烈颜色转变发生的区域，设定半径范围，保留边缘细节，将其他的区域填充为灰色，如图B08-48所示。
- 位移：将图像沿水平或垂直方向移动，移动后产生的空白区域可以填充背景色，或者原图像折回，这对二方/四方连续图案创作非常有用。
- 自定：根据预定义的数学运算（称为卷积），可以更改图像中每个像素的亮度值。
- 最大值：可以转换为圆形或方形的虚化变亮效果。
- 最小值：可以转换为圆形或方形的虚化变暗效果。

图B08-48

### 2.【滤镜】中的【3D】菜单

【生成凹凸图】和【生成法线图】：用于方便快捷地创建3D贴图。

## B08.12　综合案例——滤镜库之黑白网点漫画效果

本案例的原图和最终效果如图B08-49所示。

原图

最终效果

图B08-49

## 操作步骤

01 打开本课的素材（见图B08-50），为图像依次添加【滤镜库】命令中的【海报边缘】【木刻】和【半调图案】滤镜。

图B08-50

02 将【海报边缘】的【边缘厚度】设定为10，将【边缘强度】设定为6，如图B08-51所示。

图B08-51

03 将【木刻】的【色阶数】设定为8，将【边缘简化度】设定为6，将【边缘逼真度】设定为3，如图B08-52所示。

04 将【半调图案】的【大小】设定为2，将【对比度】设定为50。在【图案类型】中选择【网点】选项，如图B08-53所示。

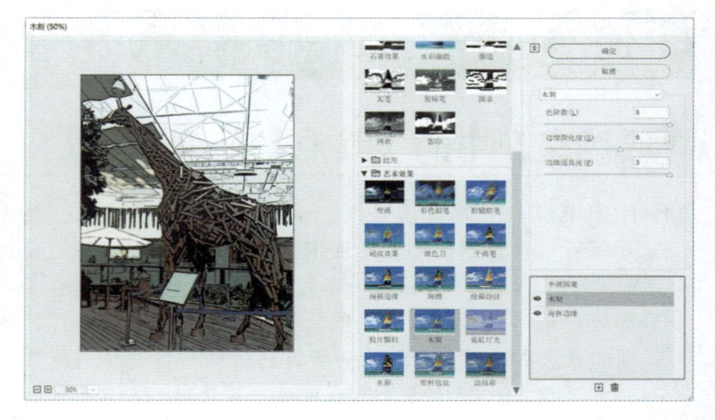

图B08-52

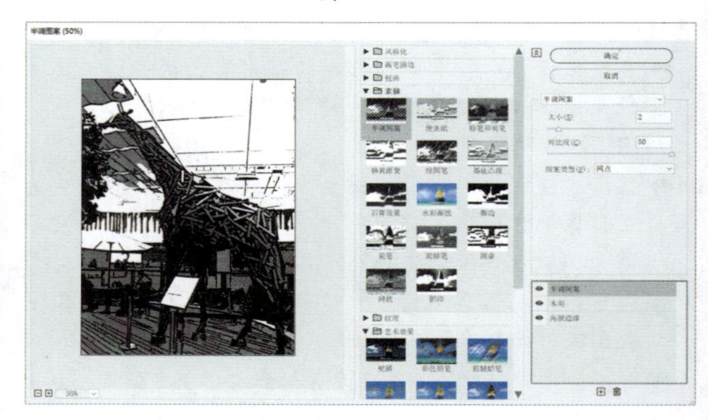

图B08-53

最终可以得到黑白网点的漫画效果，如图B08-54所示。

图B08-54

# B08.13 综合案例——滤镜库之肌理高光强化效果

本案例的原图和最终效果如图B08-55所示。

原图

最终效果

图B08-55

## 操作步骤

01 打开本课海豚图片素材，将图片转换为智能对象。然后使用【快速选择工具】创建海豚部分的选区，如图B08-56所示。

图B08-56

02 执行【滤镜库】命令，选择【艺术效果】里的【塑料包装】滤镜，将【高光强度】设定为20，将【细节】设定为1，将【平滑度】设定为3，然后单击【确定】按钮，如图B08-57所示。

图B08-57

03 此时海豚身上出现了光泽，但是，看上去还有很多地方的颜色灰灰的。双击【编辑滤镜混合选项】按钮（见图B08-58），将混合模式改为【强光】（见图B08-59），单击【确定】按钮，效果完成，如图B08-60所示。

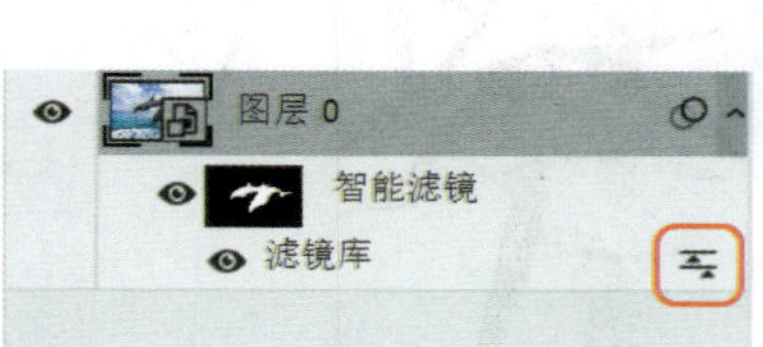


图B08-58

混合选项 (滤镜库)
模式(M): 强光
不透明度(O): 100 %
确定
取消
预览(P)
100%

图B08-59

图B08-60

## B08.14 综合案例——滤镜库之照片变水墨画效果

本案例的原图和最终效果如图B08-61所示。

原图

最终效果

图B08-61

### 操作步骤

01 打开本课的竹子素材图片（见图B08-62），按Shift+Ctrl+U快捷键去色，使其变为灰度图像，如图B08-63所示。

图B08-62

图B08-63

02 按Ctrl+I快捷键执行反相操作，使黑白色互换（见图B08-64）；按Ctrl+L快捷键打开【色阶】对话框，增强黑白对比，如图B08-65和图B08-66所示。

图B08-64

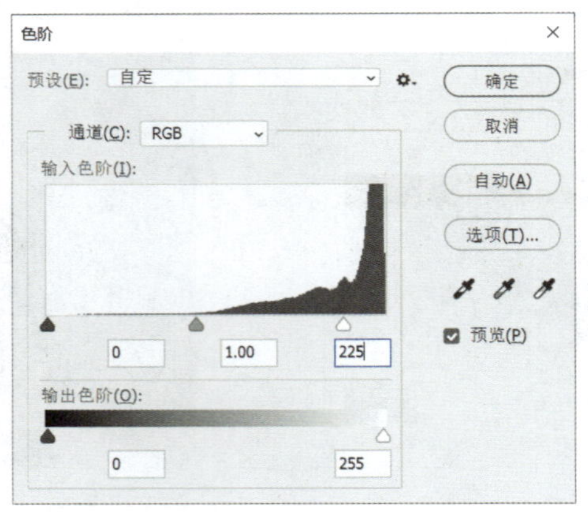


图B08-65

图B08-66

03 将图层转换为智能对象。然后执行【滤镜】-【滤镜库】命令，选择【艺术效果】中的【底纹效果】选项，使用【砂岩】纹理，具体参数如图B08-67所示。

图B08-67

04 将图层复制一份放于上方，双击复制图层的【编辑滤镜混合选项】按钮，将混合模式改为【实色混合】，将【不透明度】设置为40%（见图B08-68）。将图层【不透明度】设为36%，水墨画的效果就出来了，如图B08-69所示。

05 打开书法素材，拖入画面中。然后新建图层，执行【滤镜】-【渲染】-【图片框】命令，选择【44倒圆角画框1】选项，创建一个画框，然后为画框图层加上【投影】图层样式，调整下方图像大小，将其放到画框里，最终完成的效果如图B08-70所示。

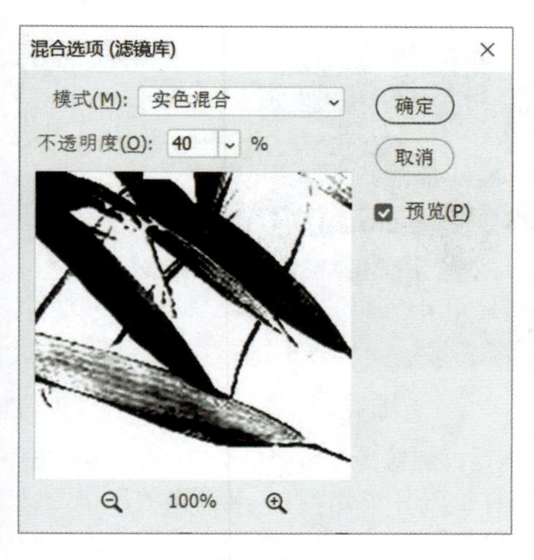


图B08-68

图B08-69

图B08-70

# B08.15 综合案例——模糊滤镜之运动的汽车

本案例的原图和最终效果如图B08-71所示。

原图

最终效果

图B08-71

## 操作步骤

01 打开本课素材（见图B08-72），使用【快速选择工具】将汽车选择出来（也可以用钢笔路径精确选择）。按Ctrl+J快捷键将选区内的汽车单独复制一份，如图B08-73所示。

02 对下方整个背景图层执行【滤镜】-【模糊】-【动感模糊】命令，设置【角度】为0，【距离】为33像素，如图B08-74所示。

图B08-72

图B08-73

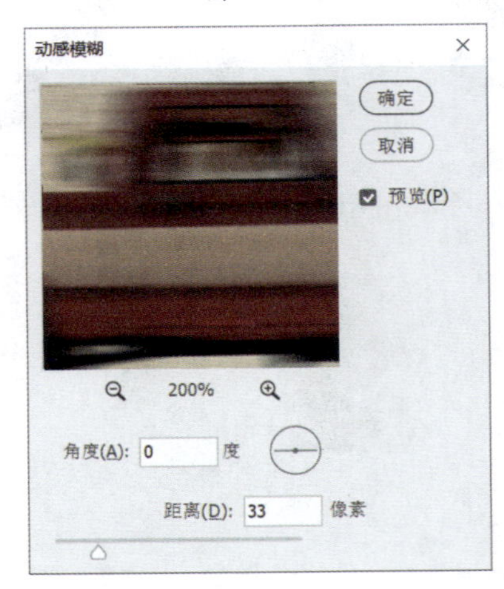


图B08-74

03 背景呈现动态的模糊效果，类似镜头和汽车高速向前运动。但是因为下方背景图也有汽车，所以单独的汽车图层周围会有虚影，如图B08-75所示。

图B08-75

04 双击背景图层，解锁为普通图层。按Ctrl+T快捷键进行自由变换，将背景图层缩小一些，让前面的汽车图层遮挡住虚影（见图B08-76）。对于实在遮不住的地方，如汽车轮胎部分，可以使用【修补工具】修掉，如图B08-77和图B08-78所示。

图B08-76

图B08-77

图B08-78

05 选择单独的汽车图层，执行【滤镜】-【模糊画廊】-【旋转模糊】命令，在两个轮胎处打上图钉。拖曳控制点，调整半径大小，设定少许模糊值，模拟轮胎转动起来的动态模糊效果，如图B08-79所示。

图B08-79

06 为了使图像更有动感、更真实，可模拟镜头抖动效果，为单独的汽车图层也加上一点点动感模糊，影视感的画面就出来了，如图B08-80所示。

图B08-80

## B08.16 综合案例——扭曲滤镜之水面倒影

本案例的最终效果如图B08-81所示。

图B08-81

### 操作步骤

01 打开本课的泰姬陵照片素材，双击解锁背景图层，执行【图像】-【画布大小】命令，使图像向下扩展一倍（见图B08-82）。将该素材图片复制一份，命名为“倒影”，按Ctrl+T快捷键进行自由变换，然后右击，执行【垂直翻转】命令，如图B08-83所示。

图B08-82

图B08-83

02 在自由变换模式下按住Shift键进行旋转，旋转至如图B08-84所示的45°倾斜的状态。然后执行【滤镜】-【扭曲】-【波纹】命令，适当调整波纹大小（见图B08-85和图B08-86）。因为波纹滤镜只能以45°扭曲，所以要想得到水平扭曲，要先把图像旋转45°。

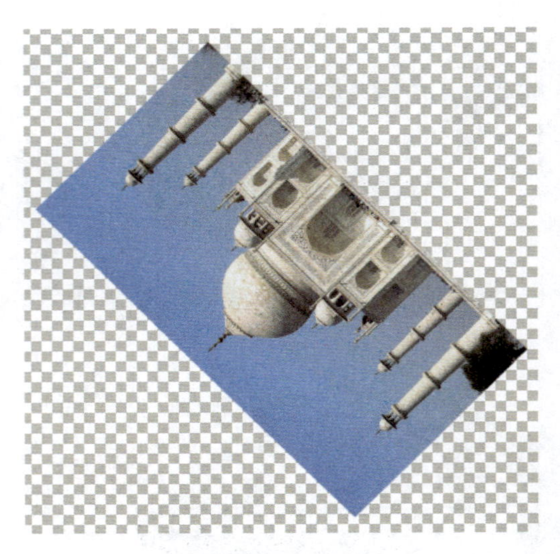

图B08-84

图B08-85

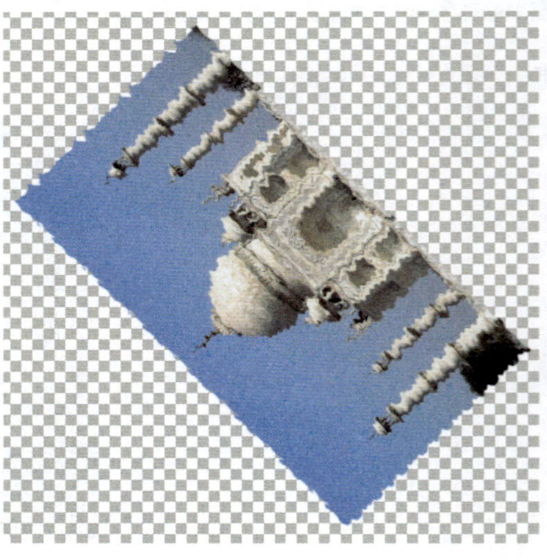

图B08-86

03 将“倒影”图层旋转回来，放在下方并对齐（见图B08-87）。然后添加图层蒙版，在蒙版上使用【渐变工具】，填充黑白渐变，使图像下半部分呈现渐隐效果，如图B08-88所示。

04 新建图层，填充深蓝色，放置在最下方，增强水池颜色，如图B08-89所示。

图B08-87

图B08-88

图B08-89

## B08.17 综合案例——扭曲滤镜之西瓜图标

本案例的最终完成效果如图B08-90所示。

图B08-90

### 操作步骤

01 使用【矩形选框工具】绘制宽长选区，填充黑色。复制11条，做出基本黑色条纹效果，按Ctrl+E快捷键将其合并为一个图层，如图B08-91所示。

图B08-91

02 执行【滤镜】-【扭曲】-【波浪】命令，为黑色条纹加上波浪形扭曲效果，如图B8-92所示。

03 在正中心绘制一个椭圆选区，然后执行【滤镜】-【扭曲】-【球面化】命令，对选区内的扭曲条纹进行球面变形。如果变形强度不够，可以再执行一次，如图B08-93和图B08-94所示。

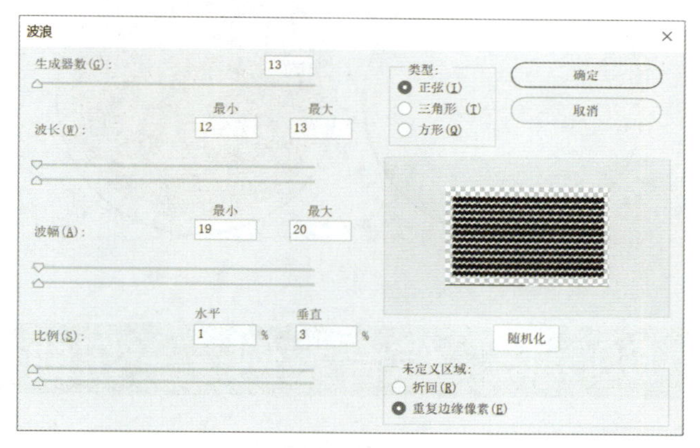


图B08-92

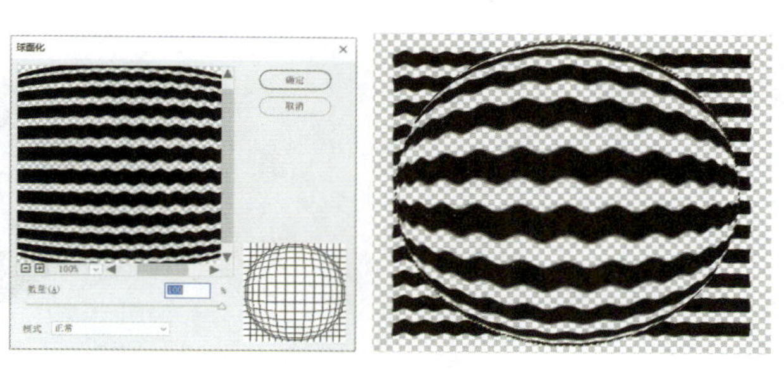

图B08-93 图B08-94

04 删除椭圆之外的黑条。在条纹下方新建图层，填充深绿色，将条纹图层设置为【正片叠底】混合模式（见图B08-95）。然后在条纹上方创建黑白渐变图层，设置渐变图层混合模式为【柔光】，使球体有明暗立体感（见图B08-96）。最后选择所有图层，右击，选择【转换为智能对象】选项，西瓜主体制作完成。

图B08-95

图B08-96

05 绘制西瓜剖面。使用【椭圆工具】，按住Shift键绘制正圆形状，将【填充】设置为径向渐变（见图B08-97），将【描边】设置为深绿色（见图B08-98）。然后在内侧继续绘制椭圆形状，将【填充】设定为径向渐变，无描边，如图B08-99所示。

图B08-97

图B08-98

图B08-99

06 新建文档，大概绘制出一个瓜子形状。打开【编辑】菜单，执行【定义画笔预设】命令，将单个瓜子的图形定义为笔刷形状，回到西瓜文档，在顶部新建图层，打开【画笔设置】面板，选中【形状动态】复选框，增加【角度抖动】。再选中【散布】复选框，增加【散布】和【数量抖动】（见图B08-100）。选择黑色的画笔颜色，稍加绘制，瓜子就会不规则地散布绘制出来，如图B08-101所示。

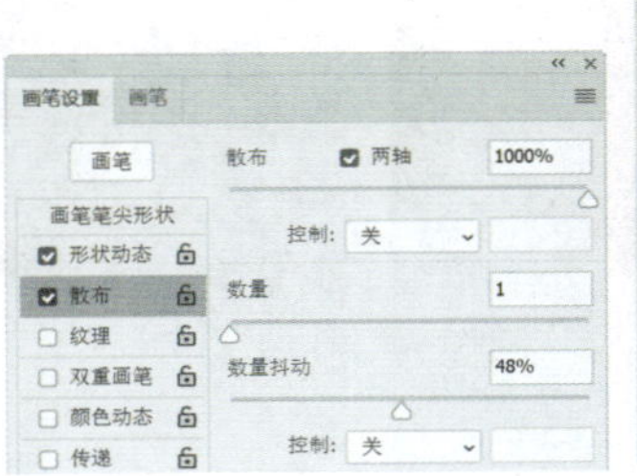

图B08-100

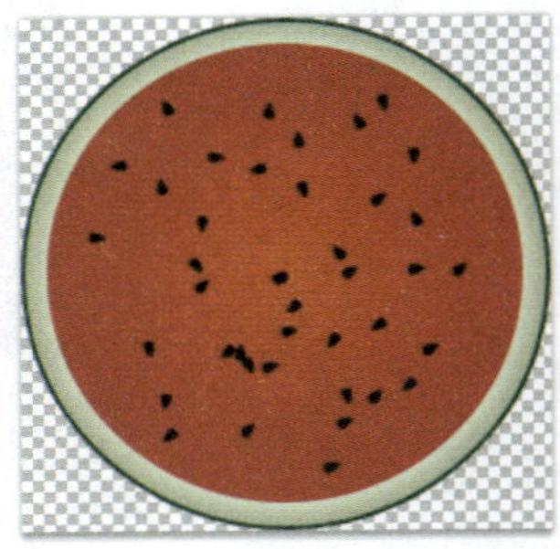
图B08-101

07 将西瓜剖面相关图层全部选中，转换为智能对象。按Ctrl+T快捷键进行自由变换，扭曲变形后调整位置，放到西瓜主体智能对象图层上方（见图B08-102）。然后为西瓜主体添加图层蒙版，遮住被削去的部分，在主体上添加阴影点缀，西瓜图标制作完成，如图B08-103所示。

图B08-102

图B08-103

## B08.18 综合案例——扭曲滤镜之全景星球

本案例的最终完成效果如图B08-104所示。

图B08-104

## 操作步骤

01 制作全景星球效果需要全景照片，全景照片需要用全景相机拍摄，或用普通相机多次拍摄而成。本课的全景照片素材（见图B08-105）是笔者拍摄了十几张照片拼贴而成的。左端和右端通过【滤镜】-【其他】-【位移】命令调节水平位移，将边缘移至中心，然后使用【修补工具】等修复好衔接的部分。

图B08-105

02 有了全景照片，接下来的步骤就非常简单了。执行【图像】-【图像旋转】-【180度】命令，将图像旋转180°，如图B08-106所示。

图B08-106

03 执行【滤镜】-【扭曲】-【极坐标】命令，打开【极坐标】对话框，选择【平面坐标到极坐标】选项，全景图就弯曲成球状了，如图B08-107所示。

图B08-107

04 因为全景图片很长，生成的效果是椭圆状的，因此可通过自由变换功能将造型调整得更圆一些，如图B08-108所示。

图B08-108

05 添加一些其他设计元素，最终完成的效果如图B08-109所示。

图B08-109

# B08.19 综合案例——扭曲滤镜之放射的速度线

## 操作步骤

01 新建空白文档，选择背景图层，执行【滤镜】-【滤镜库】命令，选择【纹理】效果组，选择【颗粒】效果，并将【颗粒类型】设置为【垂直】，如图B08-110所示。

02 执行【滤镜】-【模糊】-【动感模糊】命令，设定【角度】为90度，【距离】为最大的2000像素，生成类似条形码的效果，如图B08-111所示。

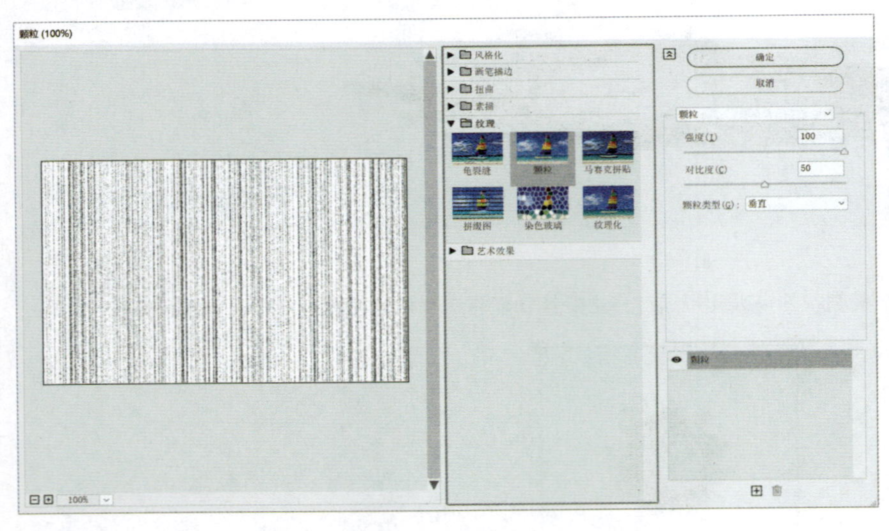

图B08-110

图B08-111

03 执行【滤镜】-【扭曲】-【极坐标】命令，选择【平面坐标到极坐标】，射线效果制作完成，如图B08-112所示。

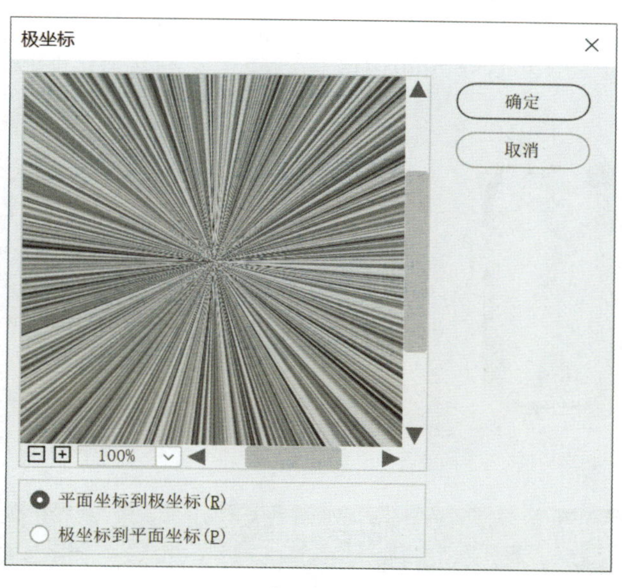

图B08-112

## B08.20 综合案例——扭曲滤镜之易拉罐图案

本案例完成前后的对比效果如图B08-113所示。

图B08-113

### 操作步骤

01 打开本课的雪碧包装图素材，执行【滤镜】-【扭曲】-【球面化】命令，将【模式】设置为【水平优先】，设置【数量】为60%，产生柱状变形的效果，如图B08-114所示。

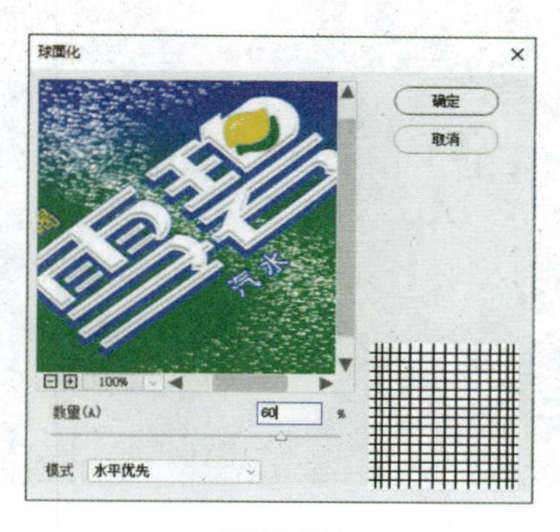

图B08-114

这个效果并不是特别明显，可以按Alt+Ctrl+F快捷键（有的PS旧版本的快捷键为Ctrl+F），重复执行滤镜命令两次或三次，变形效果就明显多了，如图B08-115所示。

图B08-115

02 双击图层解锁背景，按Ctrl+T快捷键进行自由变换，将图片水平挤压一下，如图B08-116所示。

图B08-116

03 将变形后的包装图片放到易拉罐素材上方（见图B08-117），对图层使用【柔光】混合模式，如图B08-118所示。

图B08-117

图B08-118

04 此时效果比较柔和，不够清晰。可以再复制一份放在上方，按Ctrl+L快捷键打开【色阶】对话框，增强对比度。最后将两个图层编为一组，添加图层蒙版，擦除一些多余的部分，效果完成，如图B08-119和图B08-120所示。

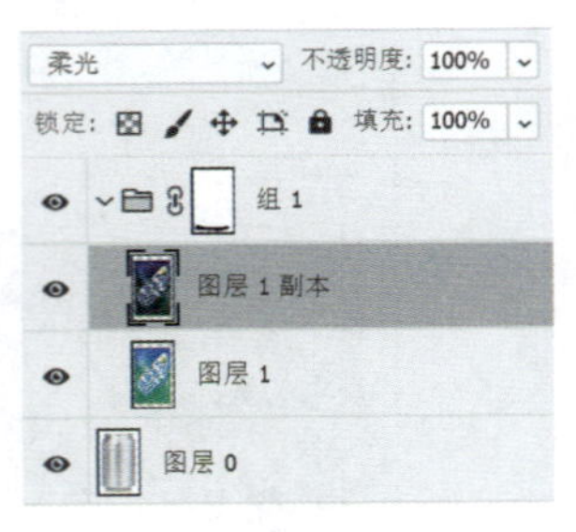

图B08-119

图B08-120

## B08.21 综合案例——爆炸效果

本案例的最终完成效果如图B08-121所示。

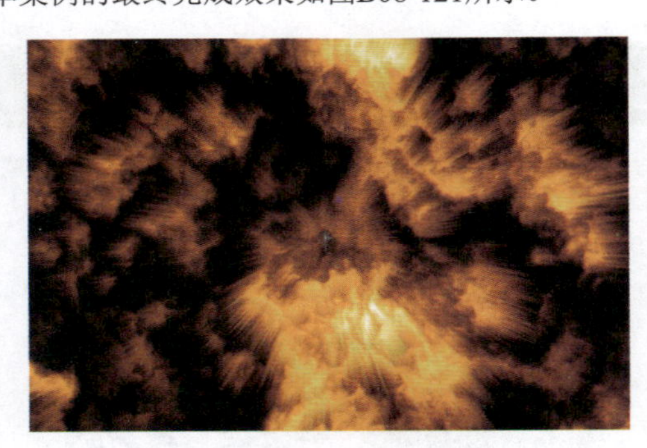
图B08-121

### 操作步骤

01 新建文档，设定尺寸为800×600像素，将前景色和背景色分别设定为黑和白，然后执行【滤镜】-【渲染】-【分层云彩】命令。因为需要更为复杂的纹理，所以按Alt+Ctrl+F快捷键多次添加【分层云彩】滤镜，变成类似如图B08-122所示的纹理。

图B08-122

02 调整【曲线】，稍微增强对比度。然后使用【渐变映射】添加颜色，如图B08-123和图B08-124所示。

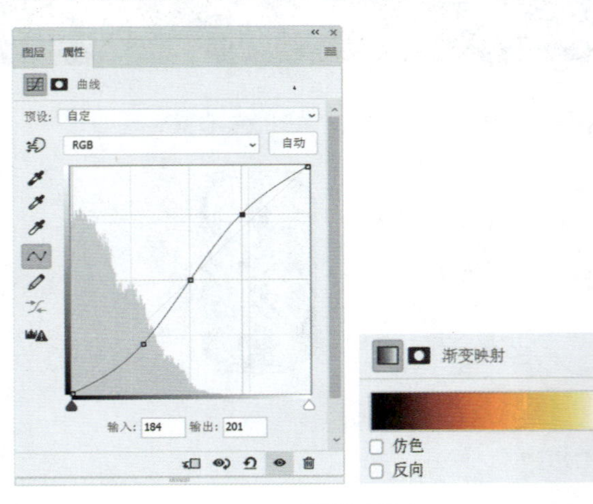

图B08-123

图B08-124

03 执行【滤镜】-【扭曲】-【极坐标】命令，选择【极坐标到平面坐标】单选按钮，如图B08-125所示。

04 执行【图像】-【图像旋转】-【顺时针90度】命令，将图片按顺时针方向旋转90度。再执行【滤镜】-【风格化】-【风】命令，选择【从右】的方向（见图B08-126）。然后将图像逆时针旋转90度，旋转回来。

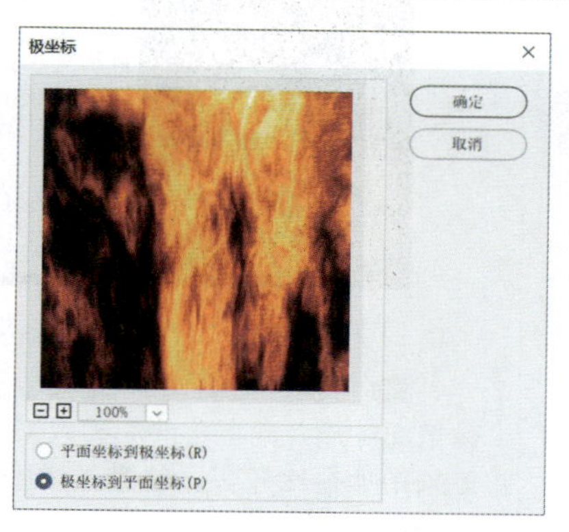


图B08-125

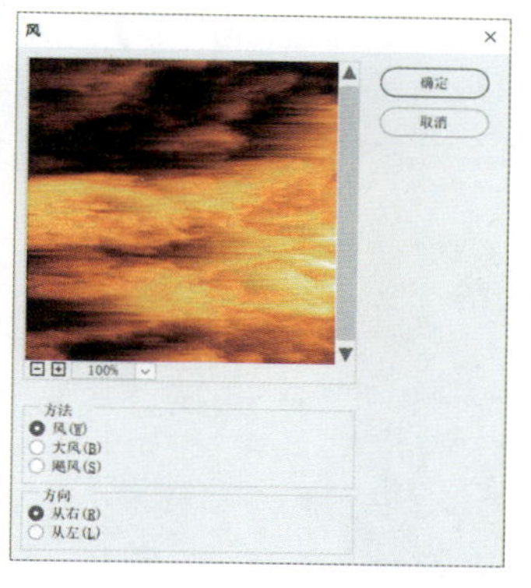


图B08-126

05 再次执行【滤镜】-【扭曲】-【极坐标】命令，选择【平面坐标到极坐标】（见图B08-127）单选按钮，类似爆炸的效果就制作出来了，如图B08-128所示。

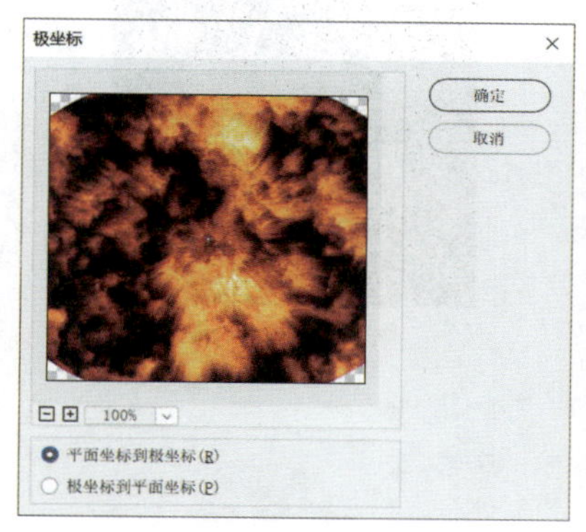

图B08-127

图B08-128

## B08.22 综合案例——杂色滤镜之下雪

本案例原图和最终效果如图B08-129所示。

原图

最终效果

图B08-129

## 操作步骤

01 打开本课的雪景照片素材，新建图层，填充白色，命名为“雪花”。然后执行【滤镜】-【杂色】-【添加杂色】命令，设定【数量】为50%，选择【高斯分布】，选中【单色】复选框，如图B08-130所示。

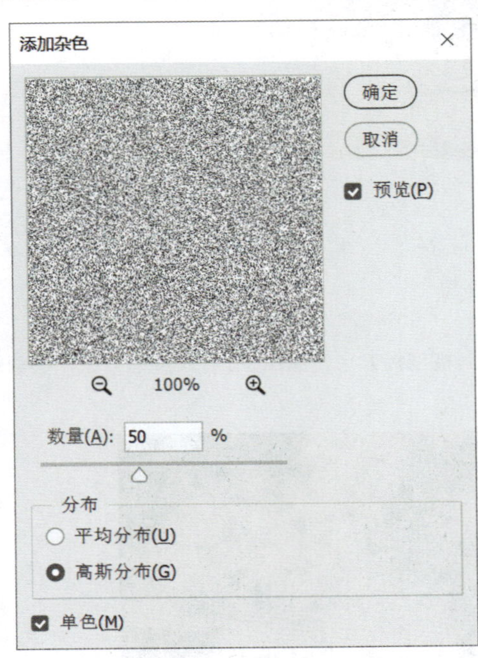


图B08-130

02 针对“雪花”图层，再执行【滤镜】-【模糊】-【高斯模糊】命令，设定【半径】为0.9像素，如图B08-131所示。

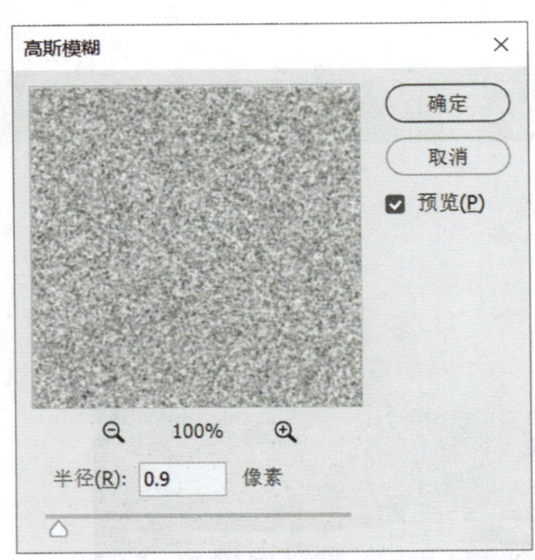


图B08-131

03 按Ctrl+L快捷键打开【色阶】对话框，增强对比度，使其只剩下随机的白点，雪花的初步形态就出现了，如图B08-132所示。

图B08-132

04 再执行【滤镜】-【模糊】-【动感模糊】命令，稍微增加一点儿向下落的动感效果（见图B08-133）。当然，如果增加得比较多，就是下雨的效果了，下雨也是同样的思路。

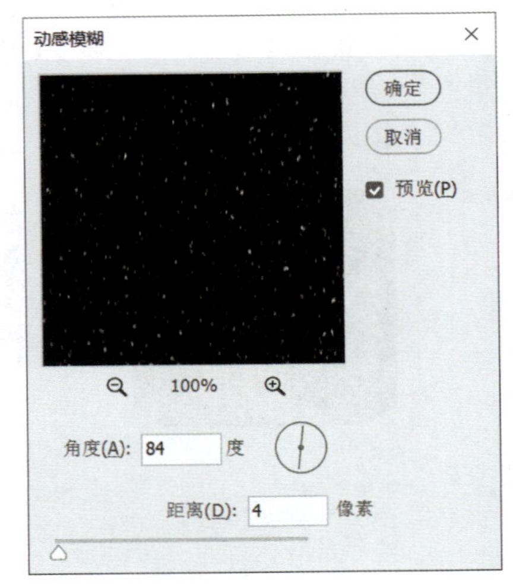


图B08-133

05 将雪花图层的混合模式设定为【滤色】，雪花和场景合成在一起了。另外，还可以用同样的方式，调整第2步中不同的高斯模糊程度，制作几层大小不同的雪花，增加层次感，如图B08-134所示。

图B08-134

# B08.23 综合案例——杂色滤镜之拉丝金属

## 操作步骤

01 新建文档，设定背景色为浅蓝色，设定RGB色值为173,206,231，设定尺寸为1000×600像素。选择背景图层，执行【滤镜】-【杂色】-【添加杂色】命令，设置【数量】为78%，选择【平均分布】，并选中【单色】复选框，如图B08-135所示。

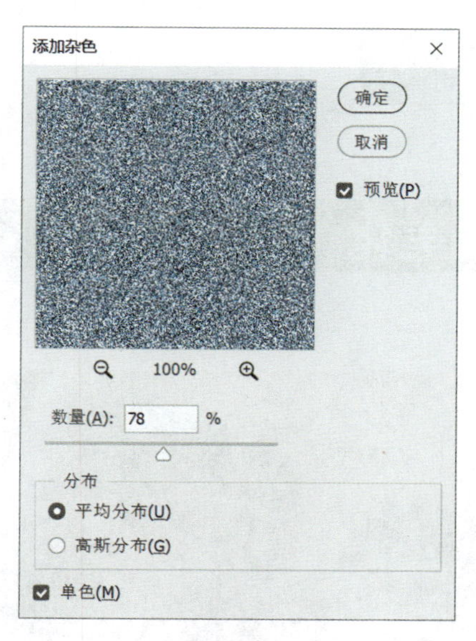


图B08-135

02 执行【滤镜】-【模糊】-【动感模糊】命令，设置【角度】为0，【距离】为72像素，如图B08-136所示。

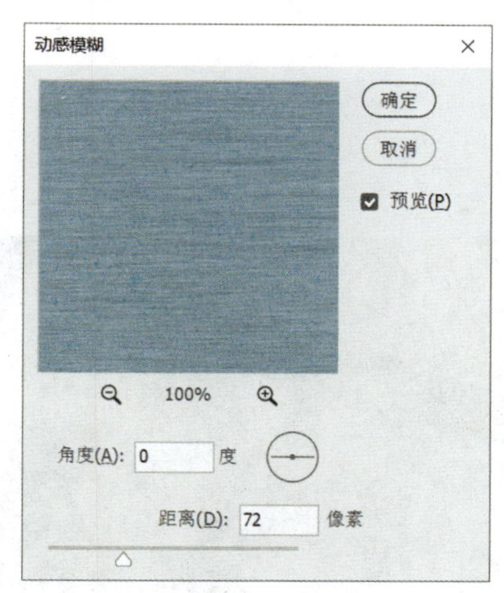


图B08-136

03 再次添加【添加杂色】滤镜，设置【数量】为4%，选择【平均分布】和【单色】。现在表面的拉丝效果已经有了（见图B08-137），但是还缺少最重要的一步，就是增加金属的光泽度。

图B08-137

04 为图层添加【渐变叠加】图层样式，制作一种黑白相间的光泽渐变效果，将【混合模式】设定为【柔光】（见图B08-138和图B08-139），此时出现了柔和的光泽，如图B08-140所示。

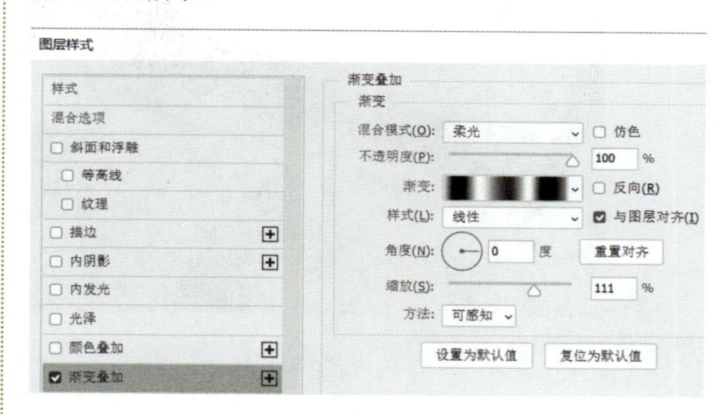


图B08-138

图B08-139

图B08-140

05 将图层复制一份放置在上方，通过自由变换命令调整一下倾斜角度，再用蒙版加黑色画笔适当擦除一部分内容，制作金属板上的划痕效果，如图B08-141所示。

图B08-141

## B08.24 综合案例——皮肤快速磨皮美化

本案例的原图和最终效果如图B08-142所示。

原图

最终效果

图B08-142

### 操作步骤

01 打开本课的照片素材（见图B08-143），复制一份背景图层，命名为“祛斑层”。使用【修补工具】运用A17课学习的知识，把人物脸上比较明显的斑点修掉，如图B08-144所示。

图B08-143

图B08-144

02 复制两份“祛斑层”，将上方的图层起名为“反差层”，将下方的图层起名为“模糊层”。选择“模糊层”，执行【滤镜】-【模糊】-【表面模糊】命令，设定【半径】为21像素，【阈值】为32色阶，如图B08-145和图B08-146所示。

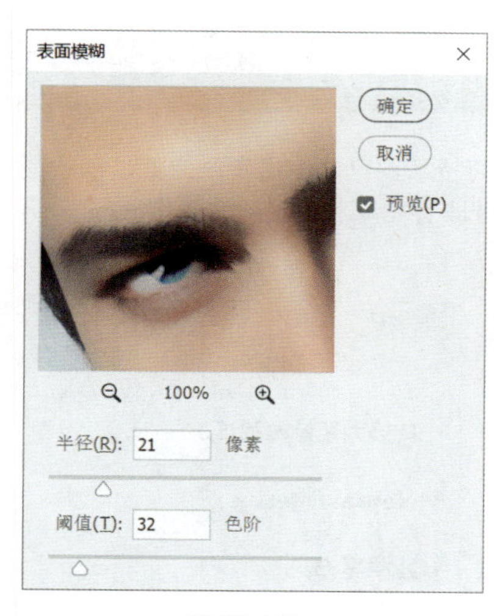


图B08-145

图B08-146

03 选择“反差层”，执行【滤镜】-【其他】-【高反差保留】命令，设定【半径】为1.5像素，如图B08-147和图B08-148所示。

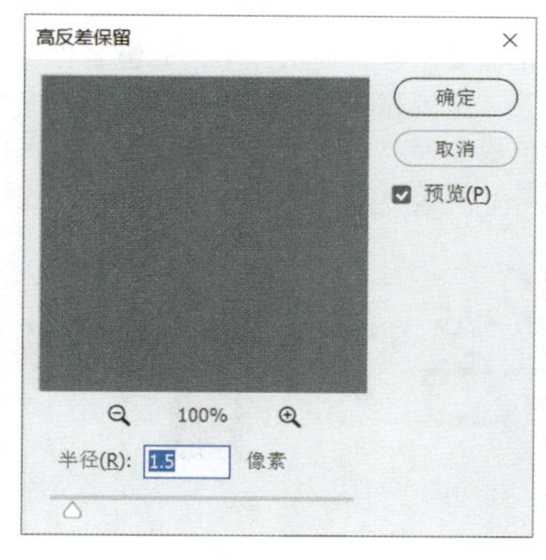


图B08-147

图B08-148

04 “模糊层”主要负责光滑皮肤，设定【不透明度】为82%，稍微显示一些原皮肤的纹理。将“反差层”的混合模式设定为【线性光】，将图层【不透明度】设定为86%（见图B08-149），高反差保留的强对比边缘通过线性光混合模式和模糊后的皮肤结合，最终实现简单、快速的皮肤美化效果，如图B08-150所示。

图B08-149

图B08-150

# B08.25 人工智能滤镜（Neural Filters）

Neural Filters（人工智能滤镜）是一个特殊的滤镜库，基于深度学习技术，可以生成新的像素，创造图像效果。使用这些滤镜时必须连接到互联网，通过服务器计算生成结果，一般来说几秒钟即可完成非常复杂的工作流程。

打开本课素材图片，如图B08-151所示。

图B08-151

执行【滤镜】-【Neural Filters（人工智能滤镜）】命令，如图B08-152所示。

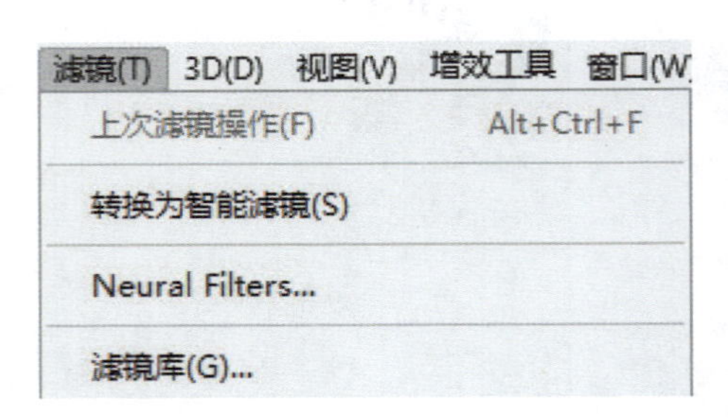


图B08-152

【Neural Filters（人工智能滤镜）】面板由3部分滤镜构成：一种是功能齐全、已经发布的正式版滤镜，一种是测试版滤镜，还有即将推出的预告版滤镜。正式版和测试版滤镜都需要下载后使用。单击滤镜名称后的下载按钮，即可安装。安装完成后，打开【皮肤平衡度】开关，将【模糊】数值设为95，将【平滑度】设为45，人物的皮肤会变得光滑细腻，如图B08-153所示。

图B08-153

选择【输出】为【新建图层】，单击【确定】按钮提交，便可以享受人工智能的运算结果了。在测试版滤镜中，还有很多令人惊叹的滤镜特效，可以下载试用一下。

## 操作步骤

01 打开本课素材图片，如图B08-154所示。

02 选择测试版滤镜中的【着色】滤镜，开启后，便可以将灰度的黑白照片转换为彩色照片，如图B08-155所示。

图B08-154

图B08-155

另外，【智能肖像】滤镜可以高度自由地改变人物的表情、年龄、发量、面部朝向等特征；【妆容迁移】滤镜可以将模板照片的人物妆容应用在目标照片的人物上；【风景混合器】滤镜可以将不同的风景图像混合在一起，创造新的风景，也可以改变时间和季节等属性，神奇地改变景观；【颜色传递】滤镜可以将调色板从一个图像传递到另一个图像；【协调】滤镜可以将一个图层的颜色和亮度协调到另一图层，以制作完美的复合图。还有更多精彩滤镜也在开发过程中，请大家拭目以待。

扫码阅读：
B09课 三维练习——3D的深入练习

扫码阅读：
B10课 动画练习——动画的深入练习

读书笔记

# C 创意篇

## 创意案例 实战训练

极具代表性的Photoshop案例，创造Photoshop的神奇效果！本篇案例比较复杂，操作耗时较长，需要在学完A篇和B篇的基础上，熟练掌握Photoshop基础操作，具备一定的相关行业设计能力后才可以动手实践。读者可以先根据正文内容自行尝试，再扫码观看视频了解详细操作过程。

C01课

# 外星人大战合成效果

本案例原图和完成效果分别如图C01-1和图C01-2所示。

图C01-1

图C01-2

## 制作思路

01 将原图分离为多个区域的图层，分别调色。

02 加入多张图片素材和效果素材，统一放在合成图像里。

03 针对最后合成效果统一调色，烘托整体气氛。

## 主要技术

- 钢笔工具。
- 曲线、色彩平衡、色相/饱和度等调色命令（调整图层）。
- 多个图层的组织整理。
- 图层蒙版、图层剪贴蒙版的运用。

## 步骤概要

01 使用【钢笔工具】的【路径】模式，将窗户、建筑、天空、河流等区域的边缘分别绘制出来，并创建选区，将这些区域分别复制出不同的图层，以便于单独调色，如图C01-3和图C01-4所示。

图C01-3

图C01-4

02 将天空替换为乌云压境的素材。分别为不同的区域调整色调，营造出阴森严峻的氛围，如图C01-5所示。

图C01-5

03 加入飞船素材，并加入各种形式的烟雾、爆炸的素材，如图C01-6所示。还可以继续丰富室内场景的素材，如碎玻璃、人物等。然后制作室内的烟火反光效果，最后进行总体色调的调整，最终效果如图C01-2所示。

图C01-6

C02课

# 海底沉车合成

本案例的原图和最终效果分别如图C02-1和图C02-2所示。

图C02-1

图C02-2

## 制作思路

01 将汽车素材去掉背景放到海底素材中，调整汽车造型、色调，与海底的环境统一起来。

02 添加纹理、玻璃、骨架等素材，丰富合成内容。

## 主要技术

- 钢笔工具。
- 自由变换。
- 曲线、色彩平衡等调色命令（调整图层）。
- 混合模式。
- 图层蒙版、图层剪贴蒙版的运用。

## 步骤概要

01 使用【钢笔工具】的【路径】模式，建立汽车的选区，去掉汽车背景。然后将汽车放到海底素材中，通过自由变换调整造型，注意和珊瑚、鱼群的上下层关系，如图C02-3所示。

图C02-3

02 使用曲线等命令降低汽车的明度和对比度，用软画笔绘制深蓝色，使汽车融于水中，如图C02-4所示。

图C02-4

03 在汽车图层上方放置泥土素材图层，使用剪贴蒙版，将泥土覆盖在车体上，用画笔绘制出阴影部分。使用图层蒙版擦出车灯、车标等车部件。添加碎玻璃素材，覆盖在挡风玻璃处，还可添加气泡素材等，如图C02-5所示。深入刻画细节，例如，添加小鱼在车身的投影，添加骨架素材，渲染出神秘的气氛，制作完成的效果如图C02-2所示。

图C02-5

C03 课

# 照片变雪景

本案例的原图和最终效果分别如图C03-1和图C03-2所示。

图C03-1

图C03-2

## 制作思路

选择原图中的高亮部分，将其变为灰白色，模拟出雪景效果。

## 主要技术

- 利用通道选取高亮颜色。
- 黑白调色命令。

## 步骤概要

01 打开原图的【通道】面板，按住Ctrl键单击RGB原色通道，选择图片中的高亮颜色，如图C03-3所示。

图C03-3

02 将选区部分创建为【黑白】调整图层，重点调整绿色部分，将其变为灰白色，如图C03-4所示。

图C03-4

03 利用图层蒙版擦除没有被雪覆盖的部分，完善全图细节，如图C03-5所示。

图C03-5

04 利用B08.22课所学的知识，制作下雪效果（见图C03-6）。使用滤色混合模式将其合成到场景中，调节整体色调，最终效果如图C03-2所示。

图C03-6

C04课

写实化图标制作

本案例最终完成的效果如图C04-1所示。

图C04-1

### 制作思路

利用矢量工具精准地绘制出多个造型，合理构图，和谐搭配颜色，注意不同质感的表现。

### 主要技术

- 钢笔工具。
- 形状工具。
- 图层样式。
- 渐变填充。

### 步骤概要

01 使用【圆角矩形工具】【椭圆工具】和【钢笔工具】绘制基本形状（见图C04-2），逐步绘制出所有元素的造型。通过填充渐变控制光影，利用图层样式添加投影，如图C04-3所示。

图C04-2

图C04-3

02 向碗中加入漂浮的立体文字（见图C04-4），深入并精细地刻画各元素的细节，完成效果如图C04-1所示。

图C04-4

## C05课

# 产品修图

本案例原图和最终完成的效果分别如图C05-1和图C05-2所示。

图C05-1

图C05-2

### 制作思路

01 去掉背景，去掉金属上泛黄的旧颜色。

02 绘制新的金属质感渐变表面。

### 主要技术

- 钢笔工具。
- 渐变填充。
- 杂色滤镜。
- 径向模糊滤镜。

### 步骤概要

01 使用【钢笔工具】的【路径】模式绘制出手表的轮廓，创建选区后去掉原图背景（见图C05-3）。增强表盘的黄色，去掉其他部分的颜色，变成纯灰度的镀铬金属色，如图C05-4所示。

图C05-3

图C05-4

02 使用【钢笔工具】绘制金属块的阴影和高光（见图C05-5），利用B08.23课的知识，制作拉丝金属素材，覆盖在金属块上（见图C05-6），经过细致耐心的制作，最终效果如图C05-2所示。

图C05-5

图C05-6

C06课

# 白天变晚上

本案例的原图和最终效果分别如图C06-1和图C06-2所示。

图C06-1

图C06-2

## 制作思路

01 将原图明度降低，将其调节为夜晚冷色调。

02 将天空替换为夜景天空。

03 替换门窗透过的室内景物，透出暖色光线。

04 添加灯光效果。

## 主要技术

- 钢笔工具。
- 画笔工具。
- 曲线、色彩平衡等调色命令（调整图层）。

## 步骤概要

01 使用【曲线】和【色彩平衡】将原图明度降低，使对比减弱，变成冷色调。然后使用【钢笔工具】绘制建筑与天空边缘，创建天空选区后，去掉天空，替换为深紫色渐变的夜景天空，如图C06-3所示。

图C06-3

02 将建筑门窗的玻璃部分选择出来，并替换为新的室内场景素材，将其调节为暖黄色调，如图C06-4所示。

图C06-4

03 使用【画笔工具】精细绘制出门窗透射出来的光（见图C06-5），并点缀灯光效果，最终效果如图C06-2所示。

图C06-5

C07课

# 包装设计

本案例最终完成的效果如图C07-1所示。

图C07-1

## 制作思路

01 设计艺术字体，添加字体样式效果。

02 绘制包装造型，注意文字版式，合理搭配颜色。

## 主要技术

- 钢笔工具。
- 文字工具。
- 图层样式。
- 渐变填充。
- 径向模糊滤镜。

## 步骤概要

01 使用【钢笔工具】设计艺术字体，如图C07-2所示。

图C07-2

02 为文字添加【描边】【渐变填充】图层样式，然后将其移动到包装贴纸的核心位置。利用【径向模糊】滤镜制作发光背景，烘托标志字体。然后加入水泡素材，丰富背景元素，如图C07-3所示。

图C07-3

03 继续添加版式设计元素，使多种字体和颜色组合搭配，明确表现产品宣传信息（见图C07-4）。最后，将设计好的贴纸贴在塑料桶包装上，展示成品包装效果，如图C07-1所示。

图C07-4